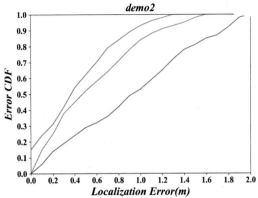

图 14-15　定位误差的累积分布函数曲线

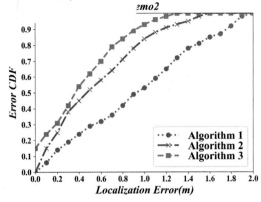

图 14-16　对 demo2 曲线增加图例、
修改线形的显示

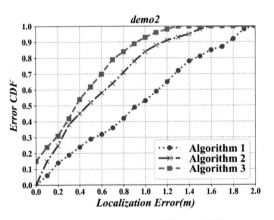

图 14-17　对 demo2 曲线显示网格

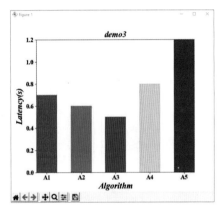

图 14-18　定位算法时延对比柱状图

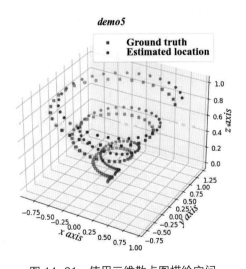

图 14-21　使用三维散点图描绘空间
中物体运动轨迹

（a）彩色图

图 15-4　OpenCV 中 imread 和 imshow 函数读
取和显示的图像

图 15-5　ORB 特征提取并显示　　　　　　　图 15-6　SIFT 特征提取并显示

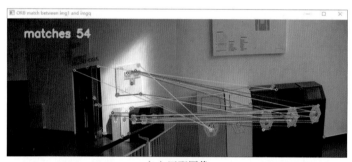

（a）匹配图像

（b）非匹配图像

图 15-7　ORB 特征匹配（使用穷举搜索算法）

（a）匹配图像

图 15-8　ORB 特征匹配（使用 FLANN 匹配器）

（b）非匹配图像

图 15-8 ORB 特征匹配（使用 FLANN 匹配器）（续）

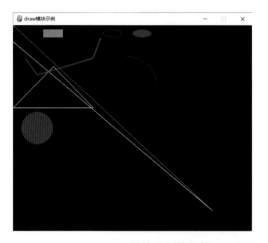

图 17-10 draw 模块示例执行效果

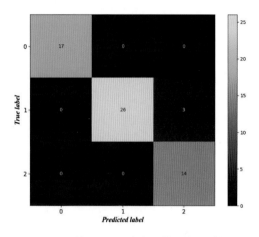

图 21-4 使用 SVC 分类器获得的混淆矩阵

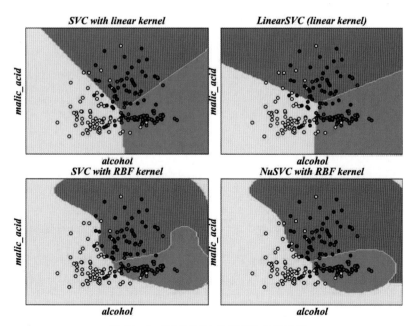

图 21-6 不同 SVM 分类器的分类边界

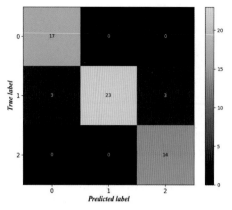
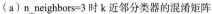
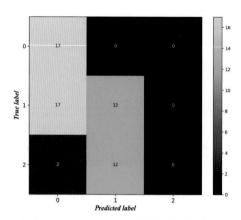

（a）n_neighbors=3 时 k 近邻分类器的混淆矩阵　　　　　　（b）radius=1.60 时半径近邻分类器的混淆矩阵

图 21-8　k 近邻分类器和半径近邻分类器的混淆矩阵

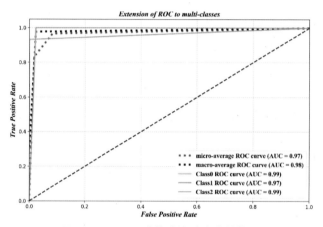

图 21-9　ROC 曲线在多分类中的扩展

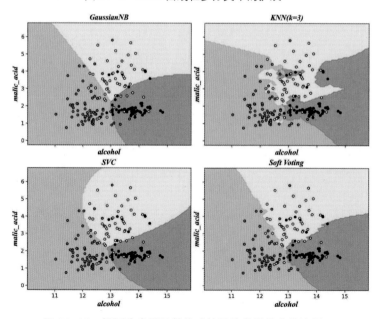

图 21-10　投票分类器及其构成的弱分类器的分类边界

Python 程序设计

基础与实践

殷锡亮　刘阳　张胜扬◎著

人民邮电出版社

北京

图书在版编目（CIP）数据

Python程序设计：基础与实践 / 殷锡亮，刘阳，张胜扬著. -- 北京：人民邮电出版社，2023.12
ISBN 978-7-115-62504-5

Ⅰ．①P… Ⅱ．①殷… ②刘… ③张… Ⅲ．①软件工具－程序设计 Ⅳ．①TP311.561

中国国家版本馆CIP数据核字(2023)第152664号

内 容 提 要

Python 是一种面向对象的解释型高级编程语言，是当前最流行的编程语言之一。本书系统性地介绍 Python 的基础知识及利用 Python 进行项目开发的实践。全书分两部分，第一部分介绍 Python 的基础语法、Python 自带的两个模块及其使用方法，以及 Python 的矩阵计算包 NumPy 的使用方法等，在介绍基础语法的同时强调利用 Python 进行编程时需要注意的编程规范；第二部分聚焦科学研究和工程实践中比较前沿的方向，涵盖绘图、图像处理、优化计算、游戏开发、基于 Web 的系统开发、爬虫、机器学习等方面的项目实践，侧重点是利用 Python 实现项目需求。

本书适合想学习 Python 语言，期待使用 Python 进行实际项目开发的读者阅读。

◆ 著　　　　殷锡亮　刘　阳　张胜扬
　　责任编辑　李　瑾
　　责任印制　王　郁　焦志炜

◆ 人民邮电出版社出版发行　北京市丰台区成寿寺路 11 号
　　邮编　100164　电子邮件　315@ptpress.com.cn
　　网址　https://www.ptpress.com.cn
　　三河市君旺印务有限公司印刷

◆ 开本：787×1092　1/16　　　　彩插：2
　　印张：19.5　　　　　　　　　2023 年 12 月第 1 版
　　字数：486 千字　　　　　　　2023 年 12 月河北第 1 次印刷

定价：89.80 元

读者服务热线：(010)81055410　印装质量热线：(010)81055316
反盗版热线：(010)81055315
广告经营许可证：京东市监广登字 20170147 号

前言

很多人都有这样的疑问：哪个编程语言是最流行的？

就目前来说，我的答案是 Python。请看它的成绩单：2021 年 Python 荣获 TIOBE "年度编程语言"称号，同时，Python 也是自 TIOBE 榜单发布以来，首个 5 次获得该称号的编程语言，Python 在该榜单 2023 年 5 月排名中仍然位居第一；在 IEEE Spectrum 发布的 2021 和 2022 年度编程语言排行榜中，Python 在总榜单以及其他几个分榜单中依然牢牢占据第一名的位置。当本书出版时，Python 依然会是主流编程语言排行榜的前几名之一。

接下来你会问 Python 是什么。

准确地说，Python 是一种面向对象的解释型高级编程语言，具有动态语义。你可能不喜欢在前言部分就遇到如此专业的术语解释。那么在此部分，请看对它的非正式解释。Python 的名字源于 Monty Python（巨蟒剧团），而不是 Python 单词的含义（蟒蛇）。巨蟒剧团是英国的一个超现实幽默表演团体，被称为"喜剧界的披头士"，在 20 世纪 70 年代风靡全球。虽然作者并不熟悉这个表演团体，但认为应该向你介绍 Python 名字的来源。说完了 Python 名字的来源，你可能会想了解它的创造者。到底是谁创造了它？像 Dennis MacAlistair Ritchie 创造了 C 语言一样，荷兰国家数学与计算机科学研究中心的 Guido van Rossum 创造了 Python。它的设计初衷就是希望使用者能轻松地实现编程，并且能写出清晰、易懂的程序。

那么，我们为什么使用 Python 呢？

Python 是多个 Linux 发行版的重要组成部分，NASA 使用它来完成程序开发，Yahoo 使用它来管理讨论组，Google 使用它来实现网络爬虫和搜索引擎的众多组件，卡内基梅隆大学的编程基础课程、麻省理工学院的计算机科学及编程导论课程使用它来讲授。著名的计算机视觉库 OpenCV、三维可视化库 VTK、医学图像处理库 ITK 等都为 Python 提供了对应的调用接口。Python 专用的科学计算扩展包就更多了，例如 NumPy、SciPy 和 Matplotlib，它们分别为 Python 提供了数值计算、快速数组处理和绘图功能。经典的机器学习包 Scikit-learn 中几乎包含全部的机器学习算法的实现。PyTorch、TensorFlow 和 Keras 三大深度学习包中的 PyTorch 和 Keras 的代码完全使用 Python 编写，除此之外，TensorFlow 中也有部分代码使用 Python 编写。在不久的将来，假如你遇到一个软件开发项目，当你为选择什么开发语言而犯愁时，就会有人说为什么不使用 Python 呢？

如果前面的答案足够吸引你的话，那么你将会提出最后一个问题——怎么更好地学习并使用 Python？本书力争带你走进 Python 的编程世界，从 Python 基础开始直到 Python 项目实践，其中 Python 项目实践部分包括绘图、机器视觉、优化计算以及机器学习等科学研究方面和 Web 开发、爬虫以及游戏开发等应用方面的内容。当你学习本书提供的示例并进行练习后，你就已经入门了，要知道"学习之道在于积累"。

本书第 1 章～第 16 章、第 20 章～第 22 章以及附录部分由殷锡亮编写，第 17 章由刘阳编写，第 18 章由张胜扬编写，第 19 章由张胜扬和刘阳合作编写。

感谢哈尔滨工业大学的谭学治教授，没有他在本书编写期间对作者的鼓励和支持，本书不可能这么快面世。感谢哈尔滨工业大学的贾敏教授和马琳教授，他们在本书编写过程中给予作者很多有益的指导。感谢人民邮电出版社信息技术分社社长陈冀康对本书架构提出的宝贵意见，感谢本书的责任编辑李瑾，加工编辑陈继亮、王璐瑶，没有你们细致的审读与编辑加工工作，不可能在出版之前校正出大量的错误。限于作者能力，书中疏漏之处在所难免，恳请读者批评指正。

作者

2023 年 6 月 1 日于哈尔滨

资源与支持

资源获取

本书提供如下资源：

- 程序源码；
- 操作视频；
- 教学 PPT；
- 书中彩图文件；
- 本书思维导图；
- 异步社区 7 天 VIP 会员。

要获得以上资源，您可以扫描下方二维码，根据指引领取。

提交勘误信息

作者和编辑尽最大努力来确保书中内容的准确性，但难免会存在疏漏。欢迎您将发现的问题反馈给我们，帮助我们提升图书的质量。

当您发现错误时，请登录异步社区（https://www.epubit.com），按书名搜索，进入本书页面，单击"发表勘误"，输入勘误信息，单击"提交勘误"按钮即可（见下图）。本书的作者和编辑会对您提交的勘误信息进行审核，确认并接受后，您将获赠异步社区的 100 积分。积分可用于在异步社区兑换优惠券、样书或奖品。

▌图书勘误		✑ 发表勘误
页码： 1	页内位置（行数）： 1	勘误印次： 1
图书类型： ◉ 纸书 ○ 电子书		

添加勘误图片（最多可上传4张图片）

+

提交勘误

与我们联系

我们的联系邮箱是 contact@epubit.com.cn。

如果您对本书有任何疑问或建议，请您发邮件给我们，并请在邮件标题中注明本书书名，以便我们更高效地做出反馈。

如果您有兴趣出版图书、录制教学视频，或者参与图书翻译、技术审校等工作，可以发邮件给我们。

如果您所在的学校、培训机构或企业，想批量购买本书或异步社区出版的其他图书，也可以发邮件给我们。

如果您在网上发现有针对异步社区出品图书的各种形式的盗版行为，包括对图书全部或部分内容的非授权传播，请您将怀疑有侵权行为的链接发邮件给我们。您的这一举动是对作者权益的保护，也是我们持续为您提供有价值的内容的动力之源。

关于异步社区和异步图书

"异步社区"是由人民邮电出版社创办的 IT 专业图书社区，于 2015 年 8 月上线运营，致力于优质内容的出版和分享，为读者提供高品质的学习内容，为作译者提供专业的出版服务，实现作译者与读者在线交流互动，以及传统出版与数字出版的融合发展。

"异步图书"是异步社区策划出版的精品 IT 图书的品牌，依托于人民邮电出版社在计算机图书领域 30 余年的发展与积淀。异步图书面向 IT 行业以及各行业使用 IT 的用户。

目录

第一部分　Python 基础

第二部分　Python 项目实践

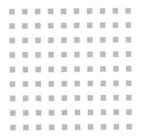

第一部分

Python 基础

本书的第一部分由第 1 章～第 13 章组成，其中第 1 章～第 10 章介绍 Python 的基础语法；第 11 章和第 12 章对 Python 自带的两个模块的使用方法进行详细描述，旨在使读者能够进一步熟悉并且掌握 Python 的基础语法；第 13 章介绍 NumPy 的使用方法，旨在为学习本书的第二部分做好铺垫。本书提供一些常见问题及其解决方法的示例，使读者在解决问题的过程中潜移默化地强化对 Python 语法的认知。

千里之行，始于足下。请读者准备好开始有趣的 Python 学习之旅吧！

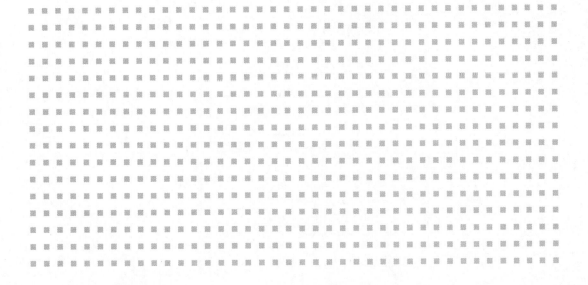

第1章 Python 集成开发环境介绍

对于大多数人来说，学习编程语言应该动手实践，在实践中学习、理解并消化 Python 知识，将之转化为自身的能力。Python 的开发平台可以是它的集成开发和学习环境，也可以是它的集成开发环境。1.1 节介绍 Python IDLE（Integrated Development and Learning Environment）Shell，虽然 Python 对 IDLE 的定义是集成开发和学习环境，但作者认为它更应该定义为 Python 的交互式解释器；1.2 节介绍 Python 的 IDE（Integrated Development Environment，集成开发环境）PyCharm。

1.1 Python IDLE Shell

对于一台没有安装过 Python 集成开发环境的计算机，你可以访问 Python 官方网站，在上面找到适合自己计算机操作系统的 Python 安装包，或者使用本书提供的配套资源（作者从 Python 官方网站上下载的适用于 64 位 Windows 操作系统的安装包，其版本是 Python 3.9.7，特别提示：Python 3.9.7 不支持 Windows 7 以及之前的版本，因此如果你的计算机装有 Windows 操作系统，请先将其升级至 Windows 7 之后的版本），根据教程进行安装，安装过程非常简单。图 1-1 展示了在撰写本书时作者使用装有 Windows 操作系统的计算机访问的 Python 官方网站主页，当时的最新版本为 Python 3.9.7。

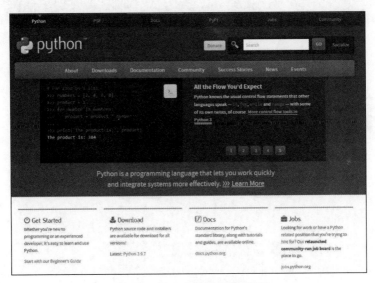

图 1-1　Python 官方网站主页

安装 Python 后，计算机就有了 Python 的 IDLE。图 1-2 给出了 Python IDLE Shell（后文简称 IDLE）3.9.7 的界面。

图 1-2　Python IDLE Shell 3.9.7 的界面

1.2　PyCharm 集成开发环境

虽然初学者会觉得 Python IDLE 的界面很简明，但作者仅推荐初学者使用它进行 Python 编程的基本实践，不推荐使用 IDLE 进行 Python 项目开发，因为这很难，而且很不方便。为解决这个问题，很多开发团队设计了诸多 IDE，其中最著名的就是 PyCharm。

PyCharm 是由 JetBrains 打造的一款 Python IDE，Visual Studio 2010 的重构插件 ReSharper 就出自 JetBrains 之手。PyCharm 带有一整套可以帮助用户在使用 Python 语言进行开发时提高效率的工具，比如调试、语法高亮、项目管理、代码跳转、智能提示、自动完成、单元测试、版本控制等。此外，PyCharm 提供一些高级功能，用于支持 Django 框架下的专业 Web 开发。同时它还支持 Google App Engine 和 IronPython。凭借这些功能以及先进代码分析程序的支持，PyCharm 成为 Python 专业开发人员和初学者的有力工具。你可以访问其官方网站获取 PyCharm 的安装包或者使用本书配套资源中的 PyCharm 安装包。如图 1-3 所示，本书使用的安装包是社区版（Community），其版本号为 2021.2.2。

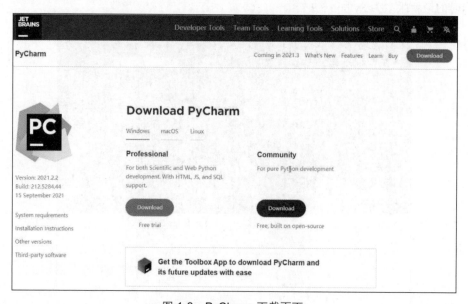

图 1-3　PyCharm 下载页面

安装成功之后，开始使用的时候读者会发现实际上 PyCharm 还是会在 Python 官方网站中下载 Python 的源码。因此，你可以在安装 PyCharm 之前就直接把 Python 3.9.7 安装好，这会加快 PyCharm 的安装过程。两者安装成功之后可以打开 PyCharm，运行它自带的测试程序 welcome. py，运行后会获得这个程序的结果，如图 1-4 所示。

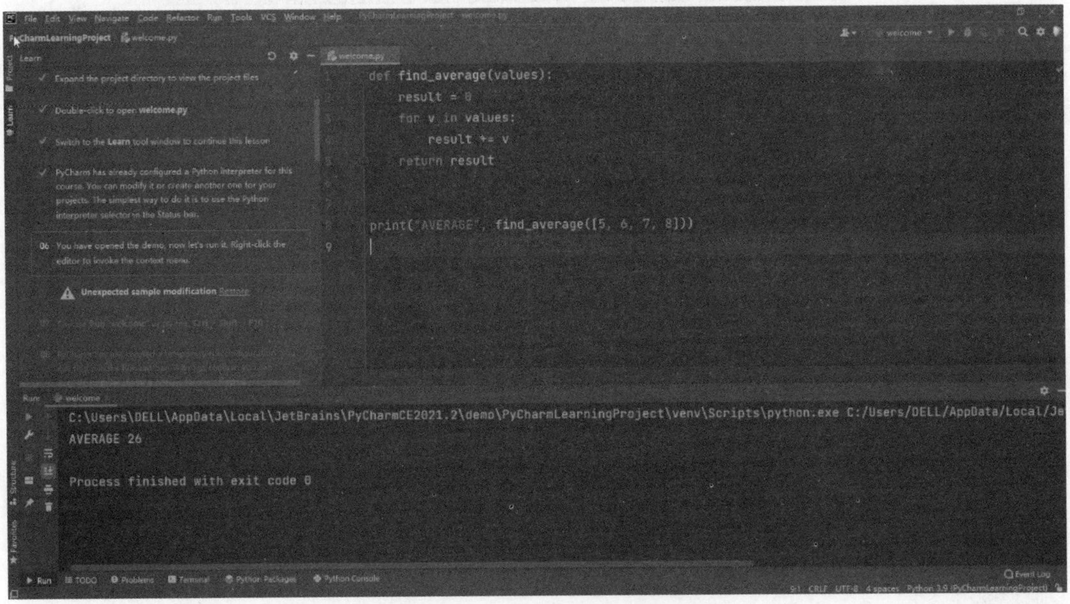

图 1-4　PyCharm 开发界面

请注意，本书中使用的示例是从 PyCharm 官方网站中下载的 welcome.py 源文件。细心的读者不难发现，虽然程序并没有运行出错，但是程序中存在明显的命名不规范问题。函数名是 find_average，顾名思义，这个函数的作用应该是求平均值，然而最后函数的输出却是输入数据 [5,6,7,8] 的和（PyCharm 将此作为错误示例）。本书中也可能存在一些类似问题，希望读者发现后能反馈给作者，以便作者修改完善。

在本书的第一部分，作者主要以 Python IDLE 为开发平台进行 Python 编程语言的知识讲解和示例演示；在本书的第二部分的个别章节中，会以 PyCharm 为开发平台进行项目化教学实践。

第2章 通过 IDLE 学习基本的 Python 操作

经过第 1 章的学习，你已经在计算机中启动了 Python 的 IDLE。本章将带你在 IDLE 中使用一些基本的 Python 操作，使你能够逐渐熟悉 IDLE 的使用，更为重要的是采用渐进式的方式学习 Python 的语法。

2.1 使用 Python IDLE 与计算机对话

计算机从诞生之日起，就具备人机交互的能力。几乎所有的编程语言都具有同样的开篇，那就是 "hello world!"。本书也不例外，作者认为当你真正在 Python IDLE 中输入如下的代码执行并获得结果时，你会兴奋地感觉到原来学习使用 Python 编程的第一步并不难。

```
>>> print("hello world! ")
hello world!
>>>
```

假如你是一个已经学过其他编程语言的开发者，那么你会发现这里的开篇与之前的有点小小的区别，那就是在 print 的末尾没有代表一行代码结束的分号。这是因为在 Python 中无须这么做，当然在行末加上分号也不会有任何影响。使用 Python 编码时，通常一行代码结束后可以直接切换到下一行。

>>>是提示符。你可以在其后输入正确的 Python 代码或者任何其他的信息。然而非常可惜的是，它还没有那么智能，不能够读懂你想输入的一切不符合 Python 语法的语句。因此，当你输入不符合 Python 语法的语句时，IDLE 通常会报错。比如，当输入 "Autobots, transform, and roll out!"（电影《变形金刚》中汽车人领袖擎天柱的经典台词："汽车人，变形，出发！"）时，你会得到如图 2-1 所示的反馈信息。

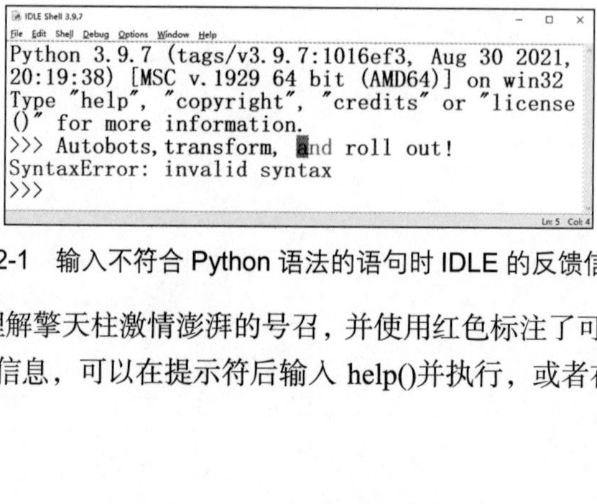

图 2-1　输入不符合 Python 语法的语句时 IDLE 的反馈信息

显然，IDLE 无法理解擎天柱激情澎湃的号召，并使用红色标注了可能的问题所在。如果你需要使用 IDLE 的帮助信息，可以在提示符后输入 help()并执行，或者在 IDLE 的界面上按 F1

键调用帮助文档，如图 2-2 所示。

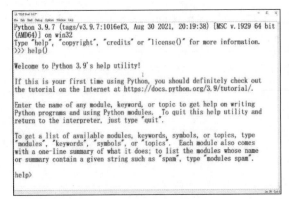

（a）在命令行中调用 help()　　　　　　　　（b）按 F1 键调用帮助文档

图 2-2　Python IDLE 的帮助文档

　　虽然 Python IDLE 有帮助文档，能够辅助你找到问题所在，但一个初学者其实很难从帮助信息中找到有用的答案。

2.2　计算机语言的精华：算法

　　算法（Algorithm）是指对解题方案的准确而完整的描述，是一系列用于解决问题的清晰指令，算法代表着用系统的方法描述解决问题的策略的机制。也就是说，算法能够利用遵从一定规范的输入，在有限时间内获得所要求的输出。算法中的指令描述的是一个计算过程，当其执行时能从初始状态和初始输入（可能为空的）开始，经过一系列有限而定义清晰的状态，最终产生输出并停止于一个终止状态。一个状态到另一个状态的转移不一定是确定的。

　　显然，上述严谨的定义并不适用于初学者，尤其是没有系统学习过算法导论的人。简单地说，算法描述了一个过程，即如何完成一项特定的任务。而计算机语言的精华就在于此：使用不同的算法完成不同的任务。

　　比如，机器人 SLAM（Simultaneous Localization And Mapping，即时定位与制图）算法的流程可以大致表示为：

　　（1）每隔 2s 从获取的图像中提取视觉特征；

　　（2）判断物体是否为障碍物；

　　（3）如果是障碍物，则选择旋转方向，寻找其他可行进路线；

　　（4）如果不是障碍物，则计算当前位置相对前一个点位的距离并存储；

　　（5）机器人闭环行走一周回到原点后，将整个行走轨迹绘图。

　　这个算法并不复杂，它由循环执行、顺序执行以及判断操作组成。再复杂的算法其实也是由这些基本操作构成的。因此，在之后的内容中将会介绍一些非常简单的 Python 操作，就是这些非常简单的操作最后构成了复杂的算法。

2.3　计算器：数和计算表达式

在本节中，你会发现 Python IDLE 可以像计算器一样，提供计算功能，并且功能非常强大。请在 IDLE 中输入你想计算的算式并执行。比如：

```
>>> 5+2
7
```

换一个数值稍微大一点的减法算式尝试一下：

```
>>> 56789-98765
-41976
```

再换一个乘法算式试验一下：

```
>>> 1.5*7
10.5
```

最后换一个除法算式验证一下：

```
>>> 1/7
0.14285714285714285
```

基本运算结果如图 2-3 所示。

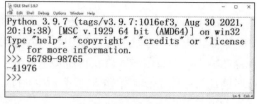

（a）加法算式结果　　　　　　　　　　　（b）减法算式结果

（c）乘法算式结果　　　　　　　　　　　（d）除法算式结果

图 2-3　利用 Python IDLE 进行基本运算得到的结果

除上述基本运算外，在算法中经常会遇到取整和求模运算，如下：

```
>>> 7//3
2
>>>7%3
1
```

取整和求模运算结果如图 2-4 所示。需要注意的是，对于取整算式而言，算法是向下取整，即无论小数点后数字有多大，都需要舍去。

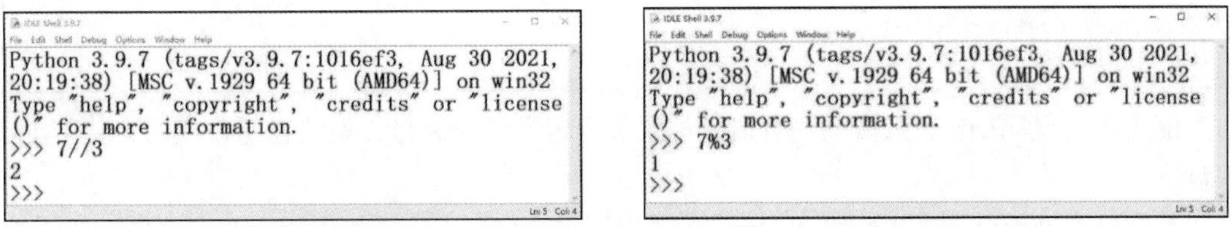

（a）取整算式结果　　　　　　　　　　　　（b）求模算式结果

图 2-4　利用 Python IDLE 进行取整和求模运算得到的结果

对于向下取整，在负数计算中体现出的结果比正数计算中体现出的明显，图 2-5 给出了对负数进行取整运算得到的结果。

接下来介绍代数运算中比较常见的幂运算，如图 2-6 所示。特别需要说明的是，幂运算符的优先级比求负运算符的优先级高，而括号运算符的优先级比幂运算符的优先级高。

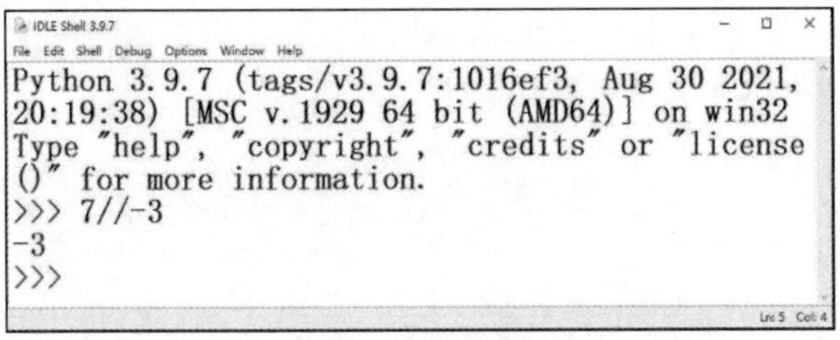

图 2-5　利用 Python IDLE 进行负数取整　　　　图 2-6　利用 Python IDLE 进行幂
运算得到的结果　　　　　　　　　　　　　　　运算得到的结果

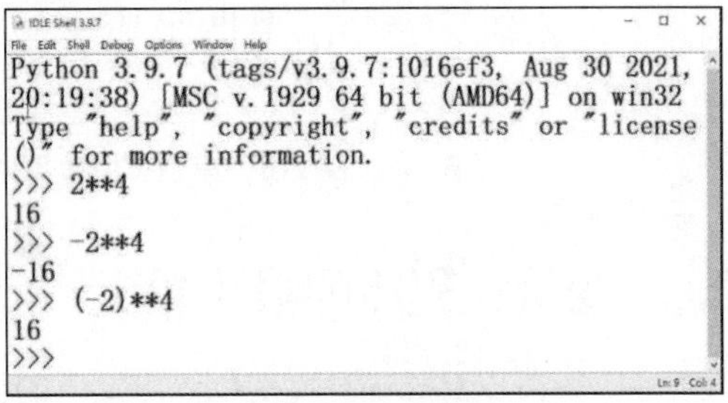

最后介绍进制表示。利用 Python IDLE 执行十六进制、八进制、二进制与十进制转换结果如图 2-7 所示。

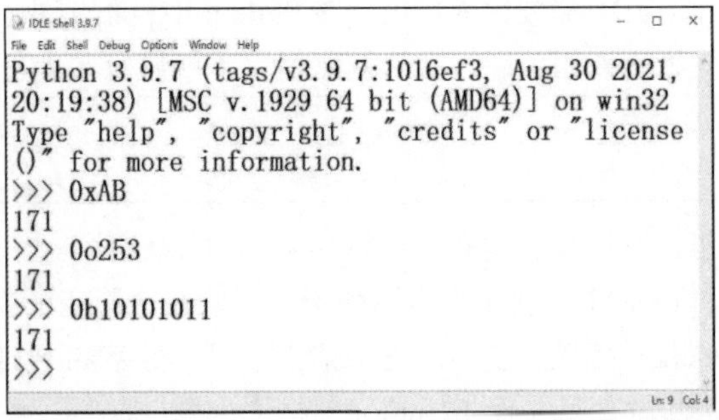

图 2-7　利用 Python IDLE 执行十六进制、八进制、二进制与十进制转换结果

至此，你会发现不知不觉间已在 IDIE 中输入了很多算式，并且获得了很多结果。此时如果想清除屏幕中输入的命令以及执行相应命令得到的结果，可使用本书配套资源中提供的 ClearWindow.py 文件，将其放置在 Python 的安装目录下，其默认路径为 C:\Python\Lib\idlelib\，并将如下代码复制后粘贴在该路径下的 config-extensions.def 文件的最后一行。

```
[ClearWindow]
enable=1
enable_editor=0
enable_shell=1
```

```
[ClearWindow_cfgBindings]
Clear-window=<Control-Key-l>
```

请注意 C:\是 Python 默认的安装盘，如果你自定义了安装盘，请将盘符替换为安装 Python 的盘符。

重新启动 Python IDLE 后，在 Options 菜单下，会出现 Clear Shell Window 命令，如图 2-8 所示，可以单击此命令或者按 Ctrl+L 组合键完成屏幕清除操作。

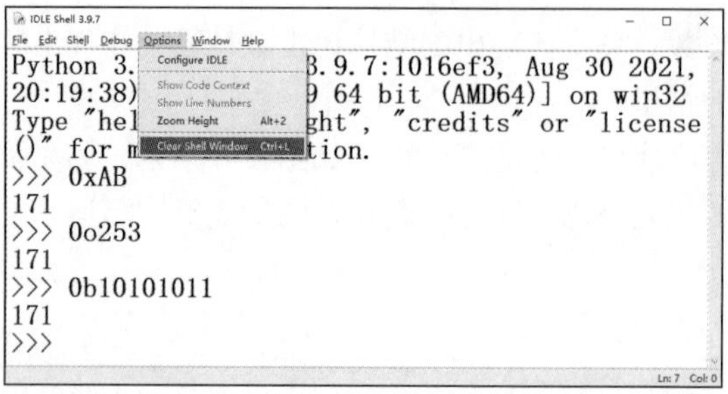

图 2-8　单击 Clear Shell Window 完成屏幕清除操作

2.4　变量：程序的最小单元

在一段可以对外部环境变化做出反应的程序中，必然包含变量，否则这段程序一定可以由固定表达式或者常量组成。如果将程序分解，那么变量是程序中的最小单元。在 Python 中，变量名称是表示特定值的标识符。例如，你可能想使用变量名称 x（在大多数编程语言中，第一个使用的未知变量往往是 x，这可能与人们的定义习惯有关）表示一个数，为此可以执行

```
>>>x=6
```

这个操作在大多数的编程语言中都被称为赋值，在 Python 中也不例外。简单地说，从此处直到重新对 x 赋值，变量 x 与数值 6 相关联。在对其赋值后，就可以在表达式中使用它：

```
>>>x**2
36
```

Python 变量的定义以及包含变量的表达式的运算结果如图 2-9 所示。

需要注意的是，在 Python 中，变量没有默认值，因此在使用变量前必须对其赋值。Python 的变量命名规则遵循 Unicode 标准，变量名称只能由字母、数字和下划线构成，且不能以数字开头。因此 Feature1 是合法的变量，而 1Feature 不是。

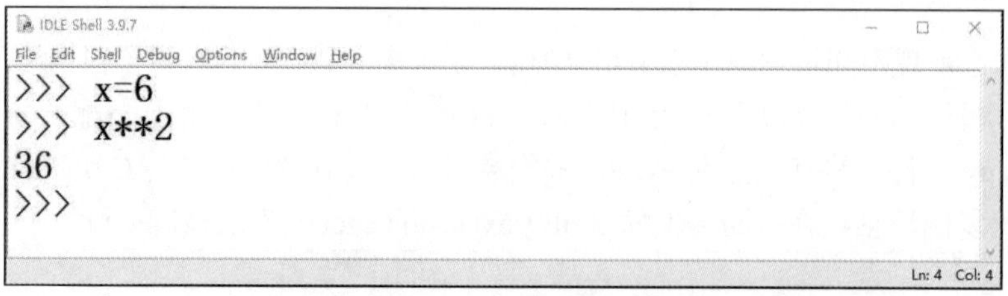

图 2-9　Python 变量的定义以及包含变量的表达式的运算结果

2.5 语句：程序的基本单元

2.4 节中介绍了变量，当变量的值不改变时，可称之为常量。如果说变量和常量是程序的最小单元的话，那么语句就是程序的基本单元。实际上，Python 的语句大致可以分为两类，一类是控制语句，另一类是赋值语句。而前面介绍过的表达式更像是语句中的模块，这是因为很少有程序中的语句是一个表达式，尽管可以在程序中加入表达式，但这样做似乎并没有什么作用。只有在语句中使用表达式，才能使其更具有实际意义。

使用图 2-10 中的赋值语句说明表达式与语句的区别。

```
>>> x=6
>>> x**2
36
>>> y=x**2
>>> y
36
>>>
```

图 2-10　Python 表达式与语句的区别

如图 2-10 所示，变量 x 的平方（x**2）为表达式，而 y=x**2 如同 x=6，是赋值语句。显然，图 2-10 中的表达式更适合检查数据，而语句则起到了真正的作用。在本书的后续章节中，将介绍其他语句。

2.6 获取用户输入：人工智能程序的眼睛

如果说 print 像是使用 Python 编写的人工智能程序的嘴巴，将计算机想要表达的信息通过屏幕呈现在你面前，那么 input 就像是人工智能程序的眼睛，将用户输入的信息识别后送回程序的大脑。除此之外，在本节中你将会发现，变量不仅可以用来承载数值，也可以用来表示字符串，如图 2-11 所示。

下面将结合 print 和 input 制作一个人机对话的小程序，将其命名为 hello.py。这个程序的算法非常简单，即计算机问用户 "What is your name?"，用户回答计算机 "××"，计算机说 "Hello ××"。你可在本书的配套资源中找到这个程序。图 2-12 展示了实现这个程序的 Python 代码。

```
Python 3.9.7 (tags/v3.9.7:1016ef3, Aug 30 2021,
20:19:38) [MSC v.1929 64 bit (AMD64)] on win32
Type "help", "copyright", "credits" or "license
()" for more information.
>>> x=input("")
Optimus Prime
>>> x
'Optimus Prime'
>>>
>>> y=input("")
64
>>> y
'64'
>>>
```

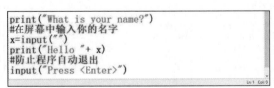

```
print("What is your name?")
#在屏幕中输入你的名字
x=input("")
print("Hello "+ x)
#防止程序自动退出
input("Press <Enter>")
```

图 2-11　使用 input 对变量赋值　　　　图 2-12　hello.py 实现代码

图 2-13 展示了 hello.py 程序的每一步运行结果。对于程序的最后一条语句，使用 input 获

取回车符的作用是使程序在运行完第二条语句调用 print 后不会立即退出，当用户在图 2-13（c）所示界面中按 Enter 键后，程序会立即关闭。

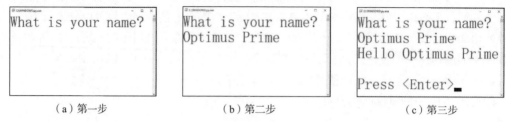

| （a）第一步 | （b）第二步 | （c）第三步 |

图 2-13　hello.py 程序的每一步运行结果

2.7　函数：功能

将一条或数条语句按照一定的流程组合在一起并进行封装就构成了函数，函数可实现特定功能，提供给程序调用。在 2.6 节中，我们已经接触了两个基本函数 print 和 input（早在前面内容中就应称之为函数，碍于书中介绍的顺序，暂时去掉了"函数"两字），它们的功能已经有过介绍，本节中不赘述。但需要在此强调的是，它们是内置函数，这些函数无须引用或者声明即可直接使用。下面将介绍几个在数学运算中经常使用，在人工智能程序中也经常需要调用的内置函数。当然，你也可以编写自己定义的函数。

回想一下在 2.3 节中介绍的求幂运算，在本节可以通过调用函数 pow(base,exp) 来进行求幂运算，其中 base 代表底数，exp 代表指数（不必过于纠结函数中 base 与 exp 的含义，因为在第 6 章中会详细讲述），结果如图 2-14 所示。其结果与求幂运算表达式结果一致。对于将 Python 当作入门语言学习的读者会认为多此一举，都使用表达式计算不就可以了吗，为什么还要编写 pow 函数呢？这是因为在规模较大的程序中使用函数会使得代码更加简洁，可读性更高。与此同时，调用这种内置函数不会造成程序性能的降低。

需要介绍的是，pow 函数的括号中的 2 和 4 是函数的参数。更进一步地，base=2，exp=4。在此定义它们为实参。请注意，第 6 章之前涉及的其他函数将不介绍函数的参数，一个原因是还没有正式学习函数，另一个原因是第 6 章之前的函数都较为简单，在不介绍其参数含义的情况下也能知晓其含义。

对于图 2-6 中的第二个表达式，如果想令其为正数，可以使用绝对值函数 abs。对于图 2-3 中的计算结果，如果想取整数，可以使用取整函数 round。调用 abs 函数求绝对值和 round 函数取整示例如图 2-15 所示。

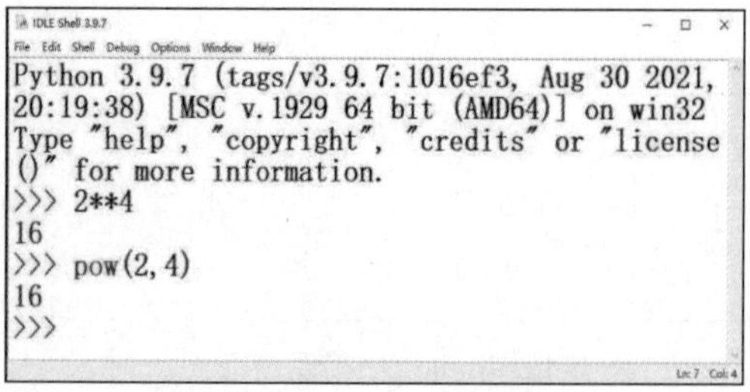

图 2-14　调用 pow 函数求幂 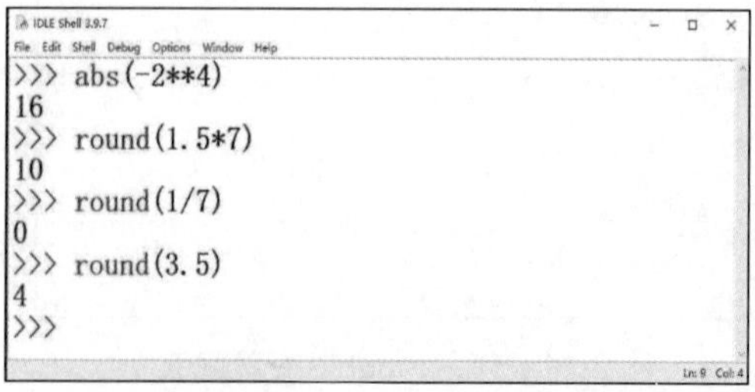　　图 2-15　调用 abs 函数求绝对值和 round 函数取整示例

请注意，round 函数用于取整，即取接近计算结果的整数，对于两侧一样接近计算结果的整数，round 函数总是取偶数。然而，在实际生活中，有些时候总是需要向下取整，比如购买一个大件商品，价格为 1688.98 元，在付费的时候卖家通常会让买家取整付费，即付费 1688 元。在其他编程语言中，可以直接调用相应的函数，比如 MATLAB 中的 floor 函数。在 Python 中同样提供了实现这个功能的函数，其名称也为 floor，然而不能直接调用 floor 函数，因为它位于模块中（在 2.8 节中将介绍模块）。它更像 C 语言的库函数，在调用之前需要进行声明。

2.8 模块：仓库

模块就像仓库一样，将实现不同功能的函数封装在内。因此，在调用模块内的函数时，需要导入模块，如 2.7 节中提到的 floor 函数，它被封装在 math 模块中。图 2-16 中给出了导入 math 模块，以及调用 math 模块中的 floor 函数向下取整、调用 ceil 函数向上取整、调用 sqrt 函数开平方的方法。

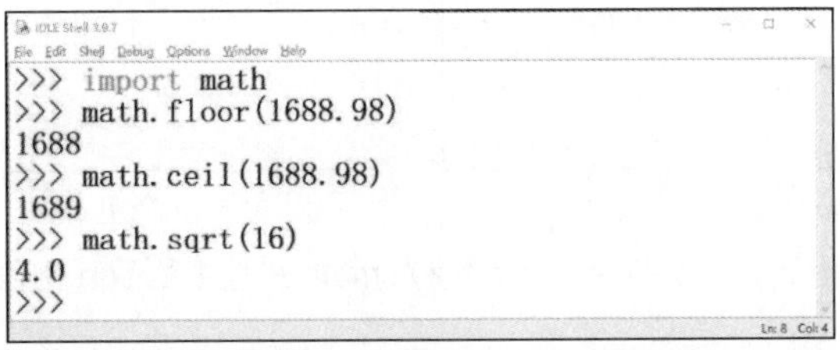

```
>>> import math
>>> math.floor(1688.98)
1688
>>> math.ceil(1688.98)
1689
>>> math.sqrt(16)
4.0
>>>
```

图 2-16　导入 math 模块以及调用 math 模块中函数的方法

由此可见，Python 可以使用 import 命令导入模块，然后以模块.函数（module.function）的模式调用模块中的函数。

至此，作者认为已经足够幸运在每一次的展示中都能成功获得结果，这或许与作者具有一定的编程基础有关。但若你完全没有编程基础，可能会出现不同的错误。因此，在这里作者认为引入一定的错误示例，对于初学者或是有一定编程基础的读者来说并非坏事。当没有导入模块就调用模块中的函数，或者导入了模块但调用时忘记书写模块前缀时，会发生如图 2-17 所示的错误。如果你在运行类似程序时发生这种错误，只要认真阅读本节前面部分内容，就能找到解决方法。

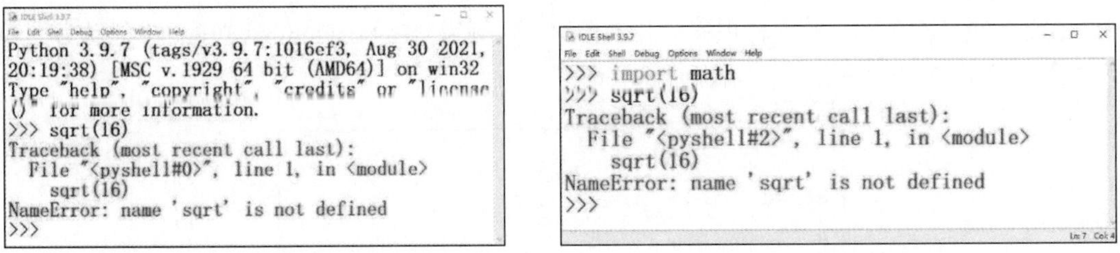

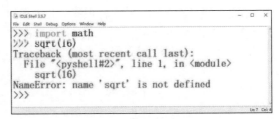

（a）math 模块未导入　　　　　　　　（b）未书写 math 模块前缀

图 2-17　调用 sqrt 函数出错

另外一种调用模块中函数的方式是"from 模块（module） import 函数（function）"，这样导入模块后，调用该模块中的函数时直接使用函数的名称，无须指定模块前缀，示例如

```
>>> from math import sqrt
>>> sqrt(16)
4.0
```

对于两种导入方式，作者更推荐使用前者，这是因为不同的模块中存在同名函数，如果使用 "from 模块（module） import 函数（function）" 的方式导入模块，则无法调用其他模块中存在冲突的同名函数。以 sqrt 函数为例，sqrt 函数的入参（输入参数）应为非负实数，当调用 sqrt 函数并且它的入参不为实数时，Python IDLE 会报错。然而在诸多学科中需要引入复数，在复数域内进行开平方的运算。为此 Python 引入了 cmath 模块，其中的 sqrt 函数可以处理复数域内的开平方运算。图 2-18 展示了调用 math 模块中 sqrt 函数与 cmath 模块中 sqrt 函数对-1 进行开平方的计算结果。

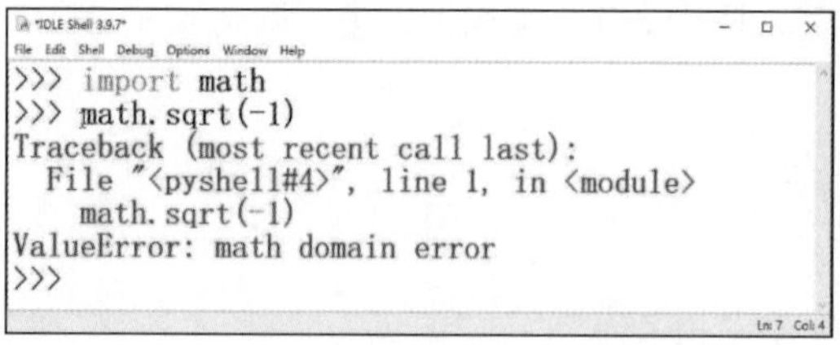

（a）调用 math 模块中的 sqrt 函数	（b）调用 cmath 模块中的 sqrt 函数

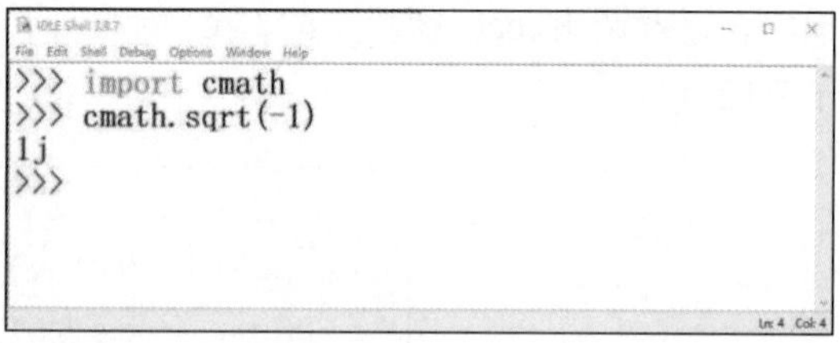

图 2-18　分别调用 math 和 cmath 模块中的 sqrt 函数

调用 cmath 模块中的 sqrt 函数获得的结果为 1j，其中 j 代表虚数单位。在本书中，不对复数以及虚数做过多介绍。由此可见，使用 import 导入模块的方式更适合复杂的程序，即实际工程或科学计算中具有一定规模的程序。

2.9　字符串处理

字符串在编程语言中十分重要，作者认为最主要的原因是：它是程序与代码设计者之间沟通的桥梁。一个优秀的软件工程师不应该把程序写得难懂并且无法维护，而应该在实现算法基本功能和保证性能的基础上使程序更富有逻辑且易懂。因此，在程序中使用字符串是无法避免的，在本节中将介绍一些对字符串的基本操作，在后续章节中还会对字符串处理进行更详细的介绍。

在此，就从简单的字符串标识符号开始介绍，示例为 "Hello, Optimus Prime!"（"你好，擎天柱！"），如图 2-19 所示。

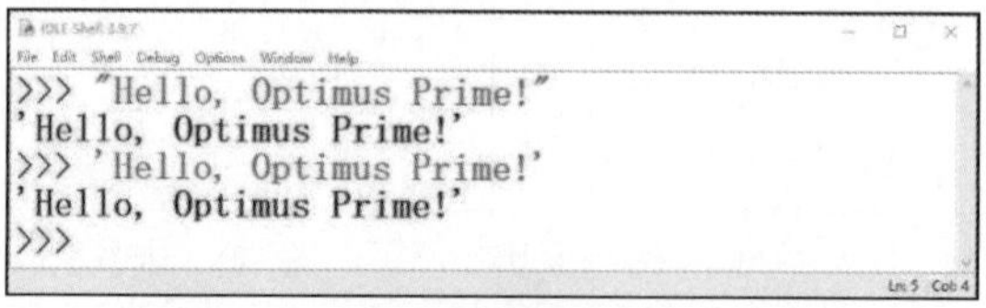

图 2-19　双引号和单引号标识字符串

在 Python 中既可以使用双引号也可以使用单引号来标识字符串，得到的结果是相同的。你可能会产生疑问："设置一个符号来标识字符串不是更为简单吗？"答案如图 2-20 所示。

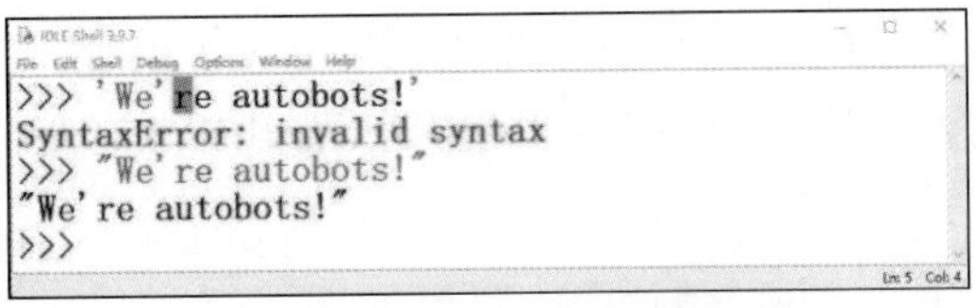

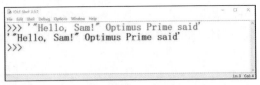

（a）双引号标识带单引号字符串　　　　　　（b）单引号标识带双引号字符串

图 2-20　单引号和双引号交替使用标识字符串

在图 2-20（a）中，字符串中含有单引号。因此，使用单引号来标识整个字符串时 Python IDLE 会报错；然而，使用双引号来标识带有单引号的字符串时不会报错。接着看图 2-20（b），当字符串中包含双引号时，可以使用单引号标识整个字符串。除此之外，还有一种方式是使用字符反斜线（\）对引号进行转义，处理方式如图 2-21 所示。

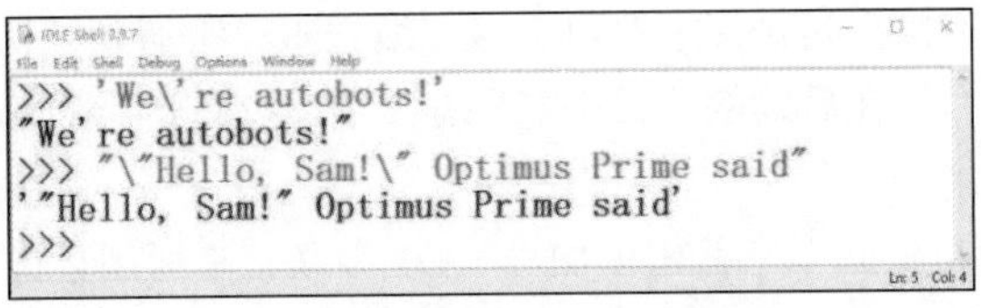

图 2-21　使用反斜线字符转义单引号和双引号

下面给出一个更为复杂的字符串，其中既包含单引号也包含双引号，如图 2-22 所示。

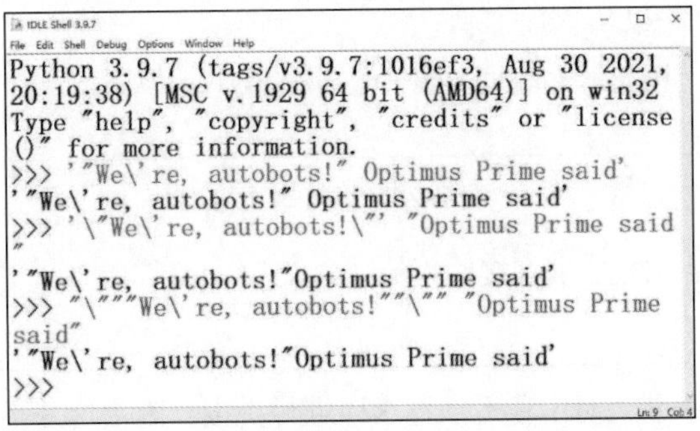

图 2-22　处理包含单引号和双引号的字符串

你会发现 IDLE 输出的字符串表达式中多出了一个反斜线，但这并没有任何影响。对这个字符串使用 print 函数就会看到字符串输出的结果，如图 2-23 所示。

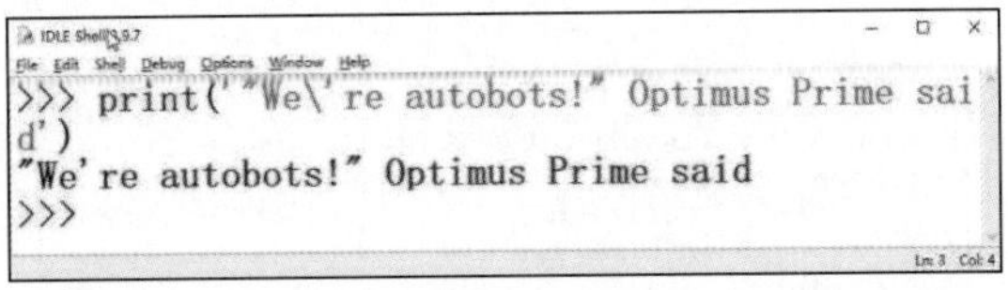

图 2-23　包含单引号和双引号的字符串输出结果

使用反斜线字符时还会遇到一个常见的问题，比如与字母 n 连用，请看图 2-24 所示的两个示例。

图 2-24（a）中要将"Hello,"放在第一行，"Optimus Prime!"放在第二行，而图 2-24（b）中要使用字符串表示文件路径，恰巧的是文件夹名称的首字母是"n"，它与反斜线组成了"\n"。

Python 使用 "\n" 代表换行符，当不是实际输入换行符且反斜线字符需要与字母 n 连用时，需要在反斜线前面再输入一个反斜线，因此在输出表示路径的字符串时使用'E:\\nest'。

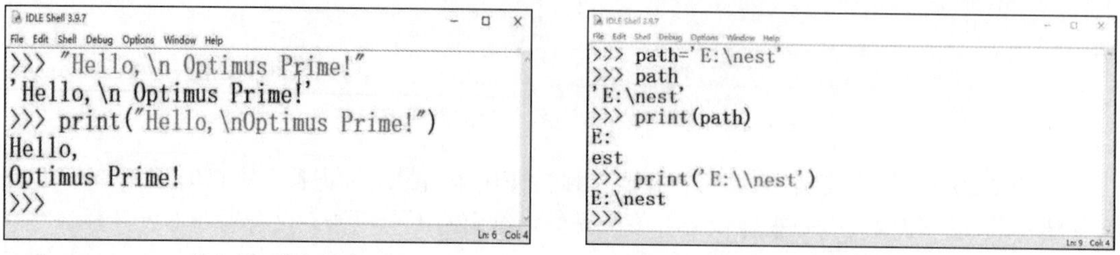

（a）输入换行符　　　　　　　　　　　（b）不输入换行符

图 2-24　反斜线字符与字母 n 连用的处理

接下来，另一个基本操作是拼接字符串，这在编程中经常遇到，比如在之前的场景中已经定义好了一个字符串，如果在后续的开发中需要在之前定义好的字符串基础上添加新字符串，就可以使用字符串的拼接。

如图 2-25 所示，直接将两个字符串以加号（+）串联，是通用且标准的字符串拼接方法。

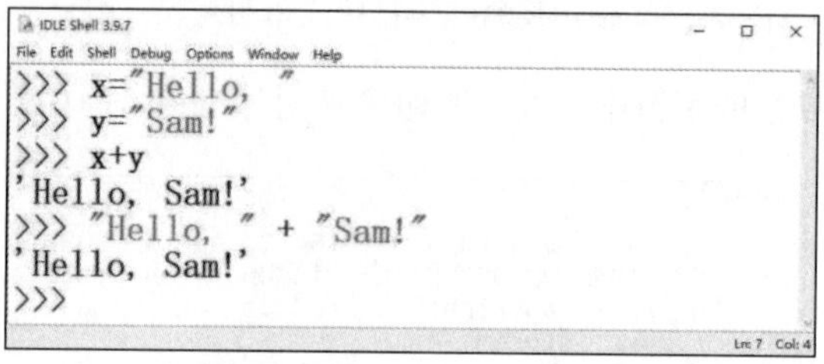

图 2-25　字符串拼接

当然你可能会发现在 IDLE 中直接输入

```
>>>"Hello, ""Sam!"
```

执行后也会得到正确的结果。但作者不推荐这样进行拼接，因为这并不规范。

回想一下前面学习过的反斜线字符，当字符串中含有较多 "\n" 时，如果不是实际输入换行符，可以使用原始字符串，它让字符串中字符全部保持原样。如图 2-26 所示，为字符串增加前缀字母 r 标识原始字符串。另外，当字符串中包含反斜线时，该字符串不能以反斜线结束，如果需要以反斜线结束就需要使用字符串拼接方法，如图 2-26 最后两条命令所示。

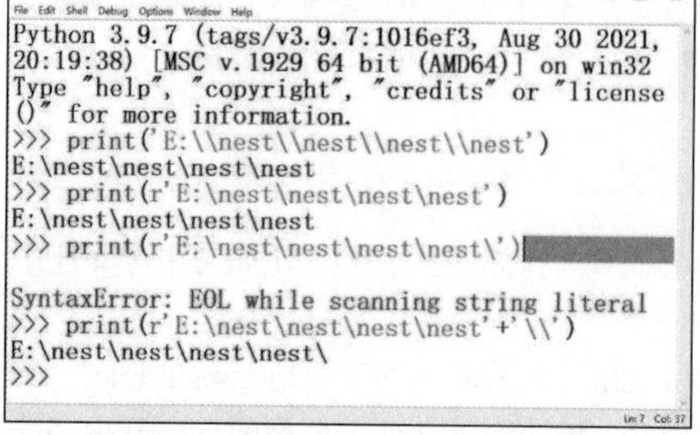

图 2-26　使用原始字符串以及字符串拼接方法处理以反斜线字符结束的字符串

本节前面部分介绍的示例都是长度较短的字符串，对于长度较长的字符串应该如何标识呢？下面以电影《变形金刚 1》中的开场白（对其中文释义感兴趣的读者可自行翻译）为例介绍如何处理长字符串。

如图 2-27（a）和图 2-27（c）所示，Python 既可以使用 3 个单引号也可以使用 3 个双引号来标识长字符串，当字符串中文字无须换行时应使用反斜线对换行符进行转义，你可以通过对比图 2-27（b）和图 2-27（d）发现其奥妙所在。

```
>>> print('''Before time began, there was the cube. We know not where it comes from, only that it holds the power to create worlds and fill them with life. That is how our race was born.''')
Before time began, there was the cube. We know not where it comes from, only that it holds the power to create worlds and fill them with life. That is how our race was born.
>>>
```

（a）使用 3 个单引号标识长字符串

```
>>> print('''Before time began,
there was the cube.
We know not where it comes from,
only that it holds the power to create worlds
and fill them with life.
That is how our race was born.''')
Before time began,
there was the cube.
We know not where it comes from,
only that it holds the power to create worlds
and fill them with life.
That is how our race was born.
>>>
```

（b）长字符串中存在换行的结果

```
>>> print("""Before time began,
there was the cube.
We know not where it comes from,
only that it holds the power to create worlds
and fill them with life.
That is how our race was born.""")
Before time began,
there was the cube.
We know not where it comes from,
only that it holds the power to create worlds
and fill them with life.
That is how our race was born.
>>>
```

（c）使用 3 个双引号标识长字符串

```
>>> print('''Before time began, \
there was the cube.\
We know not where it comes from,\
only that it holds the power to create worlds \
and fill them with life.\
That is how our race was born.''')
Before time began, there was the cube.We know not where it comes from,only that it holds the power to create worlds and fill them with life.That is how our race was born.
>>>
```

（d）使用反斜线转义换行符

图 2-27　处理长字符串

本节的最后将介绍几个处理字符串的基本函数和类，仍然以包含换行符“\n”的字符串为例，通过这种字符串你可以很清晰地看到 str 函数和 repr 函数的区别。

如图 2-28 所示，str 函数会将特殊字符转换为相应的字符，其结果是编程者预计输出的字符串，而 repr 函数会保留字符串中的特殊字符不做处理。

len 函数用于统计字符串的长度，其使用方法如图 2-29 所示。

```
>>> print(repr("Hello,\nOptimus Prime!"))
'Hello,\nOptimus Prime!'
>>> print(str("Hello,\nOptimus Prime!"))
Hello,
Optimus Prime!
>>>
```

图 2-28　str 函数与 repr 函数处理字符串的区别

```
>>> len(str("Hello, \nOptimus Prime!"))
22
>>> len(repr("Hello, \nOptimus Prime!"))
25
>>> len("Hello, \nOptimus Prime!")
22
>>>
```

图 2-29　len 函数的使用方法

图 2-29 中使用 len 函数分别计算图 2-28 中的字符串的长度，以及结合 str 函数和 repr 函数获取的字符串计算其长度。可见 repr 函数实际上就是对 str 函数中的字符串使用原始字符串处理

方式，因此其结果总是比 str 函数多 3 个字符，分别是 r、单引号或双引号、单引号或双引号。

字符串中一个有趣的地方是字符串的编码，Python 使用 Unicode 来表示文本，对于 Unicode 字符以及名称，你可在其官方网站中找到更多详细的介绍。作者相信通过几个简单的示例，你就能明白如何在 Python 中处理 Unicode 编码。Unicode 字符使用 16 位或 32 位的十六进制数（前缀为\u 或\U）以及 Unicode 字符的名称\N{name}来表示。如图 2-30 所示，16 位字符\u03A9 代表希腊字母Ω，32 位字符\U0001F42C 代表海豚，32 位字符\U0001F47D 代表外星人，\N{Eagle}代表老鹰。需要注意的是，32 位字符需要在字符高位补零。

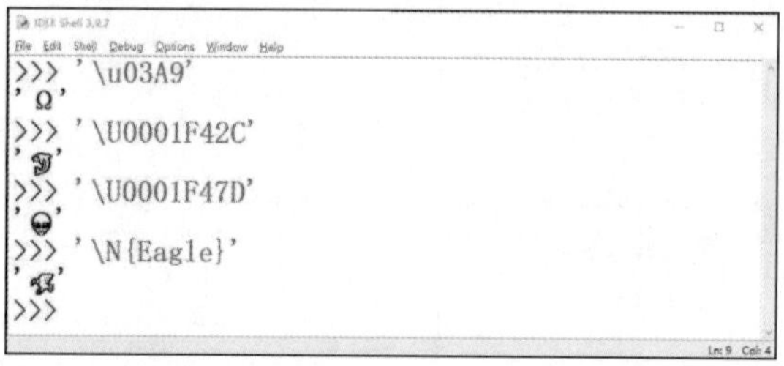

图 2-30　Unicode 字符及其表示的含义

Unicode 是互联网上常见语言书写文本时使用较为普遍的编码。对于较旧的系统，仍然使用 ASCII（American Standard Code for Information Interchange，美国信息交换标准代码）编码，尤其是进行单字节编码时。为此 Python 提供两个类似的类：不可变 bytes 和可变 bytearray。它们可指定字符串的编码类型，以使不同系统之间传输字符串不会出现乱码。图 2-31 中给出了使用 bytes 对不同字符串采用不同编码的处理结果。

在图 2-31 中，前面 3 条命令分别对字符串"Hello, Sam!"使用 ASCII、UTF-8 以及 UTF-32 进行编码。第四条命令中字符串是作者通过翻译软件将"Hello, Sam!"翻译为希腊语的结果，可见通过 ASCII 编码 Python IDLE 会报错。第五条命令通过 UTF-8 编码后可获得字符串。第六条命令使用 bytes 对象的 decode 方法，将第五条命令中使用指定编码类型得到的编码结果译码回原字符串。如果你仍然坚持使用 ASCII 编码，Python 的处理方式是通过向 encode 方法传入相应参数告诉编译器如何处理错误，图 2-32 所示的几种方法均可产生编码结果。

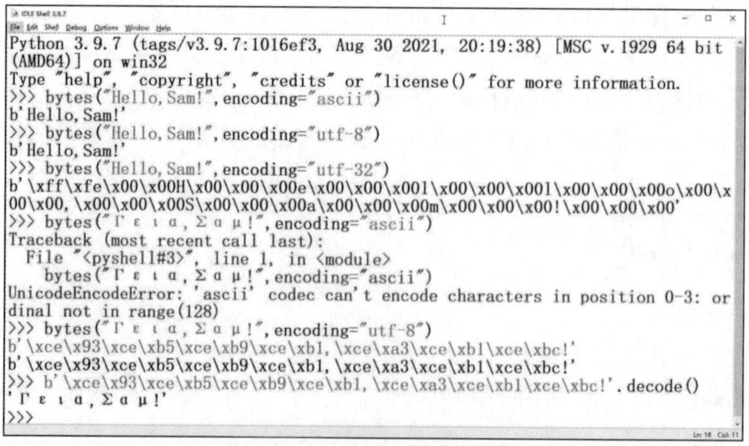

图 2-31　对字符串进行编码

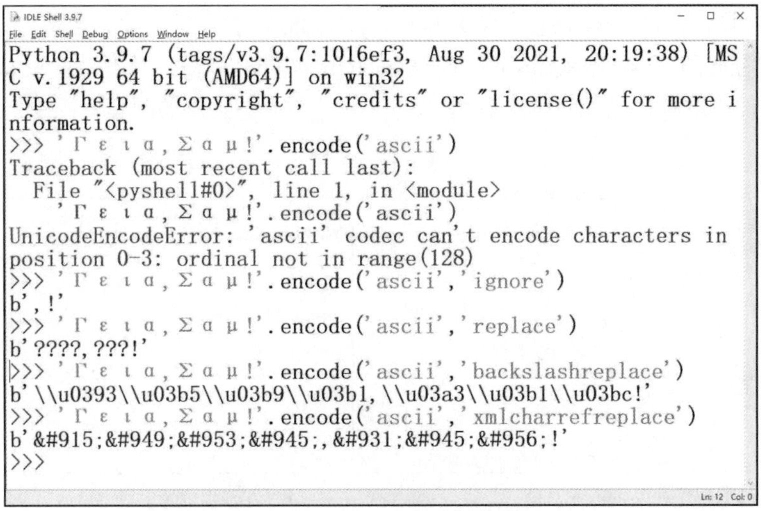

图 2-32　通过 encode 处理 ASCII 编码错误

读者一般无须担心处理字符串的编码问题，因为 Python 默认使用 UTF-8 编码，如果没有特殊需要，无须指定编码类型。最后，介绍 bytearray 类。如前所述，bytes 类不允许修改字符串，而 bytearray 刚好相反，示例如图 2-33 所示。

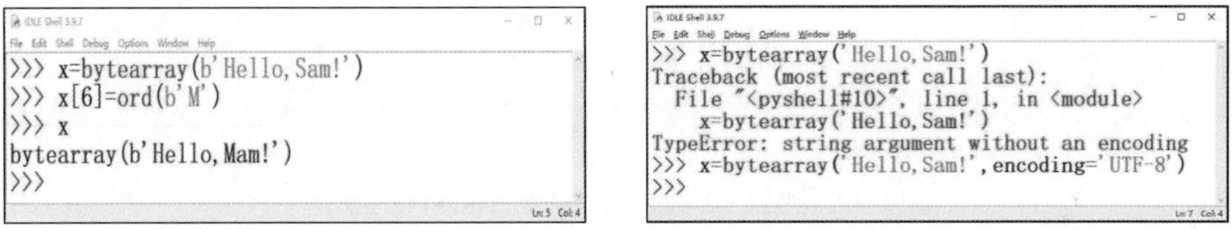

（a）使用 bytearray 修改字符串中字符

（b）bytearray 中声明编码类型

图 2-33　bytearray 使用方法

图 2-33（a）中的字符 b 前缀代表对字符串创建 bytes 类，然后通过 bytearray 修改类属性，随后必须使用 ord 函数在获得其序号值后修改相应字符，修改后的结果图 2-33（a）中也有所显示。如果首先创建 bytearray 类，则需要在 bytearray 中指定编码类型，否则会出错，如图 2-33（b）所示。

至此，对于字符串的介绍暂告一段落，在后续章节中还会继续深入地介绍更多对字符串的操作方法。

2.10　Python 的可执行程序

学习过本章前面部分的知识后，你一定跃跃欲试，不想局限于在 Python IDLE 中一行一行地输入 Python 代码并且获得结果了吧，或许你会想知道如何将之前学习过的 Python 代码保存起来，以便下次复习时直接使用吧。你将在本节中得到答案。

在 Python IDLE 中单击 File 菜单中的 New File 命令，IDLE 会为你生成一个新的编辑窗口，其中没有交互式的提示符。你可以将 2.6 节中 hello.py 中的代码输入其中，接下来单击 File 菜单中的 Save As 命令，选择放置这个 Python 程序文件的文件夹，并给它起一个适当的名字。如果你还没有好的想法，不妨同样将它命名为 hello.py，hello 代表程序文件的名字，.py 是文件的扩展名。具体过程如图 2-34 所示。请关注创建 hello.py 文件的过程，而不是关注 hello.py 程序中的内容，该程序中的代码已经在图 2-12 中给出，另外在本书提供的配套资源中，你也可以找到这个文件。

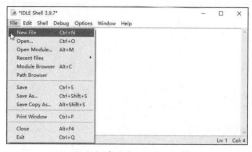

（a）新建空白 Python 文件

（b）在新生成的编辑窗口编写 Python 代码

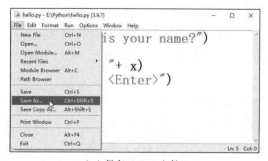

（c）保存 Python 文件

（d）选择路径并命名 Python 文件

图 2-34　创建、编写、存储、命名 Python 程序文件

对于已经安装了 Python 开发环境的计算机来说，双击 hello.py 即可执行这个简单的人机对话程序。然而，并不是每台计算机都会安装 Python 开发环境，对于 hello.py 这种由单个文件构成的小程序来说，本书推荐使用 PyInstaller 将 Python 程序转换为在未安装 Python 开发环境的计算机上的可执行程序，对于 Windows 操作系统来说，它是.exe 文件。

首先，介绍安装 PyInstaller 的方法。由于 PyInstaller 依赖其他安装包，本书使用在线安装的方法。打开命令提示符窗口，输入 pip install pyinstaller 后按 Enter 键，安装就会自动执行，安装的速度取决于计算机的配置以及计算机接入网络的速度。安装过程以及结果如图 2-35 所示。

在图 2-35 的下部可以清晰地看到安装成功的字样（Successfully installed……pyinstaller-4.5.1……）。接下来，使用命令进入 hello.py 文件所在路径下，输入

```
pyinstaller -F hello.py
```

执行命令后在该路径下的 dist 文件夹中会出现编译好的 hello.exe 文件。输入命令以及得到的结果分别如图 2-36 和图 2-37 所示。更多有关 PyInstaller 的使用说明请参考其官方网站。

将编译好的文件放在没有安装 Python 开发环境的 Windows 计算机中，双击该文件，会与在安装 Python 开发环境的计算机中双击 hello.py 文件一样出现执行窗口。需要注意的是，如果编译环境在 Windows 10 操作系统中，那么把 hello.exe 放置到低版本的 Windows 操作系统中执行会报错。这可能是因为 Python 3 的开发环境已经限定了 Windows 10 及以上的操作系统版本，

所以编译出的可执行程序在低版本的 Windows 操作系统中无法运行。本书的配套资源中包含 hello.exe 文件供读者测试。请注意，图 2-36 和图 2-37 中所示的并不是全部的编译信息，作者取了最上方和最下方的截图，中间有一部分编译信息是缺失的。

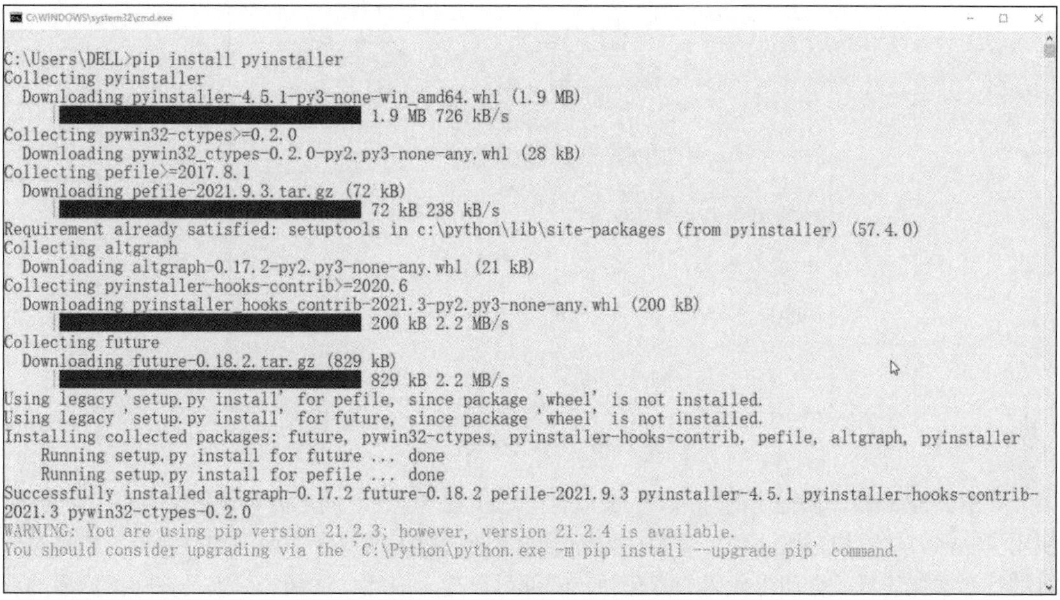

图 2-35　在线安装 PyInstaller

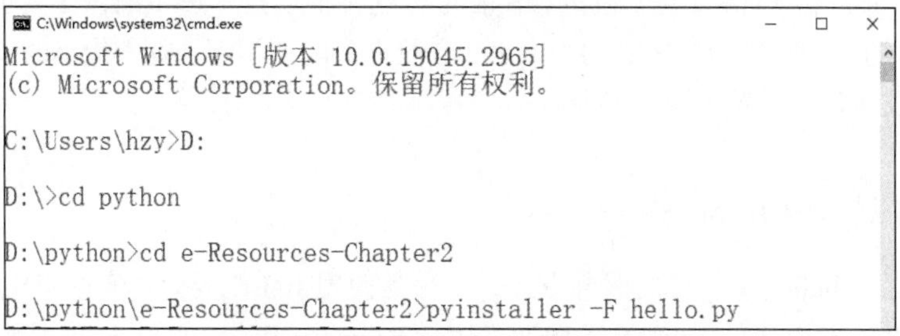

图 2-36　使用 PyInstaller 编译可执行程序

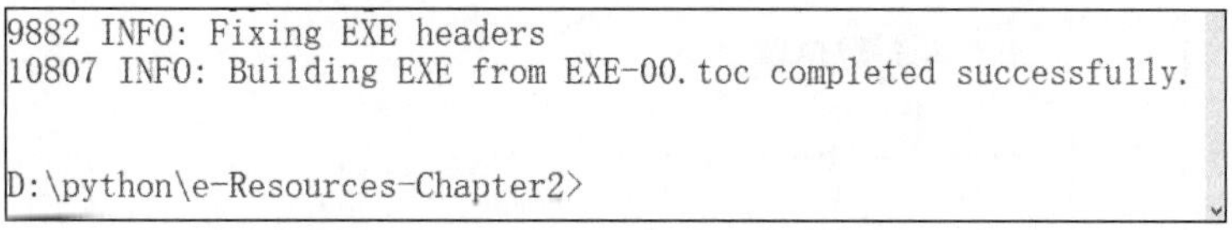

图 2-37　使用 PyInstaller 编译成功

2.11　Python 的程序注释

让我们回顾在 2.10 节中编写的 hello.py 程序，虽然程序可以正常运行，并可以获得预期结果，然而在一个高级程序员眼中，它仍然不是一个合格的程序。因为其中缺少注释信息。为了一段时间后还能快速读懂自己编写的代码，或者方便其他程序员快速理解你编写的代码，通常需要在代码中添加注释信息，这不仅是在 Python 中，在所有的编程语言中都是必要的。各种编

程语言的注释方法大同小异，在 C 语言中通常分别使用\\和**\进行行注释和块注释；在
MATLAB 语言中使用%进行注释；在 Python 中使用#进行行注释，使用"""进行块注释。本书以
hello.py 程序为例添加注释，如图 2-38 所示。

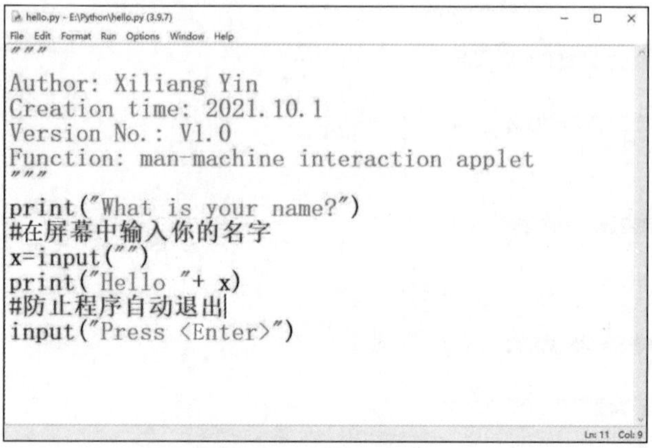

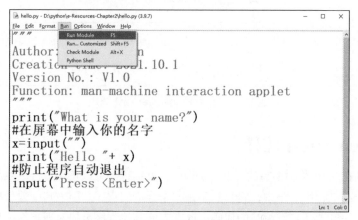

图 2-38 Python 注释方法

如图 2-38 所示，在程序的开头，一般以程序的作者、创建时间、版本号及代码的功能为主，
使用块注释方法添加一段注释。然后在需要添加注释的行上面或者下面添加行注释。如果对所
有的行都添加注释就会使得代码非常臃肿，降低可读性。因此，注释的原则是在晦涩难懂的或
者需要特殊说明的地方添加注释，本例中的"#在屏幕中输入你的名字"就是一条没有必要添加
的注释。另外，请注意 Python 是开源的，作者推荐这种推动技术进步的做法，也鼓励更多的读
者将编写的代码上传到诸如 GitHub 的平台上，方便更多的人学习。鉴于代码的阅读者来自世界
各地，作者建议尽量使用英文书写注释。

2.12　运行 Python 程序

本节介绍运行 hello.py 文件的两种方式，一种是使用 IDLE 运行，使用 IDLE 打开 hello.py
文件后，单击 Run 菜单中的 Run Module 即可运行 hello.py 文件，如图 2-39 所示。

图 2-39　在 IDLE 中运行 Python 程序

另一种方式是使用命令提示符窗口，在命令提示符窗口根目录输入 python 路径\hello.py 运行 hello.py 文件，也可以进入 hello.py 文件所在路径，输入 python hello.py 运行，如图 2-40 所示。

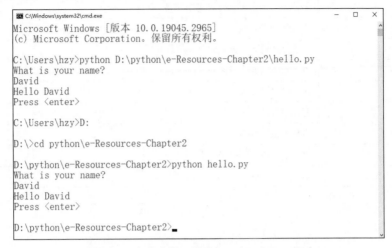

图 2-40　在命令提示符窗口运行 Python 程序

除此之外，也可以在其他集成开发环境中运行 Python 程序。

2.13　小结

至此，本章已经介绍了足够多的内容，为了方便后续学习，我们应该进行总结。

变量：程序的最小单元，赋予程序活力。

表达式：语句中的一部分，更像语句中的词语。

语句：程序的基本单元，让计算机执行特定的操作。

函数：程序的功能模块。

模块：函数仓库。

字符串：实现人机交互的根本，否则程序只能像黑箱一样运行，程序的设计者也无从知晓程序运行到哪一步，以及程序中的错误可能出现在何处。

算法：程序的"灵魂"，程序是实现算法的载体。程序员通过程序使计算机了解设定的算法。算法的设计与改进能推动技术的进步。

程序：通过本章的介绍，读者应了解了程序的编写、注释、保存、编译、运行方法。

本章介绍了一些函数，如表 2-1 所示。

表 2-1　　　　　　　　　　　　第 2 章中介绍的部分函数

函数名	功能描述
help	调用帮助文档
print	将提供的参数进行输出
input	以字符串的方式获取用户的输入
pow	求幂函数
abs	求绝对值函数

续表

函数名	功能描述
round	取整，正好为 ×.5 时取偶数
math.sqrt	求实数的平方根
math.floor	以浮点数的方式返回向下取整结果
math.ceil	以浮点数的方式返回向上取整结果
cmath.sqrt	求复数的平方根
len	返回字符串的长度
str	将指定值转换为字符串
repr	返回指定值的字符串表示
ord	修改 bytearray 类字符串中的字符

第 3 章

操作 Python 数据容器——序列和字典

Python 支持一种称为容器的数据结构。容器就是可包含其他对象的对象。两种主要的容器是序列（如字符串、列表、元组等）和字典（映射）。在序列中，每个元素都有编号（亦称为索引）。在字典中，每个元素都有名称（亦称为键）。还有一种容器称为集合。在 Python 中，最基本的数据容器为序列。3.1 节介绍序列的使用方法，3.2 节介绍字典的使用方法。另外，在第 2 章的示例中主要以英文为主，但这并不意味着 Python 不支持中文，本章会加入部分使用中文的示例。

3.1 序列

Python 内置了多种序列，本节主要介绍列表和元组，两者主要的区别在于列表是可以修改的，但元组不可以。序列在数据库的应用中比较广泛，本书使用常见示例对序列的使用方法进行介绍。

首先从第 2 章中读者熟悉的字符串开始。Python 中没有专门表示字符的类型，字符串就是由字符组成的序列，即字符序列。需要注意的是，字符序列中每一个元素实际上都存在索引，索引 0 指向第一个元素。当需要选取的元素为一个时，可以使用索引的方式获得该字符，如图 3-1 所示。

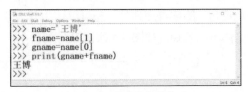

（a）英文字符序列的索引   （b）中文字符序列的索引

图 3-1　字符序列的索引

在图 3-1 中，你会发现对变量 name 的赋值是不同的，图 3-1（a）中使用的是英文字符，而图 3-1（b）中使用的是中文字符。但给变量 fname 和 gname 赋的值都是从变量 name 中的元素复制而来的。如图 3-1（b）中 fname 和 gname 的赋值。当需要选取的元素为多个时，需要使用序列的切片功能，如图 3-1（a）中 fname 和 gname 的赋值，切片适合从序列中提取多个特定范围内的元素。为此，需要使用两个索引，第一个索引代表切片开始元素的位置，第二个索引代表切片后余下的第一个元素的位置，尽管在图 3-1（a）中索引 6 指向的元素并不存在。你可以通过图 3-2 发现第二个索引指向切片最后一个元素会获得什么字符串。

如图 3-2 所示，这种情况下 Python IDLE 并不会报错，但获得的结果却并非我们所期望的，在实际工程中大多数的 bug（错误）都是由类似问题产生的。

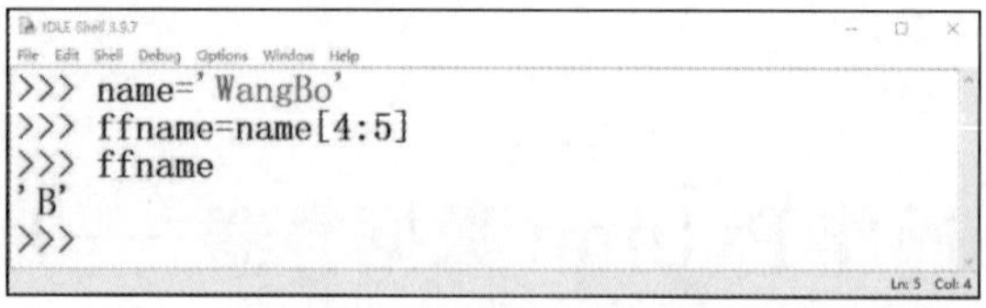

图 3-2　字符序列的索引切片

　　下面仍然以图 3-1（a）中字符串为例，继续学习切片中更多的操作方法。对变量 fname 和 gname 使用切片方法从变量 name 中赋值，还可以采用如下方式。请注意图 3-3 中着重体现的是索引的使用方法，对变量的赋值你应该已经可以熟练操作了。对于图 3-3（a），当索引为负数时，代表从字符串的最后一位开始往前计数，"-1"代表最后一个元素的位置，因此当需要输出'Wang'时，需要在字符'g'的前一个位置结束。而当需要输出'Bo'时，并不能使用索引 0 结束。当索引从头开始或到字符结束时，可以分别省略第一个索引和第二个索引。

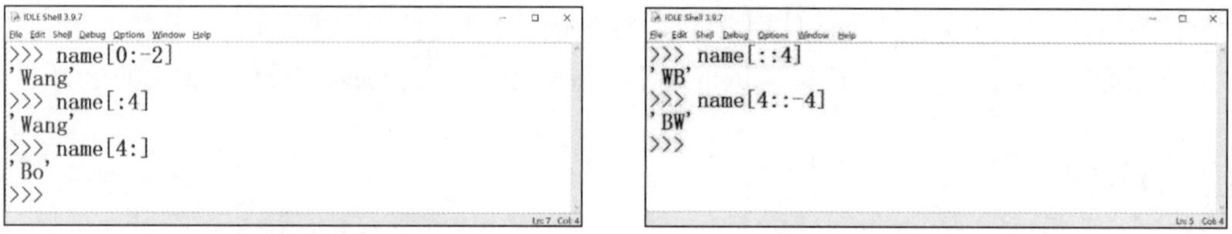

（a）负数索引和省略索引　　　　　　　　　　　　　　（b）索引步长

图 3-3　索引字符方法

　　当只想提取字符中代表姓名的首字母时，可以使用更大的步长控制索引的范围。图 3-3（a）中隐式地使用了步长，默认步长为 1；而在图 3-3（b）中指定了步长为 4 后，就可以提取出字符串中代表姓名的首字母；当指定步长为负数时，代表从终点向起点索引。

　　如图 3-1 所示，序列可以相加。例如图 3-1 中 print 函数的入参，将两个序列相加获得一个新的序列。除字符序列外，还可以使用其他数据类型的序列，比如整数序列，但不同类型的序列之间不能相加，如图 3-4 所示。

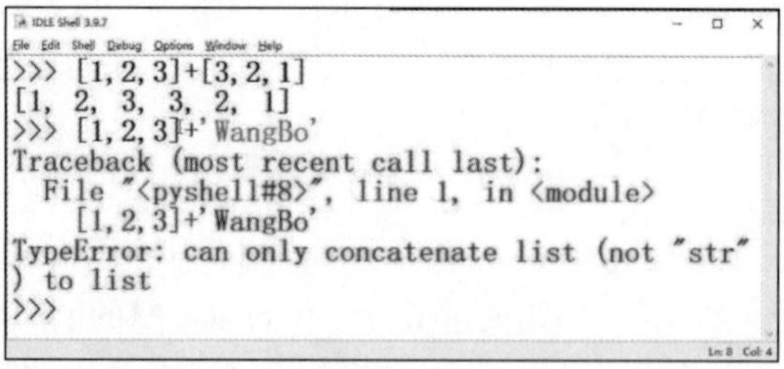

图 3-4　序列相加

　　除了相加，序列还可以相乘，将序列与整数 n 相乘时，将重复序列 n 次从而获得一个新的序列。这种方式大多用于序列的初始化，对于以数值为主的序列，在大多数情况下，可以使用 0 代表其初始值。然而对于字符序列，0 也许也意味着对其进行赋值。为此，Python 提供 None 代表"什么也没有"。序列相乘示例如图 3-5 所示。

　　对于序列，还有一种特殊的运算方式，即元素资格检查。这种运算会返回布尔值（True 或者 False，True 代表存在该元素，False 代表不存在该元素），在实际中应用非常普遍。图 3-6 中给出了元素资格检查的示例。

```
>>> 'WangBo'*5
'WangBoWangBoWangBoWangBoWangBo'
>>> [1]*5
[1, 1, 1, 1, 1]
>>> [0]*5
[0, 0, 0, 0, 0]
>>> [None]*5
[None, None, None, None, None]
>>>
```

图 3-5　序列相乘

```
>>> name
'WangBo'
>>> 'n' in name
True
>>> 'y' in name
False
>>>
```

```
>>> number=[1,2,3,4,5]
>>> 4 in number
True
>>> 8 in number
False
>>>
```

（a）字符序列　　　　　　　　　　　　　　　　（b）整数序列

图 3-6　元素资格检查

最后，介绍两个整数序列中比较常用的函数——求最大值函数 max 和求最小值函数 min。其使用方法如图 3-7 所示。

```
>>> number
[1, 2, 3, 4, 5]
>>> max(number)
5
>>> min(number)
1
>>>
```

图 3-7　最大值函数和最小值函数的使用方法

在 Python 中，最常用的序列应该是列表，因为它的元素是可变的，并且它有很多特有的方法。在本节前面的示例中已经使用了列表，如图 3-4、图 3-5、图 3-6、图 3-7 所示。下面就开始正式介绍列表的定义方式。

图 3-8 中给出了使用字符串和列表的对比。列表正式的使用方法是使用 list 函数对序列进行

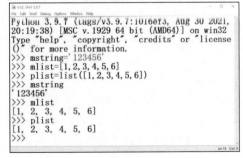

```
Python 3.9.7 (tags/v3.9.7:1016ef3, Aug 30 2021,
20:19:38) [MSC v.1929 64 bit (AMD64)] on win32
Type "help", "copyright", "credits" or "license
()" for more information.
>>> cstring='Python'
>>> clist=list('Python')
>>> slist=['P','y','t','h','o','n']
>>> cstring
'Python'
>>> clist
['P', 'y', 't', 'h', 'o', 'n']
>>> slist
['P', 'y', 't', 'h', 'o', 'n']
>>>
```

```
Python 3.9.7 (tags/v3.9.7:1016ef3, Aug 30 2021,
20:19:38) [MSC v.1929 64 bit (AMD64)] on win32
Type "help", "copyright", "credits" or "license
()" for more information.
>>> mstring='123456'
>>> mlist=[1,2,3,4,5,6]
>>> plist=list([1,2,3,4,5,6])
>>> mstring
'123456'
>>> mlist
[1, 2, 3, 4, 5, 6]
>>> plist
[1, 2, 3, 4, 5, 6]
>>>
```

（a）字符串　　　　　　　　　　　　　　　　（b）列表

图 3-8　使用字符串和列表的对比

定义，请注意此处可以使用不同类型的数据。在变量定义中不能使用 list 命名，因为变量 list 与函数 list 同名，在此将变量名定义为 clist、slist、mlist、plist 等。

图 3-9 中继续展示了列表和字符串的明显区别，即元素是否可修改。可见，字符串是不能对其元素进行赋值修改的，而列表可以。

```
>>> cstring[0]='G'
Traceback (most recent call last):
  File "<pyshell#8>", line 1, in <module>
    cstring[0]='G'
TypeError: 'str' object does not support item a
ssignment
>>> clist[0]='G'
>>> slist[0]='G'
>>> clist
['G', 'y', 't', 'h', 'o', 'n']
>>> slist
['G', 'y', 't', 'h', 'o', 'n']
>>>
```

（a）字符串

```
>>> mstring[0]='9'
Traceback (most recent call last):
  File "<pyshell#6>", line 1, in <module>
    mstring[0]='9'
TypeError: 'str' object does not support item a
ssignment
>>> mlist[0]=9
>>> plist[0]=9
>>> mlist
[9, 2, 3, 4, 5, 6]
>>> plist
[9, 2, 3, 4, 5, 6]
>>>
```

（b）列表

图 3-9　修改字符串和列表的元素

图 3-9 中给出了列表元素的修改方法，你可以看到这种方法很简单，核心是使用索引给特定位置的元素赋值。除了使用单字符作为列表的元素外，还可以使用字符串作为列表的成员，后者在实际应用中更为常见。在图 3-10 所示的示例中，演示了对字符串列表元素的删除操作。图 3-11 中给出了对列表元素的切片赋值方法。图 3-12 中给出了列表元素的插入方法。相信你对于图 3-10 中列表元素的删除操作一定心存疑虑，使用空切片的删除方法与使用 del 函数有何不同，其实从对应的结果就能得到答案：使用空切片的方法是将元素从列表中删除，但其位置保留，而使用 del 函数删除得更为彻底。

```
>>> company
['百度', '腾讯', '华为', '微软', '苹果']
>>> company[3]=[]
>>> company
['百度', '腾讯', '华为', [], '苹果']
>>> company[3]=[None]
>>> company
['百度', '腾讯', '华为', [None], '苹果']
>>> len(company)
5
>>> del(company[3])
>>> company
['百度', '腾讯', '华为', '苹果']
>>>
```

图 3-10　列表元素的删除

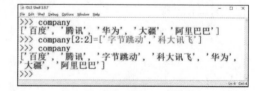

```
>>> company
['百度', '腾讯', '华为', '微软']
>>> company[3:]=['大疆', '阿里巴巴']
>>> company
['百度', '腾讯', '华为', '大疆', '阿里巴巴']
>>>
```

图 3-11　列表元素的切片赋值

```
>>> company
['百度', '腾讯', '华为', '大疆', '阿里巴巴']
>>> company[2:2]=['字节跳动', '科大讯飞']
>>> company
['百度', '腾讯', '字节跳动', '科大讯飞', '华为', '大疆', '阿里巴巴']
>>>
```

图 3-12　在指定位置插入新的列表元素

介绍完列表的基本操作后，继续介绍列表相关的方法。作者认为这些方法不但扩充了基本操作的功能，有些方法在编程中使用会使得代码更具有可读性。在实际的项目开发中，作者推荐使用列表相关的方法对列表的元素进行操作。

1. append

append 方法用于将一个对象附加到列表的末尾。关于 append 方法的使用，如图 3-13 所示。

图 3-13 使用 append 方法增加列表元素

无论 append 中的参数是一个数值还是两个数值，最终添加到 lst 列表最后位置的都是一个元素。请你仔细观察图 3-13 中两次使用 append 方法的差别，第一次附加到列表末尾的元素是[4]，而第二次附加到列表末尾的元素是[4,5]，而不是[4],[5]。

2. insert

insert 方法用于将一个对象插入列表，虽然使用切片赋值方法也可以完成对列表元素的增加，但代码可读性完全无法与 insert 比拟。关于 insert 方法的使用，如图 3-14 所示。

图 3-14 使用 insert 方法增加列表元素

相较于 append 方法只能在列表的末尾增加元素，insert 方法支持在列表的任何位置增加元素。如果想在列表的末尾增加成员，则需要在 insert 方法的第一个参数中指定索引的位置为最后一个元素索引位置加 1；而在列表的开头增加成员时，则指定索引位置为 0。另外，本例中还使用了不同于原列表元素的数据类型作为新增元素的数据类型，可见列表是支持这种操作的。

3. remove

remove 方法用于删除指定值在列表中第一次出现的元素。请注意，如在列表中该值出现了多次，remove 方法无法删除其他未指定值的元素。可能你已经对图 3-14 所示的示例感到不舒服，下面就利用 remove 方法获得数据类型一致的元素。关于 remove 方法的使用，如图 3-15 所示。

```
>>> lst
['zero', 1, 2, 3, 4, 5, [4, 5], 'five']
>>> lst.remove('zero')
>>> lst
[1, 2, 3, 4, 5, [4, 5], 'five']
>>> lst.remove('five')
>>> lst
[1, 2, 3, 4, 5, [4, 5]]
>>> lst.remove([4,5])
>>> lst
[1, 2, 3, 4, 5]
>>> lst.remove(5)
>>> lst
[1, 2, 3, 4]
>>>
```

图 3-15　使用 remove 方法删除列表元素

4．pop

提到 pop，熟悉其他编程语言的读者一定会联想到 push，它们一同构成了堆栈的操作。没错，pop 方法用于从列表中删除一个元素，并将该元素作为返回值。虽然 Python 没有提供 push 方法，但细心的读者会发现 append 方法的功能与其类似。append 方法配合 pop 方法形成的是一个后进先出（LIFO，Last In First Out）队列，如果需要实现先进先出（FIFO，First In First Out）队列则需要使用 insert 方法配合 pop(0)实现。但 Python 在 collections 模块中提供了更佳的实现方案 deque，感兴趣的读者可查阅它的使用方法。关于 pop 方法的使用，如图 3-16 所示。

```
>>> lst
[1, 2, 3, 4]
>>> a=lst.pop()
>>> lst
[1, 2, 3]
>>> a
4
>>> b=lst.pop(0)
>>> lst
[2, 3]
>>> b
1
>>>
```

图 3-16　使用 pop 方法删除列表开头或末尾成员

实际上 pop 方法还可以在列表中的指定位置删除列表元素，给 pop 方法指定索引即可，但这种方法应用较少，示例如图 3-17 所示。尽管 Python 中的 pop 方法可以这么用，但作者不推荐如此使用 pop 方法。

```
>>> lst
[1, 2, 3]
>>> lst.pop(1)
2
>>> lst
[1, 3]
>>>
```

图 3-17　使用 pop 方法在列表的指定位置删除列表元素

5．clear

clear 方法用于将列表成员清空。clear 方法的使用如图 3-18 所示。

图 3-18　使用 clear 方法将列表元素全部清空

6．extend

extend 方法用于将多个值附加在列表的末尾。虽然列表拼接也可完成此功能，但其效率要低于使用 extend 方法的效率。另外，请注意使用 extend 方法是在原列表基础上进行扩充，而使用拼接方法是在新的列表上进行扩充，原列表的值保持不变。extend 方法的使用如图 3-19 所示。

（a）添加多个元素　　　　　　　　　　　　　　　　（b）添加一个元素

图 3-19　使用 extend 方法将多个或一个元素添加到列表末尾

可见，图 3-19（a）中使用 extend 方法添加的元素[5,6]与图 3-13 中使用 append 方法添加的元素[4,5]存在本质的区别。虽然使用 extend 方法可以添加一个成员，但作者推荐使用 append 方法，因为代码将更具可读性。

7．copy

copy 方法用于复制列表，如需要对复制后的列表（新列表）进行操作而不影响原列表，则需要使用 copy 方法将新列表关联到原列表的副本上。关于 copy 方法的使用，如图 3-20 所示。

（a）关联 a 和 b 列表　　　　　　　　　　　　　　（b）关联 b 到 a 的副本

图 3-20　使用 copy 方法复制列表

可见，如不希望更改原列表中的元素，则应该使用 copy 方法，在新列表上操作；如希望将原列表与新列表做同步操作，则不应该使用 copy 方法将新列表关联到原列表的副本上。

8．count

count 方法用于计算指定列表元素在列表中出现的次数。count 方法的示例如图 3-21 所示。

可见，图 3-21 所示为对 a 和 b 两个列表同时计算 1 的出现次数。很明显，1 作为列表 a 的元素出现了 4 次，而 1 作为列表 b 的元素出现了 2 次。请注意元素[1,2]与元素 1 的区别。

9．index

index 方法用于返回指定值在列表中首次出现时的索引。index 方法的使用如图 3-22 所示。

```
>>> a=[1, 2, 3, 1, 1, 1]
>>> a.count(1)
4
>>> b=[[1, 2], 1, 1, [1, 2, 3]]
>>> b.count(1)
2
>>> b.count([1, 2])
1
>>>
```

图 3-21　使用 count 方法计算指定列表元素的出现次数

```
>>> a=[1, 2, 3, 1, 1, 1]
>>> a.index(1)
0
>>> a.index(3)
2
>>>
```

图 3-22　使用 index 方法查找列表中指定值首次出现时的索引

10.　reverse 和 reversed

reverse 方法用于按相反的顺序排列列表中的元素，它修改了列表中的元素但没有返回值。而当需要保留原列表时，应使用 reversed 函数。但要注意的是，reversed 函数并不能返回列表，其返回值为一个迭代器（9.3 节中会介绍），还需要使用 list 函数才能返回列表。关于 reverse 方法和 reversed 函数的使用，如图 3-23 所示。

```
>>> a=[1, 2, 3, 4]
>>> a.reverse()
>>> a
[4, 3, 2, 1]
>>>
```

（a）使用 reverse 方法

```
>>> a=[1, 2, 3, 4]
>>> b=list(reversed(a))
>>> b
[4, 3, 2, 1]
>>> a
[1, 2, 3, 4]
>>>
```

（b）使用 reversed 函数

图 3-23　使用 reverse 方法与 reversed 函数的区别

11.　sort 和 sorted

sort 方法用于对列表进行排序，与 reverse 类似，sort 方法也没有返回值。当存在一个以数值为元素的列表时，假设实际应用中需要对列表元素按照从小到大（升序）或者从大到小（降序）的顺序进行排列，此时可以使用 sort。sort 方法的使用如图 3-24 所示。

除此之外，sort 还支持按照元素字符串的长度进行排序，奥妙是使用参数 key，示例如图 3-25 所示。参数 key 还可以指定用户自定义的函数。

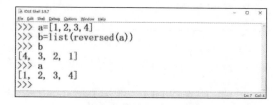

```
>>> a=[3, 1, 2, 4]
>>> a.sort()
>>> a
[1, 2, 3, 4]
>>> a.sort(reverse=True)
>>> a
[4, 3, 2, 1]
>>>
```

图 3-24　使用 sort 方法对列表中元素进行排序

```
>>> lst=['abc','bcde','a','ab']
>>> lst.sort(key=len)
>>> lst
['a', 'ab', 'abc', 'bcde']
>>> lst.sort(key=len, reverse=True)
>>> lst
['bcde', 'abc', 'ab', 'a']
>>>
```

图 3-25　使用 sort 方法对列表中字符串进行排序

如果用户想在保留原列表的同时获得按照新的排序规则生成的列表，那么需要使用 sorted 函数，示例如图 3-26 所示。

可见，当使用 sorted 排序时，原列表作为 sorted 函数的入参，排序后列表作为其返回值，sorted 函数并不修改原列表。另外，对比后可以发现 sort 方法不能直接调用，必须以"对象.方法”的方式调用。

接下来介绍序列中另一种比较常用的类型：元组。元组与列表的主要区别在于元组无法修改，元组的基本创建方法有 4 种，如图 3-27 所示。

```
>>> a=[3,1,2,4]
>>> b=sorted(a)
>>> a
[3, 1, 2, 4]
>>> b
[1, 2, 3, 4]
>>> c=sort(a)
Traceback (most recent call last):
  File "<pyshell#42>", line 1, in <module>
    c=sort(a)
NameError: name 'sort' is not defined
>>>
```

图 3-26　使用 sorted 函数排序

```
>>> a=1,2,3
>>> a
(1, 2, 3)
>>> b=(1,2,3)
>>> b
(1, 2, 3)
>>> c=tuple((1,2,3))
>>> c
(1, 2, 3)
>>> d=tuple([1,2,3])
>>> d
(1, 2, 3)
>>>
```

图 3-27　元组的基本创建方法

可见，只要使用逗号“,”将一些值分隔，就可以创建一个元组，如图 3-27 中第一种创建方法；但更常用的一种做法是使用括号“()”来标识使用逗号分隔的值，如图 3-27 中第二种创建方法；还可以使用 tuple 函数创建元组，如图 3-27 中第三种和第四种创建方法，区别在于第三种方法中 tuple 函数的入参是一个元组，而第四种方法中 tuple 函数的入参是一个列表，实际上，第四种方法是将一个列表强制转化为一个元组。

需要特别说明的是空元组和只含有一个元素的元组的定义方法，如图 3-28 所示。

```
>>> a=()
>>> a
()
>>> b=(9,)
>>> b
(9,)
>>> c=9
>>> c
9
>>>
```

图 3-28　空元组和只含有一个元素的元组的定义方法

对于只含有一个元素的元组，定义时需要在该元素的后面增加一个逗号“,”。虽然图 3-28 的示例中元组 b 和变量 c 看似相同，但它们存在本质上的区别。通过图 3-29 中的示例，相信你可以更清晰地看到两者之间的区别。

```
>>> b*6
(9, 9, 9, 9, 9, 9)
>>> c*6
54
>>>
```

图 3-29　元组 b 和变量 c 的区别

元组元素的访问方法与列表元素的访问方法类似，需要注意的是，元组的切片仍然为元组。元组在 Python 中的应用并不多，这是因为列表足以满足应用的需求。但你仍然需要熟悉元组，元组是字典的重要组成部分。另外，元组是一些内置函数和方法的返回值。

学习列表之后，相信你已经迫不及待地想使用列表结合第 2 章中的内容实现一些具有一定功能的 Python 小程序了吧！作者以 company.py 为例，制作了一个小的基本数据单元，并实现了基本的输入输出功能。company.py 示例代码如图 3-30 所示，你可在本书的配套资源中找到。

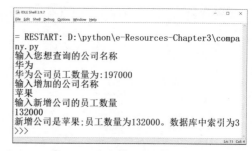

```
cm=['华为','腾讯','阿里巴巴']
em=[197000, 60860, 251462]

print('输入您想查询的公司名称')
qcm=input('')
if qcm not in cm:
    print(qcm+'公司在数据库中不存在\n')

if qcm in cm:
    print(qcm+'公司员工数量为:'+str(em[cm.index(qcm)]))

print('输入增加的公司名称')
icm=input('')
print('输入新增公司的员工数量')
iem=input('')

cm.append(icm)
em.append(int(iem))

print('新增公司是'+icm+';员工数量为'+str(iem)+\
    ';数据库中索引为'+str(cm.index(icm)))
```

图 3-30　company.py 中的代码

图 3-30 中的代码功能展示如图 3-31 所示。

```
=============== RESTART: D:\python\e-Resources-C
hapter3\company.py ===============
输入您想查询的公司名称
百度
百度公司在数据库中不存在

输入增加的公司名称
百度
输入新增公司的员工数量
41000
新增公司是百度;员工数量为41000。数据库中索引为3
>>>
```

（a）第一次运行

```
= RESTART: D:\python\e-Resources-Chapter3\compa
ny.py
输入您想查询的公司名称
华为
华为公司员工数量为:197000
输入增加的公司名称
苹果
输入新增公司的员工数量
132000
新增公司是苹果;员工数量为132000。数据库中索引为3
>>>
```

（b）第二次运行

图 3-31　功能展示

3.2　字典

通过对列表的学习，不难发现列表元素的访问需要通过索引，这种方式可以支撑大多数的应用场景。但需要通过名称来访问元素时，使用列表虽然也可实现，但代码的可读性会降低。为此，Python 引入字典，它是唯一的内置映射类型。

字典由键及其对应的值组成，"键:值"称为"项"。键可以是数、字符串或元组，键必须是独一无二的，但键对应的值可以是相同的。字典的创建非常便捷，每个键与其值之间都用冒号":"分隔，若值有多个则需要使用圆括号"()"将多个值包含在内，值之间使用逗号","分隔，项之间用逗号","分隔。字典中的全部内容使用花括号"{}"标识。电话簿和班级学生名册是最典型的两种字典，示例如图 3-32 所示。

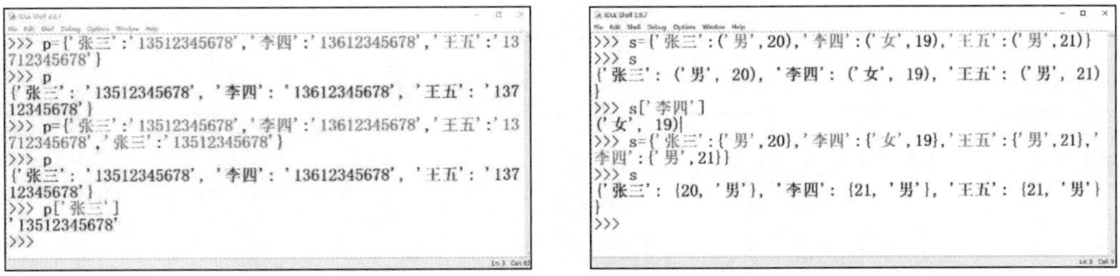

（a）电话簿　　　　　　　　　　　　　（b）班级学生名册

图 3-32　创建和使用字典

可见，当字典的键值重复时，字典自动取最后出现的项作为其元素。此时，有过编程经验的读者会提出这样的问题："在实际应用中，可能存在两个同名不同性别的人，字典却只能保存一个，这似乎不妥吧？"很可惜，在 Python 中键值一致时只能保存后出现的项，但可以将多个值组合为键值使得键值唯一。图 3-32 中的同名不同性别的两名学生可以使用多键值的方式存入字典，使用圆括号将多个键值包含在内，如图 3-33 所示。

除此之外，还可以使用 dict 函数将列表转化为字典，如图 3-34 所示。

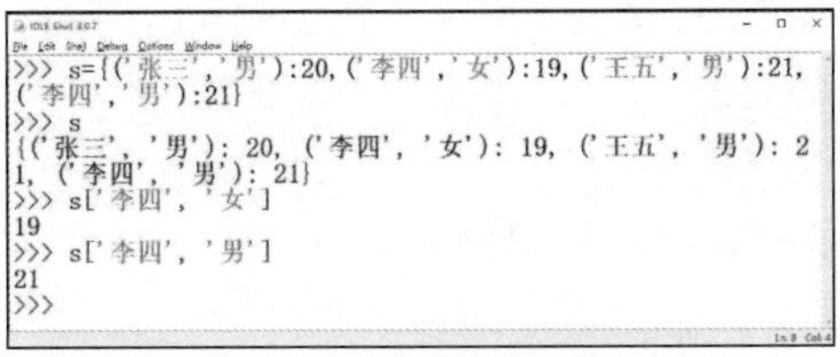

图 3-33　创建多键值字典

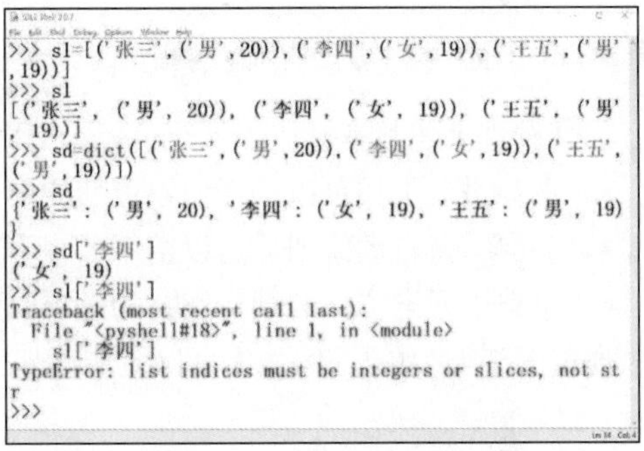

图 3-34　使用 dict 函数将列表转化为字典

可见，变量 sl 是列表，变量 sd 是字典。

使用 dict 函数声明一个多键值字典，如图 3-35 所示。

另外，dict 函数的参数也可以是一个字典，但通常不推荐这么做，因为没有任何必要。如果想从一个已存在的字典中获得一个新的字典变量，作者推荐使用下文中介绍的字典方法 copy。

下面介绍基本的字典操作。

（1）len(d)返回字典 d 包含的项的数量，如图 3-36 所示。

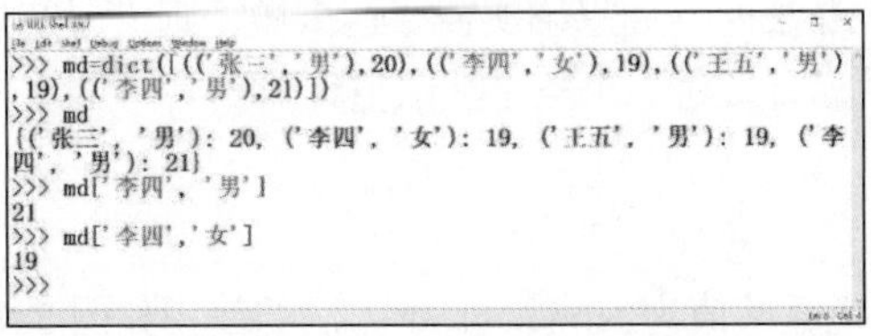

图 3-35　使用 dict 函数声明一个多键值字典

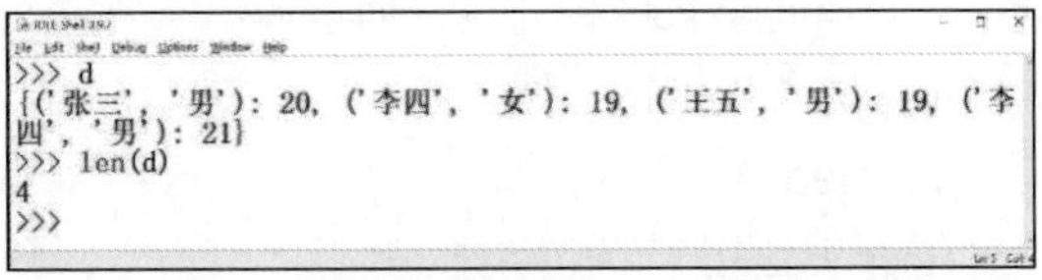

图 3-36　使用 len 函数获得字典项的数量

（2）d[i]返回与键 i 相关联的值，如图 3-37 所示。

（3）d[i]=v，将值 v 关联到键 i 上，如图 3-38 所示。

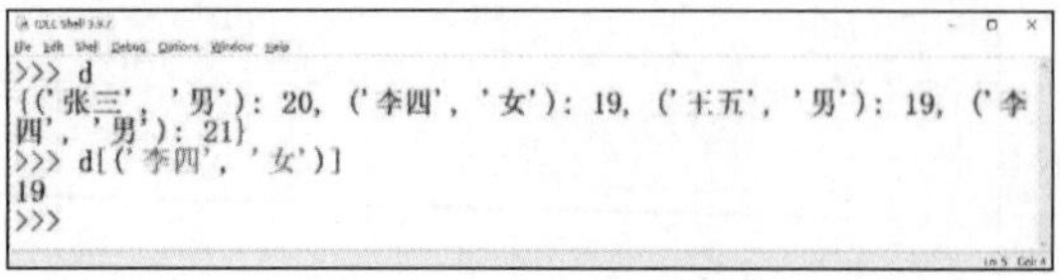

```
>>> d
{('张三', '男'): 20, ('李四', '女'): 19, ('王五', '男'): 19, ('李四', '男'): 21}
>>> d[('李四', '女')]
19
>>>
```

图 3-37　通过键获得与键相关联的值

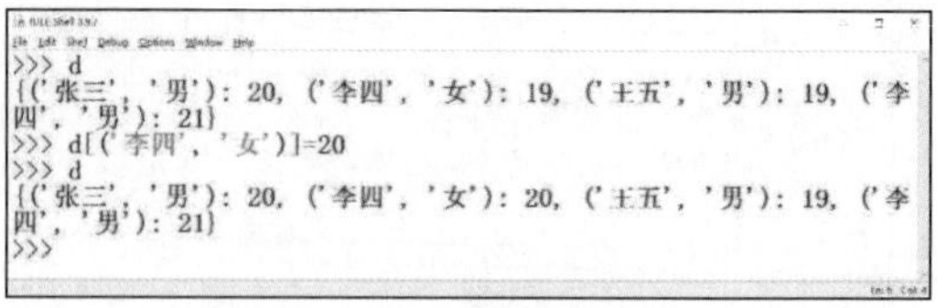

```
>>> d
{('张三', '男'): 20, ('李四', '女'): 19, ('王五', '男'): 19, ('李四', '男'): 21}
>>> d[('李四', '女')]=20
>>> d
{('张三', '男'): 20, ('李四', '女'): 20, ('王五', '男'): 19, ('李四', '男'): 21}
>>>
```

图 3-38　通过键赋值

（4）i in/not in d，检查字典中是否包含键为 i 的项，如图 3-39 所示。

（5）del d[i]，删除键为 i 的项，如图 3-40 所示。

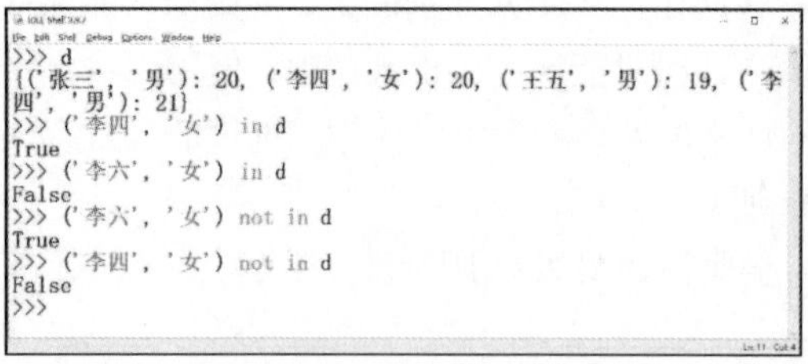

```
>>> d
{('张三', '男'): 20, ('李四', '女'): 20, ('王五', '男'): 19, ('李四', '男'): 21}
>>> ('李四', '女') in d
True
>>> ('李六', '女') in d
False
>>> ('李六', '女') not in d
True
>>> ('李四', '女') not in d
False
>>>
```

图 3-39　检查字典中是否有项包含指定的键值

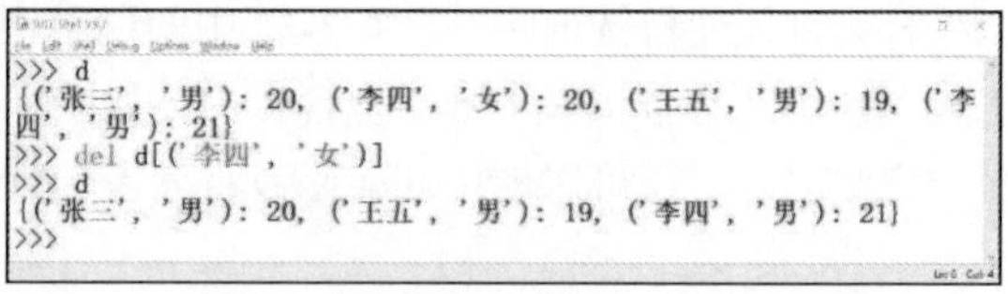

```
>>> d
{('张三', '男'): 20, ('李四', '女'): 20, ('王五', '男'): 19, ('李四', '男'): 21}
>>> del d[('李四', '女')]
>>> d
{('张三', '男'): 20, ('王五', '男'): 19, ('李四', '男'): 21}
>>>
```

图 3-40　删除字典中指定键对应的项

你会发现上述基本操作与列表类似，下面介绍一些字典与列表的不同之处。

- 字典键的类型可以是任何不可变的类型，如整型、浮点型、字符串型或元组型。
- 字典支持自动添加，可以给字典中不存在的键赋值，从而创建一个新的项。
- 字典中元素资格的判定查找的是项，而列表查找的是值。

通过图 3-41 中的示例，你可以更加清晰地理解列表和字典的区别。

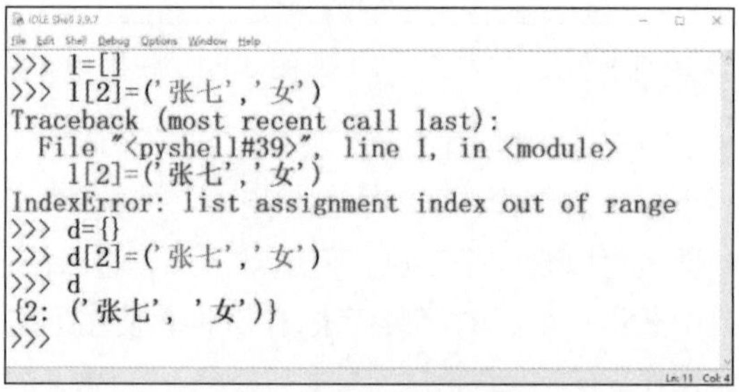

```
>>> l=[]
>>> l[2]=('张七','女')
Traceback (most recent call last):
  File "<pyshell#39>", line 1, in <module>
    l[2]=('张七','女')
IndexError: list assignment index out of range
>>> d={}
>>> d[2]=('张七','女')
>>> d
{2: ('张七', '女')}
>>>
```

图 3-41　对空列表和空字典赋值的区别

可见，对空列表中索引为 2 的元素进行赋值是非法的，如果确实需要这么做，则需要初始化一个具有足够长度的列表；而字典不需要这么做，直接对一个空字典赋值即可。

下面介绍字典的方法。

1．clear

clear 方法用于清空字典，其返回值为空，或者说返回值为 None。clear 方法的使用如图 3-42 所示。

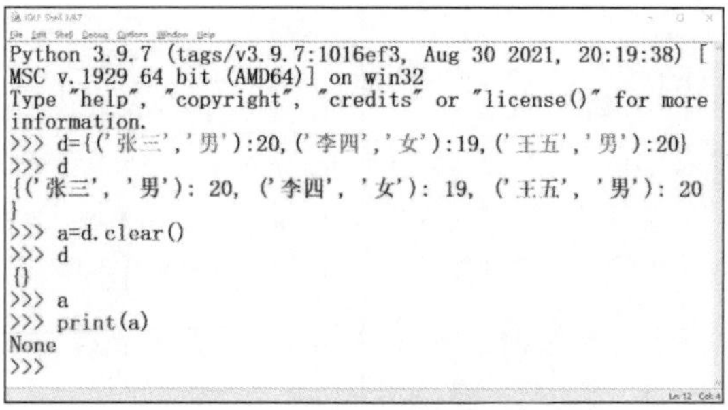

图 3-42　使用 clear 方法清空字典

2. copy

copy 方法用于返回一个新的字典，其中包含的项与原字典中的项相同，但这种方法通常称为浅复制，对比图 3-43 中的两个示例不难发现使用浅复制的局限性（当然，故意如此做的实际情况排除在外）。

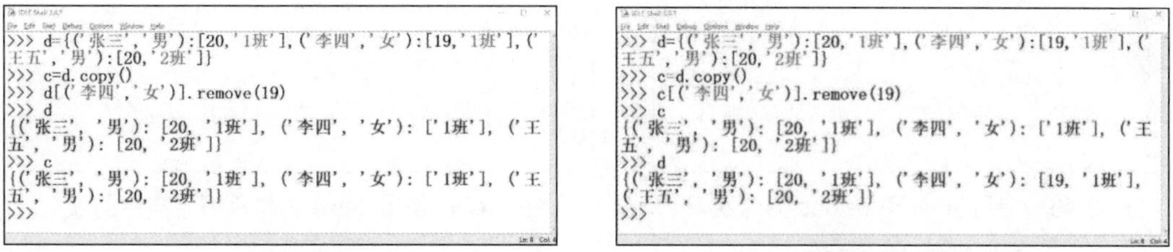

（a）修改原字典　　　　　　　　　　　　（b）修改新字典

图 3-43　使用 copy 方法复制字典

可见，当修改原字典中的值时，通过浅复制方法获得的新字典 c 中的值也会随之修改，而修改复制后所得新字典 c 中的值不会影响原字典 d。如果需要修改原字典中的值而不影响复制所得的新字典中的值，那么需要使用 copy 模块中的深复制函数 deepcopy，如图 3-44 所示。

请暂时忽略 import copy，这将在后续章节中介绍。由图 3-44 可见，通过 deepcopy 复制所得的新字典 b 中的值并没有随着原字典 d 中值的修改而修改，而通过浅复制方法 copy 所得的字典 c 与原字典 d 保持同步修改。这两种方法在实际应用中都有用武之地，如何选择需要根据实际情况自行决定。

3. fromkeys

fromkeys 方法用于创建一个新字典，其中包含指定的键，且每个键对应的值为 None。有些读者会觉得这有些多余，因为前述内容已经介绍了如何创建一个新的字典。但在某些情况下，使用 fromkeys 方法创建一个新字典会在接近实际应用的同时使得代码可读性更佳。如图 3-44 中的示例，当已经获得键（人名、性别）时，值（年龄、班级）是未知的，此时在代码中使用 fromkeys 方法创建字典更加符合编程规范（要时刻提醒自己，编写代码要注意编程规范，一方面方便自己回溯，另一方面利于他人阅读和修改）。使用 fromkeys 方法创建新字典的方式如图 3-45 所示。

可见，如不指定字典中的值，则获得字典的值全部为空值（None）。当然 Python 也支持将初始化的值指定为特定值，但作者推荐使用 None。

图 3-44　使用 deepcopy 函数复制字典　　　　　图 3-45　使用 fromkeys 方法创建新字典

4．keys 和 values

方法 keys 和 values 分别用于返回字典中全部的键和值，如图 3-46 所示。

5．items

items 方法用于返回字典中全部的项，但项在返回的列表中顺序不确定，如图 3-47 所示。

图 3-46　使用 keys 和 values 方法获得　　　　　图 3-47　使用 items 方法获得字典中的项
字典中全部的键和值

6．get

get 方法用于访问字典中的项，它的输入参数是字典中的键，它返回键对应的值。虽然你可以使用字典的基本操作获得指定键对应的值，但当键不存在时，Python 会触发异常，而不是返回空值（None），get 方法弥补了这个缺陷，如图 3-48 所示。

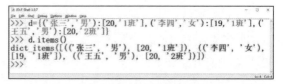

图 3-48　使用 get 方法获得字典中指定键对应的值

细心的读者会发现这类似数据库中的查询操作，虽然功能相对单一，但是足以应对在内存中对具有一定结构的数据的查询。

7．setdefault

setdefault 与 get 方法既相似又有区别。当指定的键在字典中存在时，setdefault 与 get 方法都可以查询到该键对应的值；但当指定的键在字典中不存在时，setdefault 方法会在字典中新增该项，键和值为指定值，如仅指定了键，则值为空值（None）。setdefault 方法的使用如图 3-49 所示。

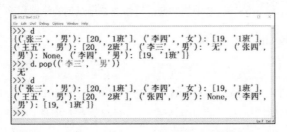

图 3-49　使用 setdefault 方法获得字典中指定键对应的值

可见，当使用 setdefault 方法查询不存在的项时，可以通过设定具体的值实现新增项的操作，这对一些应用是有效的。

8．pop

pop 方法用于获取指定键相关联的值，并将对应的项从字典中删除，这类似于数据库中的删除操作。pop 方法的使用如图 3-50 所示。

图 3-50　使用 pop 方法从字典中删除指定键对应的项

9．popitem

popitem 方法类似于列表中的 pop 方法，但列表中的 pop 方法返回的是最后一个元素，而 popitem 则随机地从字典中弹出一个项，并不一定是最后一个项。因此，当需要处理全部项时，这是一种非常高效的方法。popitem 方法的使用如图 3-51 所示。

图 3-51　使用 popitem 方法从字典中随机删除一项

10．update

update 方法用于将字典中的项更新到另外一个字典中。当出现重复键值时，原字典中的项会被 update 方法的入参字典更新。update 方法的使用如图 3-52 所示。

```
>>> d1={('张三','男'): [20, '1班'], ('李四','女'): [19,
'1班'], ('王五','男'): [20, '2班']}
>>> d2={('张三','男'): [20, '2班'], ('李四','男'): [19,
'1班'], ('王五','男'): [19, '2班']}
>>> d1.update(d2)
>>> d1
{('张三','男'): [20, '2班'], ('李四','女'): [19, '1班'],
('王五','男'): [19, '2班'], ('李四','男'): [19, '1班']}
>>>
```

图 3-52　使用 update 方法更新字典中的项

下面使用字典来创建一个小的学生数据查询示例程序，代码如图 3-53 所示。

```
stu={('张三','男'): [20, '1班'], \
     ('李四','女'): [19, '1班'], \
     ('王五','男'): [20, '2班']}

print('请输入你要查询的学生姓名和性别：\n')
name=input('')
ged=input('')

stv=stu.setdefault((name,ged))
if stv is None:
    age='空'
    clas='空'
else:
    age=stv[0]
    clas=stv[1]

print('姓名：'+name+'\n'+'性别：'+ged+'\n'+'年龄：'+str(age)+'\n'+'班级：'+clas+'\n')
```

图 3-53　一个使用字典进行学生数据查询的示例程序

该程序运行的结果如图 3-54 所示。

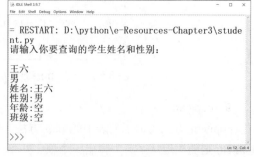

```
= RESTART: D:\python\e-Resources-Chapter3\stude
nt.py
请输入你要查询的学生姓名和性别：

李四
女
姓名:李四
性别:女
年龄:19
班级:1班
>>>
```

```
= RESTART: D:\python\e-Resources-Chapter3\stude
nt.py
请输入你要查询的学生姓名和性别：

王六
男
姓名:王六
性别:男
年龄:空
班级:空
>>>
```

（a）查询字典中存在项的运行结果　　　　　　（b）查询字典中不存在项的运行结果

图 3-54　程序运行结果

3.3　小结

至此，本章已经介绍了很多内容，为了方便后续的学习，我们应该进行总结。

列表：序列中的一种数据结构，其中的元素带有索引（从 0 开始）。

元组：序列中的一种数据结构，其中的元素不可变。

字典：Python 中唯一内置映射类型，常用字符串和元组标识其中的键。

方法：列表和字典相关的方法有很多，这些方法可操作列表中的元素和字典中的项。

本章介绍了一些新函数，如表 3-1 所示。

表 3-1 第 3 章中介绍的部分函数

函数名	功能描述
list	将序列转换为列表
max	返回序列或一组参数中的最大值
min	返回序列或一组参数中的最小值
tuple	将序列转化为元组
reversed	反向迭代序列
sorted	返回一个有序列表
dict	根据键值对或关键字参数创建字典

第4章 使用字符串

字符串是各种编程语言中使用最为广泛的数据类型，Python 也不例外。在本书的第 2 章中已经介绍过了有关字符串的基本使用方法，然而在实际应用中基本使用方法并不能完全满足编程需要，因此在本章中将会进一步介绍字符串的使用方法。

4.1 不可变的字符串

在第 3 章中，我们学习了如何使用 Python 中的两种容器（序列以及字典）。其中序列包含列表、元组和字符串。序列的所有标准操作（索引、切片、乘法、元素资格检查、求长度、求最小值和最大值）都适用于字符串，只有元素赋值和切片赋值对于字符串是非法的，因为字符串中的元素不可变。下面给出一个尝试对字符串进行元素或切片赋值的示例，如图 4-1 所示。

```
>>> cstring='I love Python'
>>> cstring[0]='U'
Traceback (most recent call last):
  File "<pyshell#10>", line 1, in <module>
    cstring[0]='U'
TypeError: 'str' object does not support item a
ssignment
>>> cstring[7:]='MATLAB'
Traceback (most recent call last):
  File "<pyshell#11>", line 1, in <module>
    cstring[7:]='MATLAB'
TypeError: 'str' object does not support item a
ssignment
>>>
```

图 4-1 对字符串进行元素或切片赋值

可见，Python 不允许对字符串进行元素或切片赋值。

4.2 像 C 语言一样设置字符串的格式

学习和使用过 C 语言的读者可能会想到 printf 函数，它能在字符串格式设置运算符“%”左边指定一个字符串（格式字符串），在其右边指定要设置格式的值。幸运的是，Python 也支持“%”运算符，图 4-2 展示了使用“%”运算符对字符串格式进行设置的方法。

上述示例中的“%s”是转换说明符。其中，“%”指明了要将值插入字符串的位置，“s”指明了值的输入格式为字符串。当值不为字符串时，需要使用 str 函数将其转化为字符串，而使用其他转换说明符会获得不同的形式转换，如图 4-3 所示。

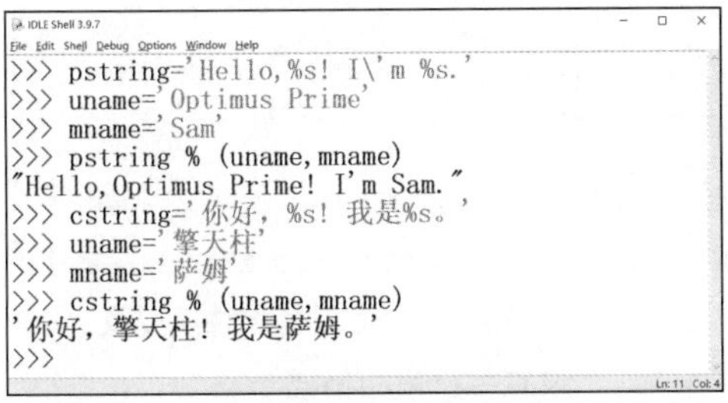

图 4-2 使用字符串格式设置运算符 "%"
设置字符串的格式

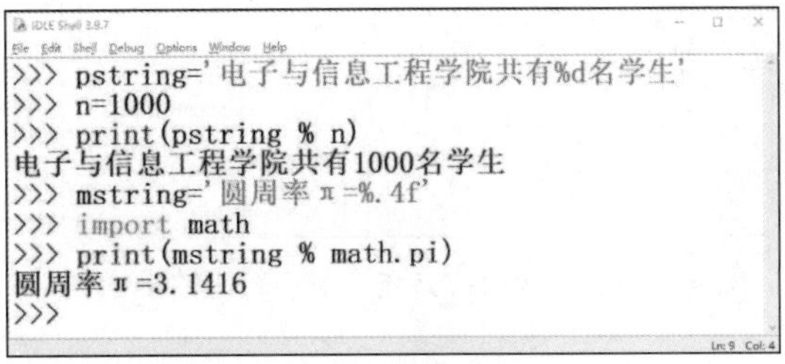

图 4-3 使用 "%d" 和 "%.xf"
设置字符串的格式

可见，"%d" 指定了值的输入格式为整数，"%.4f" 代表将值设置为包含 4 位小数的浮点数。"%.xf" 中的 "x" 表示不同的整数，用于控制小数点后的取值位数。本书将这种方法称为格式符替换法。

4.3 模板法

除用上述方法设置字符串的格式外，还可以使用类似 Unix Shell 处理字符串的方法，称之为模板法或模板字符串法。它的使用方法较为简单，示例如图 4-4 所示。

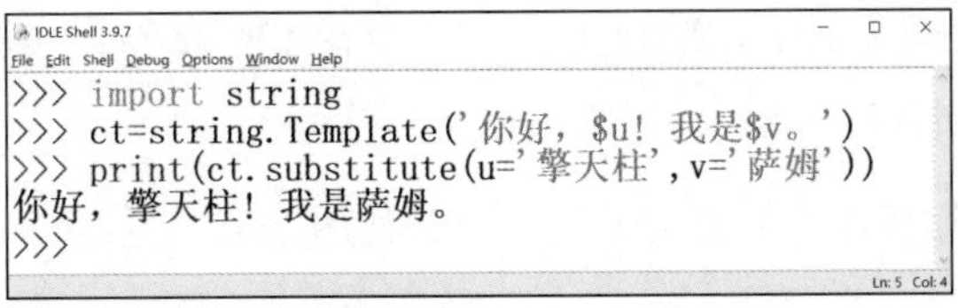

图 4-4 使用模板法设置字符串的格式

可见要使用模板法需要首先导入模块 string，然后使用该模块中的 substitute 方法对关键字参数进行赋值，如 "u" 和 "v"。

4.4 format 方法

Python 中还引入了 format 方法，该方法用于设置字符串的格式，每个需要被替换的字段使用花括号标识，其中可能包含名称、索引以及有关如何对相应的值进行转换和格式设置的信息。其使用方法如图 4-5 所示。

可见，使用 format 方法比较方便和灵活，既可以不指定索引，也可以指定索引，但不指定索引时其效果与索引按从小到大顺序排列的结果一致。图 4-6 展示了使用 format 方法对指定名称进行替换以及设置字符串格式的方法。

可见，更改指定名称的顺序并不重要。对比指定精度为.4f 和不指定时的输出，你可以看到其中的差别所在。数字 "4" 代表精度。另外，可以使用 f 对字符串进行替换。

Python 也支持指定名称和索引混排方式替换，但作者不建议这么做，因为这显得毫无规则，不符合基本的编程规范。示例如图 4-7 所示。

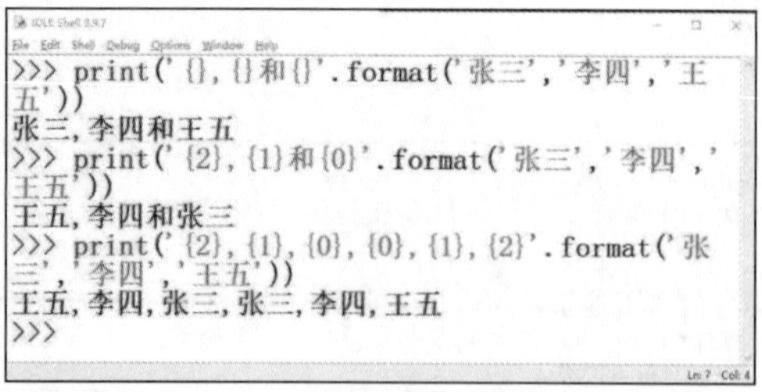

图 4-5　使用 format 方法设置字符串的格式

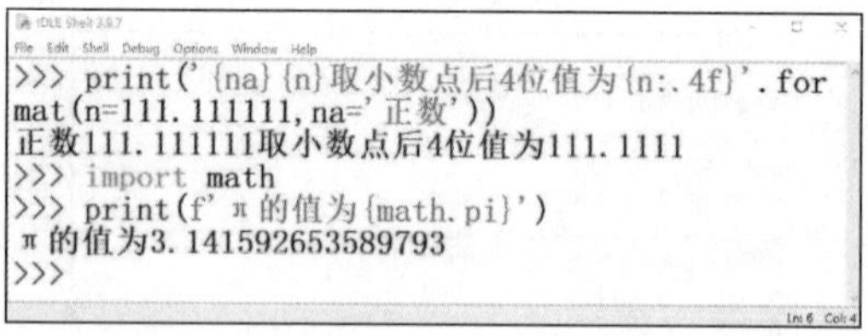

图 4-6　format 中的指定名称替换以及
设置字符串的格式

对于变量来说，可能在代码中需要输出不同的值，这在实际应用中很常见，比如 IP（Internet Protocol，互联网协议）地址需要在十进制、十六进制、二进制之间转换。示例如图 4-8 所示。

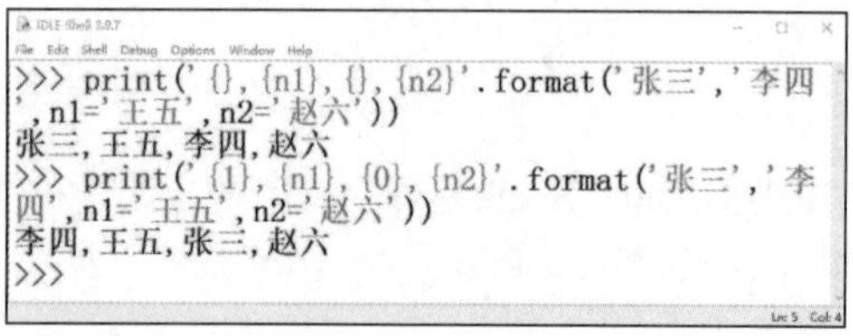

图 4-7　format 中的指定名称替换与索引混排
方式替换混用

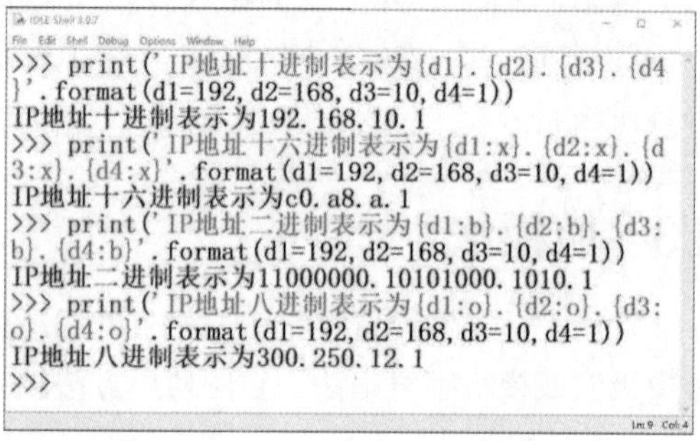

图 4-8　format 中指定不同的类型说明符

指定百分号需要使用特殊的类型说明符"%"，使用方法如图 4-9 所示。

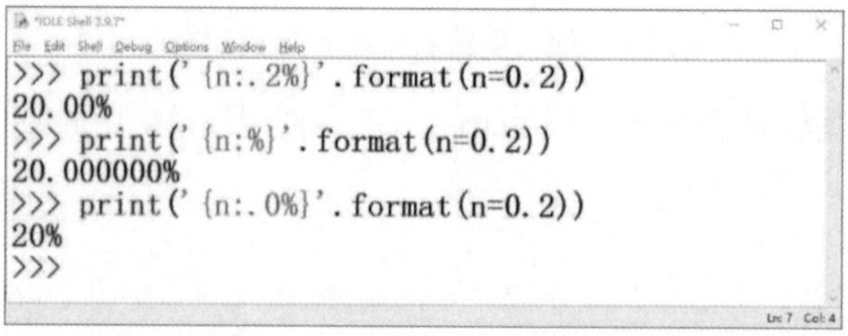

图 4-9　format 中指定百分号的类型说明符使用方法

不同字符串格式的类型说明符如表 4-1 所示。

表 4-1　　　　　　　　　　　　　　　字符串格式的类型说明符

类型	含义
b	将整数表示为二进制数
c	将整数表示为 Unicode 码点
d	将整数记数为十进制数，默认类型说明符
e	使用科学记数法表示小数（e 表示指数）
f	表示为浮点小数

续表

类型	含义
g	自动在 f 和 e 之间做出选择
n	与 g 作用相同，但会插入随区域而异的数字分隔符
o	将整数表示为八进制数
s	保持字符串格式不变，是默认用于字符串的说明符
x	将整数表示为十六进制数
%	将数表示为百分值形式（按类型说明符 f 设置格式，在后面增加%）

有时，可以指定字符串或数值的位数，以及对齐方式，这样使用 print 输出后更加美观，也更方便调试，示例如图 4-10 所示。

可见，与图 4-8 所示的输出对比，图 4-10 所示的输出更加方便阅读。符号"<"代表左对齐，">"代表右对齐，"^"代表居中对齐。对齐符号与进制符号之间的数字代表指定的位数，也称为指定的宽度。有时，在处理上述数据时，使用"0"进行填充并附带进制符号，将会得到更好的效果，当输入为数值时，符号"="代表右对齐，使用"#"显示进制符号。填充和附带进制符号的方法如图 4-11 所示。

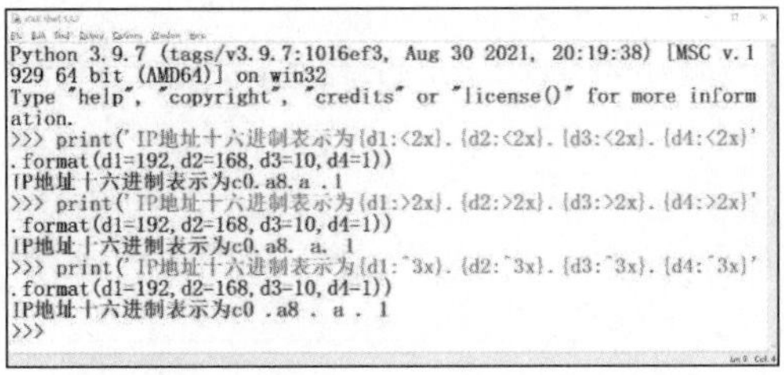

图 4-10　format 中指定字符串或数值
的位数及对齐方式

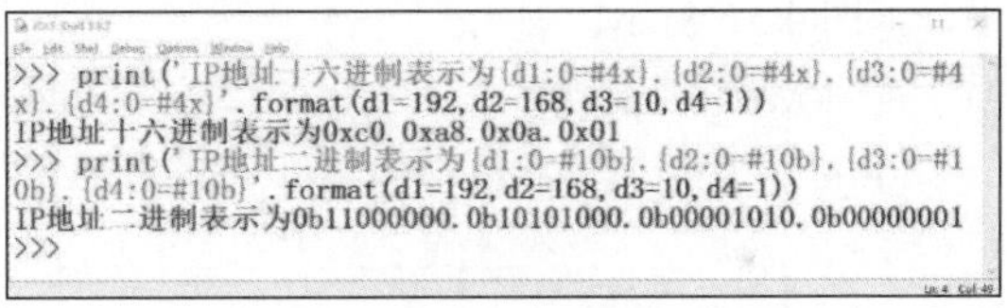

图 4-11　format 中填充和附带进制
符号的方法

对于需要显示正负号的情况，可以使用说明符"+"，如图 4-12 所示。

当处理的数值较大时，可以使用千位分隔符","将数据分隔表示，这样数据更加易读，如图 4-13 所示。

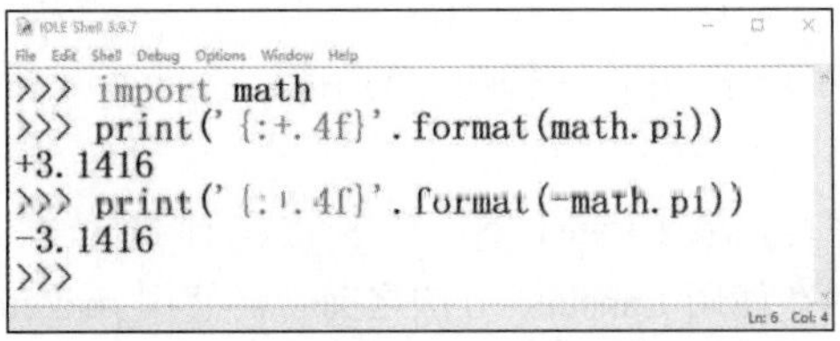

图 4-12　format 中正负号显示方法

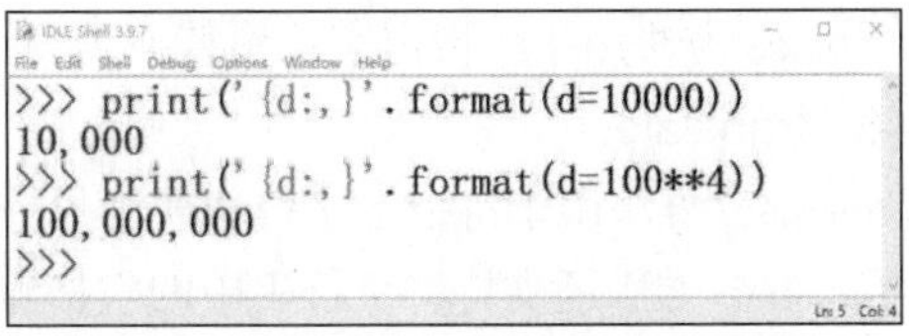

图 4-13　千位分隔符使用方法

4.5　字符串方法

模块 string 中包含很多处理字符串的方法，本节仅介绍一些较为常用的方法，其他方法请参考 Python 的帮助文档。

1. center、ljust、rjust、zfill

center 方法用于让字符串居中，ljust 方法用于让字符串左对齐，rjust 方法用于让字符串右对齐，zfill 方法用于在字符串左边填充 0。其中 center、ljust、rjust 方法的第一个参数指定字符串的宽度，第二个参数指定填充用的符号，而 zfill 方法只支持指定字符串的宽度，如图 4-14 所示。

2. find

find 方法用于在字符串中找到指定的字符或者子串，如果子串存在则返回子串中第一个字符的索引，否则返回-1，如图 4-15 所示。

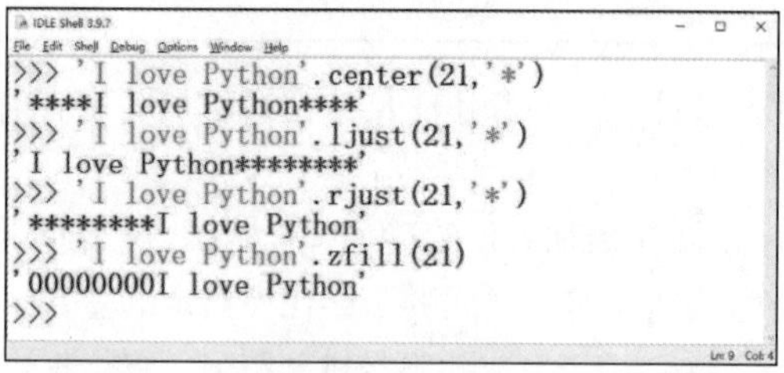

图 4-14　使用 center、ljust、rjust、zfill
方法对齐字符串

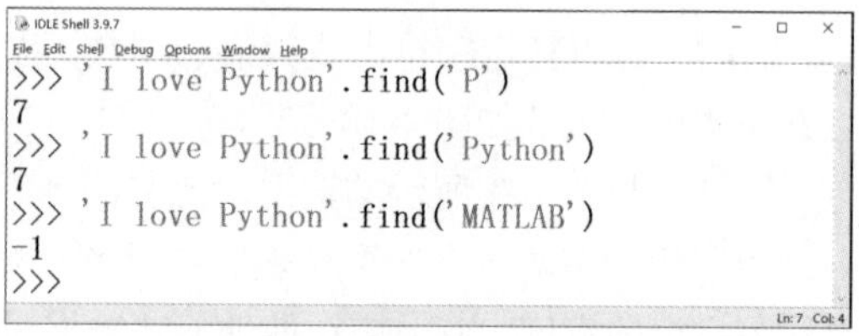

图 4-15　使用 find 方法查找
字符或子串

3. split、join

split 方法用于拆分字符串，拆分后所得结果为序列，join 方法用于将序列元素合并为字符串，如图 4-16 所示。

4. lower、upper

lower 方法用于将字符串中字母全部变为小写，而 upper 方法作用与之相反，如图 4-17 所示。

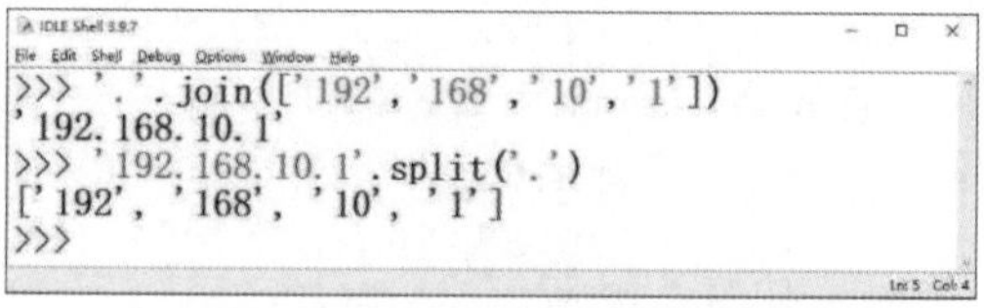

图 4-16　使用方法 join 合并字符串和
使用 split 方法拆分字符串

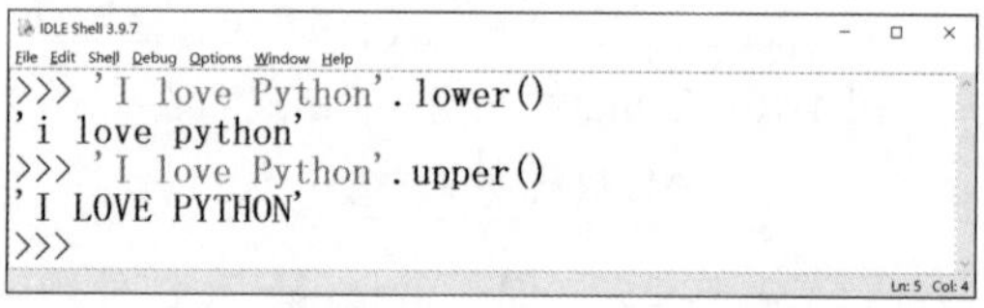

图 4-17　使用 lower 和 upper 方法转换
字符串大小写

5. replace

replace 方法用于将指定字符串替换为另一个字符串，并返回替换后的结果，如图 4-18 所示。

6. translate

translate 方法用于将指定字符替换为另一个字符，并且 translate 支持多个字符同时替换。另外，translate 方法还支持将字符串中的空格删除，在使用 translate 方法之前，需使用 maketrans 方法声明转换表，如图 4-19 所示。

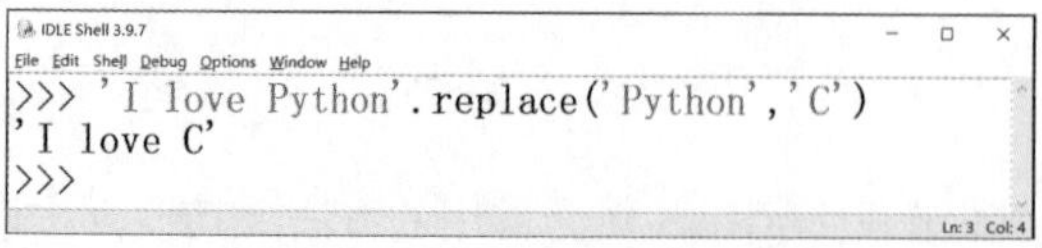

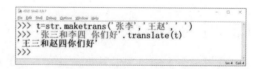

图 4-18　使用 replace 方法替换

图 4-19　使用 translate 方法替换

7. strip

strip 方法用于删除字符串开头和末尾的空格，并返回删除后的结果，strip 方法还可以删除指定的字符，如图 4-20 所示。

可见，当 strip 方法的输入参数为空时，字符串开头和末尾的空格都被去掉，但字符串中的空格是不会处理的。当删除指定字符时，需在字符的前或后加入空格，另外 strip 方法也支持同时删除多个字符。

8. islower、isupper、isdigit、isspace 等

islower 方法用于判定字符串是否为小写字母，isupper 方法用于判定字符串是否为大写字母，isdigit 方法用于判定字符串是否为数字，isspace 方法用于判定字符串是否为空格，isdecimal 方法用于判定字符串是否为整数，isalpha 方法用于判定字符串是否全部为字母。这一类方法都是用来判定字符串是否满足特定条件的，其返回值为布尔值。满足性质则返回 True，不满足性质则返回 False，示例如图 4-21 所示。本节仅列举了几个判定方法，在 string 中还存在其他方法，感兴趣的读者可以查阅 Python 的帮助文档。

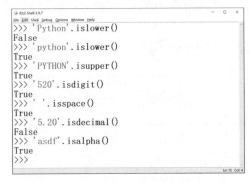

图 4-20 使用 strip 方法删除字符串开头和　　　　图 4-21 判定字符串是否满足特定条件
　　　　末尾的空格或者指定字符

4.6 小结

本章介绍了几种处理字符串的方法。

格式符替换法：使用 "%" 运算符像 C 语言一样处理字符串。

模板法：类似 Unix Shell 处理字符串的方法。

format 方法：Python 提供的用于设置字符串格式的方法。

string 模块法：string 模块中提供的诸多处理字符串的方法。

第 5 章　语句

学习过字符串、列表、元组、字典等数据类型后，本章介绍语句。操作不同数据类型的变量的不同语句，组成了程序段，一定数量的程序段就组成了程序文件，不同的程序文件最后就组成了项目。大型的项目可能由成百上千个程序文件组成，当然这种大型项目实现的功能会更加复杂，同时参与开发的软件工程师人数也很多。总之，再大的软件项目、再多的代码，都是由一条条语句构成的。可以说语句是代码的脉络。下面就正式开始对语句进行学习。

5.1　赋值语句

赋值语句是较为简单的语句，它的使用有很多的技巧，其中的部分技巧会让代码变得更简单、优美，比如同时给多个变量赋值，如图 5-1 所示。

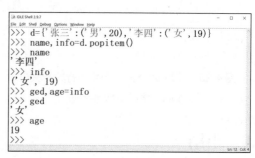

（a）初始化赋值　　　　　　　　　　　（b）过程中赋值

图 5-1　多变量同时赋值

编程初学者会觉得同时赋值没什么特殊之处，因为前面已经介绍过单个变量的赋值语句，大不了重复编写几次好了。在 Python 中当然可以这样做，但代价是明明一行代码就可以搞定的事情，坚持重复多次的写法会出现多行代码，显得冗余。但在一种情况下，作者不推荐使用同时赋值的方法，即变量应用在不同的数学表达式中时。在计算机视觉中，x、y、z 代表点的三维空间坐标，此时应该使用同时赋值语句，假设再增加两个变量 u、v，分别代表点的二维图像平面坐标，作者推荐再次使用同时赋值语句对 u、v 赋值，而非对 x、y、z、u、v 同时赋值。图 5-1（a）所示赋值方法适用于变量的初始化操作，图 5-1（b）所示赋值方法适用于过程中变量的赋值操作。

在多变量赋值过程中，编程初学者通常会遇到两个容易犯的错误，如图 5-2 所示。

图 5-2 中的两个错误实际上可归为一类，即变量的数量与为其赋值的数量不一致。但 Python

实际上是支持变量数量与赋值数量不一致的情况的，这在实际应用中也是存在的。比如，若你想把列表赋以变量，具体请看图 5-3 中的示例。对数值应用没有太多概念的初学者，可以参考图 5-3（b）中的示例，一个外国人的全名，由第一个单词（名）、中间单词（名）和最后一个单词（姓）组成，该例所示是大名鼎鼎的小说《哈利·波特》系列的主要人物，霍格沃兹魔法学校校长的全名。

```
>>> x, y, z=1, 2, 3, 4
Traceback (most recent call last):
  File "<pyshell#0>", line 1, in <module>
    x, y, z=1, 2, 3, 4
ValueError: too many values to unpack (expected
3)
>>> x, y, z=1, 2
Traceback (most recent call last):
  File "<pyshell#1>", line 1, in <module>
    x, y, z=1, 2
ValueError: not enough values to unpack (expect
ed 3, got 2)
>>>
```

图 5-2　多变量同时赋值错误

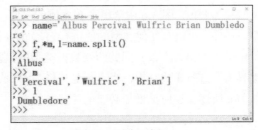

```
>>> x, y, *z=1, 2, 3, 4, 5
>>> x
1
>>> y
2
>>> z
[3, 4, 5]
>>>
```
（a）星号位于结尾

```
>>> name='Albus Percival Wulfric Brian Dumbledo
re'
>>> f, *m, l=name.split()
>>> f
'Albus'
>>> m
['Percival', 'Wulfric', 'Brian']
>>> l
'Dumbledore'
>>>
```
（b）星号位于中间

图 5-3　使用星号（*）运算符对变量赋值

由图 5-3 可见，星号运算符可以"收集"多个数值或者字符。但是 Python 并不支持同时使用多个星号运算符，这点请读者自行试错。

Python 还支持链式赋值，当变量需要赋相同值时，这是一种非常方便的赋值方法，示例如图 5-4 所示。

```
>>> x=y=1
>>> x
1
>>> v
>>> x=y=z=u=v=9
>>> print(x, y, z, u, v)
9 9 9 9 9
>>>
```

图 5-4　链式赋值

还有一种赋值方法称为增强赋值，这种赋值方法多用于循环中，循环语句将在 5.3 节进行介绍，但在此之前可以先看看增强赋值如何使用，示例如图 5-5 所示。

对于编程中常见的自加运算，Python 同样支持这种增强赋值操作，增强赋值支持所有的基本运算符，如"-""/""%"。

（a）加法增强赋值 （b）乘法增强赋值

图 5-5 增强赋值

5.2 条件语句

无论你是否具有编程基础，理解条件语句都并非难事，现实世界中有非常多的实例供参考。比如，如果今天天气好，就出去野餐；如果今天天气不好，就在家学习 Python。仔细阅读图 3-30 中的示例代码，你就会发现代码世界如同现实世界，条件执行必不可少。说到条件语句，自然需要介绍布尔值，这是条件判断的基础，布尔值包含真值和假值，是以 George Boole 的名字命名的，以纪念他在真值方面做出的巨大贡献。在 Python 和其他编程语言中，通常用 True 代表真值，假值通常使用 False 表示。另外，Python 将 None、各种类型的数值 0、空序列以及空映射都视为假值。图 5-6 中给出了布尔值的示例。需要注意的是，True 或者 False 的首字母需要大写。另外，可以对任何类型的值进行布尔值的显式转换，但实际上 Python 会自动进行转换。由示例可以看出，本来不同的两个数据类型的值转换为布尔值后可以进行比较。建议你根据实际编程需要进行显式转换，当进行显式转换时一定要使用 bool 函数在代码中明确标识出。另外，如前文所述，还应该增加必要的注释。

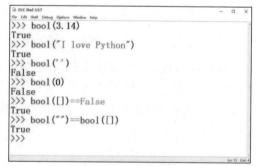

（a）布尔值的判断 （b）其他数据类型的值转换为布尔值

图 5-6 布尔值

介绍完布尔值后，将真正进入条件语句的学习。条件语句的开头总是使用 if，如果 if 后的表达式为真，继续执行 if 后的语句；如果 if 后的表达式为假，则跳过 if 后的语句。if 语句示例如图 5-7 所示。

该示例完成的功能是：输入核酸检测结果，如果为阳性则发出告警。该示例运行结果如图 5-8 所示。

从图 5-7 中的代码可看到，该段代码只能完成一个判断。但实际应用中可能会遇到两个判断。此时，就需要使用 else 子句，如图 5-9 所示。

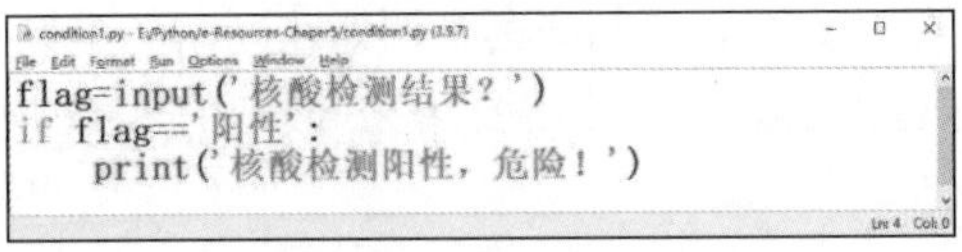

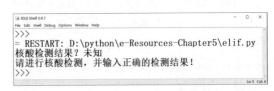

图 5-7 if 语句

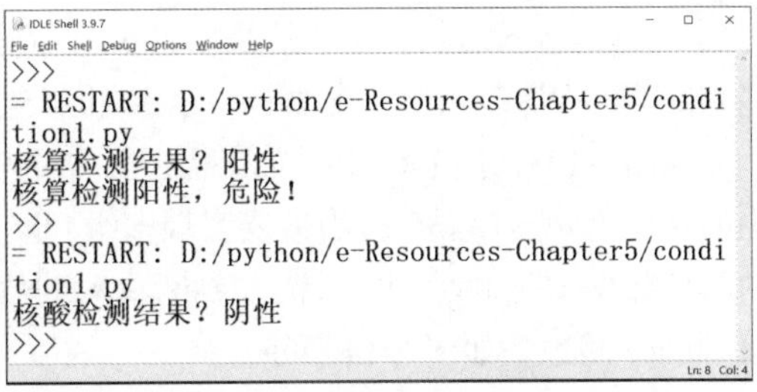

图 5-8 if 语句示例运行结果

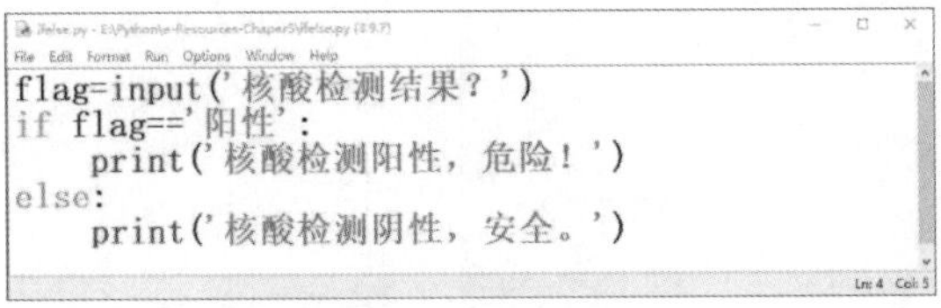

图 5-9 if-else 语句

很显然，在图 5-9 所示的示例中，程序不但会在输入"阳性"时给出反馈，在输入"阴性"时也会给出反馈。当输入"阴性"时，用户会得到图 5-10（a）所示的结果，这在实际应用中显得非常友好。然而，细心的读者会发现程序的漏洞，当用户输入其他内容时，比如"未检测"或者其他字符，程序一样会返回"核酸检测阴性，安全。"，在现实情况中这是不希望得到的结果，换句话说，这是程序编写的漏洞。在工作中，即便是规模较大的软件公司，虽然在编写代码前有软件概要设计以及详细设计等环节，并且在代码编写后有调测、评审等环节，但类似的问题总是难以百分之百避免。图 5-10（b）展示了程序漏洞。

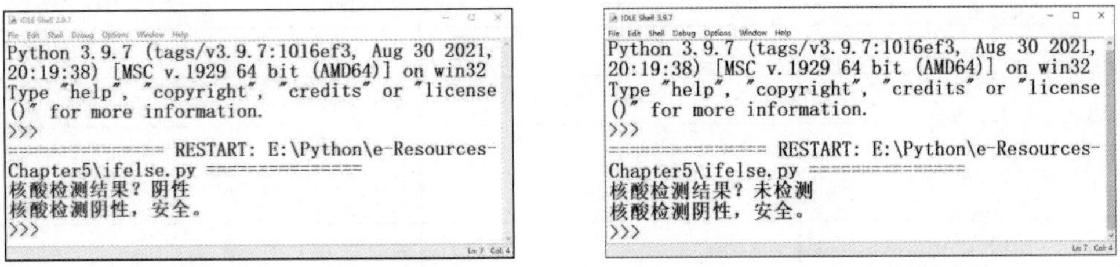

（a）正常情况 （b）漏洞情况

图 5-10 if-else 语句执行结果

为了解决图 5-9 中程序的漏洞，可以使用 elif 子句进行处理，如图 5-11 所示。

输入"未知"后，会得到正确的显示结果，如图 5-12 所示。

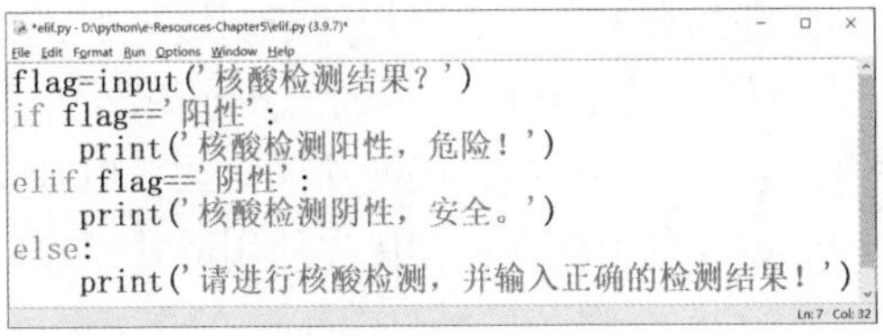

图 5-11 elif 子句

图 5-12 elif 子句执行结果

前述示例中的条件较少，如果条件增多 Python 该如何处理呢？学习过 C 语言的读者可能会想到 switch-case 语句，不幸的是 Python 不支持 switch-case 语句，一个较为简单的方法是使用多 elif 子句构造多条件分支语句。示例如图 5-13 所示。

在图 5-13 所示的示例中，如果需要添加更多的条件只需要再增加 elif 子句即可。另外，Python 中的条件语句支持嵌套，当需要实现多级判断时，可以使用 if 语句嵌套，例如在判断一个数字的具体数据类型的示例中，需要判断输入的数值是否为整数，这就需要在 if 嵌套的内部使用 isinstance 函数，如图 5-14 所示。

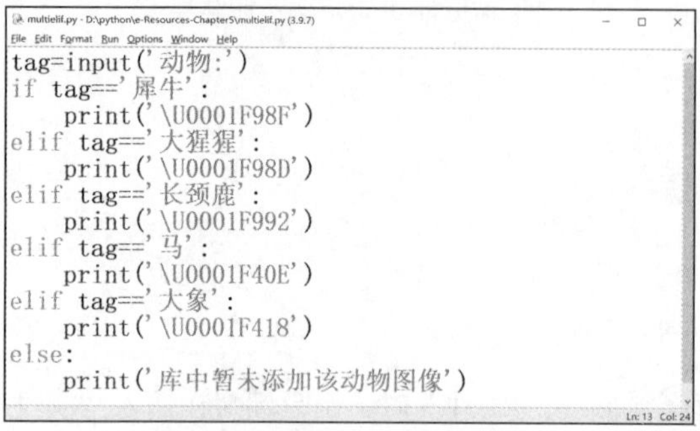

```
tag=input('动物:')
if tag=='犀牛':
    print('\U0001F98F')
elif tag=='大猩猩':
    print('\U0001F98D')
elif tag=='长颈鹿':
    print('\U0001F992')
elif tag=='马':
    print('\U0001F40E')
elif tag=='大象':
    print('\U0001F418')
else:
    print('库中暂未添加该动物图像')
```

图 5-13　多条件分支语句

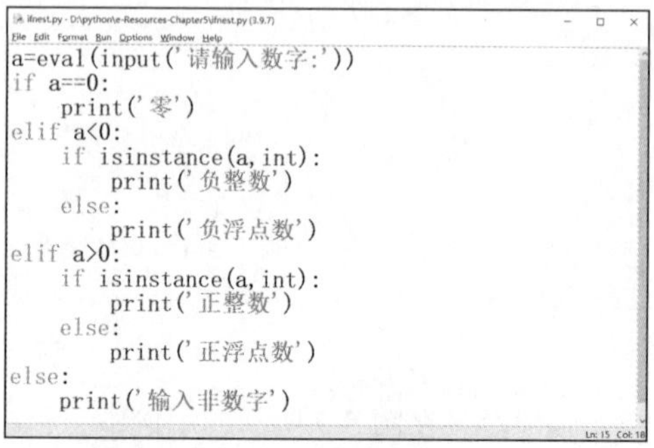

```
a=eval(input('请输入数字:'))
if a==0:
    print('零')
elif a<0:
    if isinstance(a,int):
        print('负整数')
    else:
        print('负浮点数')
elif a>0:
    if isinstance(a,int):
        print('正整数')
    else:
        print('正浮点数')
else:
    print('输入非数字')
```

图 5-14　if 语句嵌套

Python 支持更复杂的判断，可通过比较运算符实现，具体如表 5-1 所示。

表 5-1　Python 的比较运算符

运算符	表达式	描述
==	a==b	a 等于 b
<	a<b	a 小于 b
>	a>b	a 大于 b
<=	a<=b	a 小于等于 b
>=	a>=b	a 大于等于 b
!=	a!=b	a 不等于 b
is	a is b	a 与 b 是同一对象
is not	a is not b	a 与 b 是不同对象
in	a in b	a 是容器 b 中的元素
not in	a not in b	a 不是容器 b 中的元素

另外，Python 还支持布尔运算符（or、and、not）。示例如图 5-15 所示。

当然，你可以根据实际需要在 if 语句中构造更加复杂的布尔表达式进行判断。接下来，基于上述内容，介绍 Python 中特殊的链式比较运算符。请仔细观察图 5-16 中的语句与图 5-15 中的语句，试发现它们的不同之处。图 5-16 中代码的功能与图 5-15 中代码的功能一致，但可读性更高，这就是使用链式比较运算符的好处。在这种应用场景中作者推荐优先使用链式比较运算符编写代码。

在条件语句中，一个比较有用的语句是断言语句（assert 语句），使用 assert 语句可以让程序立即崩溃，而不是运行到最后才崩溃；在 assert 语句中可增加带有说明性质的字符串（错误提示信息），以帮助程序员定位代码中出现的漏洞。assert 语句的使用如图 5-17 所示。

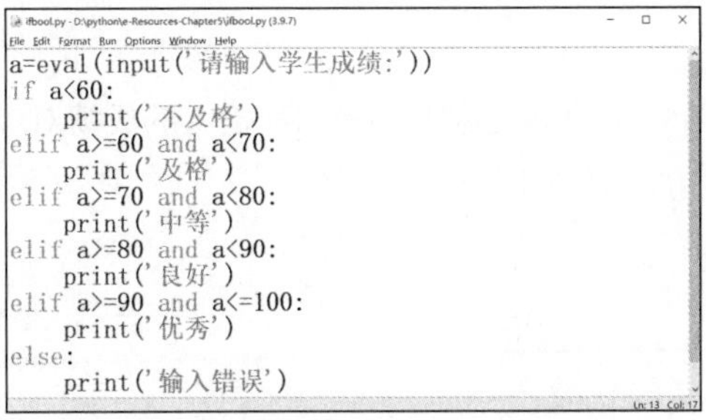

图 5-15 if 语句中使用布尔表达式进行判断

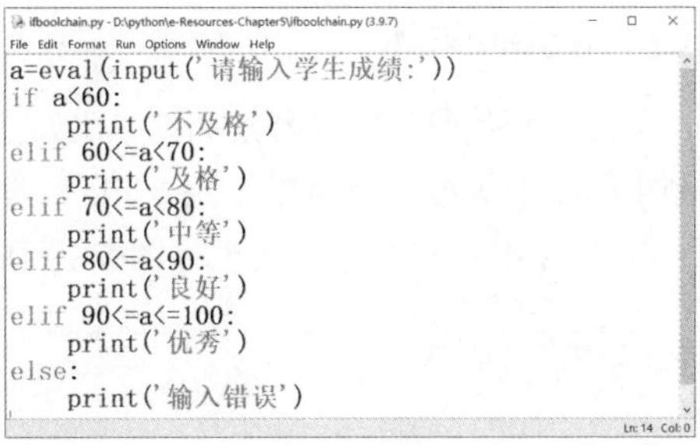

图 5-16 if 语句中使用链式比较运算符

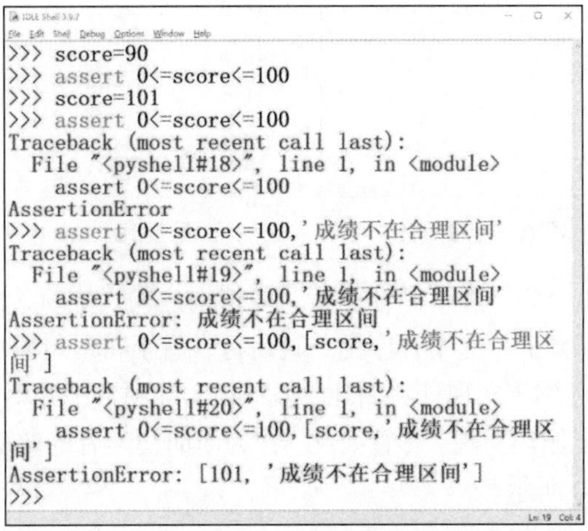

图 5-17 assert 语句

由图 5-17 可见，当变量 score 的值在[0,100]时，assert 语句并不产生任何作用；当 score 变量的值不在[0,100]时，程序运行到 assert 语句会立即崩溃。另外，图 5-17 中示例在 assert 语句后添加了错误提示信息，通过错误提示信息，软件工程师可以立刻定位到问题所在。请关注图 5-17 中最后一条 assert 语句与前述 assert 语句的差异，你会发现在错误提示信息中，如果将 score 的值输出到屏幕上，就会立刻明白这段代码需要如何进行改进。

从实际工程的角度出发，软件运行时是不希望发生崩溃的。因此，assert 语句一般作为调试阶段的工具出现在代码中，当软件完成开发进入使用阶段后，不能因为用户输入错误导致宕机，为此编程者应使用其他的解决方法。

5.3 循环语句

学习过条件语句后，你应该明白了如何在程序中进行判断，并根据判断结果使程序进入不同分支运行。在实际应用中，很多任务都需要循环进行多次。比如，每个月的月底，移动运营商都会统计用户的资费，如果资费不足要发送缴费短信通知；在动态链路管理协议中，要定期发送状态数据包，检测对端链路是否保活。你会发现，前述示例中的程序运行一次后就会退出，如果要应用则需再次运行，如何使得程序不需要手动重启就可以一直周期性运行呢？在本节中，我们将找到答案。

5.3.1　while 循环

当需要使代码不断循环运行时，比如使图 5-16 中的语句无限循环来判断输入的成绩对应五级制中的哪个等级，就可以使用 while 死循环，示例如图 5-18 所示。

图 5-18 中示例的运行结果如图 5-19 所示。

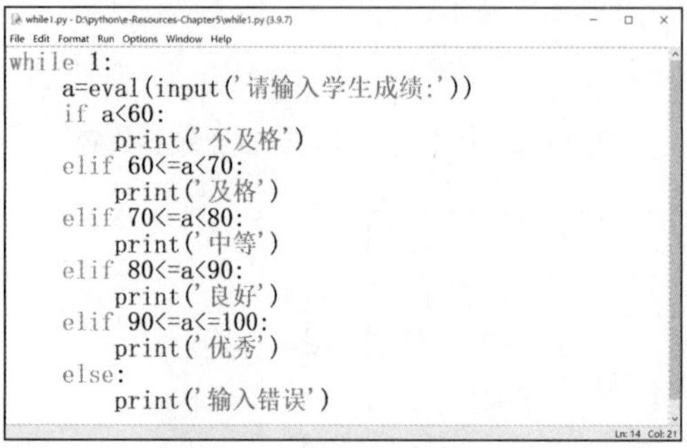

while1.py - D:\python\e-Resources-Chapter5\while1.py (3.9.7)
File Edit Format Run Options Window Help
while 1:
    a=eval(input('请输入学生成绩:'))
    if a<60:
        print('不及格')
    elif 60<=a<70:
        print('及格')
    elif 70<=a<80:
        print('中等')
    elif 80<=a<90:
        print('良好')
    elif 90<=a<=100:
        print('优秀')
    else:
        print('输入错误')
Ln: 14 Col: 21

图 5-18　while 死循环示例

File Edit Shell Debug Options Window Help
>>>
= RESTART: D:\python\e-Resources-Chapter5\while1.p
y
请输入学生成绩:78
中等
请输入学生成绩:90
优秀
请输入学生成绩:83
良好
请输入学生成绩:66.4
及格
请输入学生成绩:35.2
不及格
请输入学生成绩:

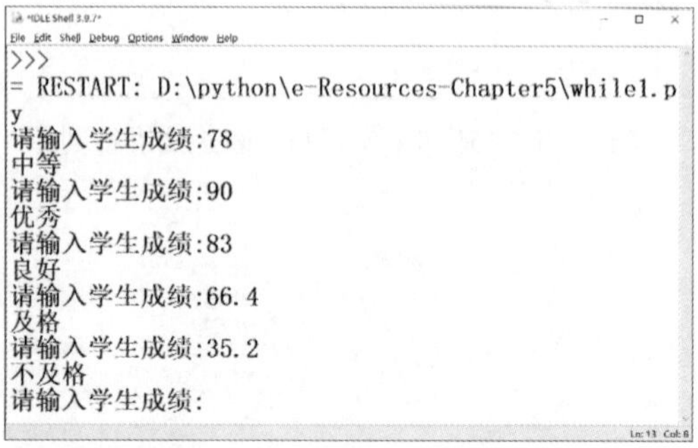

图 5-19　while 死循环示例的运行结果

从运行结果中可看出，程序在不断地运行，等待用户输入成绩，然后将成绩转化为五级制中的某个等级并输出在屏幕上。这个程序会一直运行，直至将运行窗口关闭。

另外，while 循环也可用于实现计数循环，但这在实际项目中并不常见，因为计数循环一般使用 5.3.2 小节介绍的 for 循环实现。尽管如此，作为面向初学者的教程，本书仍然会展示 while 计数循环示例，如图 5-20 所示。

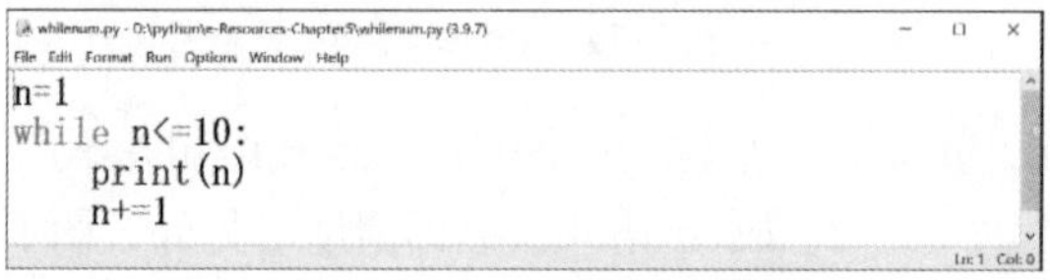

File Edit Format Run Options Window Help
n=1
while n<=10:
    print(n)
    n+=1
Ln: 1 Col: 0

图 5-20　while 计数循环

从图 5-20 中的代码可以预计循环将执行 10 次，该示例的运行结果如图 5-21 所示。

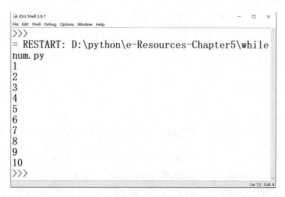

IDLE Shell 3.9.7
File Edit Shell Debug Options Window Help
>>>
= RESTART: D:\python\e-Resources-Chapter5\while
num.py
1
2
3
4
5
6
7
8
9
10
>>>
Ln: 13 Col: 4

图 5-21　while 计数循环示例的运行结果

从图 5-21 可看出运行结果与之前分析的结果一致。建议读者在实践中学习 Python 编程，而非仅仅阅读。

5.3.2 for 循环

5.3.1 小节介绍了 while 循环，Python 和其他语言一样也支持 for 循环，图 5-20 所示的示例也可以使用 for 循环实现，如图 5-22 所示。

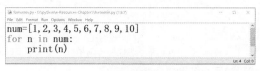

（a）列表控制循环 　　　　　　　　　　　　　（b）range 函数控制循环

图 5-22　for 计数循环语句

其中，图 5-22（b）使用了 range 函数，它是 Python 提供的一个创建范围的内置函数。要实现图 5-22（a）和图 5-20 中的计数循环，在 for 循环中使用 range 函数时，range 函数的第二个参数应设置为 11，才能保证循环执行 10 次。通过对比可见，使用 for 循环，尤其是配合使用 range 函数时，代码更加精简，可读性更佳。其运行结果如图 5-23 所示。

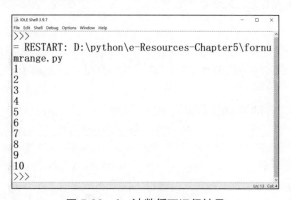

图 5-23　for 计数循环运行结果

另外，使用 range 函数配合 for 循环时可以设置迭代的步长，也可以设置迭代的起始索引位置，方法如图 5-24 所示。

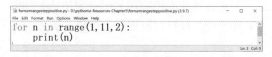
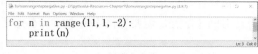

（a）升序迭代 　　　　　　　　　　　　　　（b）降序迭代

图 5-24　设置 range 函数的迭代步长以及起始索引位置

其运行结果如图 5-25 所示。

下面给出一个使用 for 循环遍历列表中元素的示例，代码如图 5-26 所示。其实现的功能是将列表中每一个元素按照其初始位置输出。

其运行结果如图 5-27 所示。

可见，当不指定 range 函数的起始计数值时，默认为 0。至此，本节介绍了用于循环的 while 和 for 语句，作者建议能使用 for 语句时尽量使用 for 语句。

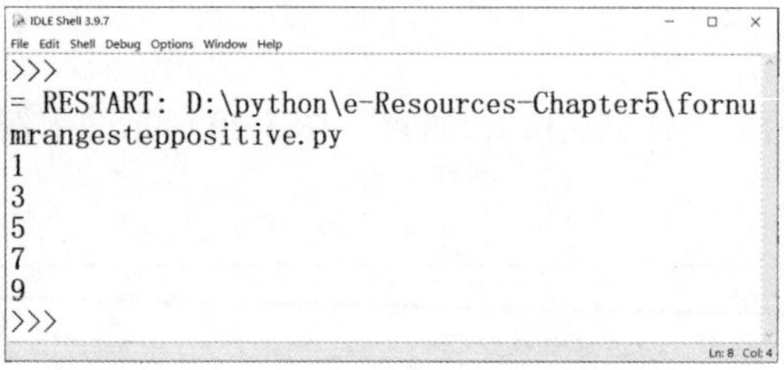

（a）升序迭代运行结果 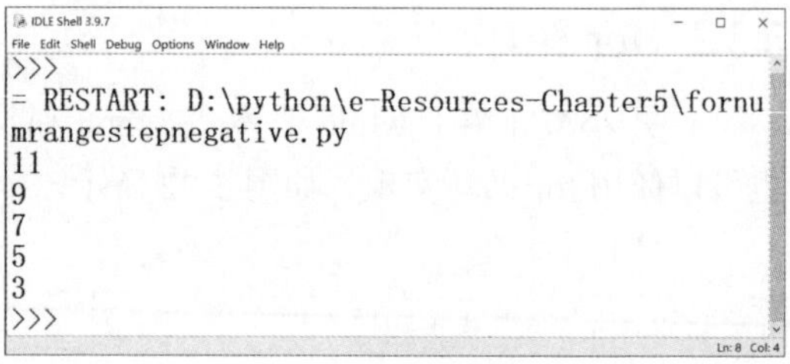　　　　　　　　（b）降序迭代运行结果

图 5-25　图 5-24 中代码的运行结果

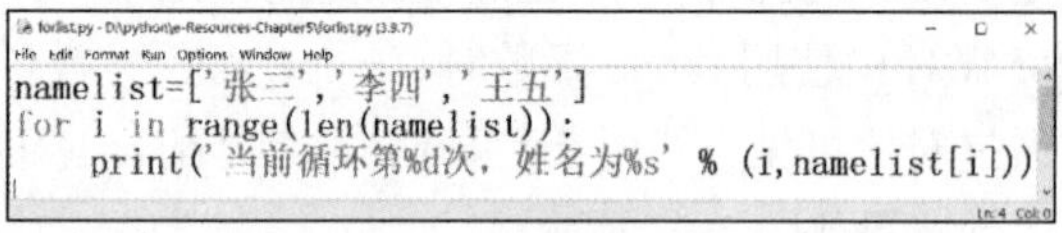

图 5-26　使用 for 循环遍历列表中元素　　　图 5-27　图 5-26 中代码的运行结果

5.3.3　迭代字典

5.3.2 小节中讲述了如何使用循环迭代列表，本小节将介绍使用 for 循环迭代字典的操作，如图 5-28 所示。

图 5-28 中代码的运行结果如图 5-29 所示。

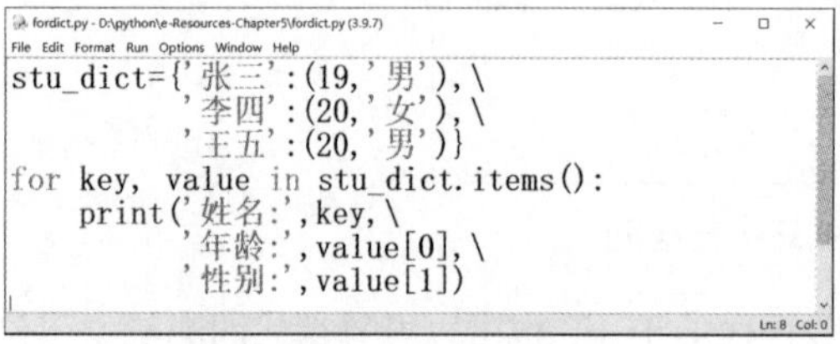

图 5-28　使用 for 循环迭代字典 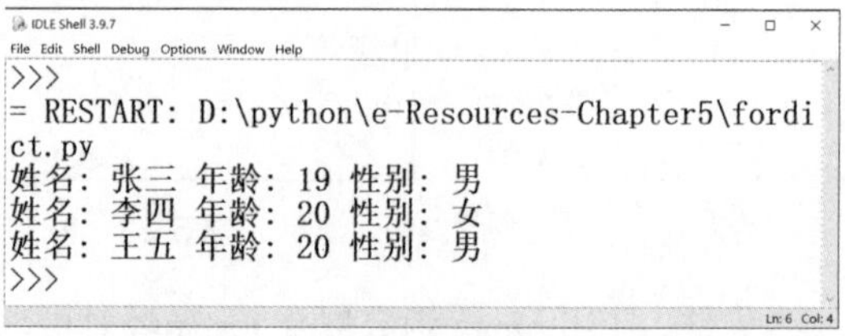　　　图 5-29　图 5-28 中代码的运行结果

需要注意的是，字典中元素的顺序不是固定的。因此，迭代时的顺序并不是固定的。如果算法对顺序敏感，需要先将字典中的元素排序后再进行迭代，这样可以提高迭代搜索的效率。

5.3.4　使用 break 语句、continue 语句跳出循环

细心的读者会注意到，无论是使用 while 循环还是 for 循环，5.3.1 小节～5.3.3 小节中的迭代都是执行到条件满足为止。请思考，在实际应用中是否有必要每次都对数据进行逐条迭代呢？举一个简单的示例，使用导航服务时，从 A 点到 B 点的路径通常会有很多条，是否有必要把所有的路径都在界面上展示给用户呢？答案是否定的。实际上，只需要将距离最近和用时最短的路径展示给用户即可。从算法设计层面来说，如果能及时终止迭代，并把最优的结果返回给用户，算法的时延就会降低，从而带来更好的用户体验。

本小节中将介绍 break 和 continue 语句，它们用于加速迭代。请回顾图 5-22 中的示例，假如此时将需求改为只输出[1,10]中的偶数，在图 5-22 中代码的基础上使用 if 和 continue 语句即

可完成，如图 5-30 所示。

从图 5-30 中的代码可看出，当满足 if 条件时，continue 语句将使 for 循环跳过 print 语句继续执行，图 5-31 给出了图 5-30 中代码的运行结果。

图 5-30　使用 continue 语句加速 for 循环迭代

图 5-31　图 5-30 中代码的运行结果

图 5-31 中得到的运行结果符合预期。有的读者会说，如果为 range 函数加入步长，设置好起始索引位置，也可完成上述需求。这样做可以避免使用 continue 语句。但现实中的应用有很多无法通过在 range 中加入步长避免使用 continue 语句，例如在一个无规则的列表中寻找满足特定条件的元素，作者使用如此短小的示例只是想说明 continue 语句的妙处。

使用 continue 语句可加速迭代，而使用 break 语句也可加速迭代，只不过 break 语句执行过后，循环将终止。在实际应用中，这种需求还是比较多的，比如图 5-26 中的示例，如果需求是找到李四就终止循环，那么可以将代码进行如下修改。

从图 5-32 中的代码可以看出，当满足 if 条件时会首先执行一次 print 语句，然后执行 break 语句，此后循环将立刻终止。图 5-33 给出了图 5-32 中代码的运行结果。

图 5-32　使用 break 语句终止 for 循环迭代

图 5-33　图 5-32 中代码的运行结果

可见，当循环第一次执行时，输出了列表中第一个元素"张三"。当循环第二次执行时，满足 if 条件，输出了第二个元素"李四"。为了区分，作者特意为该条数据加上了"跳出"两字。执行过该条 print 语句后，程序将执行 break 语句跳出循环，因此图 5-33 所示的结果中没有显示第三个元素"王五"。

5.3.5　循环后的 else 子句

请注意图 5-32 中的示例代码，若在代码中去掉 print 语句，如何判断代码是正常执行完毕退出循环，还是执行到 break 子句跳出循环呢？请仔细观察图 5-34 中的示例。

如图 5-34 所示，可以在 for 循环后添加 else 子句，它仅在 break 子句没有调用时才会执行。当输入的查询姓名不在 namelist 列表中时，循环正常结束，会执行 else 子句后面的语句，即输出"查无此人！"。而当输入的查询姓名在 namelist 列表中时，程序会执行到 break 子句，而 for 循环后的 else 子句不会执行。两种情况的运行结果如图 5-35 所示。

```
namelist=['张三','李四','王五']
qname=input('请输入要查询的姓名：')
for i in range(len(namelist)):
    if namelist[i]==qname:
        print('查询到%s!'% qname)
        break
else:
    print('查无此人！')
```

图 5-34 在 for 循环中使用 else 子句

```
>>>
= RESTART: D:\python\e-Resources-Chapter5\forel
se.py
请输入要查询的姓名：赵六
查无此人！
>>>
```

（a）未查询到

```
>>>
= RESTART: D:\python\e-Resources-Chapter5\forel
se.py
请输入要查询的姓名：李四
查询到李四！
>>>
```

（b）查询到

图 5-35 图 5-34 中代码的运行结果

5.3.6 循环嵌套

在实际应用中，经常需要把 while 循环与 for 循环嵌套使用，当然也有 for-for 循环嵌套、while-while 循环嵌套。请回顾图 5-34 中的代码，如果需要实现循环查询，可以使用 while-for 循环嵌套，代码示例如图 5-36 所示。

图 5-37 给出了图 5-36 中代码的运行结果。

```
namelist=['张三','李四','王五']
while True:
    qname=input('请输入要查询的姓名：')
    for i in range(len(namelist)):
        if namelist[i]==qname:
            print('查询到%s!' % qname)
            break
    else:
        print('查无此人！')
```

图 5-36 while-for 循环嵌套

```
>>>
= RESTART: D:\python\e-Resources-Chapter5\while
for.py
请输入要查询的姓名：张三
查询到张三！
请输入要查询的姓名：赵六
查无此人！
请输入要查询的姓名：
```

图 5-37 图 5-36 中代码的运行结果

限于篇幅，本书只给出了 while-for 循环嵌套的示例，请读者自行练习更为复杂的循环嵌套。

5.4 其他语句

5.4.1 pass 语句

Python 提供了 pass 语句，但 pass 语句什么都不会做。这看似非常奇怪，初学者对于为什么要提供一个什么都不做的语句通常会感到无法理解，但在稍有研发经验的工程师看来，Python 真的很贴心。这是因为代码的编写通常不是一蹴而就的，中间会有些许间断，这会让代码的架构不完整，有时甚至无法编译，但使用 pass 语句填充，会让整个代码的架构得以形成，后续在 pass 语句处进行修改即可。请看图 5-38 中的代码示例。图 5-38（a）中，使用注释标注 elif 语句的后续处理还未完成，此时如果运行该代码就会报错。然而在图 5-38（b）中，使用 pass 语句代替注释标注后，该代码正常运行。图 5-39 给出了图 5-38（b）中代码的运行结果。

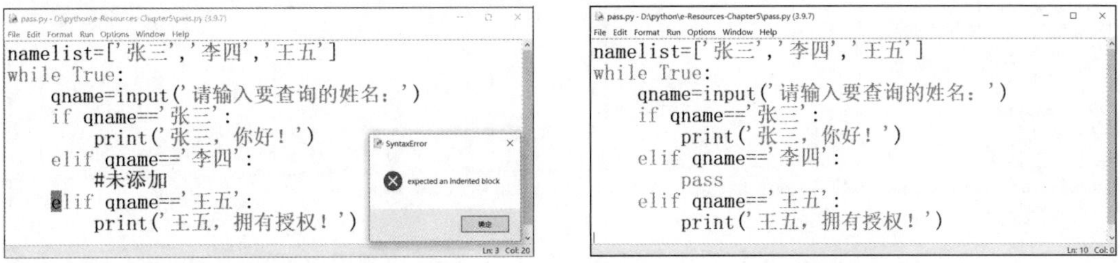

（a）未使用 pass 语句　　　　　　　　　　（b）使用 pass 语句

图 5-38　pass 语句

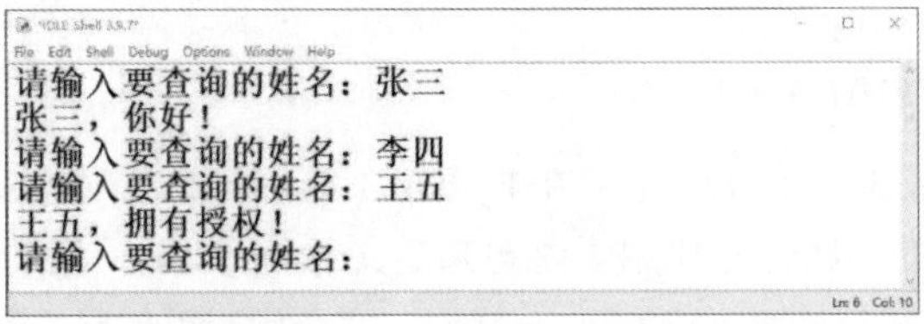

图 5-39　图 5-38（b）中代码的运行结果

5.4.2　del 语句

在编程中，计算机负责在内存中给变量分配空间，内存是有限的，因此一个性能较高的软件不会浪费内存。换句话说，要通知计算机回收为不用的变量分配的内存空间。你可对变量赋其他的值或者将该变量赋值为 None。请注意，对于数值型变量该值不为 0，即使赋值为 0，计算机也不会回收其内存空间。请看图 5-40 中的示例。

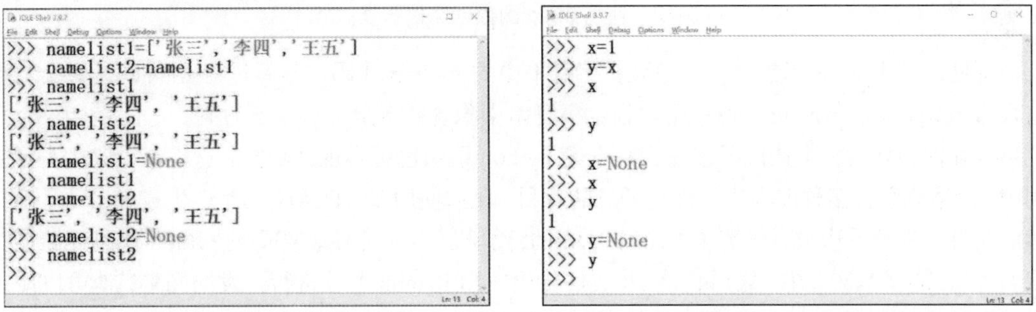

（a）列表赋值为 None　　　　　　　　　　（b）变量赋值为 None

图 5-40　使用 None 赋值语句清理变量

在 Python 中还可以使用 del 语句清理变量，示例如图 5-41 所示。

请注意使用 None 赋值语句与使用 del 语句的差别，del 语句直接将变量的名称删除，而不是删除变量指向的值，这就是在使用 del 语句删除变量后再调用该变量会报错的原因。事实上 Python 会自动删除变量对应的值，前提是没有变量再指向该值。

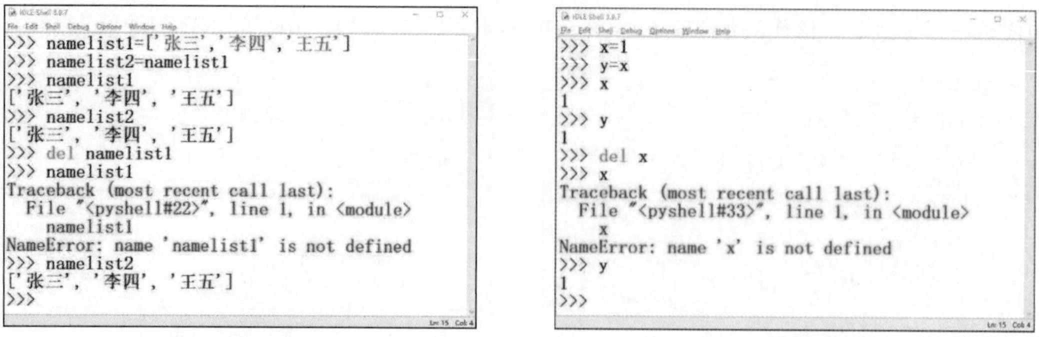

（a）清理列表

（b）清理变量

图 5-41　使用 del 语句清理变量

5.4.3　exec 语句（Python 2）

在 Python 2 中，exec 是一种语句，但在 Python 3 中，exec 被改造成功能更强的函数。为了体现这种变换，本小节的标题仍然使用了语句来定义 exec，但你应清楚它的"演进历程"。在 Python 3 中 exec 函数用于动态地执行 Python 代码，这个代码可以是一个变量、多个表达式，甚至是成块的 Python 语句。初学者理解 exec 函数可能较为困难，建议从简单的示例中学习 exec 函数，在实践中去掌握如何巧妙地使用 exec 函数。

首先请看图 5-42 中的示例。

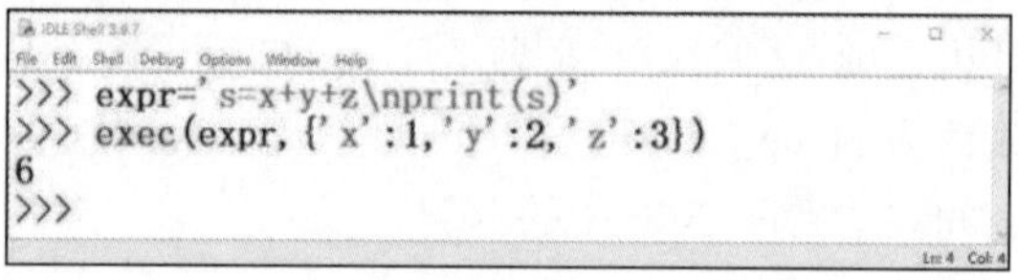

图 5-42　使用 exec 函数动态执行表达式

可见，使用 exec 函数执行了隐藏在字符串中的 Python 代码，学习过 C 语言的读者会觉得这很像 define 宏。exec 可以通过字典指定字符串中隐含的变量 x、y、z 的值。

也许你会认为将上述代码改写为基本的 Python 语句也可实现其功能，这没错。但在实际应用中，会遇到联合多种编程语言进行开发的项目，比如使用 MATLAB 或者 C 生成 Python 代码，然而此时工程师手边没有安装了 Python IDE 的计算机，为了方便，生成的 Python 代码存储在扩展名为.txt 的文本文件中。之后将该.txt 文件传给使用 Python 继续进行开发的同事，他可以使用 exec 函数直接执行这个.txt 文件，这是不是很奇妙呢？

虽然图 5-43 中的代码包含第 6 章的知识（自定义函数），但是这不影响你阅读这段短小精悍却不完善的代码（其功能是求一个正整数的阶乘）。图 5-44 给出了调用这段存储在.txt 文件中 Python 代码的方法。

同图 5-43，虽然图 5-44 中也包含尚未介绍的第 11 章中的文件操作方法，但不妨碍你对使用 exec 语句的理解。需要注意的是，open 函数中的路径应与配套资源中文件 execfacto5.txt 所在的路径一致。有关 exec 语句的更多详细介绍，建议你参考 Python 的帮助文档。

与 exec 函数功能类似的是 eval 函数，它用来计算字符串表示的 Python 表达式的值，并返回计算结果。图 5-45 给出了一个使用 eval 函数的示例。

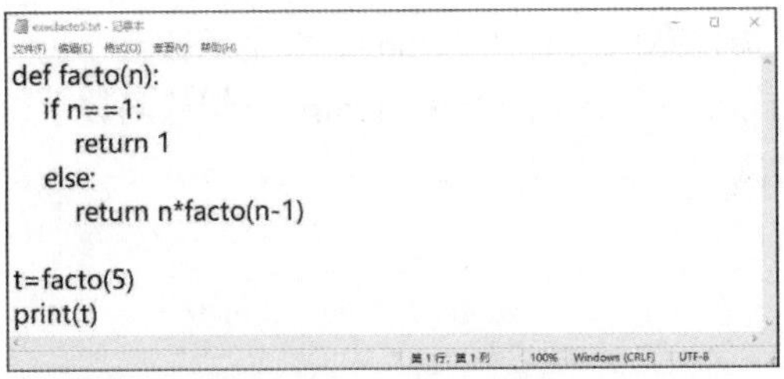

图 5-43 使用.txt 文件存储 Python 代码

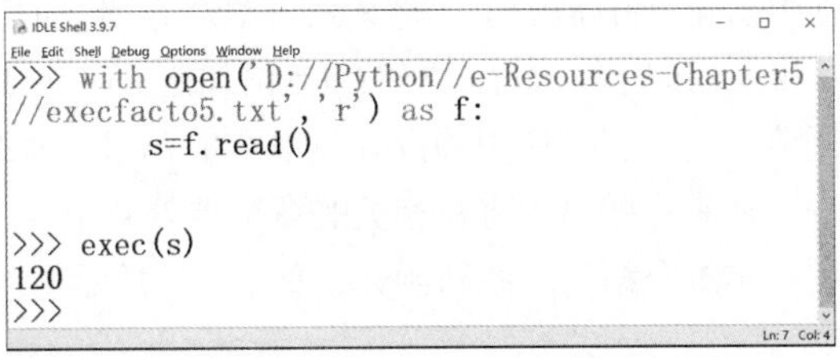

图 5-44 使用 exec 语句调用存储
在.txt 文件中的 Python 代码

没有 MATLAB 编程基础的读者，可能难以理解 eval 函数的好处，认为图 5-45 中没有必要使用 eval 函数，直接计算 x*y 即可。当代码量较大时，如果只是为了在调试时观察这个过程的结果，使用 eval 函数可以起到标示的作用，在正式版本中去掉 eval 函数即可。

请回顾图 5-14 中的示例，为了获得字符串中输入的整型数字，可以使用 eval 函数进行转换。实际上，还可以使用 eval 函数实现 Python 计算器的功能，即输入一个算式后，调用 eval 函数得到结果，如图 5-46 所示。

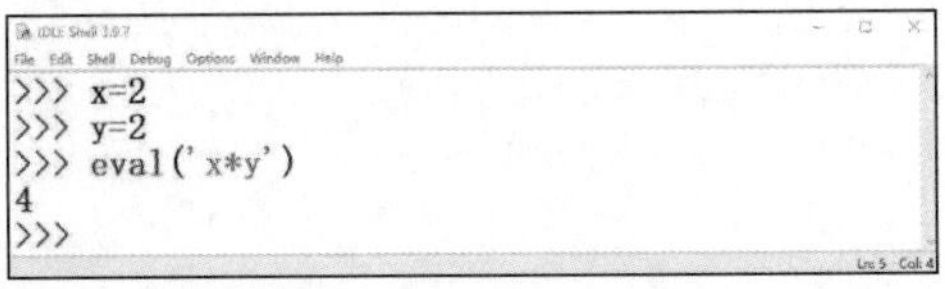

图 5-45 使用 eval 函数计算字符串中的表达式

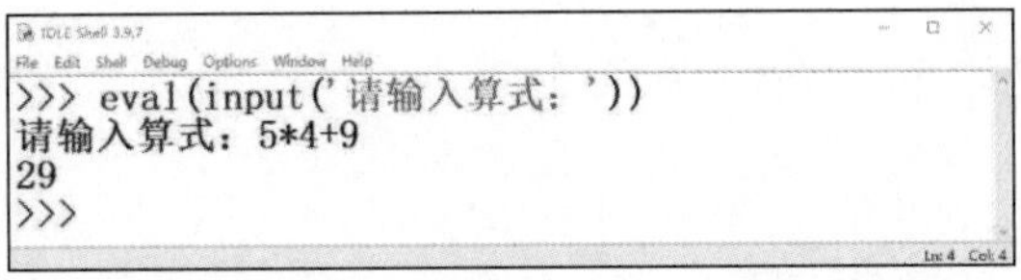

图 5-46 使用 eval 函数实现 Python 计算器

结合 5.3.1 小节学习过的 while 循环，就可以制作一个基于 Python 的简易计算器程序，请读者自行动手试一试。

5.4.4 def 语句与 return 语句

def 语句用于定义一个函数或者一个类中的方法，return 语句用于在函数中返回值。在本小节暂且不做过多介绍，在后续章节中会给出其使用方法的详细介绍。将其插在此处，可以理解为一个 pass 语句的现实应用。

5.5 小结

本章介绍了 Python 的基本语句。

赋值语句：通过链式赋值可给多个变量赋值，通过增强赋值可立即修改变量。

条件语句：条件语句根据条件的布尔值决定是否执行条件后的语句，通过使用 if-elif-else 语句可将具有多个条件的语句组合。其中，断言语句会导致程序立即停止执行。

循环语句：在条件为真时，反复执行循环体内的代码段。要跳过代码段继续执行循环，需要调用 continue 语句；要彻底跳出循环，则需要调用 break 语句；要判断循环是否由 break 语句终止，可在循环末尾添加 else 子句。

pass 语句、del 语句和 exec 函数：pass 语句不产生任何作用，相当于占位符；del 语句删除变量，但不能删除变量指向的值；exec 函数可执行隐藏在字符串中的 Python 语句，鉴于 exec

在 Python 2 中是语句，将其列入本章介绍，但读者需注意的是它在 Python 3 中是函数。

def 语句和 return 语句：def 语句定义一个函数或者一个类中的方法，return 语句从函数中返回值。它们怎么使用并没有在本章中介绍，请继续阅读后续章节。

还有一些语句将在相关的章节单独介绍。

本章介绍了一些新函数，如表 5-2 所示。

表 5-2　　　　　　　　　　　第 5 章中介绍的部分函数

函数名	功能描述
range	创建一个用于迭代的整数列表
exec	执行隐藏在字符串中的语句
eval	计算并返回字符串表示的表达式结果

第 6 章 | 函数

学习过 Python 的语句后，本章介绍函数。假设一个项目由纷繁复杂的语句构成，那么创建这个项目的工程师一定希望在这个项目下的代码具有逻辑性、复用性。除此之外，还需要增强项目代码的可读性和可扩展性，这是因为项目的功能是可扩展的，在现有的基础上如能复用一定的代码，可以缩短项目的开发周期，保证代码的稳定性。函数具备复用性与逻辑性，下面就正式开始对函数进行学习。

6.1　复用性与逻辑性

在本节中，主要展示函数的复用性与逻辑性，请读者不必过于关注函数的语法。下面展示了一段代码，其功能是将输入的姓名在屏幕上输出，如图 6-1 所示。

如图 6-1 所示，这两行代码实现了将输入的姓名输出到屏幕上的功能。假如这个功能需要在项目中代码段的某处再次使用，那么调用者一定希望可以使用一行代码完成，而不是再次重复使用这两行代码。示例如下：

```
RePrintName()
```

假设上述一行代码可以实现图 6-1 中代码的功能，相信任何一个程序员都不会选择再次使用两行代码实现。

接下来展示的是逻辑性，请阅读图 6-2 中的代码段。

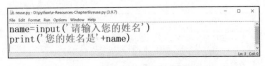

图 6-1　输入姓名再输出到屏幕

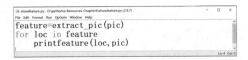

图 6-2　在图像上显示图像特征

阅读图 6-2 所示的代码段，你可能会感到困惑，不明白 extract_pic、printfeature 是什么含义。然而，当知晓代码的功能时，你一定会觉得这很有逻辑，可读性也非常好。这段代码实现的功能在图像处理、计算机视觉领域经常需要用到，其作用是提取一幅图像的特征，并将其在图像上显示出来。至于 extract_pic、printfeature 具体是如何做的，则需要在程序的其他位置说明。

6.2　自定义函数

函数可以执行特定的操作并返回一个值，当然也可以不返回任何值。在调用时，有时需要提供一些参数，放在函数的圆括号内，也可以不提供参数。Python 提供了一个内置函数 callable，用于判断对象是否是可调用的，如图 6-3 所示。

图 6-3　使用 callable 函数判断对象是否可调用

可见，当对象 a 为变量时，调用 callable 的返回值为 False。当对象 b 为 math 模块中求绝对值的函数时，调用 callable 的返回值为 True。

下面给出 Python 中自定义函数的语法，Python 使用 def 语句定义函数，将图 6-1 中的代码定义成函数的方法如图 6-4 所示。

（a）使用 def 自定义无参函数　　　　　　　　　（b）调用自定义函数

图 6-4　自定义函数 RePrintName

在图 6-4（a）中，将图 6-1 中的两行代码封装在函数 RePrintName 中，该函数既没有输入参数也没有输出参数。在执行完图 6-4（a）中定义的函数后，图 6-4（b）展示了调用 RePrintName 函数的方法（尤其需要注意 RePrintName 后的圆括号）。由此可见，函数完成了将代码封装的功能。

下面来看一个既有输入参数又有输出参数的自定义函数 GenerateNum。这个函数的功能是根据输入参数值产生一个指定长度的列表，列表中的每个元素都是随机生成的。为了使得示例更加有趣，在此提前使用了 random 模块，读者不必过于担心它的使用方法。GenerateNum 函数定义和调用结果如图 6-5 所示。

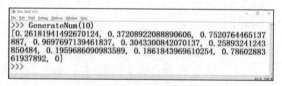

（a）使用 def 自定义有参函数　　　　　　　　　（b）调用自定义函数

图 6-5　自定义函数 GenerateNum

可见，在图 6-5（a）中，该函数的输入参数为 n，它限定了生成的列表的长度，random 模块中的 random 函数返回了 0～1 的随机数，而 return 语句将生成的列表返回。在图 6-5（b）中，调用该函数返回了指定长度的列表，列表中的元素值为随机数。

请再次回顾图 6-4 中的自定义函数 RePrintName。这个函数虽然没有调用 return 语句，但它仍然有返回值，只不过这个值为 None。假如在程序中进行图 6-6 所示的调用，请观察运行结果。

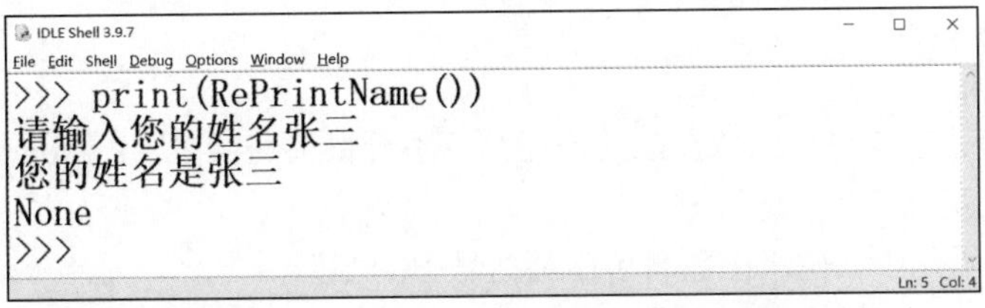

```
IDLE Shell 3.9.7                                          –  □  ×
File  Edit  Shell  Debug  Options  Window  Help
>>> print(RePrintName())
请输入您的姓名张三
您的姓名是张三
None
>>>
                                                        Ln: 5  Col: 4
```

图 6-6　显示 RePrintName 函数的返回值

由图 6-6 可看到，函数 RePrintName 的返回值为 None。至此，需要明确的是所有函数都有返回值，如果在定义函数的时候没有指定，则返回 None。

在自定义函数中，除了实现指定功能，更应注重代码的可读性。为此，加入注释可更好地辅助其他工程师理解函数的功能及使用方法。图 6-7 展示了在自定义函数中添加单行注释以及获取函数注释的方法。

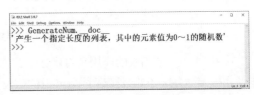

（a）在自定义函数中添加单行注释　　　　　　　（b）获取自定义函数的注释

图 6-7　为自定义函数 GenerateNum 添加单行注释

如图 6-7（a）所示，在函数定义下面添加一行字符串即可完成对自定义函数的简单注释；在图 6-7（b）中，使用函数的属性 __doc__ 即可获得函数的注释信息。然而，在实际应用中，程序员对函数添加注释一般采用图 6-8（a）所示的格式。

（a）在自定义函数中添加多行注释　　　　　　　（b）获取自定义函数的注释

图 6-8　为自定义函数 GenerateNum 添加多行注释

从图 6-8（b）中可以看出，使用 help 函数能够获得指定函数的注释信息，这给其他程序员查看函数的注释提供了便利。

另一种有趣的自定义函数的方法是使用 lambda 表达式，而且它很适合定义简单的函数，这会使得代码更加简明。下面给出一个使用 lambda 定义和调用函数的示例，如图 6-9 所示。

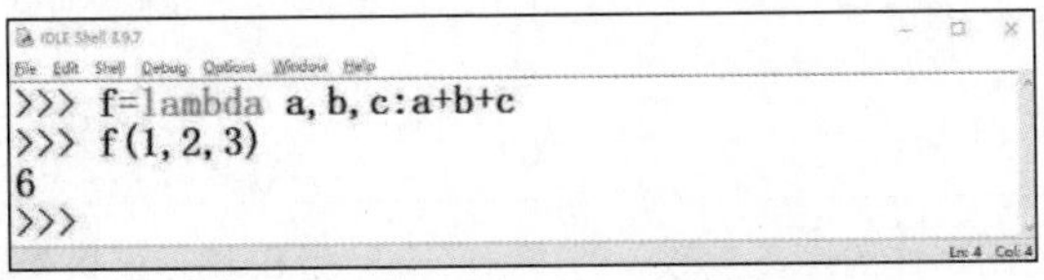

```
IDLE Shell 3.9.7                                          –  □  ×
File  Edit  Shell  Debug  Options  Window  Help
>>> f=lambda a, b, c:a+b+c
>>> f(1, 2, 3)
6
>>>
                                                        Ln: 4  Col: 4
```

图 6-9　使用 lambda 定义和调用函数

6.3 函数的参数

在众多编程语言中，对于函数参数的描述都离不开形参与实参，Python 亦如此。本节首先给出这两个名词的定义。

形参：在 def 语句中，位于函数名后面圆括号中的变量。

实参：调用函数时提供的值。

本节讨论的第一个有趣的问题：函数的参数是否可修改？请先看图 6-10 中的示例。

``def ChangeName(name):
name='李四'
return name```	```>>> name='张三'
>>> ChangeName(name)
'李四'
>>> name
'张三'
>>>```
（a）函数 ChangeName	（b）函数 ChangeName 的调用结果

图 6-10　尝试修改字符串型函数参数

图 6-10（a）中函数的作用是将函数参数修改为指定的姓名，并将其返回。而在图 6-10（b）中使用该函数后，不难发现变量 name 的值没有发生改变。你可回忆之前学习过的变量类型中提到的字符串、数、元组，它们是不可变的。请观察图 6-11 中的示例。

``def ChangeNameList(namelist):
namelist[0]='李四'
return namelist```	```>>> namelist=['张三','王五']
>>> ChangeNameList(namelist)
['李四', '王五']
>>> namelist
['李四', '王五']
>>>```
（a）函数 ChangeNameList	（b）函数 ChangeNameList 的运行结果

图 6-11　尝试修改列表型函数参数

在图 6-11（b）中，你可观察到，namelist 变量发生了变化，如果不希望原变量 namelist 发生变化，则需要在函数的参数中指定 namelist 变量的副本，如图 6-12 所示。

在图 6-12 中，可见变量 namelist 的值并未发生改变，虽然自定义函数中的变量也定义为 namelist，这个问题你将在 6.4 节得到答案。实际上，在编程中应尽量减少相同的变量命名，除非一些惯用的变量，比如记录数量的 n，循环计数的变量 i、j、k 等。

前面介绍的函数参数都是位置参数（普通参数），并且在前面的示例中仅使用了一个参数，然而现实应用中，函数的参数可能较多。请阅读图 6-13 中的示例，来观察函数参数位置的重要性。

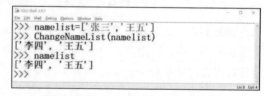

```
>>> namelist=['张三','王五']
>>> n=namelist[:]
>>> ChangeNameList(n)
['李四', '王五']
>>> namelist
['张三', '王五']
>>>
```

```
def msg_1(ms,name):
    print('{},{}'.format(ms,name))

def msg_2(name,ms):
    print('{},{}'.format(name,ms))
```

图 6-12　将列表型变量的副本作为函数参数　　　图 6-13　函数参数位置示例

图 6-13 中的示例分别定义了两个函数，其功能都比较简单，但其参数的位置是有区别的。通过不同的赋值，你可看出其调用结果的差异，如图 6-14 所示。

由图 6-14 可见，对 msg_1 和 msg_2 函数进行调用，需要明确其参数的位置，才能正确使用函数，在本示例中错误使用参数的位置造成的仅是未得到预期结果，但在很多函数中这可能会造成程序崩溃。况且，图 6-13 中仅仅定义了两个参数，而现实中函数的参数数量可能会更多。那么在调用函数时是否需要记住每一个参数的位置，才能正确进行赋值呢？答案是否定的，至少在 Python 中无须这么做。请仔细观察图 6-15 中对图 6-13 中函数的调用。

图 6-14 函数参数位置示例运行结果

图 6-15 指定参数关键字进行参数赋值

从图 6-15 可以看出，在调用函数时直接使用参数关键字进行赋值无须关注参数的位置问题，其优点是有助于使用者理解函数每个参数的作用。除此之外，Python 还支持在定义函数时指定参数的默认值，其使用方法如图 6-16 所示。

图 6-16 所示的 msg_3 函数，在声明函数参数的同时指定了其默认值，从而你可不输入参数，使用位置参数，或者使用关键字参数去调用该函数。调用结果如图 6-17 所示。

图 6-16 在定义函数时指定参数的默认值

图 6-17 msg_3 函数调用结果

有读者会思考当函数的参数再增加时如何书写函数的参数。当然你想得到的答案肯定不是使用上述方法逐一将每个参数列出。Python 中支持使用*运算符来收集函数参数。关于使用*运算符收集函数参数的定义方法，如图 6-18 所示。

如图 6 18 中的定义方法所示，msg_4、msg_5、msg_6 在 params 参数前使用 "*" 来收集函数参数。其调用结果如图 6-19 所示。

图 6-18 使用*运算符收集函数参数

图 6-19 msg_4、msg_5、msg_6 函数调用结果

需要注意的是，在调用 msg_6 函数时，最后一个参数需要使用关键字声明，否则 Python 无法解析最后一个参数。

*运算符不能收集关键字参数，要收集关键字参数需要使用**运算符。

如图 6-20 所示，msg_7 函数使用**得到了一个字典。

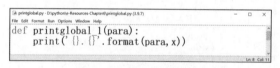
（a）函数 msg_7

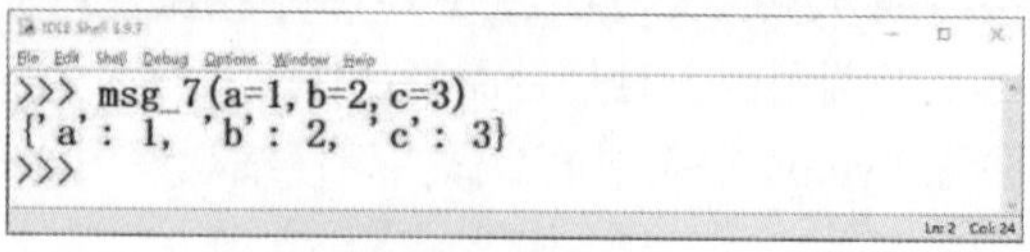

（b）调用函数 msg_7 的结果

图 6-20　使用**收集关键字参数及 msg_7 调用结果

6.4　作用域

请回顾图 6-10 中的示例，name 变量在函数中进行了修改，然而在调用函数后，再次调用 name 变量，其值并没有发生任何改变，这是因为变量的作用域不同。在函数 ChangeName 中，系统创建了一个新的名字空间供 ChangeName 函数中的变量使用，其内部的 name 变量的赋值语句是在这个内部作用域中执行的。函数内使用的变量称为局部变量，与之相对的是全局变量，其作用域被称为全局作用域。实际上不应该在函数内如此定义 name 变量，应注意将其与全局变量的命名加以区分，常见变量除外。

如果需要在函数中访问全局变量呢？请查看图 6-21 中的示例（函数中引用了全局变量 x）以及图 6-22 中函数的调用结果。

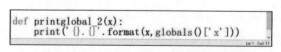
图 6-21　函数中引用全局变量

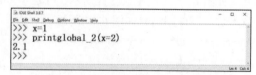
图 6-22　printglobal_1 函数调用结果

请注意，如果全局变量是只读的，那么通常不会有什么问题，但当函数中出现与全局变量同名的局部变量时，局部变量会遮盖全局变量。如有必要声明全局变量应使用 Python 提供的 globals 函数。示例如图 6-23 所示。

如图 6-23 所示，在 printglobal_2 函数中使用 globals()['x']声明全局变量，以与函数中声明的局部变量 "x" 相区分。其调用结果如图 6-24 所示。

```
def printglobal_2(x):
    print(' {}. {}'.format(x,globals()['x']))
```

图 6-23　使用 globals 函数声明全局变量

图 6-24　printglobal_2 函数调用结果

当程序确实需要在函数中修改全局变量时，Python 提供 global 关键字，用其来强制将局部变量重新关联至全局变量上，但通常这种情况应该尽量避免。示例如图 6-25 所示。

图 6-25 中函数 printglobal_3 的调用结果如图 6-26 所示。

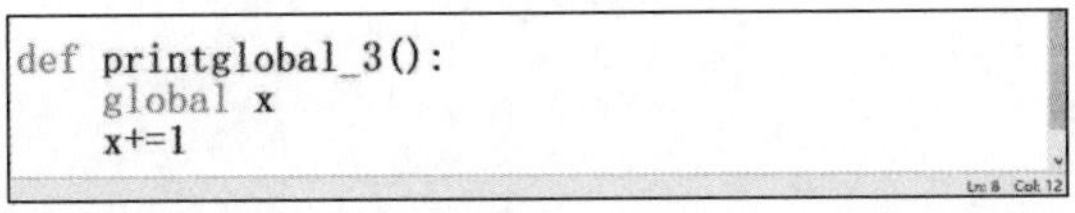

```
def printglobal_3():
    global x
    x+=1
```

```
>>> x=1
>>> printglobal_3()
>>> x
2
>>>
```

图 6-25　使用 global 关键字在函数中关联全局变量 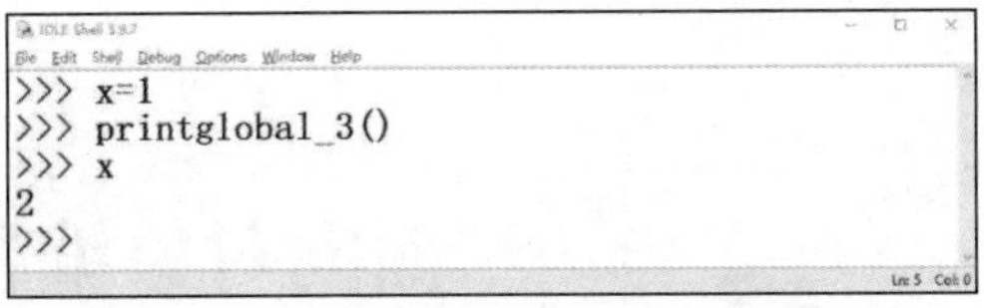　　　图 6-26　printglobal_3 函数调用结果

6.5　函数的递归

6.2 节 ~ 6.4 节介绍了如何定义和调用函数，本节介绍函数的递归，即函数如何调用自身。但通常简单的递归没有任何意义，如下所示：

```
def recursion():
    return recursion()
```

函数 recursion 无穷无尽地调用自己，当程序运行时，不断地消耗内存空间，最后导致崩溃，这种递归毫无意义。你会产生这样的疑问，递归存在的意义在哪里？当递归满足基线条件和递归条件时，可以避免无限制地执行。请分析阶乘函数的递归实现，如图 6-27 所示。

如图 6-27 所示，函数 factorial 在其中调用了自己，其调用结果如图 6-28 所示。

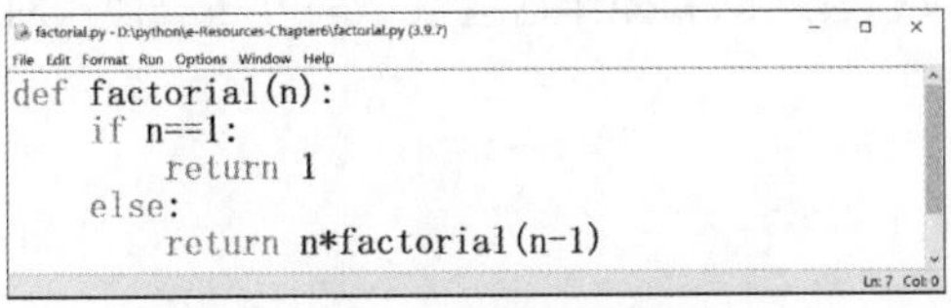

```
def factorial(n):
    if n==1:
        return 1
    else:
        return n*factorial(n-1)
```

```
>>> factorial(3)
6
>>>
```

图 6-27　阶乘函数的递归实现 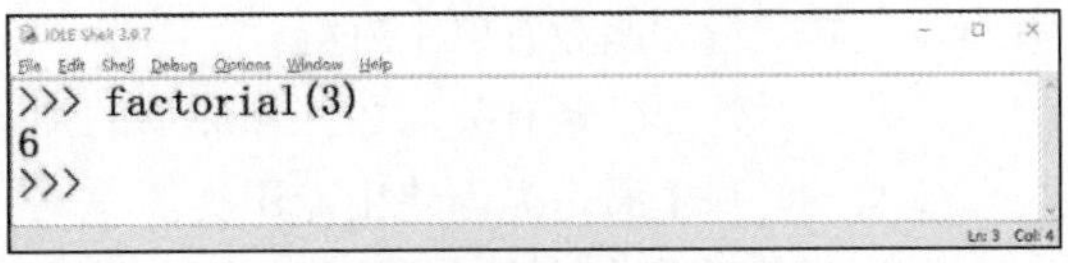　　　　　　图 6-28　factorial 函数调用结果

如同阶乘，幂乘、二分查找也可以使用递归实现。细心的读者会发现上述递归实现也可使用循环替代，且大多数情况下应该使用循环，这样效率更高，但递归会使得代码更加易读。虽然有的读者更愿意接受使用循环，但作为一名程序员，除了要能编写代码，还要能读懂其他程序员编写的递归算法和函数。

6.6　小结

本章介绍了函数的定义方法、函数的参数、变量的作用域及函数的递归。

定义方法：函数是使用 def 语句定义的。函数由语句块组成，它们从外部接收值（参数），并可返回一个或多个值。

参数：函数通过参数接收所需的信息，在 Python 中，参数有位置参数和关键字参数。通过给参数指定默认值，可使其变成可选的。

作用域：变量存储在作用域（名字空间）中。在 Python 中，作用域分为两大类：全局作用域和局部作用域。

递归：函数可调用自身，使用递归完成的算法也可使用循环来代替，但有时递归代码可读性更高。

第 7 章 面向对象编程

Python 与 C++、Java 语言一样，是一种面向对象的语言。在本章中，你将学习如何使用 Python 创建对象，还将学习面向对象编程中广泛应用的多态、封装、方法、属性、超类和继承等知识。

7.1 对象

在面向对象的编程中，对象是指一系列数据以及一套访问和操作这些数据的方法。使用对象而非全局变量和函数有以下好处。

封装：对外部隐藏有关对象工作原理的细节。

继承：可基于通用类创建出专用类。

多态：对不同类型的对象执行相同的操作。

对于没有面向对象编程基础的读者，可能很难理解继承与多态。但无须太过担心，随着本章内容的展开，你会喜欢上面向对象编程。

首先，请回顾一个基本的运算符 "+"，实际上大家已经在 Python 中不自觉地使用了多态，请看图 7-1 中的示例。

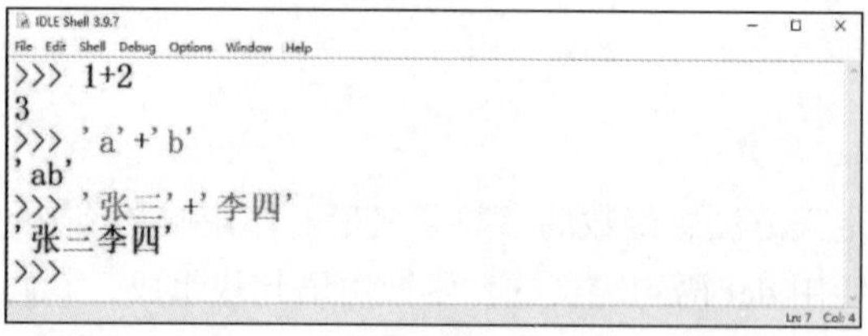

```
>>> 1+2
3
>>> 'a'+'b'
'ab'
>>> '张三'+'李四'
'张三李四'
>>>
```

图 7-1 "+"运算符的多态

图 7-1 中的 "+" 运算符既可用于数值，也可用于字符串。很多函数和运算符都是多态的。

继承应用在创建新的类时。当新的类相对于已有的类只是新增了几个方法时，使用继承程序员无须再次重写或从旧类的声明中粘贴代码。具体的使用方法会在 7.2 节中给出。

封装不同于多态，多态让调用者无须知晓对象所属的类就能调用其方法，而封装让调用者无须知晓对象的构造就能使用它。或许这有些难以理解，但不要着急，7.2.4 小节将详细解释 Python 的封装机制。

7.2 类

类是一种对象，每个对象都属于特定的类，并称某个对象为某类的实例。

比如，人是人类的一个实例，人类是一个抽象的类，它有很多子类：男人、女人，男博士、女博士，等等。在数学中，男人是人类的一个子集，而男博士是男人的一个子集；在 Python 中，男人是人类的子类，而男人是男博士的超类。通过举例，你可较快分清子类和超类的概念。另外，子类的所有实例都有超类的所有方法。

在定义 Python 类时，应遵循使用英文单词单数并将首字母大写的规则。例如，Person。

7.2.1 创建自定义类

Python 中包含很多定义好的类，例如字符串类 str。Python 也支持开发者创建自定义的类。下面是一个简单的创建自定义类的示例。

如图 7-2 所示，__metaclass__ = type 用于支持 Python 2，class 用于声明类，Person 是类的名称，参数 self 代表类实例对象本身，setname、getname、speak 代表类的方法。图 7-3 给出了 Person 类的实例化方法。

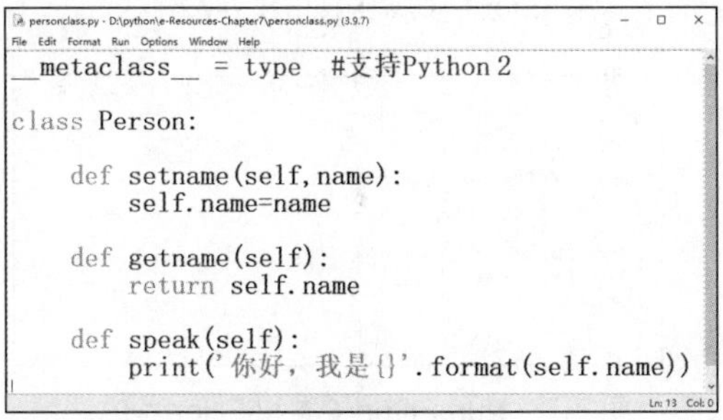

图 7-2　创建 Person 类　　　　　　　图 7-3　Person 类实例化

7.2.2 类的名字空间

在类中定义的代码都是在一个特殊的名字空间运行的，类的所有元素都可访问这个名字空间；在类中定义一个变量，所有的实例都可以访问它。图 7-4 给出了一个示例，演示如何在类中定义一个变量以统计实例的数量。

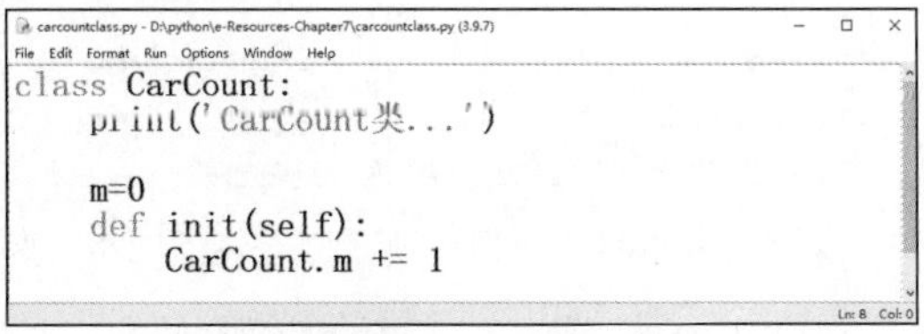

```
class CarCount:
    print('CarCount类...')

    m=0
    def init(self):
        CarCount.m += 1
```

图 7-4　创建 CarCount 类

由图 7-4 可见，CarCount 类的定义中包含一个计数变量 m，在 init 方法中将其值加 1。对于这个类的实例化以及变量值的变化请参见图 7-5。

可见，当使用该类定义一个实例并且调用 init 方法后，变量 m 的值会加 1。

```
>>> a=CarCount()
>>> a.init()
>>> a.m
1
>>> b=CarCount()
>>> b.m
1
>>> b.init()
>>> b.m
2
>>> c=CarCount()
>>> c.init()
>>> c.m
3
>>>
```

图 7-5　CarCount 类实例化及变量值变化

7.2.3　超类和继承

子类可扩展超类的定义，要指定超类，需要在 class 语句中的类名后面加上超类名，并将其用括号标识，如图 7-6 所示。

在图 7-6 中，首先定义了一个 Filter 类，然而这个类并不会过滤掉任何数据，它只是一个用于过滤的基类。而 NumFilter 子类在 Filter 类的基础上，重新定义了 init 方法，使其可以完成对数字 1 的过滤，同时该子类继承了 Filter 类（超类）的方法 filter。其调用如图 7-7 所示。

```
class Filter:
    def init(self):
        self.block=[]

    def filter(self,sequence):
        return [x for x in sequence if x not in self.block]

class NumFilter(Filter):
    def init(self):
        self.block=[1]
```

图 7-6　超类定义

```
>>> a=Filter()
>>> a.init()
>>> a.filter([1,2,3])
[1, 2, 3]
>>> b=NumFilter()
>>> b.init()
>>> b.filter([1,2,3])
[2, 3]
>>>
```

图 7-7　NumFilter 子类和 Filter 类的调用

要确定一个类是否为另一个类的子类，可使用内置函数 issubclass；要获得一个类的基类，可使用__bases__属性，如图 7-8 所示。

要确定对象是否为指定类的实例，可使用 isinstance 函数，如图 7-9 所示。

```
>>> issubclass(NumFilter,Filter)
True
>>> issubclass(Filter,NumFilter)
False
>>> NumFilter.__bases__
(<class '__main__.Filter'>,)
>>> Filter.__bases__
(<class 'object'>,)
>>>
```

图 7-8　使用 issubclass 函数和__bases__属性

```
>>> a=NumFilter()
>>> isinstance(a,NumFilter)
True
>>> isinstance(a,Filter)
True
>>> isinstance(a,list)
False
>>>
```

图 7-9　使用 isinstance 函数

要获得对象所属的类，可使用属性__class__，如图 7-10 所示。

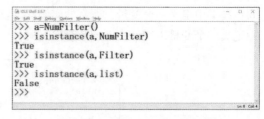

```
>>> a.__class__
<class '__main__.NumFilter'>
>>>
```

图 7-10　使用__class__属性

另外，一个子类可以继承多个超类（或称基类），请看下面的示例。

如图 7-11 所示，首先声明了 Person 和 Func 超类，Doctor 类继承于 Person 和 Func 两个超类。实际上，应该尽量避免使用多重继承，这是因为多个超类可能以不同的方式实现同一个方法。在子类的继承声明中，Person 和 Func 的顺序将决定其中包含的同名方法在哪个基类中是生效的（前面的基类），当然前提是这两个基类中包含同名的方法。图 7-11 中 Doctor 类的调用结果如图 7-12 所示。

```
class Person:

    def speak(self):
        print('计算结果是{}'.format(self.value))

class Func:

    def calculate(self,expr):
        self.value=eval(expr)

class Doctor(Person,Func):

    pass
```

图 7-11　多重继承

```
>>> a=Doctor()
>>> a.calculate('2**3+10')
>>> a.speak()
计算结果是18
>>>
```

图 7-12　Doctor 类的调用结果

7.2.4 封装

封装实际上是指将类内一些细节对外隐藏。更进一步地，有些类内的属性不希望被从对象外部访问，可将这类属性定义为私有属性。在 Python 中，可在某个属性名称前加两个下划线使其成为私有的。再次回顾 7.2.1 小节中的 Person 类，在其基础上增加一个私有属性和一个公有属性，通过调用不同的属性，你可明确两者的不同之处，如图 7-13 和图 7-14 所示。

```
class Person:

    def setname(self,name):
        self.name=name

    def getname(self):
        return self.name

    def speak(self):
        print('你好，我是{}'.format(self.name))

    def __secret(self):
        print('就不告诉你')

    def secret(self):
        print('秘密是：')
        self.__secret()
```

图 7-13　Person 类中定义__secret 私有属性

```
>>>
= RESTART: D:\python\e-Resources-Chapter7\personclass.py
>>> a=Person()
>>> a.__secret()
Traceback (most recent call last):
  File "<pyshell#1>", line 1, in <module>
    a.__secret()
AttributeError: 'Person' object has no attribute '__secret'
>>> a.secret()
秘密是：
就不告诉你
>>>
```

图 7-14　对象内部和外部调用私有属性

7.3 小结

本章介绍了 Python 定义类的方法、类的名字空间以及超类和继承等内容，总结如下。

对象：对象由方法和属性组成，属性是属于对象的变量，而方法是存储在类中的函数。与函数不同的是，方法总是将其所属的对象作为第一个参数，这个参数通常定义为 self。

类：类是一种对象，每个对象都属于特定的类。类的主要任务是定义其实例包含的方法。

多态：能够同样地对待不同类型的对象，让调用者无须知晓对象属于哪个类就可以调用其方法。

　　封装：对象可隐蔽其内部状态。在 Python 的类中，默认所有的属性都是公有的。

　　继承：一个类可以是一个或多个类的子类，子类继承超类的所有方法。应尽量使子类继承的超类功能独立且不相关。

　　本章介绍了一些新函数，如表 7-1 所示。

表 7-1　　　　　　　　　　　　　第 7 章中介绍的部分函数

函数名	功能描述
issubclass	确定一个类是否为另一个类的子类
isinstance	确定对象是否为指定类的实例

第8章 | 异常

通常，在代码中非法的数据操作会引发异常。例如，除法运算中除以 0、内存越界等。在本章中，你将学习 Python 提供的异常处理机制，包括如何创建异常、触发异常，以及异常的处理方式。

8.1　异常定义

学习过 C、C++等编程语言的读者对异常并不陌生，但本章的开始，仍然需要介绍 Python 中的异常。Python 使用异常对象来表示异常状态，并在出现错误时触发异常，异常对象未被处理时，程序将终止并显示一条信息，这条信息叫作 Traceback。一个除法运算中除以 0 的操作触发的异常如图 8-1 所示。

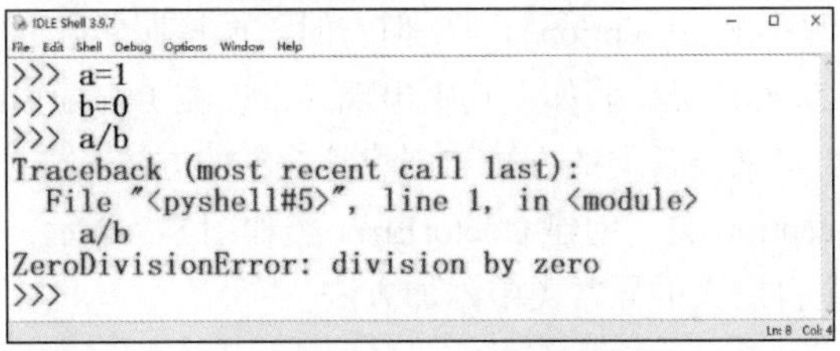

图 8-1　除法运算中除以 0 的操作触发的异常

实际上，每个异常都是某个类的实例，图 8-1 所示异常是 ZeroDivisionError 类的实例。在本章中你要学习的是，以各种方式触发并且处理异常，即"逮住"错误并采取相应的措施，而不是放任整个程序失败。

8.2　异常处理

8.2.1　raise 语句

要触发异常，可以使用 raise 语句，并将一个异常类或实例作为参数，将类作为参数时，Python 将自动创建一个实例。

如图 8-2 所示，使用 raise 语句触发异常，异常类必须是 Exception 类或者其子类，同时可以在触发异常时添加错误提示信息。Python 中一些比较重要的 Exception 子类如表 8-1 所示，更多的异常类请参考 Python 参考手册。

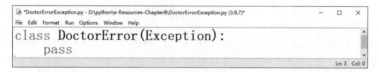

图 8-2　使用 raise 语句触发异常

表 8-1　　　　　　　　　　　　Python 中一些比较重要的 Exception 子类

类名	描述
OSError	操作系统不能执行指定的任务时触发
SyntaxError	代码不正确时触发
KeyError	使用映射中不存在的键时触发
IndexError	使用序列中不存在的索引时触发

8.2.2　自定义异常类

虽然 Python 提供了很多的 Exception 子类，但有时需要按照实际的需求创建自定义异常类，比如第 7 章中使用过的 Doctor 类，假如在其中出现异常，在 DoctorError 类中处理这个异常会显得更合乎情理。创建自定义异常类的方法与创建其他类的方法一样，但请注意，一定要使其直接或者间接地继承 Exception 类。创建 DoctorError 类如图 8-3 所示，代码简单明了。

当然，也可以在这个自定义的异常类中添加方法。

图 8-3　自定义异常类

8.2.3　try-except 语句

8.2.1 小节介绍了使用 raise 语句来触发异常，本小节将介绍如何使用 try-except 语句处理异常。请回顾除法运算中分母为 0 的异常，如图 8-4 所示。

为了对除法运算中分母为 0 的异常进行处理，可以使用 try-except 语句。运行结果如图 8-5 所示。

从图 8-5 所示的运行结果可以看出，程序并没有崩溃，取而代之的是输出了 except 语句后的错误提示信息。

```
try:
    x=int(input('输入分子:'))
    y=int(input('输入分母:'))
    print(x/y)
except ZeroDivisionError:
    print('分母不能为0!')
```

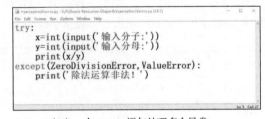

图 8-4 使用 try-except 语句处理异常

```
>>>
= RESTART: D:\python\e-Resources-Chapter8\tryzerodiv.py
输入分子:18
输入分母:0
分母不能为0!
>>>
```

图 8-5 try-except 语句运行结果

在图 8-6 中输入分母处输入一个字符，可以看出，这触发了 ValueError。如何处理呢？Python 支持在多个 except 语句或者在一个 except 语句中处理多个异常。具体的处理方式如图 8-7 所示。

```
输入分子:18
输入分母:b
Traceback (most recent call last):
  File "D:\python\e-Resources-Chapter8\tryzerodiv.py", line 3, in <module>
    y=int(input('输入分母:'))
ValueError: invalid literal for int() with base 10: 'b'
>>>
```

图 8-6 对除法运算中的分母输入字符后的运行结果

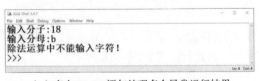

```
try:
    x=int(input('输入分子:'))
    y=int(input('输入分母:'))
    print(x/y)
except ZeroDivisionError:
    print('分母不能为0!')
except ValueError:
    print('除法运算中不能输入字符!')
```

（a）多个 except 语句处理多个异常

```
try:
    x=int(input('输入分子:'))
    y=int(input('输入分母:'))
    print(x/y)
except(ZeroDivisionError,ValueError):
    print('除法运算非法!')
```

（b）一个 except 语句处理多个异常

图 8-7 使用多个 except 语句或一个 except 语句处理多个异常

如图 8-7（a）所示，可以使用多个 except 语句分别处理每个异常；如图 8-7（b）所示，也可以使用一个 except 语句同时处理多个异常。其运行结果如图 8-8 所示。

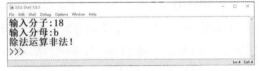

```
输入分子:18
输入分母:b
除法运算中不能输入字符!
>>>
```

（a）多个 except 语句处理多个异常运行结果

```
输入分子:18
输入分母:b
除法运算非法!
>>>
```

（b）一个 except 语句处理多个异常运行结果

图 8-8 使用多个 except 语句或一个 except 语句处理多个异常运行结果

如果需要处理异常对象，并显示系统默认信息，则可以使用 try-except-as 语句。示例如图 8-9 所示。

图 8-9 中代码的运行结果如图 8-10 所示。

尽管使用上述两种方法可以处理多个异常，然而可能还存在其他异常，Python 支持在 except 语句中不指定任何异常来处理全部异常，示例如图 8-11 所示。

图 8-11 中代码的运行结果如图 8-12 所示。

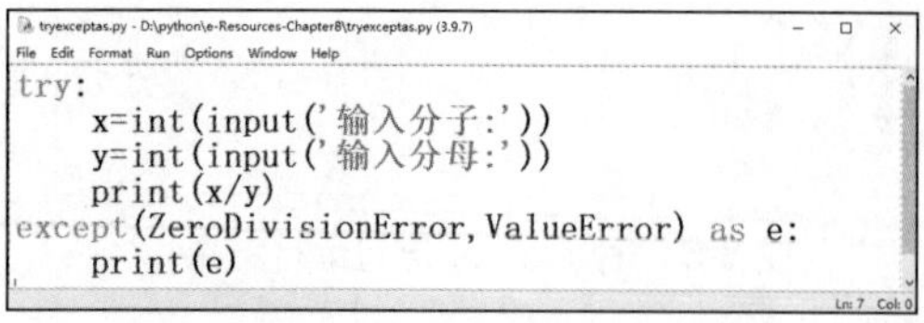

```
try:
    x=int(input('输入分子:'))
    y=int(input('输入分母:'))
    print(x/y)
except(ZeroDivisionError,ValueError) as e:
    print(e)
```

图 8-9　使用 try-except-as 语句处理异常对象

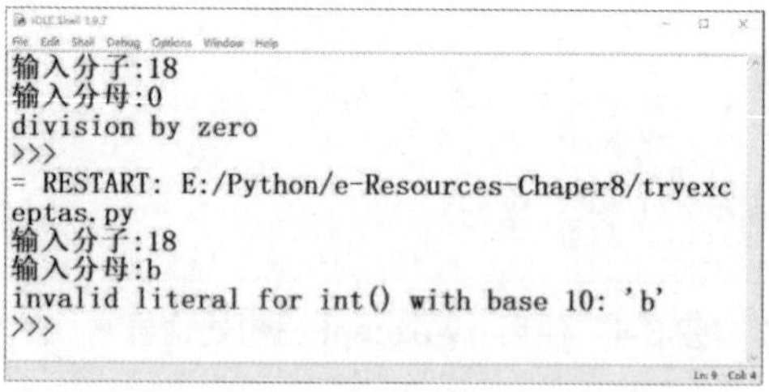

```
输入分子:18
输入分母:0
division by zero
>>>
= RESTART: E:/Python/e-Resources-Chaper8/tryexceptas.py
输入分子:18
输入分母:b
invalid literal for int() with base 10: 'b'
>>>
```

图 8-10　使用 try-except-as 语句处理异常对象运行结果

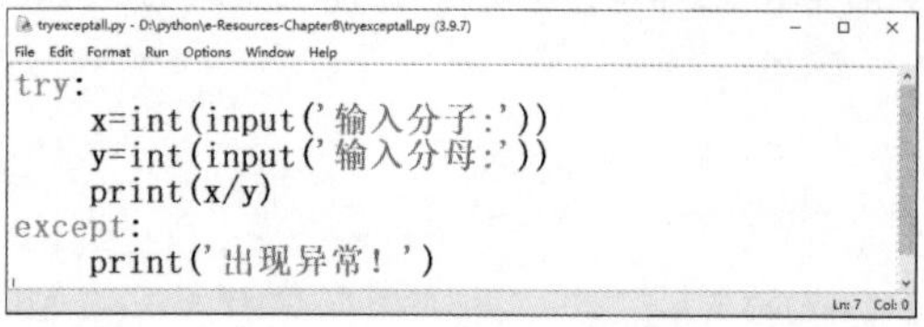

```
try:
    x=int(input('输入分子:'))
    y=int(input('输入分母:'))
    print(x/y)
except:
    print('出现异常!')
```

图 8-11　使用 except 语句处理全部异常

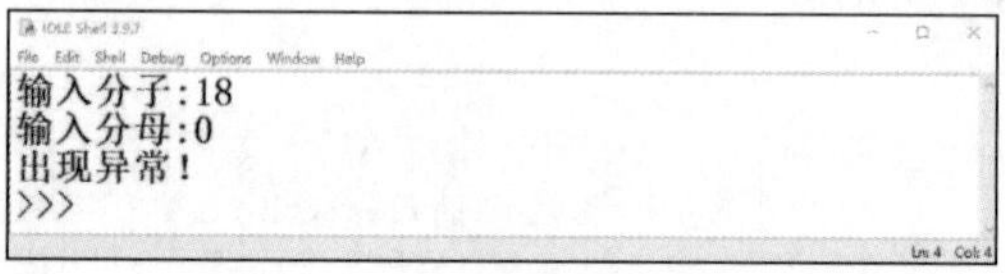

```
输入分子:18
输入分母:0
出现异常!
>>>
```

图 8-12　使用 except 语句处理全部异常运行结果

另外，在异常发生时还可以灵活处理，try-except 语句可以与 raise 语句搭配使用，示例如图 8-13 所示。

图 8-13 中的 DebugCalculator 类实现了一个异常处理开关的功能，即当 debug=True 时，意味着代码处于调试状态，如果出现异常，程序可以崩溃；而当 debug=False 时，代码处于发布状态，此时不希望程序崩溃，如图 8-14 所示。

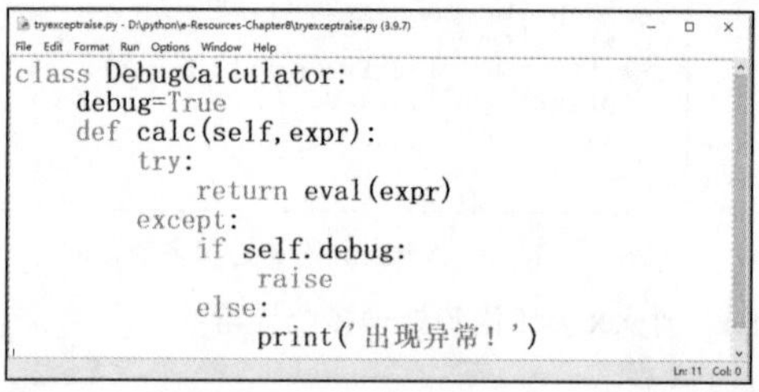

```
class DebugCalculator:
    debug=True
    def calc(self,expr):
        try:
            return eval(expr)
        except:
            if self.debug:
                raise
            else:
                print('出现异常!')
```

图 8-13　使用 try-except 语句搭配 raise 语句处理异常

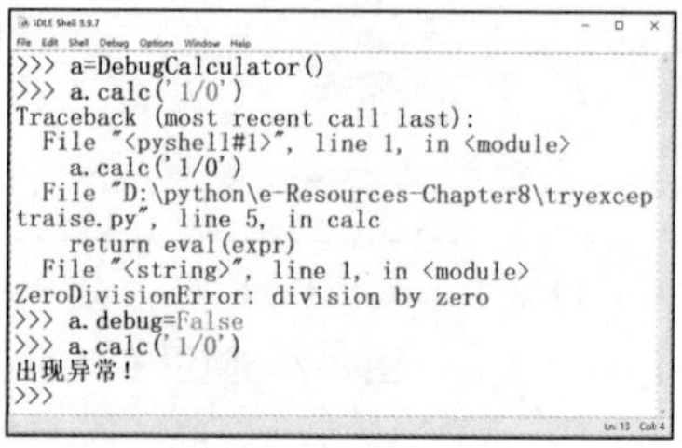

```
>>> a=DebugCalculator()
>>> a.calc('1/0')
Traceback (most recent call last):
  File "<pyshell#1>", line 1, in <module>
    a.calc('1/0')
  File "D:\python\e-Resources-Chapter8\tryexceptraise.py", line 5, in calc
    return eval(expr)
  File "<string>", line 1, in <module>
ZeroDivisionError: division by zero
>>> a.debug=False
>>> a.calc('1/0')
出现异常!
>>>
```

图 8-14　异常处理开关

8.2.4　finally 语句

finally 语句可以与 try 语句搭配使用，用于在发生异常时执行清理工作。另外，也可以同时使用 try、except、else 和 finally 语句，如图 8-15 所示。其运行结果如图 8-16 所示。

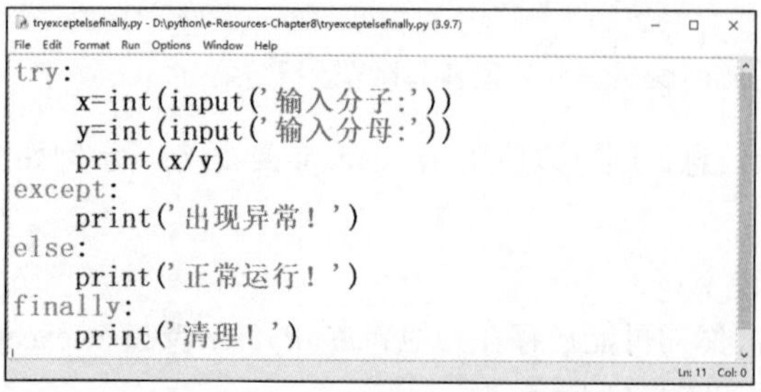

```
try:
    x=int(input('输入分子:'))
    y=int(input('输入分母:'))
    print(x/y)
except:
    print('出现异常!')
else:
    print('正常运行!')
finally:
    print('清理!')
```

图 8-15　try、except、else、finally 语句搭配使用

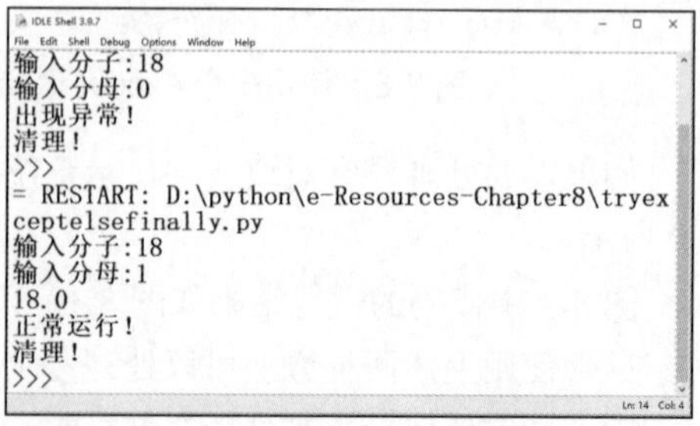

```
输入分子:18
输入分母:0
出现异常!
清理!
>>>
= RESTART: D:\python\e-Resources-Chapter8\tryexceptelsefinally.py
输入分子:18
输入分母:1
18.0
正常运行!
清理!
>>>
```

图 8-16　try、except、else、finally 语句搭配使用运行结果

从图 8-16 所示的运行结果可以看出，无论程序是否发生异常，都会执行 finally 语句，它一般用于完成数据库连接、套接字连接的关闭。

8.3 if-else 语句与 try-except 语句的比较

实际上，程序员在编写代码时也会考虑到异常情况的处理，如图 8-17 所示，可以使用 if-else 语句来检查异常并进行处理，也可以使用 try-except 语句去处理。当然，两者之间存在效率差异。

读者可以对比图 8-17 中 lookup 函数与 search 函数的实现，在 lookup 函数中需要多进行一次条件语句的判断，而 search 函数直接运行，如果出现异常则直接处理。运行结果如图 8-18 所示。

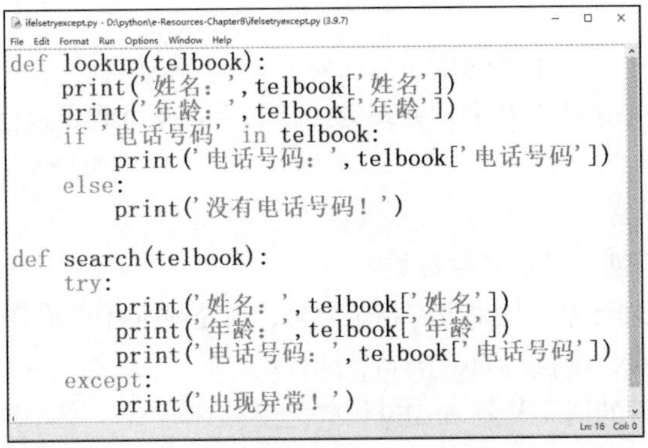

图 8-17 使用 if-else 语句或 try-except 语句处理异常

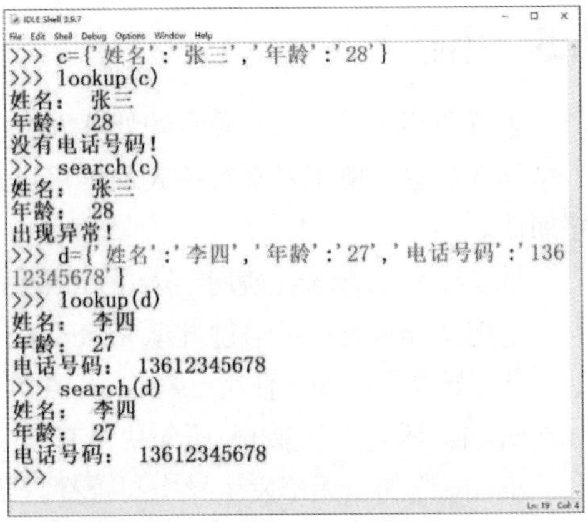

图 8-18 lookup 和 search 函数运行结果

因此，推荐读者熟练使用 try-except 语句代替 if-else 语句处理代码中出现的异常。

8.4 告警

如果只是在程序中发出告警，则可以使用 warnings 模块中的 warn 函数，如图 8-19 所示。

当出现告警时，如果不希望程序中断，可以使用 warnings 模块中的 filterwarnings 函数，将动作指定为 "ignore"，如图 8-20 所示。

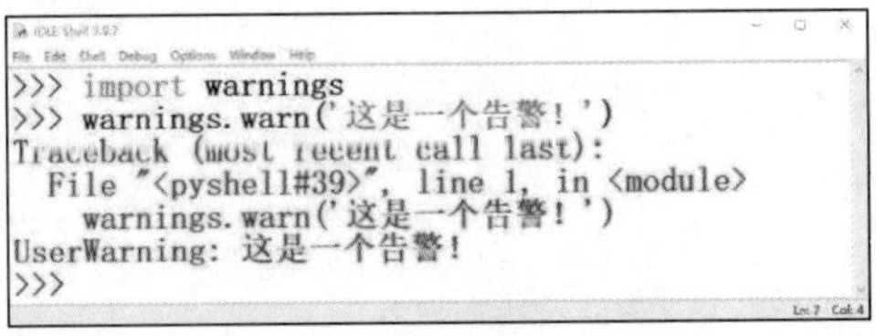

图 8-19 调用 warn 函数

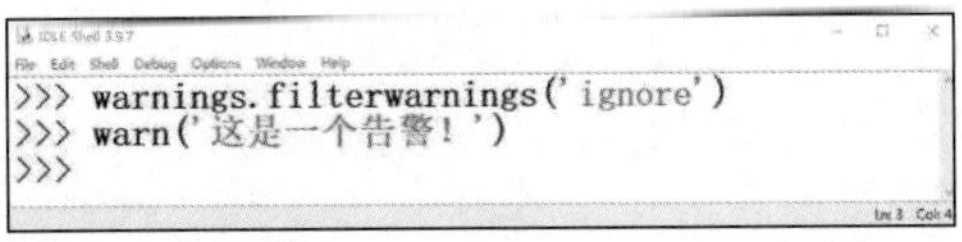

图 8-20 filterwarnings 使用 ignore 动作忽略告警

也可以通过指定动作为 "error" 来恢复告警中断，如图 8-21 所示。

还可以通过 filterwarnings 函数中的 category 参数指定 Warn 的告警子类来分别对待不同的告警，如图 8-22 所示。

在 warn 函数中指定告警子类为 DeprecationWarning 时，处理方式为 ignore；否则，处理方式为 error。

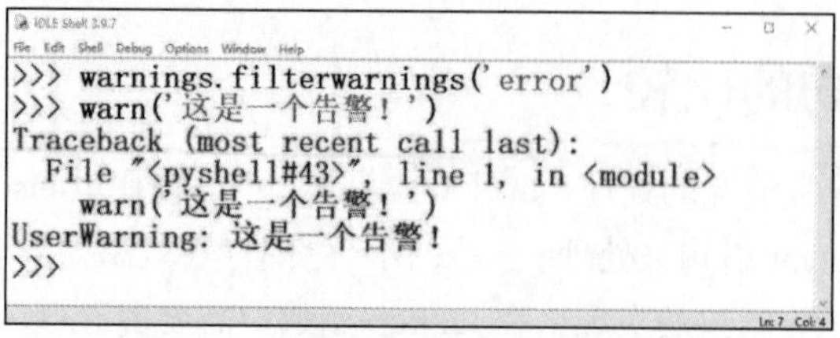

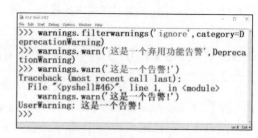

图 8-21　filterwarnings 使用 error 动作
恢复告警中断

图 8-22　filterwarnings 使用 category
参数指定告警子类的处理方式

8.5　小结

本章介绍了异常以及异常的处理方法。其中一些重要的概念总结如下。

异常对象：使用异常对象表现异常状态，异常状态有多种处理方式，如果忽略可能导致程序崩溃。

触发异常：Python 使用 raise 语句来触发异常。

自定义异常类：可通过继承 Exception 类来创建自定义异常类。

处理异常：Python 使用 try-except 语句来处理异常，如果没有指定异常，则处理所有的异常。

try-else 语句：如果 try 语句块没有发生异常，则执行 else 语句后的代码。

finally 语句：无论发生异常与否都需要执行的语句放到 finally 语句之后。

告警：告警类似于异常，通常只需要输出一条信息，但需要指定为 Warning 的子类。

第9章

特殊方法、特性、迭代器和生成器

在 Python 中，尽量不要在开头和结尾同时使用下划线来定义函数或者变量，因为这样定义的函数或变量都包含特殊的意义，准确地说，应称之为特殊方法（魔法方法），比如第 7 章中的 __class__。如果在对象中实现了这些方法，则一般情况下不需要直接调用。本章将介绍 __init__ 特殊方法（在众多特殊方法中最重要的就是 __init__），除此之外还将介绍特性和迭代器，以及生成器（一种特殊的迭代器）。

9.1 构造函数

请回顾图 7-4 中的示例，其中的 CarCount 类定义了方法 init 用于记录 CarCount 类的实例数量，但每次都必须调用 init 方法。在本节中，将 init 方法改写为 __init__ 后会发生奇妙的效果，即 Python 会自动调用，示例如图 9-1 所示，其调用结果如图 9-2 所示。

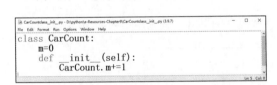

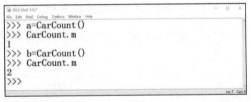

图 9-1　__init__ 方法　　　　　　　图 9-2　CarCount 类自动调用 __init__ 方法的结果

实际上，这个特殊方法称为构造函数。另外，Python 提供了析构函数 __del__。感兴趣的读者可以自行尝试使用析构函数。

在继承的子类中需要重写构造函数，然而此时在继承的方法中可能会出现无法正确调用对象的情况，示例如图 9-3 所示。

图 9-3 所示的示例中声明了一个超类 Person 及其子类 Child，并且它们都包含构造函数，当使用子类 Child 的继承方法 speak 时，会出现异常，因为子类 Child 对象中没有属性 ged，如图 9-4 所示。

如果想消除图 9-4 中的异常，则需要在子类的构造函数中调用未关联的超类构造函数，或者使用 super 函数。实际上，无论是调用未关联的超类构造函数还是使用 super 函数，修改都很简单。首先介绍调用未关联的超类构造函数。

如图 9-5 所示，调用未关联的超类构造函数只需在子类 Child 的构造函数中增加一行代码 Person.__init__(self)，然而这种处理方式多用于旧版本的 Python。对于新版本的 Python，可以使用 super 函数，这会使得代码更加简洁，如图 9-6 所示。

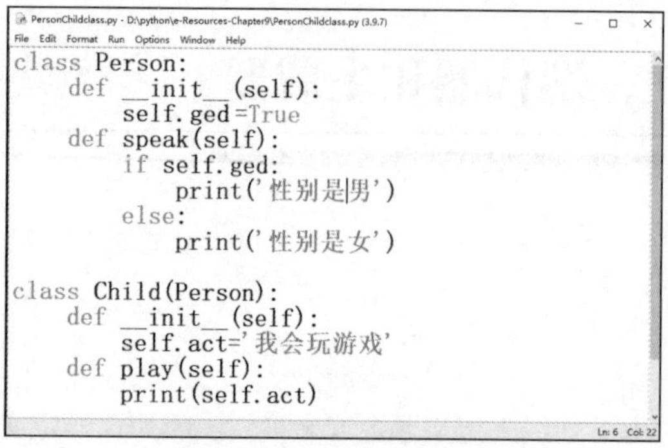

```
class Person:
    def __init__(self):
        self.ged=True
    def speak(self):
        if self.ged:
            print('性别是男')
        else:
            print('性别是女')

class Child(Person):
    def __init__(self):
        self.act='我会玩游戏'
    def play(self):
        print(self.act)
```

图 9-3　继承类的构造函数

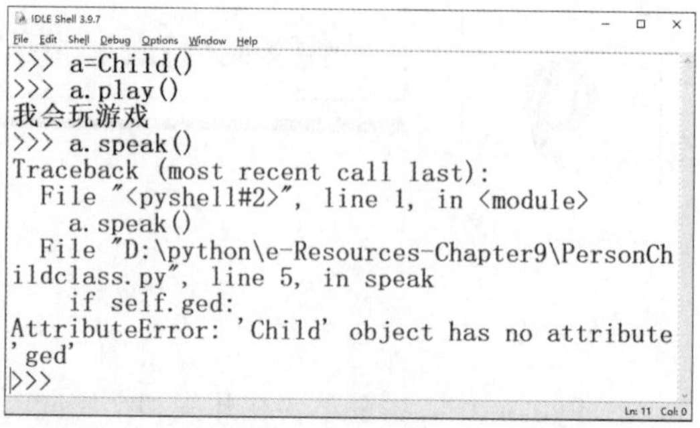

```
>>> a=Child()
>>> a.play()
我会玩游戏
>>> a.speak()
Traceback (most recent call last):
  File "<pyshell#2>", line 1, in <module>
    a.speak()
  File "D:\python\e-Resources-Chapter9\PersonChildclass.py", line 5, in speak
    if self.ged:
AttributeError: 'Child' object has no attribute 'ged'
>>>
```

图 9-4　Child 子类的继承方法中 ged 属性异常

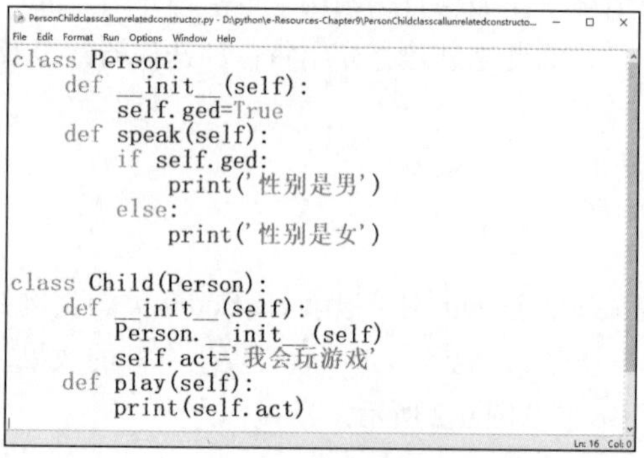

```
class Person:
    def __init__(self):
        self.ged=True
    def speak(self):
        if self.ged:
            print('性别是男')
        else:
            print('性别是女')

class Child(Person):
    def __init__(self):
        Person.__init__(self)
        self.act='我会玩游戏'
    def play(self):
        print(self.act)
```

图 9-5　调用未关联的超类构造函数

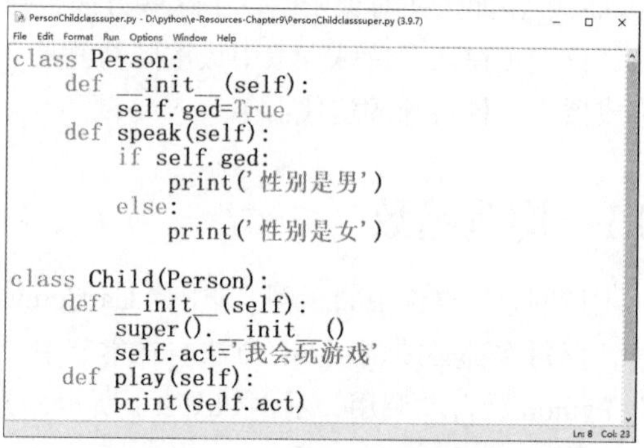

```
class Person:
    def __init__(self):
        self.ged=True
    def speak(self):
        if self.ged:
            print('性别是男')
        else:
            print('性别是女')

class Child(Person):
    def __init__(self):
        super().__init__()
        self.act='我会玩游戏'
    def play(self):
        print(self.act)
```

图 9-6　使用 super 函数关联超类构造函数

图 9-5 和图 9-6 所示的修改都可以解决图 9-4 中出现的异常，其调用结果如图 9-7 所示。

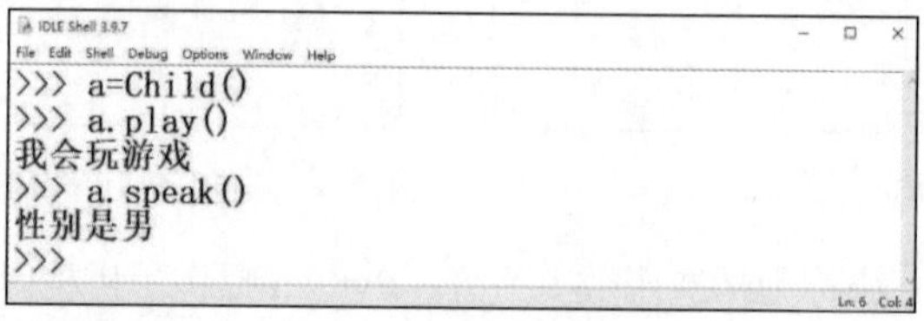

```
>>> a=Child()
>>> a.play()
我会玩游戏
>>> a.speak()
性别是男
>>>
```

图 9-7　调用未关联的超类构造函数或者使用 super 函数调用结果

9.2　特性

在类中，通常包含一些属性，访问这些属性需要定义存取方法，通过存取方法定义的属性通常称为特性。这听起来貌似有点复杂，但通过实例介绍，读者就会很快明白什么是特性。

9.2.1　property 关键字与 property 函数

本小节介绍属性与方法之间的关系，请看下面的示例。图 9-8 中定义了一个 Animal 类，类中的属性_kind（种类）初始化为“dog”（狗），使用 set_kind 和 get_kind 方法来设置和获取属性_kind（这两个方法也称为 Animal 类的存取方法）。

其中需要特殊声明的是，为了强调通过特性来获取属性，将类中的属性用_kind 表示，而使用 kind 来表示特性。其调用结果如图 9-9 所示。

```python
class Animal:
    def __init__(self,kind):
        self._kind='dog'

    def set_kind(self,kind):
        self._kind=kind

    def get_kind(self):
        return self._kind
```

图 9-8 Animal 类中属性_kind 与 get_kind 和 set_kind 方法

```
>>> a=Animal('cat')
>>> a._kind
'dog'
>>> a.set_kind('cat')
>>> a.get_kind()
'cat'
>>>
```

图 9-9 调用 Animal 类中的方法来获取属性运行结果

上述的示例并无特殊之处，下面的示例才是本小节的重头戏。该示例借助 property 关键字，通过存取方法来定义属性。请注意图 9-10 中代码与图 9-8 中代码的区别。

如图 9-10 所示，property 关键字将 kind 方法变为了同名属性。但需要注意的是，存取方法名称必须与属性名一致。@property 用在获取属性函数之前，而@kind.setter 用在设置属性函数之前。其调用结果如图 9-11 所示。

```python
class Animal:
    def __init__(self,k):
        self._kind='dog'

    @property
    def kind(self):
        return self._kind

    @kind.setter
    def kind(self,k):
        self._kind=k
```

图 9-10 使用 property 关键字将方法变为同名属性

```
>>> a=Animal('cat')
>>> a.kind='cat'
>>> a.kind
'cat'
>>> a._kind
'cat'
>>>
```

图 9-11 使用 property 关键字将方法变为同名属性调用结果

上述方法是很多 Python 程序员惯用的方法之一，但也有部分 Python 程序员喜欢使用 property 函数，示例如图 9-12 所示。

```python
class Animal:
    def __init__(self,kind):
        self._kind='dog'

    def set_kind(self,k):
        self._kind=k

    def get_kind(self):
        return self._kind

    kind=property(get_kind,set_kind,None,'动物种类')
```

图 9-12 使用 property 函数将存取方法作为参数创建 kind 特性

如图 9-12 所示，property 函数提供了 4 个参数，分别是特殊方法__get__、__set__、__delete__和__doc__。其中，__delete__是用于删除属性的方法，如果无须指定则可以赋值为 None。使用 property 函数将存取方法作为参数创建 kind 特性调用结果如图 9-13 所示。

比较使用 property 关键字和 property 函数的示例后，作者认为使用后者代码更加清晰简洁，对于使用 Python 3 定义的类，推荐读者使用特性而非存取方法。

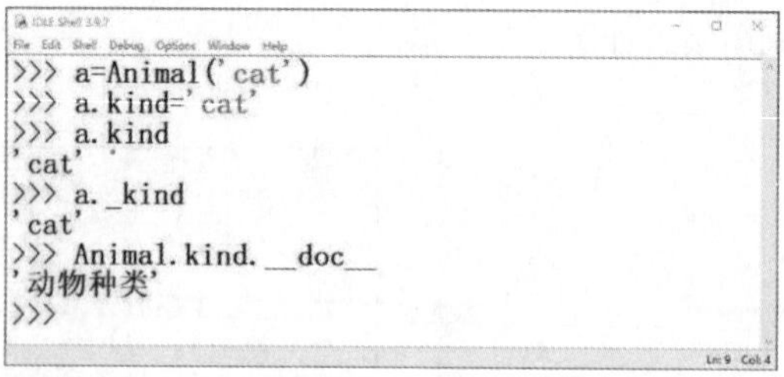

图 9-13　使用 property 函数将存取方法作为参数创建 kind 特性调用结果

9.2.2　静态方法与类方法

介绍静态方法和类方法之前，首先回顾前述章节介绍过的类方法，如图 9-14 所示。其调用结果如图 9-15 所示。图 9-14 中的 Animal 类的 hello 方法也称为实例方法，因此它只能在类实例化后的对象中调用。

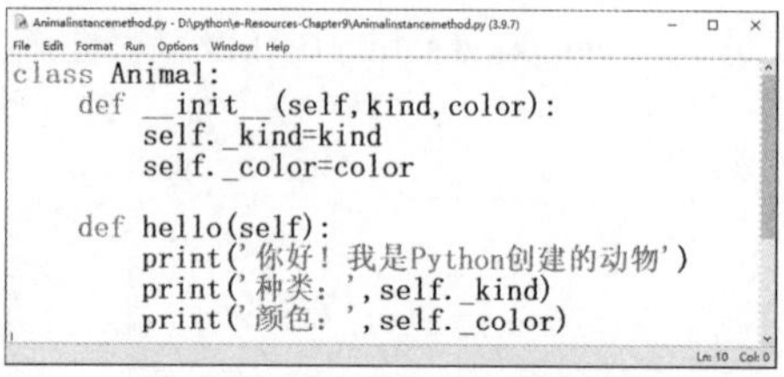

图 9-14　Animal 类实例方法 hello 　　　　　　　图 9-15　Animal 类实例方法 hello 调用结果

接下来介绍静态方法。静态方法实际上更类似于名字空间为类的函数，静态方法中不能调用实例的属性或者方法。图 9-16 中给出了包装在 staticmethod 类对象中的静态方法创建示例以及调用静态方法的示例。

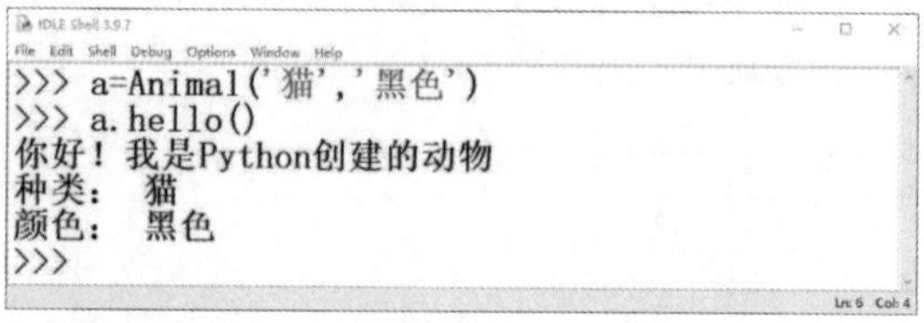

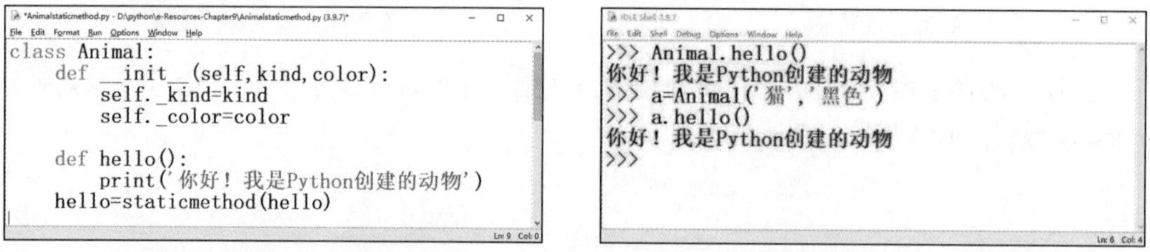

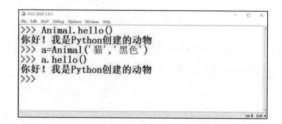

（a）Animal 类中静态方法 hello 的创建　　　　　　　（b）Animal 类中静态方法 hello 的调用

图 9-16　Animal 类中静态方法 hello 的创建以及调用示例

细心的读者通过阅读图 9-16（a）中的代码，已经发现方法 hello 实际上与类 Animal 并没有任何关联（既没有调用属性也没有调用类中方法）。对于 hello 来说，Animal 类此时更应称为 hello 的名字空间。另外，静态方法不能调用类的属性和方法。在图 9-16（b）中，你可更清晰地观察到对于类中静态方法 hello 的调用结果，hello 可以直接通过“类.方法”调用，也可以通过“实例.方法”调用。但图 9-16 中的写法过于烦琐，一种更简明的方法是使用@staticmethod 装饰器，如图 9-17 所示。

图 9-17 中的创建方法与图 9-16（a）中的创建方法是等效的。下面给出静态方法和实例方法调用的示例。

```
class Animal:
    def __init__(self,kind,color):
        self._kind=kind
        self._color=color

    @staticmethod
    def hello():
        print('你好！我是Python创建的动物')
```

图 9-17 使用@staticmethod 装饰器创建静态方法

你是否已经想到作者的意图了呢？没错，通过图 9-18 中的示例，要说明的是实例方法可以调用静态方法，然而静态方法却不能调用实例方法。在实例方法中调用静态方法的运行结果如图 9-19 所示。

```
class Animal:
    def __init__(self,kind,color):
        self._kind=kind
        self._color=color

    @staticmethod
    def hello():
        print('你好！我是Python创建的动物')
    '''
    def hello():
        print('你好！我是Python创建的动物')
    hello=staticmethod(hello)
    '''

    def show(self):
        self.hello()
        print('种类：',self._kind)
        print('颜色：',self._color)
```

图 9-18 在实例方法中调用静态方法

```
>>> a=Animal('猫','黑色')
>>> a.show()
你好！我是Python创建的动物
种类： 猫
颜色： 黑色
>>>
```

图 9-19 在实例方法中调用静态方法的运行结果

接下来介绍类方法。类方法是将类本身作为对象进行操作的方法，类方法包含类似于 self 的参数，但通常将参数命名为 cls。在上述示例中继续添加类方法，类方法的功能是统计 Animal 类创建实例的次数。

如图 9-20 所示，类似于静态方法的创建方法，既可以使用包装在 classmethod 类对象中的静态方法创建类方法，也可以使用@classmethod 装饰器创建类方法。类方法不能调用实例方法，而实例方法可以调用类方法。另外，图 9-20 中没有给出类方法调用静态方法的示例。图 9-21 给出的是调用类方法的示例，既可以通过“类.方法”调用类方法，也可以通过“实例.方法”调用类方法。

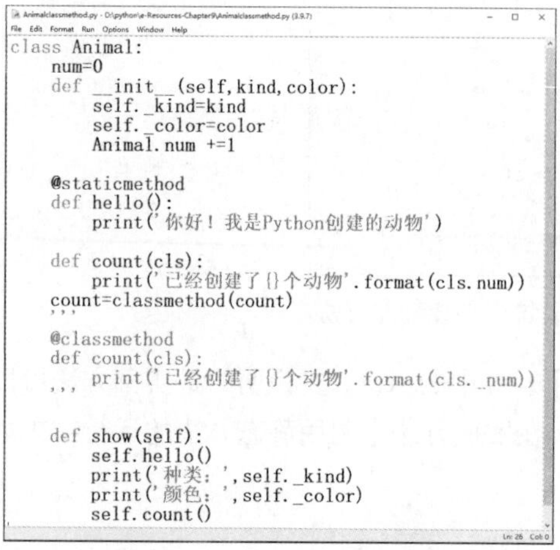

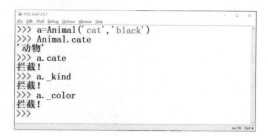

```
class Animal:
    num=0
    def __init__(self,kind,color):
        self._kind=kind
        self._color=color
        Animal.num +=1

    @staticmethod
    def hello():
        print('你好！我是Python创建的动物')

    def count(cls):
        print('已经创建了{}个动物'.format(cls.num))
    count=classmethod(count)
    '''
    @classmethod
    def count(cls):
        print('已经创建了{}个动物'.format(cls._num))
    '''

    def show(self):
        self.hello()
        print('种类：',self._kind)
        print('颜色：',self._color)
        self.count()
```

图 9-20　创建类方法 count

```
>>> a=Animal('猫','黑色')
>>> a.show()
你好！我是Python创建的动物
种类： 猫
颜色： 黑色
已经创建了1个动物
>>> b=Animal('猫','白色')
>>> b.show()
你好！我是Python创建的动物
种类： 猫
颜色： 白色
已经创建了2个动物
>>> Animal.count()
已经创建了2个动物
>>> a.count()
已经创建了2个动物
>>> b.count()
已经创建了2个动物
>>>
```

图 9-21　调用类方法 count

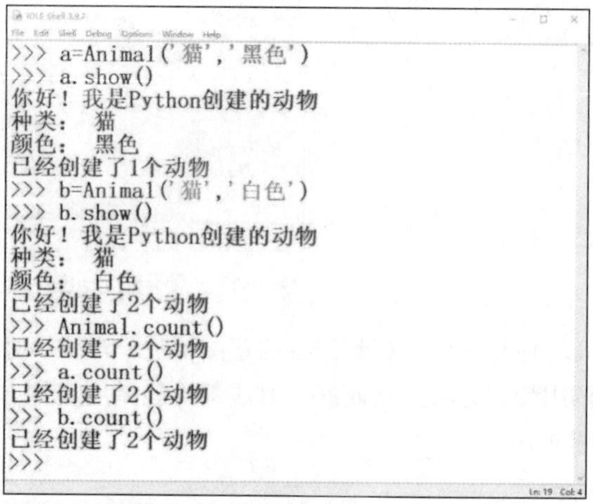

9.2.3　__getattribute__、__getattr__、__setattr__、__dict__、__delattr__方法

本小节介绍另外几个在编码中常见的特殊方法。

__getattribute__方法可以拦截对对象属性的访问，但该方法只适用于 Python 3 定义的类。当属性被访问时，自动调用该方法，它常用于实现访问某属性时执行一段代码，示例如图 9-22 所示。

调用图 9-22 中代码的结果如图 9-23 所示。__getattribute__方法可以用来拦截对对象属性的访问，但不能拦截对类属性的访问。

```
class Animal(object):
    cate='动物'
    def __init__(self,kind,color):
        self._kind=kind
        self._color=color

    def __getattribute__(self,attr):
        print('拦截！')
```

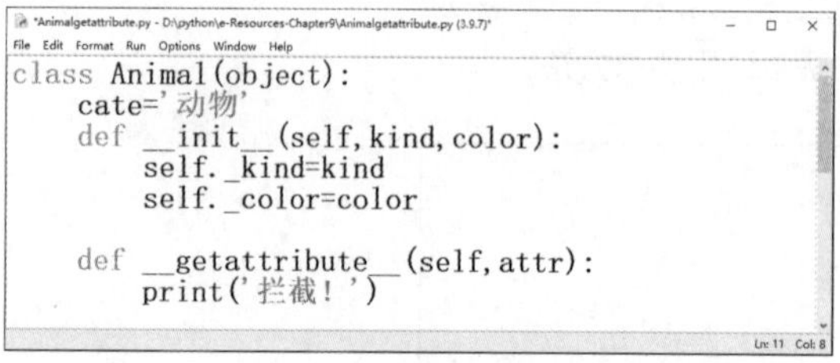

图 9-22　使用__getattribute__方法拦截对对象属性的访问

```
>>> a=Animal('cat','black')
>>> Animal.cate
'动物'
>>> a.cate
拦截！
>>> a._kind
拦截！
>>> a._color
拦截！
>>>
```

图 9-23　使用__getattribute__方法拦截对对象属性的访问结果

假如需要使用__getattribute__方法检查对对象属性的访问，可以使用图 9-24 中的方式，但需要注意的是，该方法要与 super 函数配合使用，否则会造成无限递归调用，最终导致程序崩溃。图 9-24 中代码的调用结果如图 9-25 所示。

下面介绍__getattr__方法，该方法的自动执行需要满足两个条件，一个是访问对象属性，另一个是触发 AttributeError 异常。在图 9-26 所示的示例中，raise AttributeError()是在__getattribute__方法中调用的，你也可以尝试在__getattr__方法中直接调用。

图 9-27 给出了图 9-26 中代码的调用结果。在访问对象未定义的属性时，首先自动调用__getattribute__方法，触发了 AttributeError 异常，然后自动调用__getattr__方法，该方法中的 return self._kind, self._color 语句两次触发了__getattribute__方法，获得了属性的值。

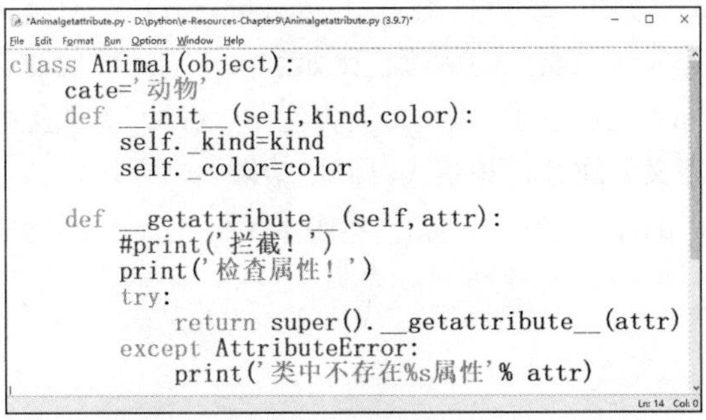

图 9-24 使用__getattribute__方法检查
对对象属性的访问

图 9-25 使用__getattribute__方法检查
对对象属性的访问结果

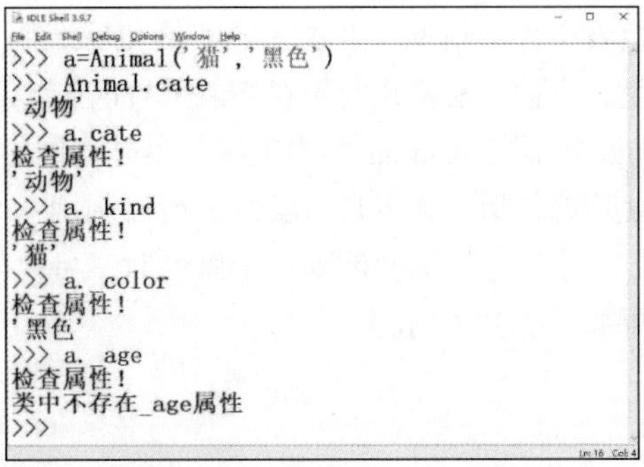

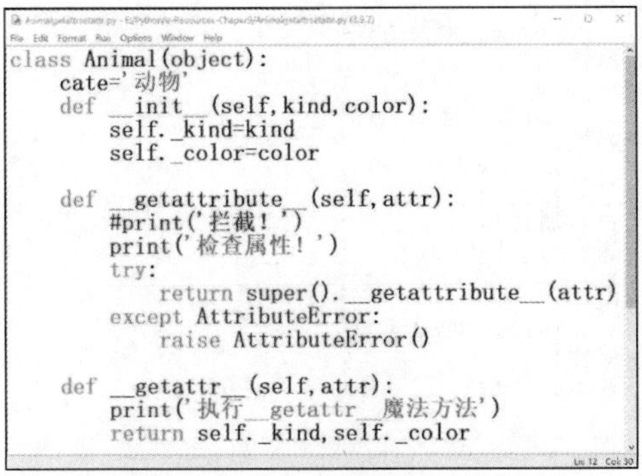

图 9-26 定义__getattr__方法

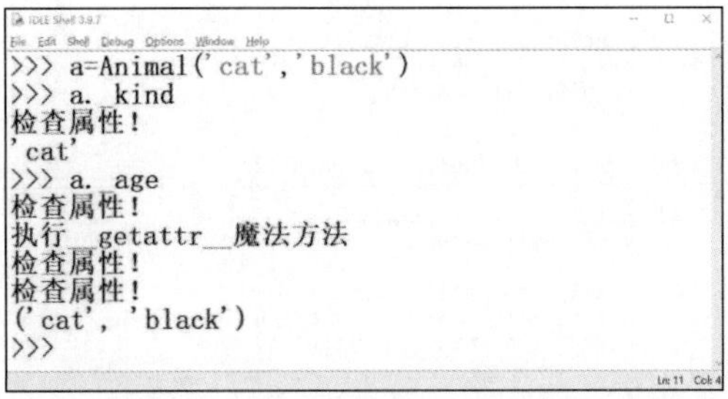

图 9-27 __getattr__方法的调用结果

下面介绍__setattr__方法，该方法在尝试给属性赋值时会自动调用。但需要注意的是，该方法要与实例属性管理方法__dict__配合使用，否则容易陷入无限循环从而导致代码崩溃。定义__setattr__方法及调用结果如图 9-28 所示。

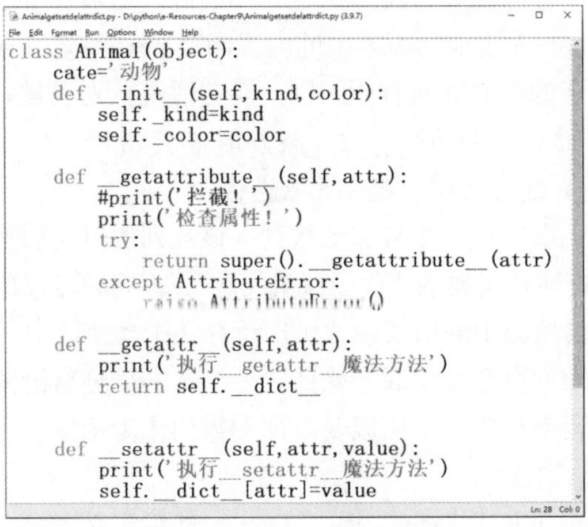

（a）Animal 类中定义__setattr__方法

（b）__setattr__方法的调用结果

图 9-28 定义__setattr__方法及调用结果

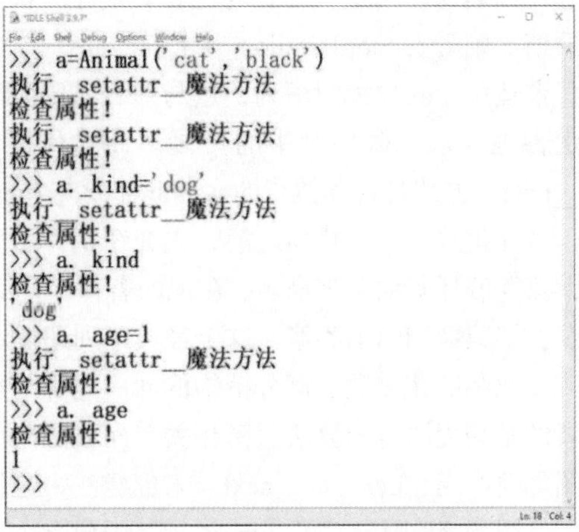

感兴趣的读者可以把图 9-28（a）中的最后一行代码改成 self.attr=value，看看在类实例化时

会发生什么情况。在类完成实例化后调用__init__方法，就会自动调用__setattr__方法。有趣的是，当输入实例化时不存在的属性时，也可以完成对该属性的赋值，比如对属性 age 赋值时，age 并不在 Animal 类中定义。另外，图 9-28（a）也展示了__getattr__方法与__dict__方法配合使用的情形。你可自行尝试运行后调用一个未定义的属性，观察代码调用结果。

最后，当需要删除一个属性时，可以使用__delattr__方法，如图 9-29 所示。代码的运行结果如图 9-30 所示。

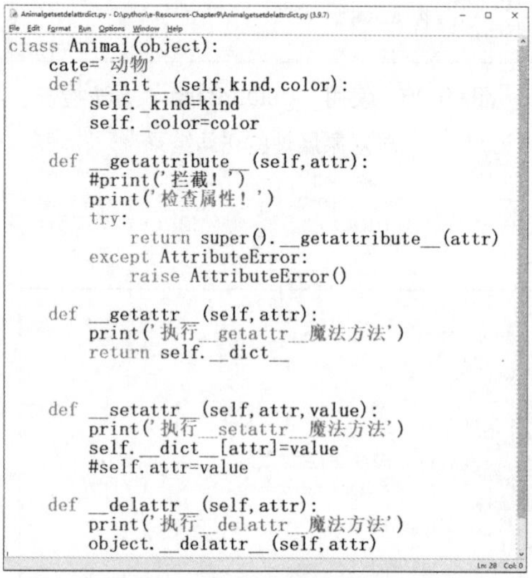

图 9-29 定义__delattr__方法

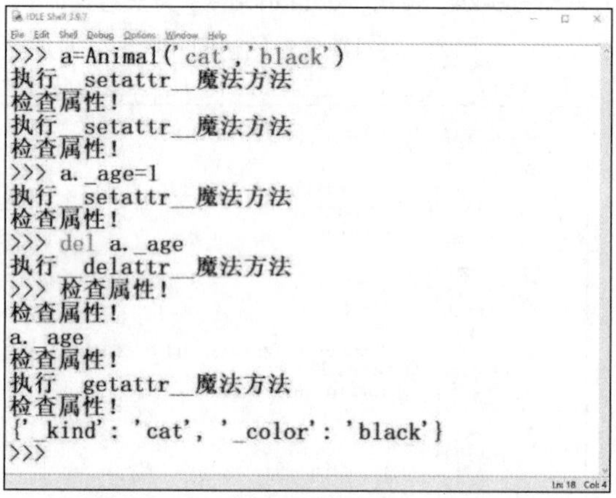

图 9-30 __delattr__方法的调用结果

9.3 迭代器

迭代是表示重复多次的一个术语，类似于循环。本节将介绍 Python 的特殊方法__iter__，它可以返回一个迭代器；与之相关的是__next__，它将返回迭代器中的下一个值，如果没有返回值，则触发 StopIteration 异常。__next__与 Python 3 之前的版本中的内置函数 next 等效。迭代器适用于获取无限序列，这与列表需要分配固定的存储空间有所区别。换句话说，列表是一次性地获取无限序列中的一段，而迭代器的存储空间只在__next__触发时才会增长。由于__next__方法是自动执行的，因此需要与 break 语句配合使用，避免无限迭代。

在正式介绍迭代器之前，先介绍用作示例的无限序列：斐波那契数列。该数列用意大利数学家斐波那契的名字命名，在他的著作中记载了有趣且经典的"兔子繁殖问题"，该问题可以用斐波那契数列给出答案。这个经典序列还揭示了自然界中的增长模式（广泛存在于动植物中），许多花朵的花瓣数、部分植物的叶序等都与这一数列存在着关联。除此之外，本书想分享给读者的是编程语言与算法紧密相关，而算法与数学紧密相关。下面以斐波那契数列作为示例，介绍如何使用__iter__、__next__来创建一个迭代器。

图 9-31 中定义了 Fib 类，其中包含主要的实现方法__next__和__iter__，然后定义了一个 createfib 函数，参数 n 定义了斐波那契数列输出的截止条件。图 9-31 中代码的调用结果如图 9-32 所示。

除了图 9-31 中的迭代终止方式，还可以使用另外一种方式，实现如图 9-33 中代码所示，其中 Fib 类实例的调用结果如图 9-34 所示。

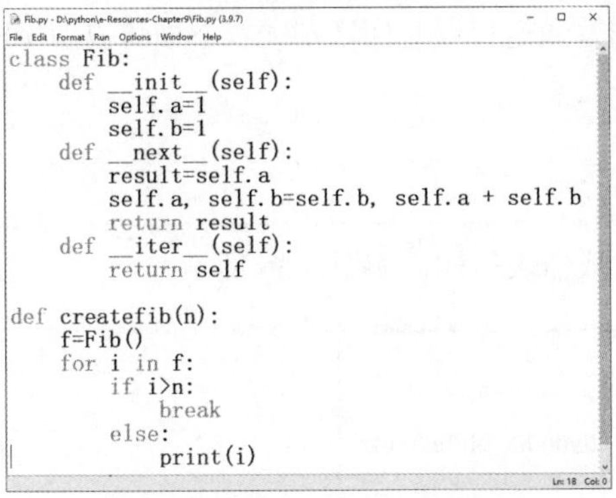

图 9-31 使用迭代器创建斐波那契数列

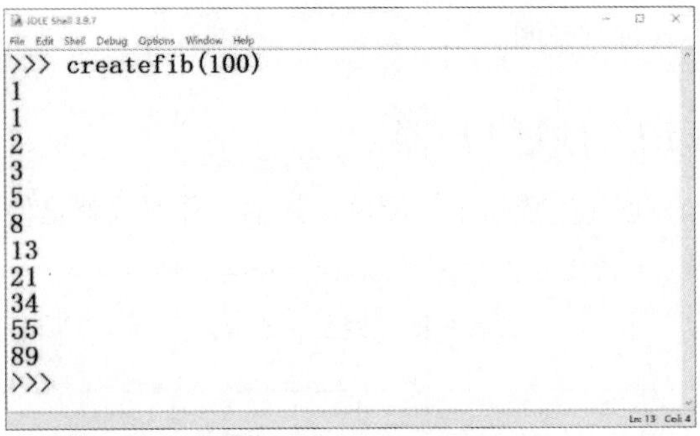

图 9-32 使用迭代器创建斐波那契数列的调用结果

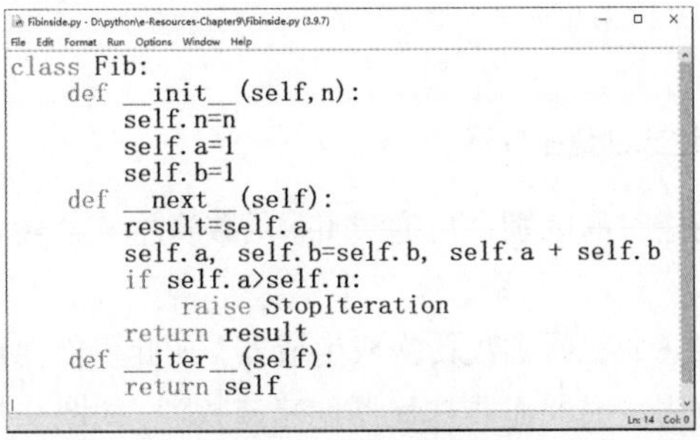

图 9-33 在类中使用 raise 语句终止 __next__ 方法

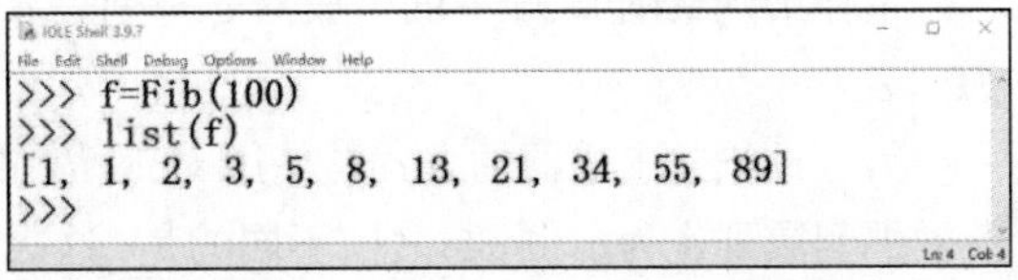

图 9-34 Fib 类实例的调用结果

需要注意的是，图 9-34 中使用了 list 函数将迭代器转换为列表，这在实际应用中是一种有效的转换方法。

除此之外，还可以通过调用 iter 函数将列表转化为可迭代对象，并通过 next 函数迭代其元素，如图 9-35 所示。

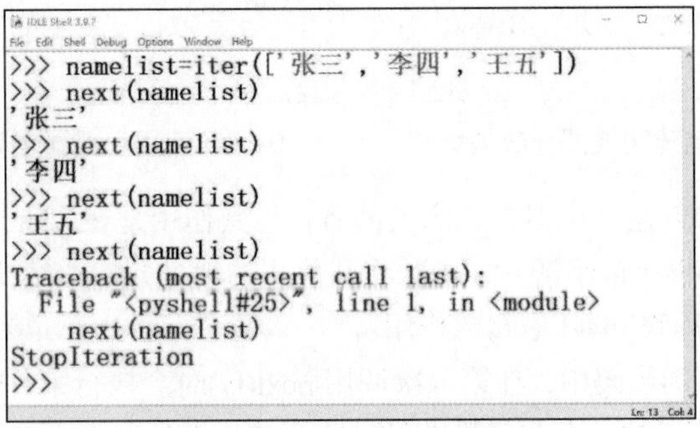

图 9-35 iter 和 next 内置函数

虽然使用迭代器很简明，但并不是所有的场合都适合使用迭代器替代序列，比如进行索引和切片操作时，迭代器是无法替代序列的。因此，读者应根据实际情况选择使用迭代器或者序列。

9.4　生成器

生成器是一种使用普通函数定义的迭代器，它与普通迭代器有何区别呢？下面将以示例的方式进行说明。

9.4.1　创建生成器

创建生成器十分简单，其中一种方式就是使用生成器表达式，如图 9-36 所示。

```
>>> g=(x**2 for x in range(10))
>>> g
<generator object <genexpr> at 0x0000014FD82A02
E0>
>>> s=[x**2 for x in range(10)]
>>> s
[0, 1, 4, 9, 16, 25, 36, 49, 64, 81]
>>> list(g)
[0, 1, 4, 9, 16, 25, 36, 49, 64, 81]
>>>
```

图 9-36　使用生成器表达式创建生成器

请仔细观察图 9-36 中的生成器 g 与列表 s 在创建时的区别，可通过 list 函数将生成器转化为列表。

另一种创建生成器的方式是使用 yield 语句，将一个普通函数转换成生成器。在此仍然使用斐波那契数列作为示例，与之前不同的是，这次将使用生成器而非迭代器创建该数列，如图 9-37 所示，其中参数 n 代表生成斐波那契数列的长度。其运行结果如图 9-38 所示。

```
def fib(n):
    a, b=1, 1
    i=0
    while i<n:
        yield a
        a, b=b, a+b
        i=i+1

f=fib(10)
for i in range(10):
    print(next(f), end=" ")
```

图 9-37　使用生成器创建斐波那契数列

```
>>>
= RESTART: D:\python\e-Resources-Chapter9\FibGe
nerator.py
1 1 2 3 5 8 13 21 34 55
>>>
```

图 9-38　使用生成器创建斐波那契数列运行结果

yield 语句是另一种创建生成器方式的关键所在。其作用是在 yield 每生成一个值后，冻结 yield 语句所在函数，当再次被唤醒时，函数将从停止的地方开始继续执行。通过下面的简单示例，希望你能够进一步理解 yield 语句的作用。

在图 9-39 所示的示例代码中，在第一次调用 next(ty)时会执行第一条 yield 语句，并返回第一条 yield 语句后的数值，执行后将函数冻结。在第二次调用 next(ty)时从上一次停止的地方开始执行，然后执行到第二条 yield 语句，此时返回第二条 yield 语句后的数值。在第三次调用 next(ty)时从上一次停止的地方开始执行，然后执行到第三条 yield 语句，此时返回第三条 yield 语句后的数值。在第四次调用 next(ty)时，由于没有相应的 yield 语句，因此，生成器会报 StopIteration 异常。运行结果如图 9-40 所示。

相信借助图 9-39 中的代码以及图 9-40 中的运行结果，你能够明白 yield 语句的作用。

```
understandyield.py - D:\python\e-Resources-Chapter9\understandyield.py (3.9.7)
File Edit Format Run Options Window Help
def testyield():
    print('第一个 yield')
    yield 1
    print('第二个 yield')
    yield 2
    print('第三个 yield')
    yield 3

ty=testyield()
for i in range(4):
    print(next(ty))
```

图 9-39　测试 yield 语句的作用

```
IDLE Shell 3.9.7
File Edit Shell Debug Options Window Help
>>>
= RESTART: D:\python\e-Resources-Chapter9\under
standyield.py
第一个 yield
1
第二个 yield
2
第三个 yield
3
Traceback (most recent call last):
  File "D:\python\e-Resources-Chapter9\understa
ndyield.py", line 11, in <module>
    print(next(ty))
StopIteration
>>>
```

图 9-40　测试 yield 语句作用示例的运行结果

至此，你可能还是会产生一个疑问，生成器还能用来做什么？下面就举一个实际应用的示例来说明生成器的作用，当然该示例不使用生成器也有其他的办法可实现，只不过使用生成器可以使得代码简单明了。

s=[[1],[2,3],[4,5,6]]是一个嵌套列表，假如想把这个列表展开，可以使用生成器来实现该功能。图 9-41 中给出了使用生成器实现该功能的代码，其调用结果如图 9-42 所示。

```
generatorstrench.py - D:\python\e-Resources-Chapter9\generatorstrench.py (3.9.7)
File Edit Format Run Options Window Help
def strench(ovlist):
    for sublst in ovlist:
        for elt in sublst:
            yield elt
```

图 9-41　生成器 strench 用于将嵌套列表
展开为一个普通列表

```
IDLE Shell 3.9.7
File Edit Shell Debug Options Window Help
>>> s=[[1],[2,3],[4,5,6]]
>>> list(strench(s))
[1, 2, 3, 4, 5, 6]
>>> for i in strench(s):
        print(i,end=' ')


1 2 3 4 5 6
>>>
```

图 9-42　生成器 strench 调用结果

9.4.2 递归生成器

使用图 9-41 所示的生成器，如果对 s=[[1],[2,3],[4,5,6,[7,8,9]]]嵌套列表进行处理结果如何呢？图 9-43 给出了使用图 9-41 中生成器 strench 处理的结果。

如果对 s=[[1],[2,3],[4,5,6,[7,8,9]],10]进行处理结果又会如何呢？图 9-44 给出了答案。没错，会出现 TypeError 异常。在此示例中请注意区分 s 中的元素[1]与 10。

```
IDLE Shell 3.9.7
File Edit Shell Debug Options Window Help
>>> s=[[1], [2, 3], [4, 5, 6, [7, 8, 9]], 10]
>>> list(strench(s))
Traceback (most recent call last):
  File "<pyshell#1>", line 1, in <module>
    list(strench(s))
  File "D:\python\e-Resources-Chapter9\generato
rstrench.py", line 3, in strench
    for elt in sublst:
TypeError: 'int' object is not iterable
>>>
```

```
IDLE Shell 3.9.7
File Edit Shell Debug Options Window Help
>>> s=[[1], [2, 3], [4, 5, 6, [7, 8, 9]]]
>>> list(strench(s))
[1, 2, 3, 4, 5, 6, [7, 8, 9]]
>>>
```

图 9-43　生成器 strench 处理多层
嵌套列表的调用结果

图 9-44　生成器 strench 处理含有
单个元素列表的调用结果

可见，strench 生成器处理结果不佳，假如想彻底将列表元素从多层嵌套列表中抽取出来，以及避免出现单个元素处理异常，该如何做呢？可以使用递归生成器，其实现如图 9-45 所示。

使用图 9-45 中的递归生成器 strench 处理列表 s=[[1],[2,3],[4,5,6,[7,8,9]],10]的运行结果如图 9-46 所示。

图 9-45　递归生成器实现方法　　　　图 9-46　使用递归生成器处理含单个元素列表的调用结果

虽然上述递归生成器在实现上仍然不完美，但本小节的目的是介绍如何创建一个递归生成器，希望你能根据前述章节的介绍并结合实际项目需求对此进行完善。

9.4.3　生成器的方法

首先介绍 send 方法，send 方法功能类似于 next，但又有别于 next，区别在于 send 方法可以传递值进入生成器，而 next 方法不能。下面通过图 9-47 中的示例介绍 send 方法。

图 9-47　测试 send 方法的作用

如图 9-47 所示，在实例化 gen_unds_send 生成器后，其执行步骤以及内容如下。

第一步：第一次调用 send 方法，通常传递的参数为 None，等效于 tr1=next(g)。此时，进入生成器内部，触发第一条 yield 语句，并将 yield 语句后的网址返回给变量 tr1，使得 tr1='http://www.hit.edu.cn'，同时冻结生成器，回到生成器外部，调用第一个 print 函数，输出 "tr1= http://www.hit.edu.cn"。

第二步：第二次调用 send 方法，传递的参数为' http://www.baidu.com'，定位到生成器内部上一次冻结的语句处（即第一条 yield 语句），将 url1 赋值为' http://www.baidu.com'，并调用生成器内部第一个 print 函数，输出 "url1= http://www.baidu.com"，然后遇到第二条 yield 语句，冻结生成器并且返回第二条 yield 语句后的网址，退出生成器后，使得 tr2='http://www.hrbeu.edu.cn'，调用生成器外部第二个 print 函数，输出 "tr2= http://www.hrbeu.edu.cn"。

第三步：第三次调用 send 方法，传递的参数为' http://www.sohu.com'，定位到生成器内部上一次冻结的语句处（即第二条 yield 语句），将 url2 赋值为' http://www.sohu.com'，并调用生成器内部第二个 print 函数，输出"url2= http://www.sohu.com"，然后遇到第三条 yield 语句，冻结生成器并且返回第三条 yield 语句后的网址，退出生成器后，使得 tr3=' https://www.tsinghua.edu.cn/'，调用生成器外部第三个 print 函数，输出"tr3= https://www.tsinghua.edu.cn/"。

第四步：第四次调用 send 方法，传递的参数为' http://www.sina.com.cn'，定位到生成器内部上一次冻结的语句处（即第三条 yield 语句），将 url3 赋值为' http:// www.sina.com.cn'，并调用生成器内部第三个 print 函数，输出"url3= http://www.sina.com.cn"。请注意，此时生成器内部已经没有 yield 语句，因此产生了 StopIteration 异常。

运行结果如图 9-48 所示。

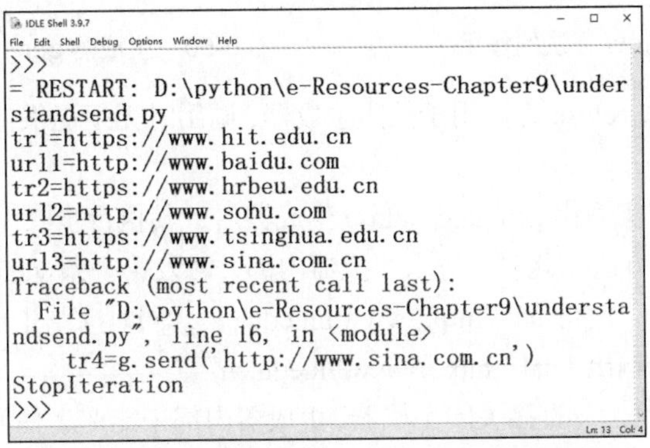

图 9-48　生成器 gen_unds_send 运行结果

如果你仍然未能知晓 send 方法的作用，可使用本书配套资源中第 9 章中的 understandsend.py 代码文件，将 send 方法注释后换成 next 方法执行，将获得的结果与使用 send 方法获得的结果做对比，也许瞬间就能理解其中的奥妙。

接下来介绍 throw 方法，throw 方法用于在生成器中 yield 语句处触发异常。调用时可提供一个异常类型、一个可选值和一个 Traceback 对象，本小节的示例中只给出了使用一个异常类型作为参数的方法。

如图 9-49 所示，在实例化 gen_unds_throw 生成器后，其执行步骤以及内容如下。

第一步：调用 next 方法，进入生成器内部，触发第一条 yield 语句，并将 yield 语句后的网址返回给变量 tr1，使得 tr1=' http://www.hit.edu.cn'，同时冻结生成器，回到生成器外部，调用第一个 print 函数，输出"tr1= http://www.hit.edu.cn"。

第二步：调用 throw 方法，定位到生成器内部上一次冻结的语句处（即第一条 yield 语句），触发 OverflowError 异常，处理异常，输出"catch OverflowError exception"，继续冻结在第一条 yield 语句处，返回' http://www.hit.edu.cn'，将其赋值给 tr2，使得 tr2='http://www.hit.edu.cn'，调用生成器外部第二个 print 函数，输出"tr2= http://www.hit.edu.cn"。

第三步：调用 next 方法，定位到生成器内部上一次冻结的语句处（即第一条 yield 语句），使得 url1=None，调用生成器内部第一个 print 函数，输出"url1= None"，并且冻结在第二条 yield 语句处，返回'http://www.hrbeu.edu.cn'，回到生成器外部，使得 tr3='http://www.hrbeu.edu.cn'，调用生成器外部第 3 个 print 函数，输出"tr3= http://www.hrbeu.edu.cn"。

运行结果如图 9-50 所示。

若生成器内部没有处理异常，则异常会传递到调用生成器的函数中去。

```
def gen_unds_throw():
    while True:
        try:
            url1=yield "https://www.hit.edu.cn"
            print('url1=%s'% url1)
            url2=yield "https://www.hrbeu.edu.cn"
            print('url2=%s'% url2)
            url3=yield "https://www.tsinghua.edu.cn"
            print('url3=%s'% url3)
        except OverflowError:
            print('catch OverflowError exception')

g=gen_unds_throw()
tr1=next(g)
print('tr1=%s'% tr1)
tr2=g.throw(OverflowError)
print('tr2=%s'% tr2)
tr3=next(g)
print('tr3=%s'% tr3)
```

图 9-49　测试 throw 方法的作用

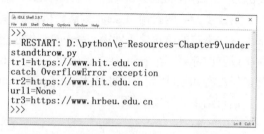

```
>>>
= RESTART: D:\python\e-Resources-Chapter9\under
standthrow.py
tr1=https://www.hit.edu.cn
catch OverflowError exception
tr2=https://www.hit.edu.cn
url1=None
tr3=https://www.hrbeu.edu.cn
>>>
```

图 9-50　生成器 gen_unds_throw 运行结果

　　最后介绍 close 方法。close 方法用于关闭生成器，调用时无须提供任何参数。示例如图 9-51 所示。

　　如图 9-51 所示，在实例化 gen_unds_close 生成器后，其执行步骤以及内容如下。

　　第一步：调用 next 方法。此时，进入生成器内部，触发第一条 yield 语句，并将 yield 语句后的网址返回给变量 tr1，使得 tr1='http://www.hit.edu.cn'，同时冻结生成器，回到生成器外部，调用第一个 print 函数，输出 "tr1= http://www.hit.edu.cn"。

　　第二步：调用 close 方法，直接关闭生成器，生成器内部未能产生任何输出，直接返回 None，赋值给 tr2，调用生成器外部第二个 print 函数，输出 "tr2= None"。

　　第三步：调用 next 方法，由于生成器已经关闭，触发 StopIteration 异常。

　　执行结果如图 9-52 所示。

```
def gen_unds_close():
    url1=yield "https://www.hit.edu.cn"
    print('url1=%s'% url1)
    url2=yield "https://www.hrbeu.edu.cn"
    print('url2=%s'% url2)
    url3=yield "https://www.tsinghua.edu.cn"
    print('url3=%s'% url3)

g=gen_unds_close()
tr1=next(g)
print('tr1=%s'% tr1)
tr2=g.close()
print('tr2=%s'% tr2)
tr3=next(g)
print('tr3=%s'% tr3)
```

图 9-51　测试 close 方法的作用

```
>>>
= RESTART: D:\python\e-Resources-Chapter9\under
standclose.py
tr1=https://www.hit.edu.cn
tr2=None
Traceback (most recent call last):
  File "D:\python\e-Resources-Chapter9\understa
ndclose.py", line 14, in <module>
    tr3=next(g)
StopIteration
>>>
```

图 9-52　生成器 gen_unds_close 运行结果

9.5　小结

　　本章介绍了 Python 面向对象编程中的特殊方法、特性、迭代器及迭代器的特例——生成器。

　　特殊方法：Python 中有很多特殊方法，其名称分别以两个下划线开头和结尾。这些方法的功能各不相同，但大多数都由 Python 自动调用。

　　构造函数：面向对象编程语言都包含构造函数，自定义类时一般都要设置一个构造函数，将其命名为 __init__，在对象创建后自动调用。

　　重写：类可以重写超类中定义的方法，要调用被重写的版本，可以直接通过超类调用未关联的方法，也可以使用函数 super。

迭代器：迭代器是包含__next__的对象，可用于迭代一组值，当没有更多值可迭代时，会触发 StopIteration 异常。可迭代对象包含__iter__方法。通常，迭代器也包含返回迭代器本身的方法__iter__。

生成器：生成器可以使用生成器表达式或者 yield 语句创建，在调用时返回一个生成器。生成器是一种特殊的迭代器，它包含 send、throw、close 方法。

本章介绍了一些新函数，如表 9-1 所示。

至此，我们已经完成了对 Python 主要语法的介绍。在此基础上读者虽然可进行一些编程的尝试，然而在面向实际项目时，仍然可能有些捉襟见肘。为此，第 10 章和第 11 章将针对实际应用较多的 Python 模块和文件操作进行介绍。

表 9-1 第 9 章中介绍的部分函数

函数名	功能描述
property	返回一个特性，其中的参数都是可选的
super	返回一个超类的关联实例

第 10 章 模块

Python 很受欢迎，其中一个主要原因就是有很多开发者都共享了开发的代码，并以模块或包的方式将其提供给更多的编程人员使用。本章介绍的是 Python 标准库中的模块，因为这些模块在项目开发中经常用到。本章介绍模块的概念、模块中的定义，随后介绍一些常用的标准库中的模块。本章重点介绍标准库中几个用途广泛的模块的使用方法。

10.1 模块的概念

实际上，在前面的章节中，使用 import 语句时，大家已经接触过模块，比如 math 模块，其使用方法很简单，如图 10-1 所示。

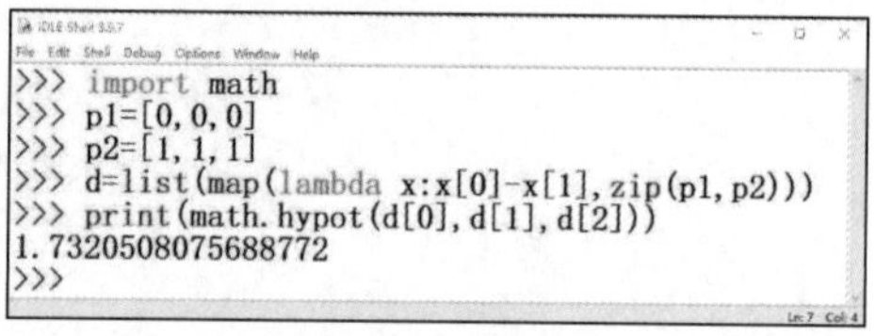

图 10-1 中的示例是使用 math 模块中的 hypot 函数计算三维空间中两个点的欧几里得距离（简称欧氏距离）。要导入模块 math，只需要使用语句 import math。在导入后，就可以调用 math 模块中的函数，比如 hypot 函数。另外，在图 10-1 的示例中，还是用到了 Python 的内置函数 zip，它将可迭代对

图 10-1 调用 math 模块中的 hypot 函数计算三维空间中两个点的欧几里得距离

象的元素打包为一个个元组。Python 的内置函数 map，对一个或者多个序列执行同一个操作，在示例中的操作为 lambda 表达式：序列的第一个元素与第二个元素相减。

实际上，还可以使用 NumPy 模块完成上述功能，NumPy 是科学计算基础包，提供大量科学计算的方法，将在本书的第 13 章对其进行详细介绍。

模块实际上就是程序，任何程序都可以作为模块导入，但需要注意的是，要明确保存模块中代码的.py 文件的存储位置，需要告知 IDLE 去哪里寻找这个模块。比如，将图 10-1 中的代码另存为 ComputeEucDist.py 文件，并放置在 D:\python\e-Resources-Chapter10\文件夹下（需注意路径设置应为本机上的路径，因此根路径不一定都是 D:\python\），只需要执行图 10-2 所示的代码，就可以导入 ComputeEucDist 模块。

如图 10-2 所示，通过导入模块 sys（10.3.3 小节会详细介绍这个模块），调用 sys.path.append 方法将自定义模块的访问路径告知 IDLE，IDLE 就会明白除了去默认的路径下寻找模块外，还需要去这个路径下寻找。导入 ComputeEucDist 后，Python 会在该模块的路径下创建一个名为 __pycache__的子文件夹，里面包含一个名为 ComputeEucDist.cpython-39.pyc 的文件，其中 "39" 代表 Python 的版本。该文件存储的是 ComputeEucDist.py 文件执行后的字节码（Python IDLE 将源码转换为字节码，然后由 IDLE 执行这些字节码）。因此，这个生成的子文件夹以及该文件

夹下的文件可以缩短代码执行的准备时间。删除该文件夹也无须担心，因为 Python 会在必要时重新创建它。如果再次导入模块则什么也不会发生，你可以将上述源码转换为字节码的过程理解为定义，对于定义来说，一次和多次的效果是一样的。

　　如果一定要重新加载，则需要导入 importlib 模块。使用该模块的 reload 方法重新加载自定义模块，如图 10-3 所示。

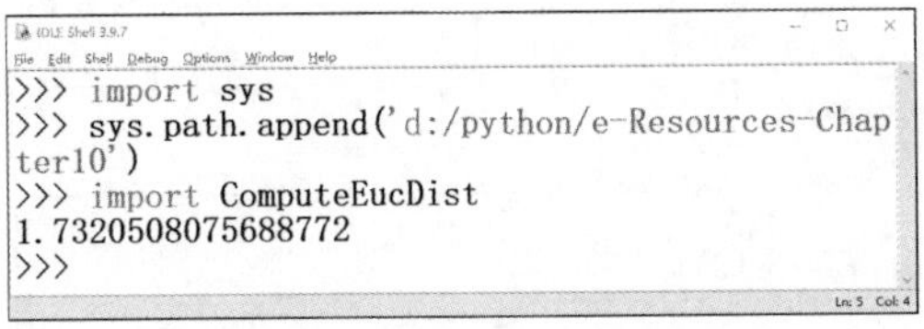

图 10-2　设置自定义模块的访问路径

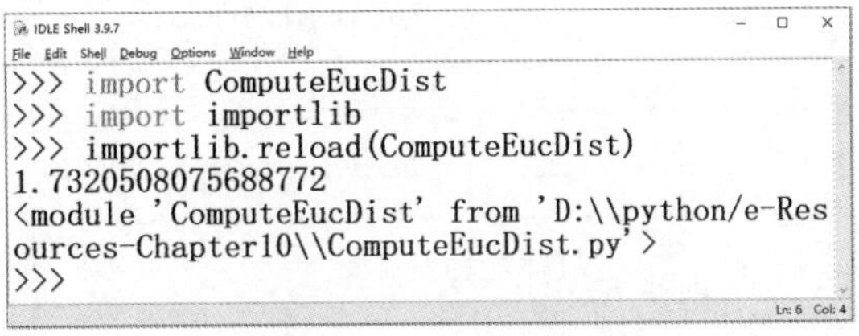

图 10-3　使用 importlib 模块的 reload
方法重新加载自定义模块

　　你会发现，如果重启 IDLE，再次使用自定义模块仍然需要重复图 10-2 中的操作，这也许不是理想的操作方式。为此，有两类方法可以使得自定义模块的调用像标准库中的模块调用一样方便，即不用每次都使用图 10-2 中的代码设置其访问路径。一类方法是将编写好的.py 文件放置到 Python IDLE 的默认路径下，可以使用图 10-4 中的代码找到默认路径。

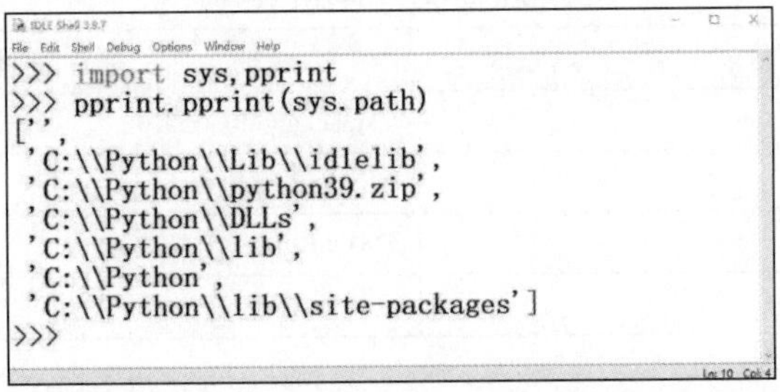

图 10-4　使用 pprint 函数查看 sys.path 中的默认路径

　　其中，pprint 模块的 pprint 函数能够更好地处理多行信息的输出。如图 10-4 所示，执行代码后你可看到 IDLE 重启后的系统默认路径（并没有之前添加的自定义模块的路径）。可以将自定义模块放置在其中的任何一个路径下。其中，site-packages 是最佳选择，这并不类似于.pyc 文件的作用，而是这个路径就是用来存放模块和包的。为了与该文件夹下的其他模块区分，应确保自定义模块的名字独一无二，但这并不是最佳选择。一个原因是不应将自定义模块与一些标准库或经典库混在一起；另一个原因是可能没有权限将自定义模块放置到 Python IDLE 的默认路径中。

　　另外一类比较实用的方法是告知 Python IDLE 去哪里找自定义模块。其中第一种解决方法是修改环境变量 PYTHONPATH，将自定义模块的路径加入环境变量 PYTHONPATH 中。但是环境变量并不是 Python 的一部分，而是操作系统的一部分，修改环境变量的方法因操作系统而异，你可以根据具体的操作系统自行查找修改环境变量的方法。第二种解决方法是修改 sys.path，但这很少见。第三种解决方法是使用路径配置文件，包含要添加的目录，详细操作可以参考模块 site 的标准库文档。

前述内容以一个模块为示例，假如存在多个模块，为了更好地组织模块，可将模块编组为包。包是一个目录，其中必须包含文件＿＿init＿＿.py，要将其他模块加入包中，只需要将模块文件放置在包目录中即可。另外，包中还可以嵌套其他包。下面构建 3 个由简单输出函数组成的包作为示例，如图 10-5 所示。

（a）定义 testpackage

（b）定义 testpck1

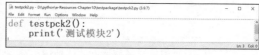

（c）定义 testpck2

图 10-5　包构建示例

假设定义一个 testpackage 包，包目录包含 3 个文件，一个文件是＿＿init＿＿.py，其中包含函数 testpackage；一个文件是 testpck1.py，其中包含函数 testpck1；最后一个文件是 testpck2.py，其中包含函数 testpck2。testpackage 文件组织结构如表 10-1 所示。

表 10-1　　　　　　　　　　　　testpackage 文件组织结构

文件或目录	描述
…/testpackage	testpackage 包目录
…/testpackage/＿＿init＿＿.py	包代码（模块 testpackage）
…/testpackage/testpck1.py	模块 testpck1
…/testpackage/testpck2.py	模块 testpck2

从前文可知，无论是 testpackage，还是 testpck1 和 testpck2，都可以作为一个独立的模块定义，而使用类似图 10-5 的方式就可以将 testpackage 文件夹定义为一个包，其中包含 3 个模块 testpackage、testpck1 和 testpck2。其导入方式如图 10-6 所示，从图中可见，仅仅导入包不能完成对包中其他模块的调用。

```
>>> import testpackage
>>> testpackage.testpackage()
测试包
>>> testpackage.testpck1()
Traceback (most recent call last):
  File "<pyshell#212>", line 1, in <module>
    testpackage.testpck1()
AttributeError: module 'testpackage' has no att
ribute 'testpck1'
>>> from testpackage.testpck1 import testpck1
>>> testpck1()
测试模块1
>>> from testpackage.testpck2 import testpck2
>>> testpck2()
测试模块2
>>>
```

图 10-6　包的导入

10.2　模块中的定义

模块中定义的类或者函数以及可对其赋值的变量都是模块的属性，可通过模块名访问，这是模块存在的一种意义。另外，如果希望放置在模块中的代码不用再次重写，就一定要将其模块化，这是模块存在的另一种意义。

如图 10-7 所示，为了与图 10-1 中的示例区分，将修改后的 ComputeEucDist 函数封装到了 ComputeEucDistModule 模块中，并且为了测试函数的功能，将测试代码放到了函数定义之后。下面导入 ComputeEucDistModule 模块，看看会发生什么，如图 10-8 所示。

```
import math

def ComputeEucDist(p1,p2):

    d=list(map(lambda x:x[0]-x[1],zip(p1,p2)))
    return math.hypot(d[0],d[1],d[2])

p1=[0,0,0]
p2=[1,1,1]
d=ComputeEucDist(p1,p2)
print('两点间欧氏距离为%f'% d)
```

图 10-7　ComputeEucDist 改为函数并封装到模块

```
>>> import ComputeEucDistModule
两点间欧氏距离为1.732051
>>> p1,p2=[0,0,0],[2,2,2]
>>> ComputeEucDistModule.ComputeEucDist(p1,p2)
3.4641016151377544
>>>
```

图 10-8　导入 ComputeEucDistModule 模块并调用其中的 ComputeEucDist 函数结果

可见导入模块后，可以调用其中的函数，计算两个点的欧氏距离。然而，导入 ComputeEucDistModule 模块后，测试代码也执行了，或许在正式代码中不需要测试代码执行后出现的消息。当模块作为程序运行时希望出现这些测试信息，当模块导入时不希望出现这些测试信息，那么该如何做呢？Python 使用变量__name__控制模块中测试代码的执行，如图 10-9 所示。

```
import math

def ComputeEucDist(p1,p2):

    d=list(map(lambda x:x[0]-x[1],zip(p1,p2)))
    return math.hypot(d[0],d[1],d[2])

if __name__ == '__main__':
    p1=[0,0,0]
    p2=[1,1,1]
    d=ComputeEucDist(p1,p2)
    print('两点间欧氏距离为%f'% d)
```

图 10-9　使用__name__变量控制模块中测试代码的执行

在导入图 10-9 中修改后的模块后，测试代码就不会执行了，如图 10-10 所示。

```
>>> import ComputeEucDistModule
>>>
```

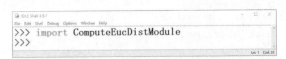

图 10-10　导入使用__name__变量控制测试代码执行的模块结果

更恰当的做法是将测试代码封装为模块的一个方法，使得在正式代码中也可以调用测试代码。

下面再来看看模块中还有什么。示例中的自定义模块只包含一个方法，但实际中这是不现实的，一个模块一定会包含许多方法。下面再来看看模块中还有什么。以 math 模块为例，如何查看这个模块中都含有哪些属性呢？Python 提供 dir 函数查看模块中的全部属性，如图 10-11 所示。

根据约定，其中一些以两个下划线开头的属性是不希望外部调用的。

另一种方法是使用变量__all__，但不是所有标准库中的模块都包含__all__变量，如 math 模块。下面以 statistics 模块为例介绍变量__all__的作用。statistics 模块为具有数字特性的数据提供数学统计计算函数，其使用方法和结果如图 10-12 所示。

```
>>> import math
>>> dir(math)
['__doc__', '__loader__', '__name__', '__packag
e__', '__spec__', 'acos', 'acosh', 'asin', 'asi
nh', 'atan', 'atan2', 'atanh', 'ceil', 'comb',
'copysign', 'cos', 'cosh', 'degrees', 'dist',
'e', 'erf', 'erfc', 'exp', 'expm1', 'fabs', 'fac
torial', 'floor', 'fmod', 'frexp', 'fsum', 'gam
ma', 'gcd', 'hypot', 'inf', 'isclose', 'isfinit
e', 'isinf', 'isnan', 'isqrt', 'lcm', 'ldexp',
'lgamma', 'log', 'log10', 'log1p', 'log2', 'mod
f', 'nan', 'nextafter', 'perm', 'pi', 'pow', 'p
rod', 'radians', 'remainder', 'sin', 'sinh', 's
qrt', 'tan', 'tanh', 'tau', 'trunc', 'ulp']
>>>
```

图 10-11　使用 dir 函数查看 math 模块中的全部属性

```
>>> import statistics
>>> dir(statistics)
['Counter', 'Decimal', 'Fraction', 'NormalDist'
, 'StatisticsError', '__all__', '__builtins__',
'__cached__', '__doc__', '__file__', '__loader_
_', '__name__', '__package__', '__spec__', '_co
erce', '_convert', '_exact_ratio', '_fail_neg',
'_find_lteq', '_find_rteq', '_isfinite', '_norm
al_dist_inv_cdf', '_ss', '_sum', 'bisect_left',
'bisect_right', 'erf', 'exp', 'fabs', 'fmean',
'fsum', 'geometric_mean', 'groupby', 'harmonic_
mean', 'hypot', 'itemgetter', 'log', 'math', 'm
ean', 'median', 'median_grouped', 'median_high'
, 'median_low', 'mode', 'multimode', 'numbers',
'pstdev', 'pvariance', 'quantiles', 'random', '
sqrt', 'stdev', 'tau', 'variance']
>>> statistics.__all__
['NormalDist', 'StatisticsError', 'fmean', 'geo
metric_mean', 'harmonic_mean', 'mean', 'median'
, 'median_grouped', 'median_high', 'median_low'
, 'mode', 'multimode', 'pstdev', 'pvariance', '
quantiles', 'stdev', 'variance']
>>>
```

图 10-12　使用 dir 函数和__all__变量查看 statistics 模块中的属性

图 10-12 中展示了使用 dir 函数与__all__变量获得 statistics 模块中属性的差异，毫无疑问，dir 函数获得的列表信息更丰富，而__all__变量获得的列表实际上是 dir 函数获得列表的子集。那为什么还要生成这个变量呢？通过下面的介绍，相信你会找到满意的答案。

首先，回顾一下 import 语句的使用方法。在导入模块时，如果使用的是 from statistics import *，如图 10-13 所示，那么只能引用 statistics.__all__获得列表中的属性。

```
>>> from statistics import *
>>> tau
Traceback (most recent call last):
  File "<pyshell#117>", line 1, in <module>
    tau
NameError: name 'tau' is not defined
>>> variance([12.35, 15.69, 5.48, 6.79])
22.869691666666665
>>> from statistics import tau
>>> tau
6.283185307179586
>>> import statistics
>>> statistics.tau
6.283185307179586
>>>
```

图 10-13　使用“from statistics import *”导入模块

图 10-13 展示了当使用“from statistics import *”导入模块时，statistics 中的 tau 和 variance 的调用结果，这种差异性表明使用“from 模块 import *”并不能导入该模块中的所有属性或方

法。如果希望调用 tau，则需要使用 from statistics import tau 或者在 import statistics 后显式地调用 tau。你可以在 Python 的子文件夹 Lib 下找到 statistics.py 文件，打开这个文件，就可以在其中找到__all__变量的赋值语句。实际上，如果不设置__all__变量，则使用"from 模块 import *"导入时将导入所有不以下划线开头的全局变量、函数和类。因此，__all__存在的意义在于，它可以将模块中提供的外部程序不需要的变量、函数和类都过滤掉。

可使用 help 函数来获得模块中各种函数或类的全部说明信息，也可以使用__doc__属性来获得模块的简要说明信息，如图 10-14 所示。

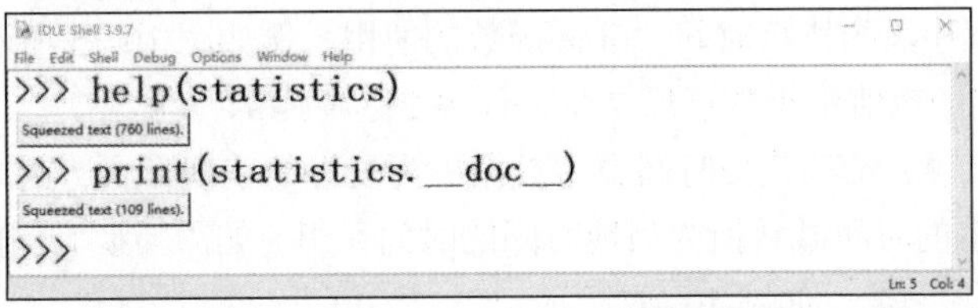

图 10-14　使用 help 函数和__doc__属性获得模块的说明信息

图 10-14 中分别列举了使用 help 函数和__doc__属性获得 statistics 模块的说明信息的方法，可见使用 help 函数获得了 760 行说明信息，而使用__doc__属性只获得了 109 行说明信息。实际上，使用__doc__属性获得的就是 statistics.py 文件在定义__all__变量之前的全部说明信息。打开该文件，并展开获取的说明信息进行对比，你就会明白 help 函数获得的是哪些信息。

10.3　常用的标准库中的模块

标准库指的是 Python 安装完成后，免费获得的大量有用的模块。本节只介绍几个作者认为相对比较常用的模块。另外，对于介绍到的模块，相关内容也并非细致完全，只是将重点放在了一些常用的功能上。

10.3.1　time

time 模块包含用于获取当前时间、操作时间和日期、从字符串中读取日期、将日期格式化为字符串的函数。为了更好地使用这个模块中的函数，首先应理解 Python 中关于时间的表示方法：一种是将时间表示为实数，即从新纪元 1 月 1 日 0 时起过去的秒数，而新纪元因平台而异，在 Unix 和 Windows 10 中定义为 1970 年；另一种是将时间表示为包含 9 个整数的元组，表 10-2 解释了 Python 时间元组中每个字段的含义。

表 10-2　　　　　　　　　　　　　　Python 时间元组中的字段

索引	字段含义	值
0	年	如 2022
1	月	范围为 1～12
2	日	范围为 1～31
3	时	范围为 0～23
4	分	范围为 0～59
5	秒	范围为 0～61（存在闰 1s 和闰 2s 的情况）

续表

索引	字段含义	值
6	星期几	范围为 0 ~ 6，0 代表星期一，6 代表星期日
7	天	范围为 1 ~ 366
8	夏令时	0、1 或-1

time 模块中的 time 函数返回当前的国际标准时间，以从新纪元开始计数的秒数表示，通常称为时间戳。为了获得程序段的执行时间，可分别在调用前和调用后使用该函数，将获得的值相减就可以得到该程序段的执行时间。time 函数的使用示例如图 10-15 所示。

图 10-15 中返回的数值中小数点后 7 位，代表 213471.4μs。

对于应用程序来说，希望获得时间类型数据更为友好的表现形式，此时可调用 localtime 函数，将 time 函数获得的时间戳转换为当地时间的时间元组，如需转换为国际标准时间的时间元组，则需使用 gmtime 函数，如图 10-16 所示。

```
>>> import time
>>> time.time()
1648861687.2134714
>>>
```

图 10-15　time 模块中 time 函数的使用示例

```
>>> t=time.time()
>>> time.localtime(t)
time.struct_time(tm_year=2022, tm_mon=4, tm_mday=2, tm_hour=9, tm_min=18, tm_sec=10, tm_wday=5, tm_yday=92, tm_isdst=0)
>>> time.gmtime(t)
time.struct_time(tm_year=2022, tm_mon=4, tm_mday=2, tm_hour=1, tm_min=18, tm_sec=10, tm_wday=5, tm_yday=92, tm_isdst=0)
>>>
```

图 10-16　time 模块中 localtime 和 gmtime 函数的使用示例

可见，作者所在地区的本地时间与国际标准时间相差 8 小时，因为作者所在时区为东八区。如需要将时间元组转换为时间戳，可使用 mktime 函数。但需要注意的是，mktime 转换后的计数值只到秒位。mktime 函数的使用示例如图 10-17 所示。

如需要将获取的时间表示为字符串的形式，可直接使用 asctime 函数，它将返回一个时间字符串；此外，将时间元组作为 asctime 的参数也可以获得该时间元组的字符串表达式，如图 10-18 所示。

```
>>> t=time.time()
>>> lt=time.localtime(t)
>>> mt=time.mktime(lt)
>>> t
1648862824.6051857
>>> mt
1648862824.0
>>>
```

图 10-17　time 模块中 mktime 函数的使用示例

```
>>> time.asctime()
'Sat Apr  2 09:21:20 2022'
>>> t=time.localtime(time.time())
>>> time.asctime(t)
'Sat Apr  2 09:23:18 2022'
>>>
```

图 10-18　time 模块中 asctime 函数的使用示例

如需要将时间字符串（asctime 获得的字符串）转化为时间元组，则可以使用 strptime 函数，如图 10-19 所示。

如需要使程序等待一定时间再响应，即实现休眠，可以使用 sleep 函数，sleep 函数的使用示例如图 10-20 所示。

```
>>> t=time.asctime()
>>> time.strptime(t)
time.struct_time(tm_year=2022, tm_mon=4, tm_mday=2, tm_hour=9, tm_min=46, tm_sec=45, tm_wday=5, tm_yday=92, tm_isdst=-1)
>>>
```

图 10-19 time 模块中 strptime 函数的使用示例

```
>>> time.sleep(2)
>>>
```

图 10-20 time 模块中 sleep 函数的使用示例

如图 10-20 所示，在输入 time.sleep(2)按 Enter 键后，第二个提示符会延迟 2s 出现。

本小节中介绍的重要函数总结如表 10-3 所示。

表 10-3 time 模块中的重要函数

函数名	描述
time	获得当前时间戳（UTC 时间）
localtime	将时间戳转换为当地时间的时间元组
gmtime	将时间戳转换为国际标准时间的时间元组
mktime	将时间元组转换为时间戳（UTC 时间）
asctime	将时间元组转化为字符串
strptime	将时间字符串转化为时间元组
sleep	实现休眠

对于 time 模块的应用大致可分为两类，一类是在应用程序中获得时间用于交互，另一类是计算程序段的运行时间。对于前一类应用还可使用 datetime 模块，其提供的功能相对 time 模块更丰富些，而对于后一类应用作者推荐使用 timeit 模块。因为在统计程序段的执行时间时，一次统计值的意义并不大，而需要取程序段多次运行后的平均值作为统计结果报告。使用 timeit 模块统计三维空间中两个点欧氏距离函数的平均运行时间的示例如图 10-21 所示。

图 10-21 中变量 n 代表函数 ced 运行的次数，这里为 1000 次，变量 s 代表函数 ced 运行 1000 次的平均运行时间，图 10-21 中代码的运行结果如图 10-22 所示。

```
import math, timeit

def ced(p1, p2):

    d=list(map(lambda x:x[0]-x[1], zip(p1, p2)))
    return math.hypot(d[0], d[1], d[2])

if __name__ == '__main__':
    p1=[0, 0, 0]
    p2=[1, 1, 1]
    n=1000
    t=timeit.Timer('ced(%s, %s)'%(p1, p2), 'from __main__ import ced')
    s=t.timeit(n)
    print('函数运行%d次，平均运行时间为%f秒'% (n, s))
```

图 10-21 使用 timeit 模块统计函数平均运行时间

```
>>>
= RESTART: D:\python\e-Resources-Chapter10\runtimeit.py
函数运行1000次，平均运行时间为0.003562秒
>>>
```

图 10-22 图 10-21 中代码的运行结果

另外，需要注意的是，对于该平均运行时间，需要参考代码运行的硬件平台。你可对比使用同样的代码在普通计算机上和服务器上的运行结果。由此可见，timeit 模块在统计程序段运行时间上具有优越性。

10.3.2 random

random 模块包含用于生成伪随机数的函数，其应用非常广泛，比如在抽奖应用程序中生成

中奖号码，在测试代码中生成随机数据用于检测程序的容错能力或利用随机数据获得更具说服力的结论。但请注意，之所以称生成的数为伪随机数，是因为这个随机的背后实际上仍然存在一定的规律。如果需要实现真正的随机，则应考虑使用替换方案。

下面介绍该模块中主要函数的使用方法。首先介绍 random 函数，其作用是返回一个 0 ~ 1 的伪随机数，如图 10-23 所示。

如果需要在两个数之间产生一个服从均匀分布的随机实数，可使用 uniform 函数，如图 10-24 所示。

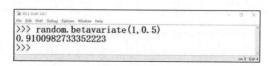

图 10-23　random 模块中 random 函数的使用方法 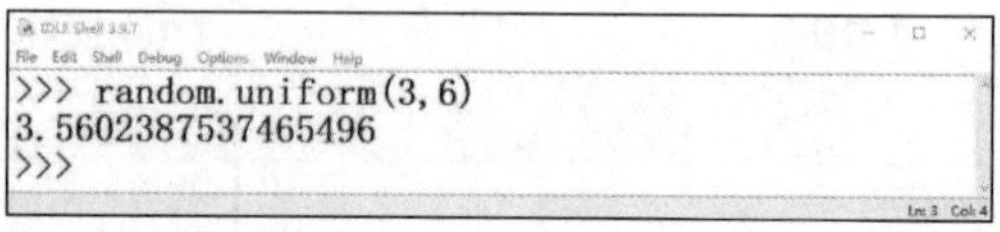　图 10-24　random 模块中 uniform 函数的使用方法

如果需要产生一个服从 $\lambda = 1$ 指数分布的实数，可使用 expovariate 函数，如图 10-25 所示。

如果需要产生一个服从 β 分布的实数，其参数为 $\alpha = 1$、$\beta = 0.5$，可使用 betavariate 函数，如图 10-26 所示。

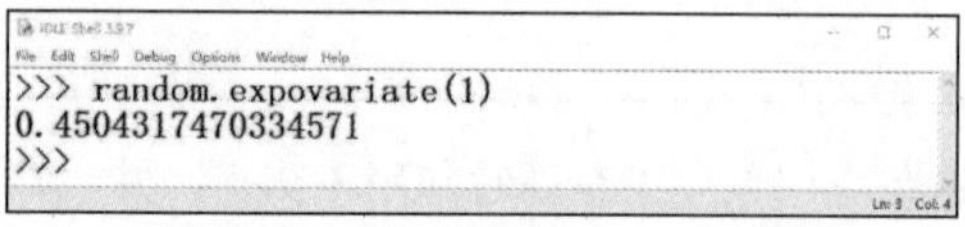

图 10-25　random 模块中 expovariate
函数的使用方法

图 10-26　random 模块中 betavariate
函数的使用方法

如果需要产生一个服从 γ 分布的实数，其参数为 $\alpha = 1$、$\beta = 0.5$，可使用 gammavariate 函数，如图 10-27 所示。

如果需要产生一个服从正态分布的实数，其参数为 $\mu = 1$、$\sigma = 0.5$，可使用 normalvariate 函数，如图 10-28 所示。

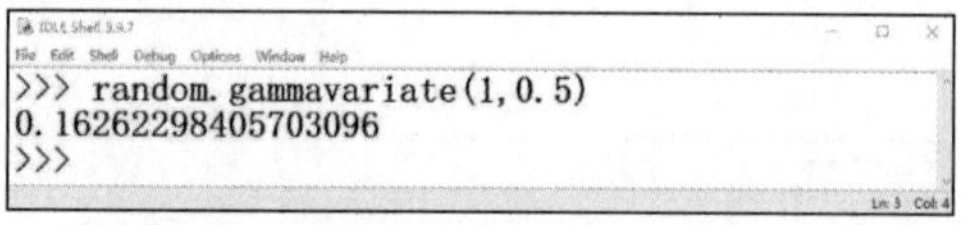

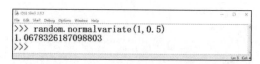

图 10-27　random 模块中 gammavariate
函数的使用方法

图 10-28　random 模块中 normalvariate
函数的使用方法

如果需要产生一个服从韦布尔分布的实数，其参数为 $\alpha = 1$、$\beta = 0.5$，可使用 weibullvariate 函数，示例如图 10-29 所示。

上述示例都是产生一个实数，在一些应用中需要产生整数，这时可使用 randrange，比如在 1 ~ 100 随机产生一个正整数、一个奇数或一个偶数。示例如图 10-30 所示。

如果需要在 1 ~ 100 产生一个随机整数，还可以使用 randint 函数，如图 10-31 所示。

需要注意的是，在使用 randrange 函数产生一个 1 ~ 100（包含 1 和 100）的整数时，第二个参数需要指定为 101；而使用 randint 函数时，第二个参数应指定为 100。

除此之外，还可以使用 getrandbits 返回指定数量二进制位中的一个整数，比如返回 0 ~ 7 的数，那么将其换算成二进制则只需要 3 个二进制位，因此可使用 getrandbits(3)。这在实现 IP 地址的主机位随机分配时是一种有效的方法，如图 10-32 所示。

```
>>> random.weibullvariate(1, 0.5)
1.6237920525667748
>>>
```

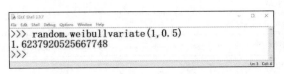

图 10-29　random 模块中 weibullvariate 函数的使用方法

```
>>> random.randrange(1, 101)
61
>>> random.randrange(1, 101, 2)
27
>>> random.randrange(2, 101, 2)
14
>>>
```

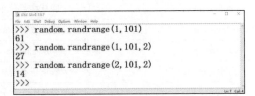

图 10-30　random 模块中 randrange 函数的使用方法

```
>>> random.randint(1, 100)
16
>>>
```

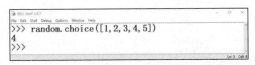

图 10-31　random 模块中 randint 函数的使用方法

```
>>> random.getrandbits(3)
4
>>> random.getrandbits(3)
3
>>> random.getrandbits(3)
5
>>>
```

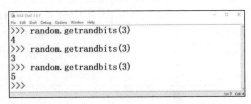

图 10-32　random 模块中 getrandbits 函数的使用方法

最后，random 模块还可以用来应对序列的随机处理需求。比如随机从序列中获取一个元素，可以使用 choice 函数，示例如图 10-33 所示。

如果想从指定序列中随机选择指定数量的元素并确保选择的值不同，可使用 sample 函数，如图 10-34 所示。

```
>>> random.choice([1, 2, 3, 4, 5])
4
>>>
```

图 10-33　random 模块中 choice 函数的使用方法

```
>>> random.sample([1, 2, 3, 4, 5], 2)
[4, 5]
>>>
```

图 10-34　random 模块中 sample 函数的使用方法

如果想随机打乱指定序列中元素的顺序，可使用 shuffle 函数，请注意 shuffle 函数并不产生新的序列，如图 10-35 所示。

```
>>> s=[1, 2, 3, 4, 5]
>>> random.shuffle(s)
>>> s
[3, 4, 1, 2, 5]
>>>
```

图 10-35　random 模块中 shuffle 函数的使用方法

本小节中介绍的重要函数总结如表 10-4 所示。

表 10-4　random 模块中的重要函数

函数名	描述
random	返回一个 0 ~ 1 的随机数
uniform	返回一个服从均匀分布的实数

续表

函数名	描述
expovariate	返回一个服从指数分布的实数
betavariate	返回一个服从 β 分布的实数
gammavariate	返回一个服从 gamma 分布的实数
normalvariate	返回一个服从正态分布的实数
weibullvariate	返回一个服从韦布尔分布的实数
randrange	从开始值与结束值减 1 中按照步数随机产生一个整数
randint	返回一个随机整数
getrandbits	以整数形式返回几个随机的二进制位
choice	从序列中随机选择一个元素
sample	从序列中随机选择指定数量的值不同的元素
shuffle	打乱序列

10.3.3　sys

利用 sys 模块可获得系统相关的一些变量和函数。

如果需要获得代码运行的操作系统，可使用 platform，它会返回一个字符串表示当前 Python 代码运行的平台名称，可以是操作系统，也可以是虚拟机。在 Windows 操作系统中的 Python 交互式 IDLE 中调用 platform 的返回结果如图 10-36 所示。

如果需要获得 Python 的版本信息，可使用 version 以字符串的形式返回或者使用 version_info 以元组的形式返回，如图 10-37 所示。

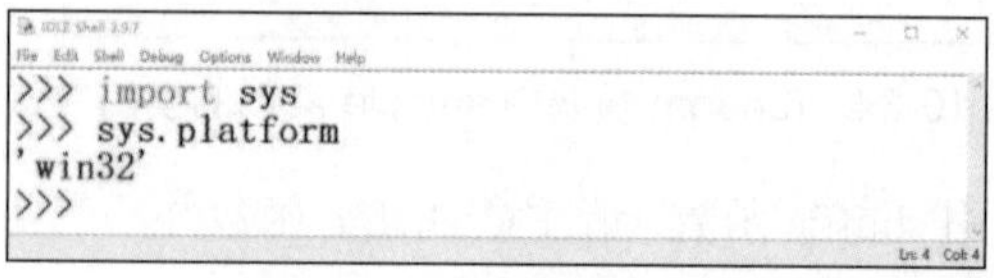

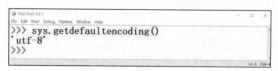

图 10-36　调用 platform 的返回结果 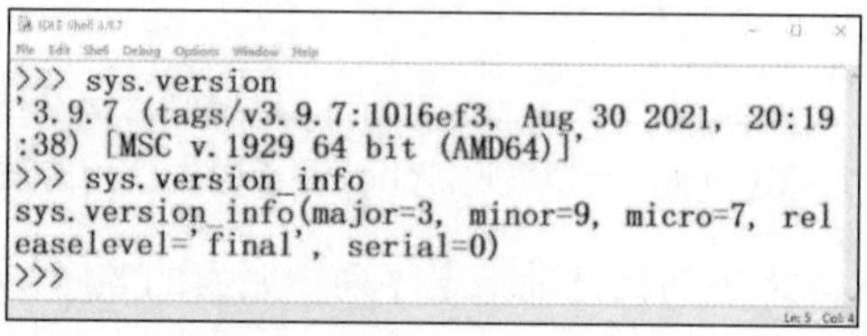　　图 10-37　sys 模块中 version 和 version_info 的使用方法

如果需要获得 Python 的编码方式，可使用 getdefaultencoding，如图 10-38 所示。

图 10-38　sys 模块中 getdefaultencoding 的使用方法

如果需要获得 Python 存储的寻找模块的路径，可使用 path，关于 path 的使用方法已在 10.1 节的开始部分介绍过，在此不赘述。如想获取导入模块名与模块之间的映射可以使用 modules，其使用方法如图 10-39 所示。

请注意，图 10-39 中仅展示了前一部分的映射，且映射的长度与当前导入的模块数相关。导入的 sys 模块并没有对应的.py 文件，这是因为该模块实际上是从 C 语言编译的代码中导入的，

Python 定义为 built-in；而 codecs 模块等，显示了其对应实现文件为 "…\lib\codecs"，文件路径中的 "C:\Python" 为 Python 的安装路径。

如需要获得标准输出流、标准错误流和标准输入流，可以分别使用 stdout、stderr 和 stdin，示例如图 10-40 所示。

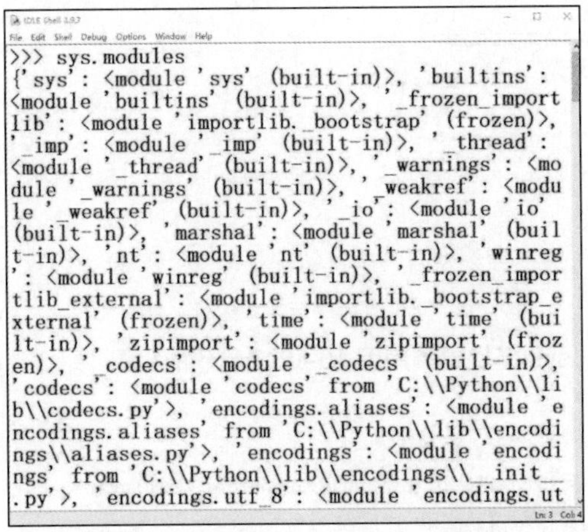

图 10-39 sys 模块中 modules 的使用方法 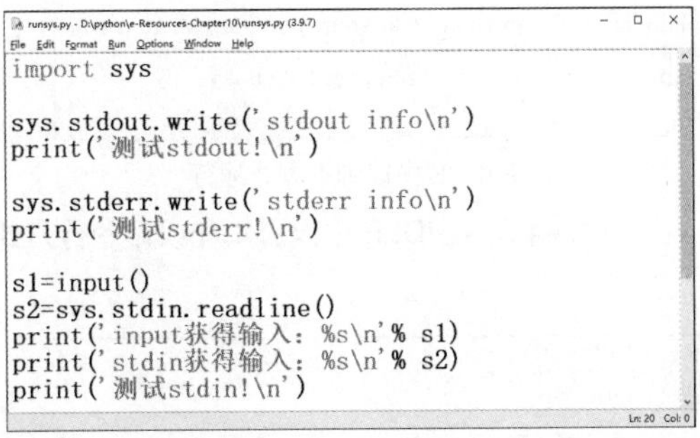 图 10-40 sys 模块中 stdout、stderr、stdin 的使用方法

对于图 10-40 中的代码，需要说明的是，当使用 stdin.readline 方法时，获取的字符串中包含换行符。对于图 10-40 中的代码，运行结果如图 10-41 所示。

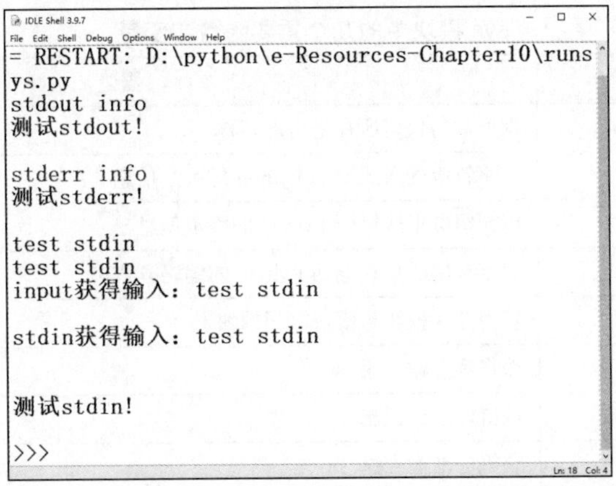

图 10-41 sys 模块中使用 stdout、stderr、stdin 的运行结果

图 10-41 所示的运行结果中，stderr 输出结果会自动变成了红色，用以标识是错误信息而非普通信息。在输出 stdin 输入结果时，出现了两次换行，这就说明 stdin.readline 函数获取了输入的换行符。

如果需要获得当前运行文件以及参数，可以使用 sys 模块中的 argv，示例如图 10-42 所示。

在 IDLE 中以脚本方式运行 sys 模块中调用图 10-42 中的代码时，只能输入当前文件的名称，而当以命令行方式运行时可以添加参数，如图 10-43 所示。

如果需要中止 Python 代码的运行，退出当前程序，可以使用 exit 方法，示例如图 10-44 所示，其运行结果如图 10-45 所示。

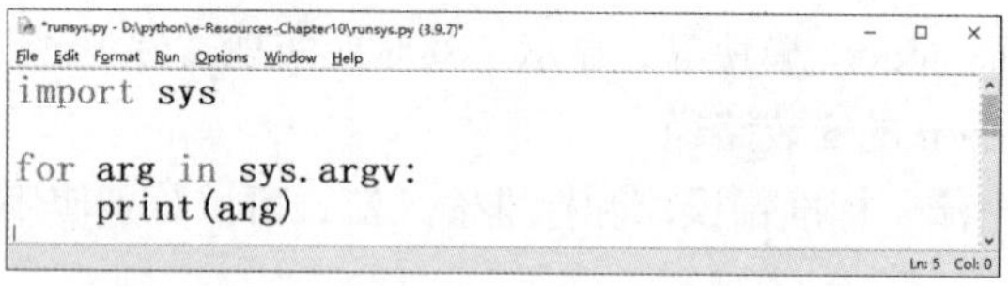

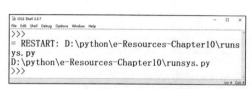

图 10-42　sys 模块中 argv 的使用方法

（a）在 IDLE 中以脚本方式运行

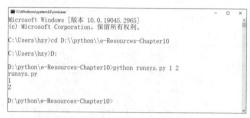

（b）以命令行方式运行

图 10-43　在 IDLE 中以脚本和以命令行方式运行 sys 模块中调用图 10-42 中代码的结果

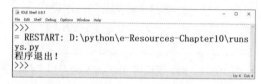

图 10-44　sys 模块中 exit 的使用方法　　　　图 10-45　sys 模块使用 exit 的运行结果

本小节中介绍的重要函数和变量如表 10-5 所示。

表 10-5　　　　　　　　　　　sys 模块中的几个重要函数和变量

函数或变量名	描述
platform	返回运行代码所在平台的名称
version	以字符串的形式返回 Python 的版本信息
version_info	以元组的形式返回 Python 的版本信息
getdefaultencoding	以字符串的形式返回 Python 的编码方式
modules	获得导入模块与模块之间的映射
stdout	获得标准输出流
stderr	获得标准错误流
stdin	获得标准输入流
argv	获得命令行参数，包含脚本名
exit	退出当前程序，可通过参数返回指定值或信息

10.3.4　os

os 模块提供了多个访问操作系统的函数和变量，本小节只介绍几个作者认为比较常用的函数和变量。当需要获得代码运行的操作系统名称时，可以调用 os 模块中的 name，与 sys.platform 类似，它会返回一个字符串表示当前运行 Python 代码所在平台的名称，如图 10-46 所示。

图 10-46 中返回的 "nt" 代表当前运行 Python 代码的平台是 Windows 平台，在 Linux 平台

中会返回"posix"。

如果需要返回当前平台的标准路径分隔符，可以使用 os 模块中的 sep，还可以使用 altsep 获得替代路径分隔符；如果需要返回多个路径的分隔符，可使用 pathsep，如图 10-47 所示。

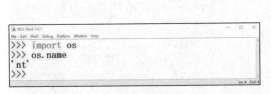

图 10-46 os 模块中 name 的使用方法

图 10-47 os 模块中 sep、altsep 和 pathsep 的使用方法

图 10-47 中返回的分别是 Windows 操作系统中标准路径分隔符"\\"、替代路径分隔符"/"及多路径分隔符";"。

如果需要返回一个用于加密的强随机数据，可以使用 urandom 函数。强随机数据是相对于之前 random 模块中获得的伪随机数而言的，使用 urandom 函数获得的结果更加不可预测。该函数实际上是通过调用当前运行操作系统提供的随机函数返回数据的，因此，在不同的操作系统中运行结果是有差异的。其使用方法如图 10-48 所示。

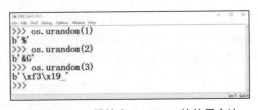

图 10-48 os 模块中 urandom 的使用方法

urandom 函数的入参代表需要产生的随机数据的长度，单位是字节，在 urandom 返回的 3 个字节的随机数据中，"\x"代表十六进制，因此产生的随机数据为"f3 19 _"（字符串中使用空格分隔，用以区分产生的随机字节）。如果当前操作系统未能提供相应的随机函数，则调用 urandom 时会触发 NotImplementedError 异常。

如果需要调用外部程序，可使用 os 模块中的 system 函数。打开一个命令提示符窗口或打开一个浏览器窗口，分别如图 10-49 和图 10-50 所示。

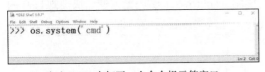

（a）IDLE 中打开一个命令提示符窗口

（b）打开的命令提示符窗口

（c）使用 exit 退出命令提示符窗口

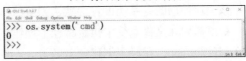

（d）命令提示符窗口退出后 IDLE 中返回 0

图 10-49 os 模块中 system 打开一个命令提示符窗口

需要注意的是，在调用 os.system('cmd')打开一个命令提示符窗口后，原 IDLE 不会继续执行，而是等待打开的命令提示符窗口退出后，才继续执行，如图 10-49（d）所示。

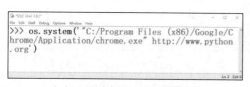

（a）IDLE 中打开一个浏览器窗口　　　　　　　　　　（b）打开的浏览器窗口

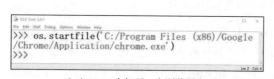

（c）退出浏览器后 IDLE 中返回 0

图 10-50　os 模块中 system 打开一个浏览器窗口

与打开一个命令提示符窗口一样，使用 system 打开一个浏览器窗口后，IDLE 必须等关闭浏览器窗口后才能运行，如图 10-50（c）所示。如果想在打开一个浏览器窗口的同时解释器继续运行，可以使用 os 模块中的 startfile 函数（异步调用），如图 10-51 所示。

（a）IDLE 中打开一个浏览器窗口　　　　　　　　　　（b）打开的浏览器窗口

图 10-51　os 模块中 startfile 打开一个浏览器窗口

请注意在 Python IDLE 中调用 os.startfile 函数后的结果——浏览器打开了在其中已设置的默认网页。当然，针对启动浏览器这个任务，还可以使用 webbrowser 模块更方便、快捷地打开网页。感兴趣的读者可尝试在 IDLE 中运行下面的代码，并观察运行后的结果。

```
import webbrowser
webbrowser.open('http://www.python.org')
```

该模块使用的是系统设置的默认浏览器，运行后打开 Python 的官方主页。

如果需要在文件系统中指定路径下创建文件夹，可以使用 os 模块中的 mkdir 函数。假设需要在"E:\Python"路径下创建一个名为 test 的文件夹，如图 10-52 所示。

当该路径下已经存在名为 test 的文件夹时，调用 mkdir 会报 FileExistsError 异常。因此，在创建文件夹之前可以使用 os 模块的 path 子模块中的 isdir 函数检查要创建的文件夹是否已经存在，如图 10-53 所示。

```
>>> os.mkdir('E:/Python/test')
>>> os.mkdir('E:/Python/test')
Traceback (most recent call last):
  File "<pyshell#58>", line 1, in <module>
    os.mkdir('E:/Python/test')
FileExistsError: [WinError 183] 当文件已存在时，
无法创建该文件。: 'E:/Python/test'
>>>
```

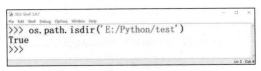

图 10-52 os 模块中 mkdir 在指定路径下创建文件夹

```
>>> os.path.isdir('E:/Python/test')
True
>>>
```

图 10-53 os 模块的 path 子模块中 isdir 检查文件夹是否已存在

除此之外，还可以调用 os 模块的 path 子模块中的 exists 函数判断路径是否存在，如图 10-54 所示。

当路径不存在时会返回 False，该方法也适用于判定文件是否存在。

如果需要在指定文件夹下创建一个文件，可以使用 os 模块中的 open 函数，但需要调用 os 模块中的 close 函数，否则其他进程无法访问这个文件。当然，创建文件还有很多方法，第 11 章中会针对文件操作进行更为详细的介绍。假如要在"E:\Python\test\"文件夹下创建一个名为 test.txt 的文本文件，代码如图 10-55 所示。

```
>>> os.path.exists('E:/Python/test')
True
>>>
```

图 10-54 os 模块的 path 子模块中 exists 判断路径是否存在

```
>>> fd=os.open('E:/Python/test/test.txt',os.O_C
REAT)
>>> os.close(fd)
>>>
```

图 10-55 os 模块中 open 在指定文件夹下创建文件

如果需要判断一个文件是否存在，可以使用 os 模块的 path 子模块中的 isfile 函数或前面提到过的 exists 函数。使用 os 模块的 path 子模块中的 isfile 函数判定指定文件是否存在，如图 10-56 所示。

如果需要对文件重命名，可以使用 os 模块中的 rename 函数。假如要将之前创建的 test.txt 文件重命名为 test1.txt，如图 10-57 所示。

```
>>> os.path.isfile('E:/Python/test/test.txt')
True
>>>
```

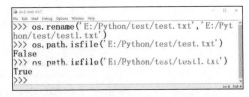

图 10-56 os 模块的 path 子模块中 isfile 判定指定文件是否存在

```
>>> os.rename('E:/Python/test/test.txt','E:/Pyt
hon/test/test1.txt')
>>> os.path.isfile('E:/Python/test/test.txt')
False
>>> os.path.isfile('E:/Python/test/test1.txt')
True
>>>
```

图 10-57 os 模块中 rename 对指定文件重命名

需要说明的是，rename 还可以用于文件夹的重命名。

如果需要删除一个指定的文件，可以使用 os 模块中的 remove 函数。假如要将之前重命名的 test1.txt 文件删除，代码如图 10-58 所示。

如果需要获得一个文件夹下的文件以及子文件夹列表，可以使用 os 模块中的 listdir 函数，如图 10-59 所示。

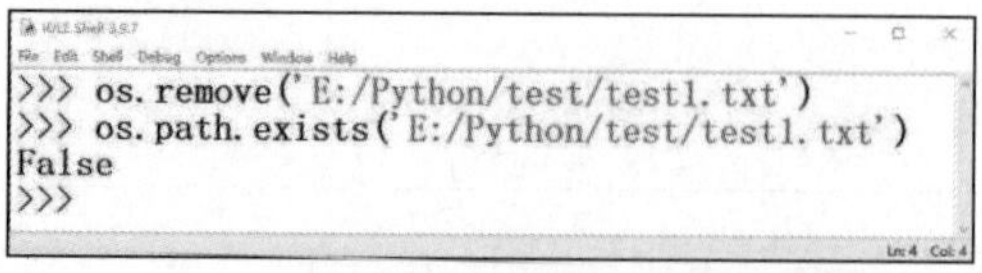

图 10-58　os 模块中 remove 删除
指定文件

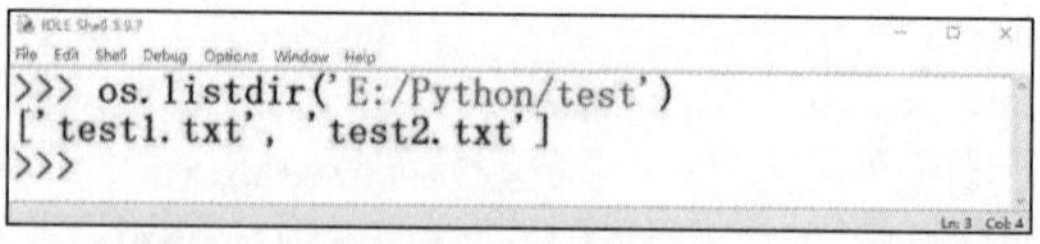

图 10-59　os 模块中 listdir 显示指定文件夹下
的文件及子文件夹列表

如果需要删除一个空文件夹，则可以使用 rmdir 函数，如图 10-60 所示。

当需要删除一个递归文件夹时，如果递归文件夹是空的，则可以直接使用 removedirs 函数，如图 10-61 所示。

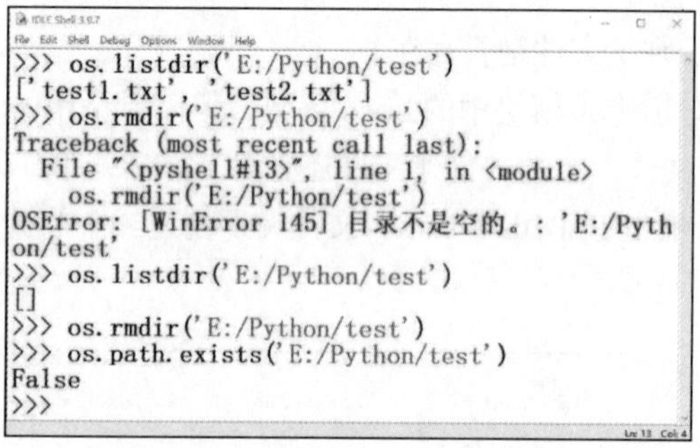

图 10-60　os 模块中 rmdir 删除空
文件夹

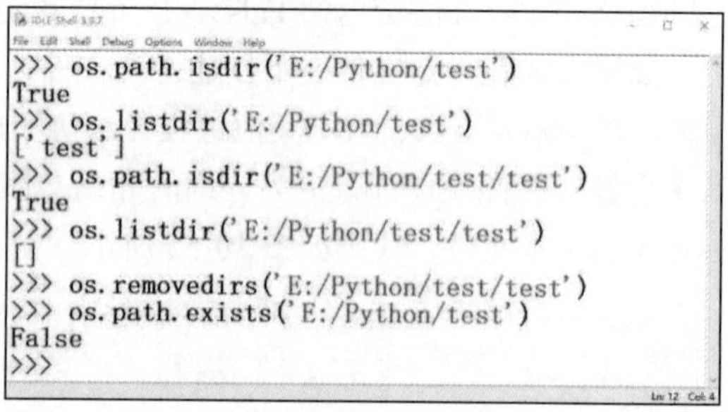

图 10-61　os 模块中 removedirs 删除空的
递归文件夹的使用方法

图 10-61 中的 path.isdir 和 listdir 用于展示位于目录 "E:\Python" 下的 "test" 的一个文件夹，其中仅包含一个空的名为 test 的文件夹，path.exists 用于验证调用 removedirs 后的结果。

当文件夹下存在文件时，使用 removedirs 将会产生异常，如图 10-62 所示。

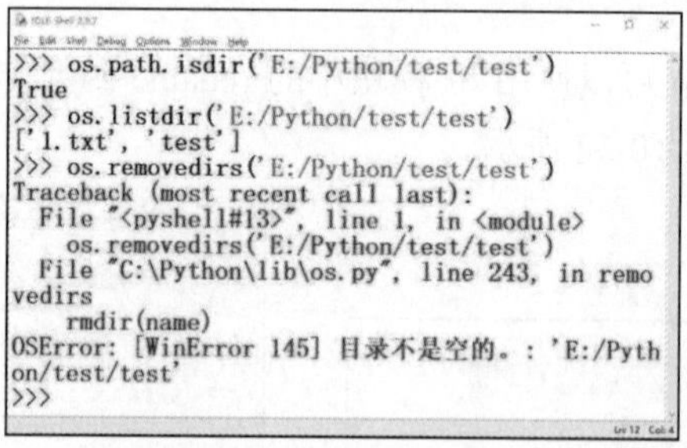

图 10-62　os 模块中 removedirs 删除非空文件夹时异常

本小节中介绍的重要函数和变量总结如表 10-6 所示。

表 10-6　　　　　　　　　　os 模块中的重要函数和变量

函数或变量名	描述
name	返回运行代码所在平台的名称
sep	返回当前代码运行平台的标准路径分隔符

续表

函数或变量名	描述
altsep	返回当前代码运行平台的替代路径分隔符
pathsep	返回当前代码运行平台的多个路径的分隔符
urandom	返回指定字节用于加密的强随机数据
system	调用外部程序
startfile	异步调用外部程序
mkdir	在指定路径下创建一个文件夹
path.isdir	判断文件夹是否存在
path.exists	判断路径是否存在
path.isfile	判断文件是否存在
rename	将文件或文件夹的名称从原名称改为目标名称
remove	删除路径下指定的文件
listdir	返回包含一个文件夹中文件及子文件夹名称的列表
rmdir	删除路径指定的文件夹（文件夹必须为空）
removedirs	删除路径指定的文件夹及其父文件夹（文件夹必须都为空）

10.3.5 其他模块

限于篇幅，10.3.1 小节 ~ 10.3.4 小节主要介绍了 time、random、sys 和 os 模块，但标准库中还包含很多模块，这些模块在本书中无法一一述及，在本小节中以简要的形式介绍如下。

shutil：该模块提供了一系列对文件和文件集合的高阶操作，特别是提供了一些支持文件复制、删除、压缩和解压缩的函数。另外，该模块还提供了获取磁盘空间大小的功能。

difflib：该模块用于比较两个序列的相似程度，还可在众多序列中找出与指定序列最相似的序列，类似于搜索引擎，可使用该模块实现简单的搜索程序。

logging：该模块提供了大型项目中所需的日志和输出信息的处理功能，通过设置不同的优先级，可获得不同级别的日志信息，还可以管理日志文件。

hashlib：该模块提供了哈希算法的实现，在 Python 3 里代替了 md5 模块和 sha 模块，主要实现了 SHA1、SHA224、SHA256、SHA384、SHA512 和 MD5 等加密算法。

statistics：该模块提供了用于计算数值型数据的数理统计量的函数，但它只能达到科学计算器的水平，而处理统计学专用的其他更复杂和功能更丰富的需求，可考虑使用第三方提供的模块或包。

socket：该底层网络接口模块提供了访问 BSD（Berkeley Software Distribution，伯克利软件套件）套接字的接口。在所有现代 Unix 系统、Windows、macOS 和其他一些操作系统上可用。但一些行为可能因操作系统不同而异，因为调用的是操作系统的套接字 API（Application Program Interface，应用程序接口）。

socketserver：该模块用于搭建网络服务器的框架，简化了编写网络服务器的任务。

ftplib：该模块用于实现 FTP（File Transfer Protocol，文件传送协议）客户端，可以用这个模块来编写执行各种自动化 FTP 任务的 Python 程序，例如镜像 FTP 服务器等。

　　fileinput：该模块提供了一个辅助类和一些函数来让用户快速编写访问标准输入或文件列表的循环。这个模块对于处理多个文件中的内容非常高效，在第 11 章中将介绍该模块的使用方法。

　　sqlite3：从 Python 3 开始，该模块成为标准库的一部分，从而使得 Python 开发人员不再需要去 SQLite 官方网站下载相关文件，它提供了对 SQLite 数据库的访问接口，第 12 章将会详细介绍针对该数据库使用 sqlite3 模块的基本操作方法。

10.4　小结

　　本章介绍了模块，包括如何创建模块、模块中的定义、如何使用 Python 标准库中的模块等。

　　模块：模块是子程序的集合，主要作用是定义函数、类和变量等。要导入 example.py 中的模块，则需要使用 import example 语句。如果模块位于环境变量 PYTHONPATH 包含的目录中，则可以直接导入，否则应使用 sys 模块的 path 子模块中的 append 方法将模块所在路径加入环境变量。

　　包：模块的一种特殊形式，可在模块中包含其他模块，必须使用包含__init__.py 文件的目录实现。

　　模块中的定义：当模块中包含测试代码时，通常需要把这些代码放在 name == '__main__' 的 if 语句中；使用 dir 函数、__all__ 变量和 help 函数都可以获得模块中的信息。

　　标准库中的模块：Python 自带了多个子模块，简称为标准库。本章介绍了 time、random、sys 和 os 模块等。更多关于标准库中模块的介绍，请参考 Python 库的在线参考手册。本书会在第 11 章和第 12 章中针对文件操作和数据库操作分别介绍另外两个标准库中的模块——fileinput 和 sqlite3。

　　最后，我们来总结一下本章学习的新函数，如表 10-7 所示。

表 10-7　　　　　　　　　　　　　　第 10 章中学习的新函数

函数名	功能描述
zip	将可迭代对象的元素打包为一个个元组
map	对一个或者多个序列执行同一个操作，并返回一个序列

第11章 文件操作

10.3.4 小节在介绍 Python 标准库中的 os 模块时已经涉及部分文件操作，例如创建一个空文件、给文件重命名、删除文件等操作，本章旨在介绍对文件的读写等操作。对于程序来说，这很重要，这是永久存储数据和处理来自其他程序的数据的方法。

11.1 打开文件

10.3.4 小节介绍了使用 os 模块的 open 函数创建文件的方法。实际上，也可以使用该方法打开一个文件。另外，还可以使用 Python 自动导入的模块 io 中的 open 函数，打开一个文件并返回一个文件对象，如图 11-1 所示。

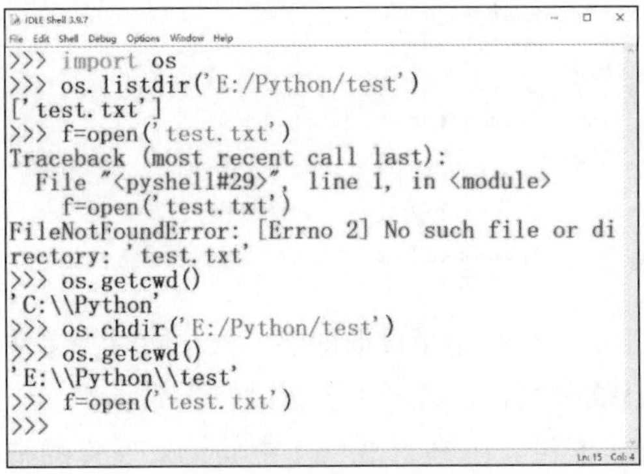

（a）指定文件路径方法 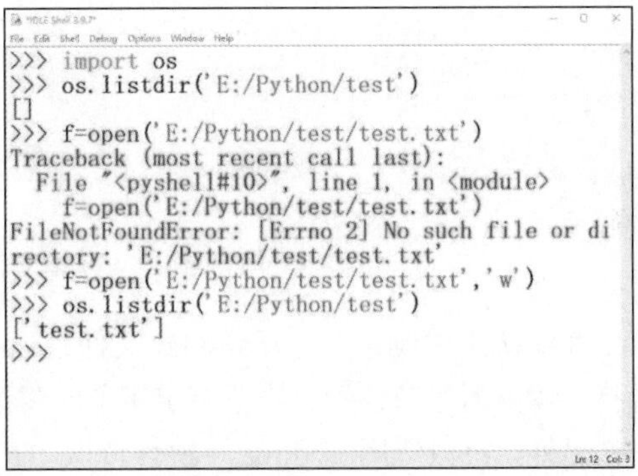　　　　　　　　　　　　　　（b）打开一个不存在的文件

图 11-1　使用 open 函数打开一个文件

对于图 11-1 中的代码，需要说明的是，当指定文件存在但不在当前工作目录下时，不指定文件的全路径名是无法打开该文件的。一个解决方法是使用 os 模块的 chdir 函数变更当前工作目录，另外一个解决方法是指定文件全路径名（如图 11-1（b）所示调用方式）。另外，当指定文件不存在时，使用 open 函数在仅指定文件的条件下是不能打开文件的，需要通过第二个参数（mode）指定文件模式为写入模式才能成功打开文件。当不明确当前所在路径时，可以通过 os 模块的 getcwd 函数获取当前路径名称。

mode 的常见取值如表 11-1 所示。

在访问文件内部信息时，模式间的不同组合会起到不同的作用。一般情况下，如果需要从文件开头重新写入并且覆盖原有内容，可使用模式'w'与其他模式组合；而如果需要在文件末尾继续操作，可使用模式'a'与其他模式组合。

表 11-1　　　　　　　　　open 函数参数 mode 的常见取值

值	描述
'r'	读取模式，默认值
'w'	写入模式，如文件不存在则创建
'x'	独占创建模式，如果文件已经被创建，使用模式'x'会创建失败
'a'	创建文件，如果文件已经被创建，则在文件末尾追加内容
'b'	二进制模式，与其他模式组合使用
't'	文本模式，默认值，与其他模式组合使用
'+'	读写模式，与其他模式组合使用

11.2　文件的基本操作

打开文件后与之相关的操作自然是读或者写。比如在文件 test.txt 中含有一条以文本模式写入的语句，当需要读取这些内容时，可以使用 read 方法或者 readline 方法。首先介绍 read 方法，在调用 open 函数打开文件之后，可以使用文件对象的 read 方法逐字节获取文件中的数据。假设，在 test.txt 文件中包含一行字符串"this is a Python test file"，使用 read 方法读取的示例，如图 11-2 所示。

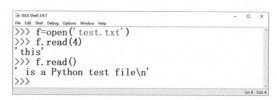

（a）test.txt 文件　　　　　　　　　　　　　（b）读取 test.txt 文件中内容

图 11-2　使用文件对象的 read 方法读取

在默认文件模式下打开 test.txt 文件，read 方法的参数指定了读取的字节数，同时将文件指针指向读取后字节位置，当不指定字节时将读取从文件指针位置开始至结束的全部字节。

另外，可以使用 readline 一次性读取一行数据。假设，在图 11-2（a）中 test.txt 文件的基础上再增加一行字符串"the main purpose is to demonstrate read and write file"，第一行与第二行之间使用行分隔符"\n"进行分隔，使用 readline 读取的示例如图 11-3 所示。

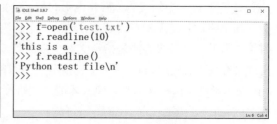

（a）不指定 readline 参数　　　　　　　　　　（b）指定 readline 参数

图 11-3　使用文件对象的 readline 方法读取

当不指定 readline 方法的参数时，readline 将一行一行地读取。如果指定 readline 的最大读取字节数，将按照该值读取；当再次调用 readline 时，将从文件指针处继续读取。

另外，当文件中包含多行内容时，可以使用 readlines 一次性读取全部行，并将读取内容以列表的形式返回，如图 11-4 所示。

前文介绍读方法时多次提及文件指针的位置，实际上可以使用 seek 和 tell 方法设置和查询文件指针的位置。下面结合 read 方法，演示 seek 和 tell 方法的用法，当然它们也可以与 write 方法配合使用，如图 11-5 所示。

图 11-4　使用文件对象的 readlines 方法读取

图 11-5　使用文件对象的 seek 和 tell 方法设置和查询文件指针位置

使用 seek 可以将文件指针移动到参数指定位置，从而使得第二次调用 read 方法时可以获取到字符串'Python'，调用 tell 方法可以获取当前指针所在位置。当 seek 参数为 0 时，文件指针回到文件开头位置。

下面介绍写操作。相对于读操作，可以使用文件对象的 write 方法来写入数据，与不同文件模式相结合可以获得不同的效果，如图 11-6 所示。

（a）参数'w'写结果

（b）参数'a'写结果

图 11-6　使用文件对象的 write 方法写数据

请注意图 11-6（a）和图 11-6（b）的对比，在第二次使用 open 函数时设置了不同的文件模式'w'和'a'。在调用 write 方法写入相同数据后，第三次使用 open 函数打开 test.txt 文件读取时，图 11-6（a）中只获得了 write 方法写入的数据，之前存储在 test.txt 文件中的数据被清除。而图 11-6（b）中保留了原有数据，在其后继续添加了 write 方法写入的数据。

如需要一次性写入多行数据，也可以使用 writelines 方法，换行符需要在之前的列表变量中输入，如图 11-7 所示。

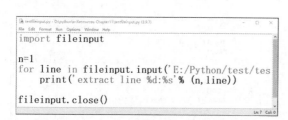

图 11-7　使用文件对象的 writelines 方法写数据

最后，对于文件的基本操作，还应包含 close 方法，它与 open 函数相对应。在调用 open 函数处理完文件之后，应该调用 close 方法关闭文件对象，其使用示例在图 11-6 和图 11-7 中已经给出，在此不赘述。

11.3　使用 fileinput 模块迭代文件

11.2 节介绍了读取文件的方法 readlines。对于包含大量内容的文件来说，使用 readlines 需要申请较大内存来存储结果，因为 readlines 是一次性返回全部内容。当然，为了避免 readlines 消耗内存，也可以使用 readline。除此之外，还可以使用 fileinput 模块中的 input 方法。实现代码和运行结果分别如图 11-8 和图 11-9 所示。

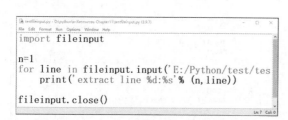

图 11-8　使用 fileinput 模块中的 input
迭代文件内容

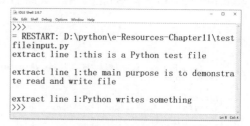

图 11-9　使用 fileinput 模块中的 input
迭代文件内容运行结果

使用 fileinput 模块的好处不止于此，当路径下存在多个文件时，可以使用 input 方法一次性完成处理，如图 11-10 所示。

在图 11-10 中，除了迭代处理多个文件中的内容，还引入了 fileinput 模块的另外两个方法 filename 和 lineno，分别用于输出当前处理文件名和当前处理行号，但行号会自动累加。如果需要获取当前文件中的行号则应使用 filelineno。图 11-10 中代码的运行结果如图 11-11 所示。

对于 input 的第二个参数，你应谨慎使用。当其被设置为 True 时，将把 print 函数的输出结果以替换的方式写入当前文件。

对于多个文件的处理，假如只想在每个文件中读取第一行数据，可以使用 nextfile 方法关闭当前文件并切换到下一个文件，另外还可以使用 isfirstline 方法判断当前行是否是当前文件的首行，如图 11-12 所示。

```
import fileinput

f1='E:/Python/test/test.txt'
f2='E:/Python/test/data.txt'
for line in fileinput.input([f1,f2]):
    print('file %s line %d:%s'%\
          (fileinput.filename(),\
           fileinput.lineno(),\
           line))
    '''
    print('file %s line %d:%s'%\
          (fileinput.filename(),\
           fileinput.filelineno(),\
           line))
    '''
fileinput.close()
```

（a）使用 lineno

```
import fileinput

f1='E:/Python/test/test.txt'
f2='E:/Python/test/data.txt'
for line in fileinput.input([f1,f2]):
    '''
    print('file %s line %d:%s'%\
          (fileinput.filename(),\
           fileinput.lineno(),\
           line))
    '''
    print('file %s line %d:%s'%\
          (fileinput.filename(),\
           fileinput.filelineno(),\
           line))
fileinput.close()
```

（b）使用 filelineno

图 11-10　input 搭配 lineno 和 filelineno 迭代多个文件内容

```
>>>
= RESTART: D:\python\e-Resources-Chapter11\test
fileinputmorefile.py
file E:/Python/test/test.txt line 1:this is a P
ython test file

file E:/Python/test/test.txt line 2:the main pu
rpose is to demonstrate read and write file

file E:/Python/test/test.txt line 3:Python writ
es something
file E:/Python/test/data.txt line 4:http://www.
hit.edu.cn

file E:/Python/test/data.txt line 5:http://www.
hrbeu.edu.cn

file E:/Python/test/data.txt line 6:https://www
.utoronto.ca/
>>>
```

（a）使用 lineno 运行结果

```
>>>
= RESTART: D:\python\e-Resources-Chapter11\test
fileinputmorefile.py
file E:/Python/test/test.txt line 1:this is a P
ython test file

file E:/Python/test/test.txt line 2:the main pu
rpose is to demonstrate read and write file

file E:/Python/test/test.txt line 3:Python writ
es something
file E:/Python/test/data.txt line 1:http://www.
hit.edu.cn

file E:/Python/test/data.txt line 2:http://www.
hrbeu.edu.cn

file E:/Python/test/data.txt line 3:https://www
.utoronto.ca/
>>>
```

（b）使用 filelineno 运行结果

图 11-11　input 搭配 lineno 和 filelineno 迭代多个文件内容运行结果

```
>>> import fileinput
>>> f1='E:/Python/test/data.txt'
>>> f2='E:/Python/test/test.txt'
>>> fp=fileinput.input([f1,f2])
>>> fp.isfirstline()
False
>>> fp.readline()
'http://www.hit.edu.cn\n'
>>> fp.nextfile()
>>> fp.isfirstline()
True
>>> fp.readline()
'this is a Python test file\n'
>>> fp.close()
>>>
```

图 11-12　使用 fileinput 模块中的 nextfile 和 isfirstline 分别切换文件和判断首行

当调用过 input 之后，文件指针自动切换到下一行开头。因此，在调用过 input 之后，再调用 isfirstline，返回值为 False。读取完第一行之后调用 nextfile，切换到 test.txt 文件，再次调用 isfirstline，返回值为 True。

关闭文件对象可以使用图 11-8 和图 11-12 中的方法。

fileinput 模块中重要方法的总结，如表 11-2 所示。

表 11-2　　　　　　　　　　　　　fileinput 模块中的重要方法

方法名	描述
input	迭代多个文件（输入流）内容
filename	返回当前文件名
lineno	返回累加的行号
filelineno	返回当前文件中的行号
nextfile	关闭当前文件并跳到下一个文件
isfirstline	判断当前行是否为当前文件的首行
close	关闭迭代序列

11.4　文件上下文管理器

为了更加方便地处理文件的上下文，Python 专门提供了 with-as 语句构建文件上下文管理器。它可以将打开的文件赋给一个变量，在执行全部语句之后，自动关闭文件对象。上下文管理器包含两个重要的方法：__enter__和__exit__。其中，__enter__方法不接收任何参数，在进入 with 语句后，自动调用，返回值赋给 as 关键字之后的变量；__exit__方法接收 3 个参数，即异常类型、异常对象和异常跟踪，在离开方法时被调用。具体解释请参考 Python 参考手册的内置类型中的上下文管理器类型说明。

with-as 语句的使用如图 11-13 所示。

图 11-13 中分别实现了使用 readlines 配合 for 循环、readline 配合 while 循环、fileinput 模块的 input 配合 for 循环完成对"data.txt"文件的迭代读取。可见代码不需要调用 close 方法也能关闭文件对象，代码的运行结果如图 11-14 所示。

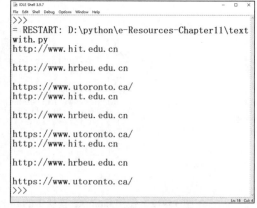

图 11-13　使用 with-as 语句构建　　　　图 11-14　使用 with-as 语句构建文件上下文
文件上下文管理器　　　　　　　　　　　管理器运行结果

11.5　小结

本章介绍了文件的打开方法、基本的读写操作、使用 fileinput 模块迭代文件的方法以及 fileinput 模块中其他方法的作用，最后介绍了文件上下文管理器的构建方法。

打开和关闭文件：使用 open 函数打开文件，并返回一个文件对象；使用文件对象的 close 方法可以关闭文件对象；如果需要自动关闭文件并且在出现异常时也会自动关闭文件，可使用 with-as 语句构建文件上下文管理器。

读取和写入：使用 read 逐字节读取文件中的数据，使用 readline 一行一行地读取文件中的数据，使用 readlines 读取文件中的所有行；使用 write 函数执行写入操作，使用 writelines 按照输入的参数执行逐行写入操作。

迭代文件：可使用 fileinput 模块进行多个文件的迭代，也可以使用迭代文件中行的方法。

本章介绍的重要函数如表 11-3 所示。

表 11-3　　　　　　　　　　　　第 11 章中的重要函数

函数名	描述
open	打开文件并返回一个文件对象

第12章

数据库操作

本章介绍 Python 的数据库操作，学习本章之前你应先阅读数据库相关的图书，知晓数据库的作用、架构及各种数据库之间的区别。知晓数据库的作用才能明白为什么 Python 需要提供数据库支持；知晓数据库的架构才能明白为什么 Python 3 将 SQLite 数据库作为标准库中的一个模块提供给 Python 的开发者；知晓各种数据库之间的区别才能更有针对性地选择特定数据库作为应用程序的一部分。鉴于数据库是一门完整的课程，或者说是一个独立的研究方向，在本章中侧重的是使用 Python 实现基本的数据库操作，而非数据库的原理或者高级应用。

12.1 数据库的 Python 接口

主流的关系数据库，如 Oracle、MySQL、PostgreSQL、SQL Server 等都提供了面向 Python 的接口。你可以在其官方网站找到对于 Python 接口的描述，如图 12-1 所示。

（a）Oracle 数据库

（b）MySQL 数据库

（c）PostgreSQL 数据库

（d）SQL Server 数据库

图 12-1　主流关系数据库的 Python 接口

可见主流的关系数据库都支持通过 Python 访问。日益流行的非关系数据库（NoSQL），如 MongoDB、Redis 等，也提供了面向 Python 的接口。MongoDB、Redis 官方网站关于 Python 接口的描述如图 12-2 所示。

（a）MongoDB 数据库　　　　　　　　　　　（b）Redis 数据库

图 12-2　主流非关系数据库的 Python 接口

如图 12-2 所示，有趣的是 Redis 数据库具有多个 Python 接口，你可以根据实际需求选择适合的接口。如果想查询 Python 是否支持你所选择的数据库，可以访问 Python 的官方网站，在 Community 下找到 Python Wiki，进入后搜索 DatabaseInterfaces 就可以查询到支持 Python 接口的数据库列表。但无论是关系数据库还是非关系数据库，都需要安装数据库服务器端程序，这也增加了进行数据库操作的复杂度。作者的初衷是介绍 Python 语言，对于你来说，最好可以在一台仅安装了 Python 的计算机上就可以完成本书全部内容的学习。沿着这个思路，SQLite 数据库是一个绝佳的选择。SQLite 是一个嵌入式 SQL（Structure Query Language，结构查询语言）数据库引擎，与大多数其他 SQL 数据库不同，它没有单独的服务器进程，可以直接读取和写入普通磁盘文件。它将包含多个表、索引、触发器和视图的完整 SQL 数据库存放在内存或一个磁盘文件中，数据库文件可跨平台。这些特性使其成为应用程序存储数据的优秀选择。虽然有如此多的优点，但 SQLite 不是关系数据库或者非关系数据库的替代品，而是文件操作的替代品。更多关于 SQLite 数据库的说明，请参考其官方网站。对于使用 Python 3 以上版本的读者来说，幸运的是 SQLite 数据库的相关文件已经被集成到了标准库中。因此，使用 SQLite 时像使用其他模块一样，直接导入就可以了。

12.2　对 SQLite 数据库的基本操作

对 SQLite 数据库的操作可大致分为 3 类，第一类为创建数据库连接和关闭数据库连接，第二类为执行 SQL 语句，第三类为 sqlite3 备份。

12.2.1　创建数据库连接和关闭数据库连接

sqlite3 模块提供的 connect 方法用于创建对一个已有数据库的连接并返回一个连接对象。当该数据库不存在时会创建一个新的数据库，数据库的载体既可以是文件也可以是内存，这也正是 SQLite 数据库的魅力所在，它不需要依赖数据库服务器。另外，创建数据库连接后，应该在程序运行完成前关闭该连接，此时使用连接对象的 close 方法，如图 12-3 所示。

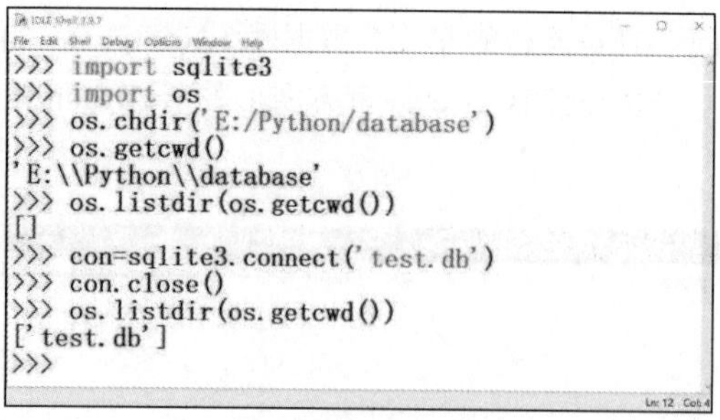

（a）创建文件数据库 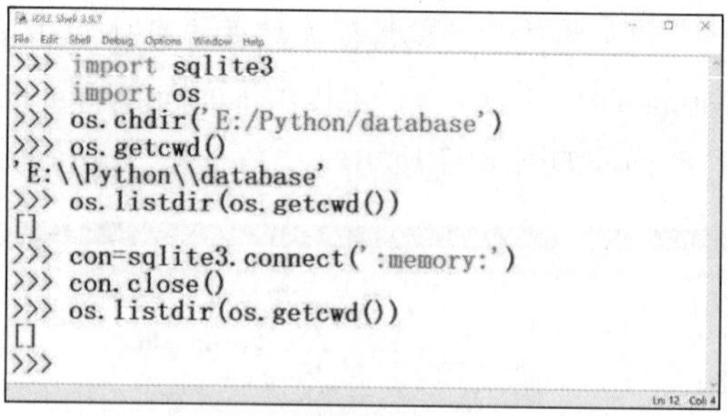　　　　　　　　　　　　　　（b）创建内存数据库

图 12-3　使用 sqlite3 模块的 connect 方法创建数据库连接

图 12-3（a）展示了使用 sqlite3 模块创建 test.db 文件数据库的方法，可见原路径下并没有 test.db 文件，调用 connect 方法后新建了该文件。图 12-3（b）展示了使用 sqlite3 模块创建内存数据库的方法，只需要在 connect 中指定关键字 ":memory:"。

12.2.2　执行 SQL 语句

对于项目开发来说，单单创建一个全新的数据库没有任何意义。需要在数据库中创建表，创建表需要使用 SQL 语句。如前所述，这不是本书的重点，关于 SQL 语句的语法你可以参考相关图书，而关于 SQLite 数据库的 SQL 语法你可以参考 SQLite 的官方网站。

在创建表之前，首先给出示例表结构，如表 12-1 所示。示例表为一个简单的通信运营商的客户信息表，该表将包含在 12.2.1 小节创建的 test.db 文件中。

表 12-1　　　　　　　　　　　　　　示例 cards 表结构

列名	Python 数据类型	sqlite3 数据类型	描述
imsi	str	TEXT	国际移动用户识别码
name	str	TEXT	姓名
ged	int	INTEGER	性别
addr	str	TEXT	开户地
type	int	INTEGER	卡类型
credit	float	REAL	资费

对于表 12-1 所示的数据表的创建，需要使用 SQL 语句，sqlite3 中提供连接对象的 execute 方法用于执行 SQL 语句，请注意，execute 方法可以执行各种 SQL 语句。在创建 cards 表后，再使用 SQL 的 insert 语句插入一条数据，执行这两条 SQL 语句后，需要调用连接对象的 commit 方法，提交当前事务，将数据修改同步到数据库中，如图 12-4 所示。

图 12-4 中调用 os 模块的相关代码，其意义是证明 connect 方法可以建立一个对已存在数据库文件的连接。需要注意的是，如果没有调用 commit，则数据不会存储到数据库文件中。图 12-4 中代码的运行结果如图 12-5 所示。

对于图 12-4 中代码的运行结果，仅使用 IDLE 很难查看，作者推荐使用 SQLite 的管理工具查看数据库文件的变化。SQLite 管理工具众多，推荐使用 SQLiteStudio。该软件界面简单，容易操作。你可在其官方网站下载并安装相应操作系统的版本，Windows 版本的 SQLiteStudio

也可从本书的配套资源中获得。使用 SQLiteStudio 查看 test.db 文件数据，如图 12-6 所示。

图 12-4　使用 execute 和 commit 分别
执行 SQL 语句和提交事务

图 12-5　使用 execute 和 commit 分别执行
SQL 语句和提交事务运行结果

图 12-6　使用 SQLiteStudio 查看 test.db 文件数据

如果要执行多条 SQL 语句，可以使用连接对象的 executemany 方法，如图 12-7 所示。

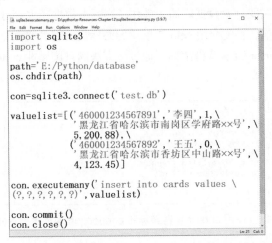

图 12-7　使用 executemany 执行多条 SQL 语句

运行图 12-7 中代码后，在 SQLiteStudio 中查看运行结果，如图 12-8 所示。

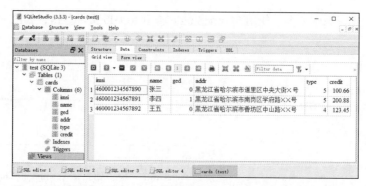

图 12-8 使用 SQLiteStudio 查看执行 executemany 后 test.db 数据

如果要执行多条 SQL 语句，还可以使用连接对象的 executescript 方法，如图 12-9 所示。运行图 12-9 中代码后，在 SQLiteStudio 中查看运行结果，如图 12-10 所示。

```
import sqlite3
import os

path='E:/Python/database'
os.chdir(path)

con=sqlite3.connect('test.db')
sqlscript="""insert into cards values \
('460001234567893','赵六', 1, \
'黑龙江省哈尔滨市道外区红旗大街×××号', 5, 20); \
insert into cards values \
('460001234567894','陈七', 0, \
'黑龙江省哈尔滨市松北区学海街×号', 4, 50);
"""

con.executescript(sqlscript)

con.commit()
con.close()
```

图 12-9 使用 executescript 执行
多条 SQL 语句

图 12-10 使用 SQLiteStudio 查看执行
executescript 后 test.db 数据

本小节前面的内容主要针对数据库插入操作，实际上数据库大部分时间都是在处理查询操作。在介绍查询操作之前，首先介绍 sqlite3 模块的游标类。它的实例化需借助数据库的连接对象，使用连接对象的 cursor 方法获得游标，通过该方法的只读属性 connection 可以获得其连接对象，如图 12-11 所示。

```
>>> con=sqlite3.connect('test.db')
>>> cur=con.cursor()
>>> con==cur.connection
True
>>> con1=sqlite3.connect('test.db')
>>> cur1=con1.cursor()
>>> con==cur1.connection
False
```

图 12-11 使用 cursor 获得游标和 connection 属性返回连接对象

SQLite 数据库是支持多连接的，搞清楚多线程编程中的连接对象对主线程的处理是必要的。另外，游标对象也包含 execute、executemany、executescript 方法。下面以 executescript 为例介绍在游标对象下对数据库进行插入操作，如图 12-12 所示。

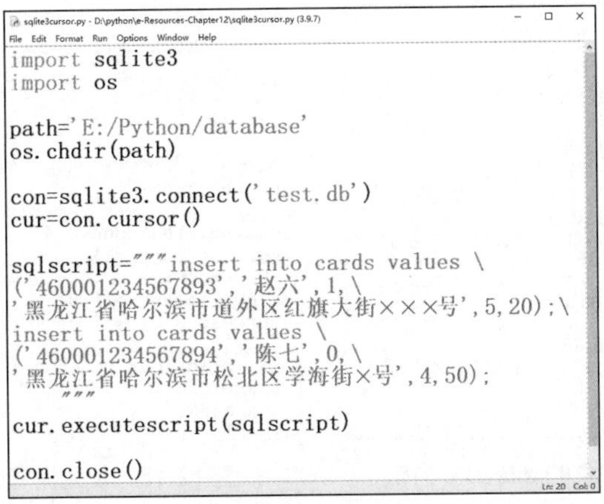

图 12-12　使用游标对象的 executescript 方法插入数据

　　图 12-12 代码中的 SQL 语句与图 12-9 代码中 SQL 语句一致。对于数据库来说，这是不寻常的，或者说是应该避免的。在表中加入主键限制就可以做到数据保护，但这不是本小节内容的重点，你可以自行尝试加入主键限制。你可能已经发现图 12-12 中的代码没有使用 commit 方法，游标对象的 execute 系列方法不使用 commit 方法，也会将语句提交至数据库。在 SQLiteStudio 中查看图 12-12 中代码的执行结果，如图 12-13 所示。

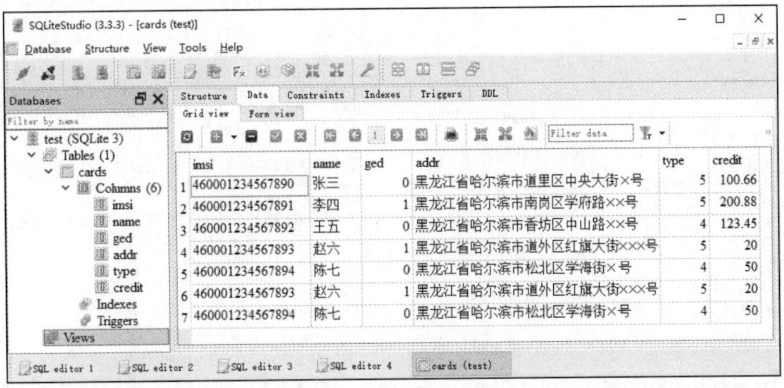

图 12-13　使用 SQLiteStudio 查看执行游标对象下的 executescript 后 test.db 数据

　　下面进入查询结果获取的介绍。为了使得结果更加简明，先使用数据库管理工具 SQLiteStudio 将前面示例中插入的两条重复数据删除，然后使用游标对象的 execute 方法执行 SQL 的查询语句获得查询结果。对于图 12-10 中的数据，使用'select * from cards order by credit' 语句可获得全部结果（按照 credit 列数值升序排列），如图 12-14 所示。

　　可以在调用 execute 后使用游标对象的 fetchone 方法逐条获得满足查询条件的数据，也可以使用 fetchmany 方法获得指定数量的数据，还可以使用 fetchall 方法一次性获得全部数据。接下来对这 3 种方法进行逐一介绍，使用 fetchone 的示例如图 12-15 所示。

　　图 12-15 中首先调用 execute 执行'select count(*) from cards'获得满足查询条件的结果集行数，然后使用 fetchone 在 for 循环中迭代结果集，当然也可以选择通过 while 循环在不获取结果集行数的条件下直接使用 fetchone 迭代。图 12-16 所示为代码运行结果。

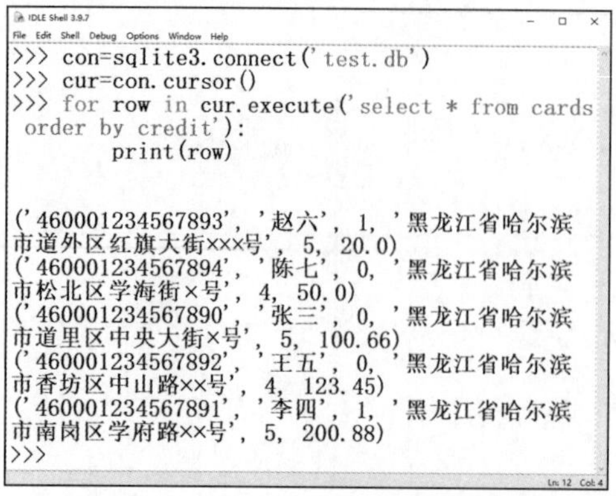

```
>>> con=sqlite3.connect('test.db')
>>> cur=con.cursor()
>>> for row in cur.execute('select * from cards order by credit'):
        print(row)


('460001234567893', '赵六', 1, '黑龙江省哈尔滨市道外区红旗大街×××号', 5, 20.0)
('460001234567894', '陈七', 0, '黑龙江省哈尔滨市松北区学海街×号', 4, 50.0)
('460001234567890', '张三', 0, '黑龙江省哈尔滨市道里区中央大街×号', 5, 100.66)
('460001234567892', '王五', 0, '黑龙江省哈尔滨市香坊区中山路××号', 4, 123.45)
('460001234567891', '李四', 1, '黑龙江省哈尔滨市南岗区学府路××号', 5, 200.88)
>>>
```

图 12-14　使用游标对象的 execute 方法执行 SQL 查询语句得到数据

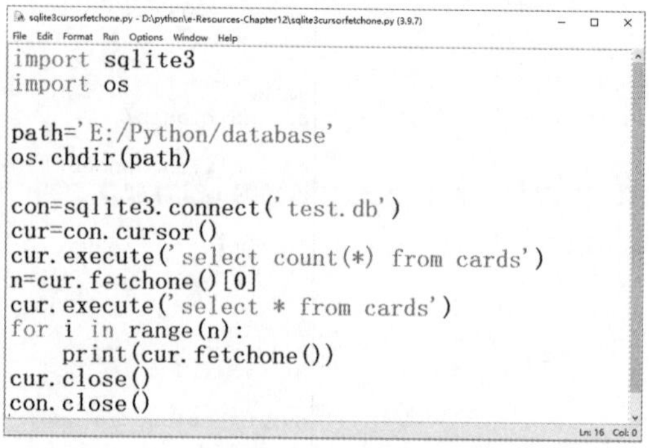

```
import sqlite3
import os

path='E:/Python/database'
os.chdir(path)

con=sqlite3.connect('test.db')
cur=con.cursor()
cur.execute('select count(*) from cards')
n=cur.fetchone()[0]
cur.execute('select * from cards')
for i in range(n):
    print(cur.fetchone())
cur.close()
con.close()
```

图 12-15　使用游标对象的 fetchone 方法逐条获取数据

使用 fetchmany 获取结果集的示例如图 12-17 所示。

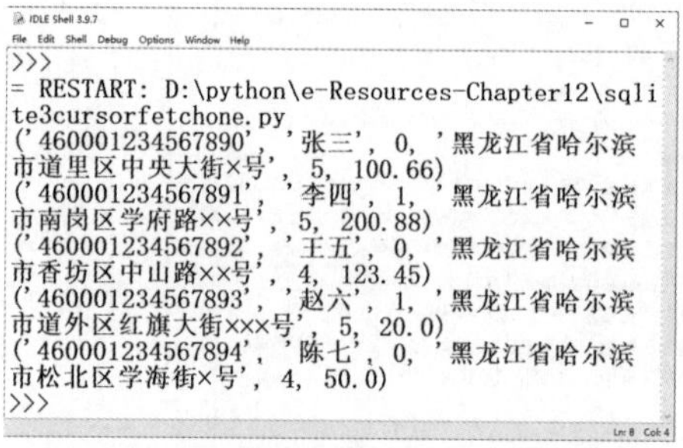

```
>>>
= RESTART: D:\python\e-Resources-Chapter12\sqlite3cursorfetchone.py
('460001234567890', '张三', 0, '黑龙江省哈尔滨市道里区中央大街×号', 5, 100.66)
('460001234567891', '李四', 1, '黑龙江省哈尔滨市南岗区学府路××号', 5, 200.88)
('460001234567892', '王五', 0, '黑龙江省哈尔滨市香坊区中山路××号', 4, 123.45)
('460001234567893', '赵六', 1, '黑龙江省哈尔滨市道外区红旗大街×××号', 5, 20.0)
('460001234567894', '陈七', 0, '黑龙江省哈尔滨市松北区学海街×号', 4, 50.0)
>>>
```

图 12-16　使用游标对象的 fetchone 方法逐条获取数据运行结果

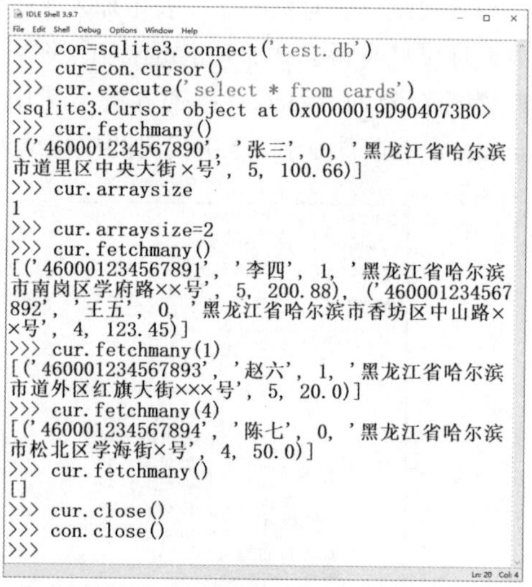

```
>>> con=sqlite3.connect('test.db')
>>> cur=con.cursor()
>>> cur.execute('select * from cards')
<sqlite3.Cursor object at 0x0000019D904073B0>
>>> cur.fetchmany()
[('460001234567890', '张三', 0, '黑龙江省哈尔滨市道里区中央大街×号', 5, 100.66)]
>>> cur.arraysize
1
>>> cur.arraysize=2
>>> cur.fetchmany()
[('460001234567891', '李四', 1, '黑龙江省哈尔滨市南岗区学府路××号', 5, 200.88), ('460001234567892', '王五', 0, '黑龙江省哈尔滨市香坊区中山路××号', 4, 123.45)]
>>> cur.fetchmany(1)
[('460001234567893', '赵六', 1, '黑龙江省哈尔滨市道外区红旗大街×××号', 5, 20.0)]
>>> cur.fetchmany(4)
[('460001234567894', '陈七', 0, '黑龙江省哈尔滨市松北区学海街×号', 4, 50.0)]
>>> cur.fetchmany()
[]
>>> cur.close()
>>> con.close()
>>>
```

图 12-17　使用游标对象的 fetchmany 方法获取结果集

fetchmany 获取的结果集的行数可以根据参数进行控制，当不指定参数时，获取行数的默认值为 arraysize 的值，arraysize 的默认值为 1。因此，第一次调用只返回一条结果。将 arraysize 的值改为 2 时，在不指定参数的条件下第二次调用 fetchmany，返回两条结果。第三次指定参数为 1，此时 fetchmany(1)等效于 fetchone()，返回一条结果。当 fetchmany 参数超过剩余结果集的行数时，会将全部剩余结果返回。当全部结果已经返回时，再次调用 fetchmany 则返回空列表。请你自行尝试使用 fetchmany 进行多条结果集的迭代操作。

fetchall，顾名思义，是一次性将剩余结果集全部获取的方法。

如图 12-18 所示，在调用一次 fetchone 后调用 fetchall，则将全部剩余结果集一次性返回。假如直接调用 fetchall，则返回全部结果集。

另外，游标对象与连接对象一样，在使用完后调用其 close 方法关闭，如图 12-15、图 12-17、图 12-18 所示。

```
>>> con=sqlite3.connect('test.db')
>>> cur=con.cursor()
>>> cur.execute('select * from cards')
<sqlite3.Cursor object at 0x0000019D904253B0>
>>> cur.fetchone()
('460001234567890', '张三', 0, '黑龙江省哈尔滨市道里区中央大街×号', 5, 100.66)
>>> cur.fetchall()
[('460001234567891', '李四', 1, '黑龙江省哈尔滨市南岗区学府路××号', 5, 200.88), ('460001234567892', '王五', 0, '黑龙江省哈尔滨市香坊区中山路××号', 4, 123.45), ('460001234567893', '赵六', 1, '黑龙江省哈尔滨市道外区红旗大街×××号', 5, 20.0), ('460001234567894', '陈七', 0, '黑龙江省哈尔滨市松北区学海街×号', 4, 50.0)]
>>> cur.close()
>>> con.close()
>>>
```

图 12-18　使用游标对象的 fetchall 方法获取数据

12.2.3　sqlite3 备份

sqlite3 模块提供了将一个数据库向另外一个数据库备份的方法，这其实对应着两个非常重要的应用场景，一个是为了数据安全，定期将数据库文件备份到另外一个文件中；另外一个是考虑到实时性，对文件数据库进行操作时受限于底层的文件操作，应将文件数据库的数据迁移（备份）到内存数据库中。连接对象的 backup 方法实现了备份功能。

使用 backup 方法将图 12-10 中的 test.db 文件备份在相同目录下的 back.db 文件中的示例如图 12-19 所示。

```
import sqlite3
import os

def progress(status, remaining, total):
    print(f'复制了{total-remaining}页，\
共计{total}页...')

path='E:/Python/database'
os.chdir(path)

mcon=sqlite3.connect('test.db')
bcon=sqlite3.connect('back.db')

with bcon:
    mcon.backup(bcon, pages=1, progress=progress)
    #mcon.backup(bcon, pages=1, progress=progress
mcon.close()
bcon.close()
```

图 12-19　使用连接对象的 backup 方法备份数据库文件

图 12-19 中的 backup 方法的第一个参数指定了目标连接对象；第二个参数指定了每次备份的页数，默认值为-1，即整个数据库执行一步备份；第三个参数指定了备份过程中迭代时的可调用函数，默认值为空。这个函数还可以指定两个可选参数，一个参数指定要备份的数据库名称，默认值为'main'；另一个参数指定连续尝试备份剩余页之间的睡眠时间，默认值为 0.25s。另外，该示例使用 with 语句进行了上下文管理，使得代码在更加简洁紧凑的同时包含对异常的处理。示例代码在 IDLE 中的运行结果如图 12-20 所示。

使用 SQLiteStudio 查看备份数据库 back.db 文件，结果如图 12-21 所示。

```
>>>
= RESTART: D:\python\e-Resources-Chapter12\sqlite3backupfile2file.py
复制了1页，共计2页...
复制了2页，共计2页...
>>>
```

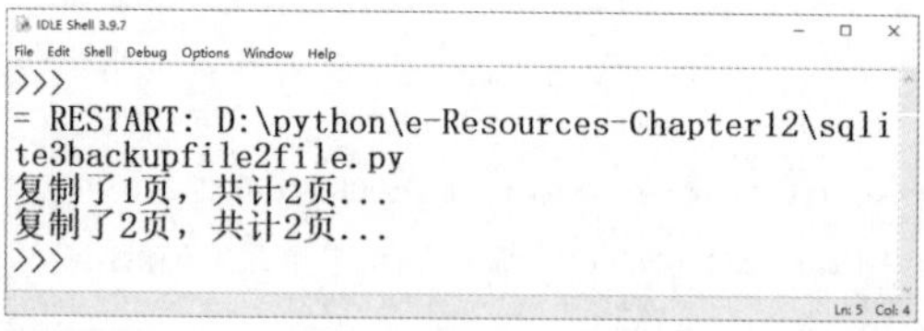

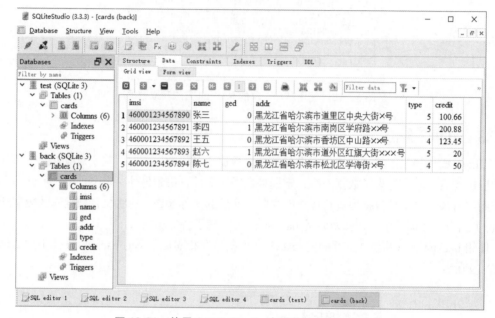

图 12-20 backup 备份数据库文件代码运行结果

	imsi	name	ged	addr	type	credit
1	460001234567890	张三	0	黑龙江省哈尔滨市道里区中央大街×号	5	100.66
2	460001234567891	李四	1	黑龙江省哈尔滨市南岗区学府路××号	5	200.88
3	460001234567892	王五	0	黑龙江省哈尔滨市香坊区中山路××号	4	123.45
4	460001234567893	赵六	1	黑龙江省哈尔滨市道外区红旗大街×××号	5	20
5	460001234567894	陈七	0	黑龙江省哈尔滨市松北区学海街×号	4	50

图 12-21 使用 SQLiteStudio 查看备份 back.db 文件

接下来，使用图 12-10 中的 test.db，将其导入内存数据库中运行，然后在内存数据库中插入一条数据，再将内存数据库备份回 test.db 中，实现代码如图 12-22 所示。

```python
import sqlite3
import os

path='E:/Python/database'
os.chdir(path)

mcon=sqlite3.connect('test.db')
rcon=sqlite3.connect(':memory:')
#将文件数据库中数据导入内存数据库
mcon.backup(rcon)

rcur=rcon.cursor()
rcur.execute('''insert into cards values
('460001234567895','刘八',1,
'黑龙江省哈尔滨市平房区新疆大街×号',5,300)''')
rcur.close()
rcon.commit()
#将内存数据库中数据备份回文件数据库中
rcon.backup(mcon)
#关闭连接
rcon.close()
mcon.close()
```

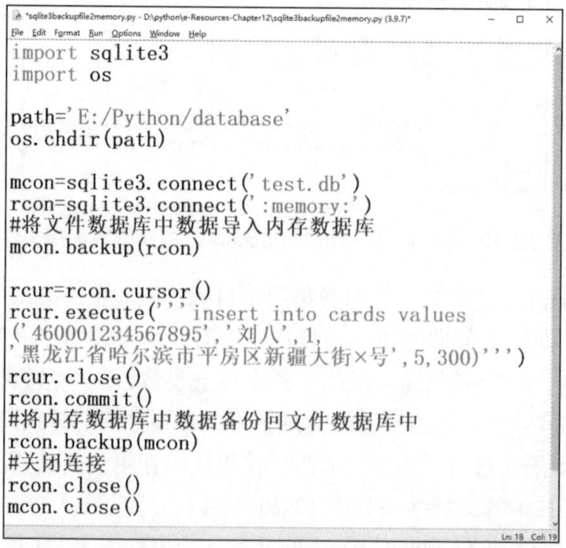

图 12-22 使用连接对象的 backup 方法在文件数据库和内存数据库之间备份

执行完图 12-22 中的代码后，使用 SQLiteStudio 查看 test.db 文件，如图 12-23 所示，请注意其中的数据与图 12-10 中数据的差异。

图 12-23　使用 SQLiteStudio 查看 test.db 文件

感兴趣的读者可以使用 timeit 模块获得对文件数据库和内存数据库进行相同操作的耗时并进行对比，从而体会图 12-22 中代码的作用。

12.2 节中出现的 sqlite3 模块中的重要方法和变量总结如表 12-2 所示。

表 12-2　　　　　　　　　　　　sqlite3 模块中的重要方法和变量

方法或变量名	描述
connect	执行对数据库的连接，如不存在则创建，可以指定为文件数据库或者内存数据库
connection.close	关闭当前对象的连接
connection.commit	提交事务
connection.cursor	返回当前连接的一个游标对象
connection.execute	执行 SQL 语句
connection.executemany	执行 SQL 语句块，通常 SQL 语句块由多条 SQL 语句组成
connection.executescript	执行 SQL 脚本
connection.backup	向目标连接对象指定的数据库进行备份
cursor.execute	执行 SQL 语句
cursor.executemany	执行 SQL 语句块，通常 SQL 语句块由多条 SQL 语句组成
cursor.executescript	执行 SQL 脚本
cursor.fetchone	获取查询结果集的下一条数据
cursor.fetchmany	获取查询结果集中指定数量的数据
cursor.fetchall	获取查询结果集的全部剩余数据
cursor.arraysize	指定 fetchmany 方法获取的默认记录条数，默认值为 1
cursor.close	关闭游标

12.3　小结

本章首先介绍了数据库的 Python 接口，随后围绕 SQLite 数据库给出了使用 Python 标准库中的 sqlite3 模块创建数据库连接和关闭数据库连接、执行 SQL 语句和备份操作的方法。

第13章 基于 NumPy 的线性代数运算

学习本章之前，你需要具有线性代数的基本知识。另外，在本书第一部分的最后一章介绍 NumPy 也是为介绍第二部分内容做铺垫。NumPy 是 Python 语言编写的用于科学计算的基础包，其主要作用是处理齐次多维向量，它的核心是数组，数组的元素都是数值型数据，其索引为非负整数元组。在 NumPy 中，维度被形象地称为轴。

13.1 下载并安装 NumPy

这是本书第一个需要下载并安装的 Python 包，在安装好 Python 3 环境的计算机中下载并安装 NumPy 包最好的方式就是使用 pip install。打开命令提示符窗口，在其中输入如下命令安装 NumPy 包：

```
pip install numpy==1.23.5
```

其中，1.23.5 代表 NumPy 的版本号，当然你在自行试验时可以不指定版本号，这样就会下载最新版本的 NumPy。

NumPy 的下载以及安装过程如图 13-1 所示。

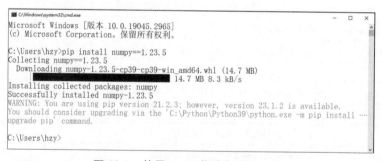

图 13-1 使用 pip 下载并安装 NumPy

为了验证 NumPy 是否正确安装，可以在 Python IDLE 中导入 NumPy 包，然后执行命令 np.__version__ 查看 NumPy 的版本，如图 13-2 所示。

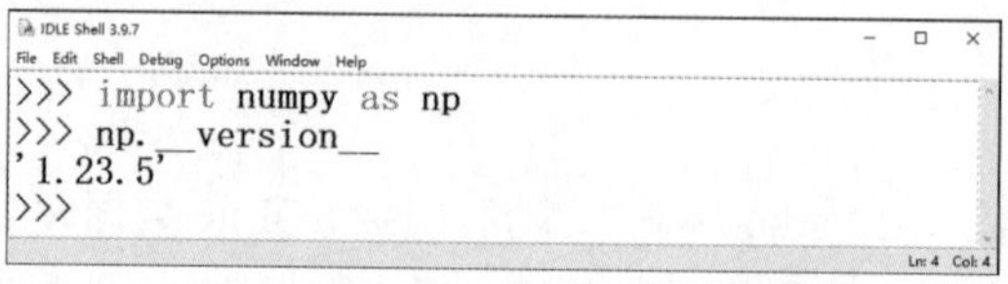

图 13-2 导入 NumPy 并查询版本号

13.2　基础概念

如果你熟悉线性代数，就可以很轻松地理解 NumPy 关于轴的定义。举一个简单的示例，一个一维向量[1,2,3]，在 NumPy 中有一个轴。而一个两行三列的矩阵，在 NumPy 中有两个轴，第一个轴对应行，第二个轴对应列。NumPy 中常用的数据类型为 array（数组）。

13.2.1　数组的属性

在 NumPy 中，数组类称为 ndarray，虽然其别称也为数组，但更应称为 n 维数组。因此，NumPy.array 与 Python 标准库中的 array.array 是不同的，后者只能处理一维数组，并且提供的功能函数较少。ndarray 对象中部分重要的属性如表 13-1 所示。

表 13-1　　　　　　　　　　　　　　ndarray 对象中部分重要的属性

属性名	描述
ndim	维度，代表轴的数量
shape	数组的维度，返回值为(m,n)，m 代表行数，n 代表列数
size	数组中元素的个数
dtype	数组中元素的数据类型，如 int32、int16、float64 等
itemsize	数组中元素占用的字节数，如 float64 占用 8 字节，complex32 占用 4 字节
data	存储数组中元素的缓冲区，读取数组中元素时并不需要使用该属性，而是直接通过索引获得

下面结合图 13-3 中的代码示例依次介绍表 13-1 中的属性。

```
>>> import numpy as np
>>> a=np.array([1,2,3])
>>> a.ndim
1
>>> a.shape
(3,)
>>> a.size
3
>>> a.dtype
dtype('int32')
>>> a.itemsize
4
>>> a.data
<memory at 0x000001859A59D100>
>>> a[0]
1
>>> a[1]
2
>>> a[2]
3
>>> type(a)
<class 'numpy.ndarray'>
>>>
```

图 13-3　ndarray 数组的属性

如图 13-3 所示，其中，a.data 返回的是数组 a 在内存中的位置，其位置是随机的。对于数组中元素的调用，可直接使用其索引，索引计数从 0 开始。对于数组 a，你会发现其原类型为列表，后来通过 np.array 方法转化为相应的 NumPy 数组。再看一个示例，如图 13-4 所示。

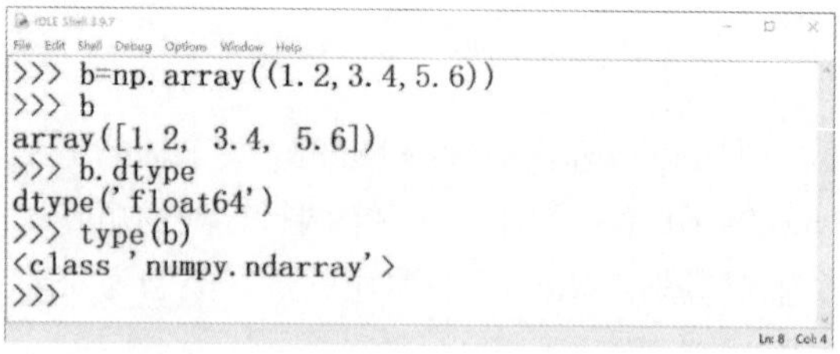

图 13-4　从元组转化为 NumPy 数组

由此可见，array 方法的功能实际上是把 Python 的列表或元组转化为 NumPy 中的数组。因此，它的输入应为列表[1,2,3]或者元组(1.2,3.4,5.6)，而非直接输入"1,2,3"或"1.2,3.4,5.6"。

13.2.2　生成 NumPy 数组

使用 array 创建多维数组，以及指定数组中元素的数据类型，示例如图 13-5 所示。

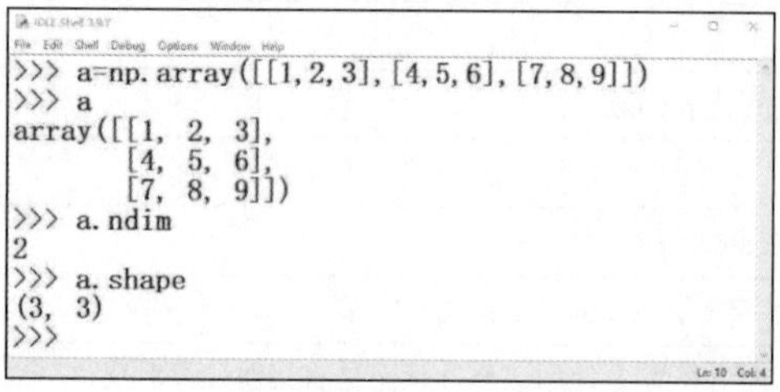

（a）3×3 数组 a

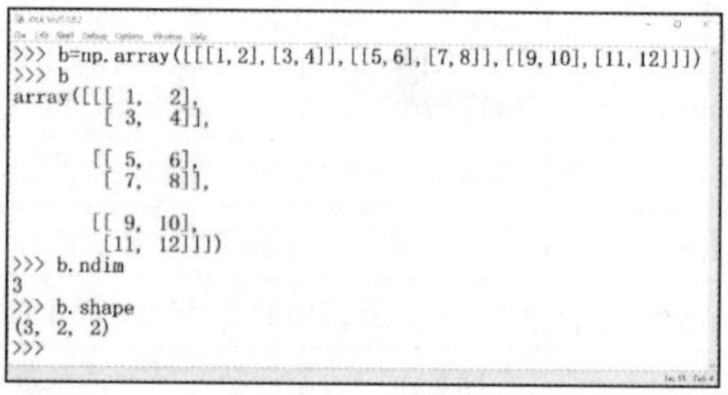

（b）3×2×2 数组 b

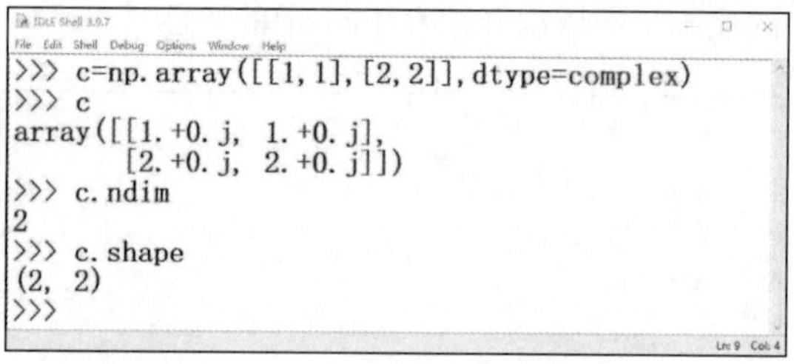

（c）复数数组 c

图 13-5　使用 array 创建多维数组

其中，数组 a 为一个 3×3 的矩阵；b 为三维的 2×2 矩阵，通常可理解为一幅像素为 2×2 的 RGB 图像；c 是一个 2×2 的矩阵，但其元素为复数。

在科学计算中，通常矩阵或者向量的维度是已知的，而其元素是未知的。为此，NumPy 提供了几种数组初始化的方法，其中比较有代表性的是 zeros、ones、eye 和 empty。zeros 将全部元素初始化为 0，如图 13-6 所示。

ones 将全部元素初始化为 1，如图 13-7 所示。

eye 用来生成单位矩阵。使用 eye 的参数 k 时，正值代表上三角矩阵对角线元素的位置，而负值代表下三角矩阵对角线元素的位置，如图 13-8 所示。

empty 将元素随机赋值（数值接近于 0），如图 13-9 所示。

这些方法初始化的元素默认的数据类型为 float64，其中 empty 是初始化数组最快的方法。

```
>>> np.zeros((2,2))
array([[0., 0.],
       [0., 0.]])
>>> np.zeros((3,2,2))
array([[[0., 0.],
        [0., 0.]],

       [[0., 0.],
        [0., 0.]],

       [[0., 0.],
        [0., 0.]]])
>>>
```

图 13-6　使用 zeros 初始化多维数组

```
>>> np.ones((2,2))
array([[1., 1.],
       [1., 1.]])
>>> np.ones((2,2),dtype=np.int16)
array([[1, 1],
       [1, 1]], dtype=int16)
>>>
```

图 13-7　使用 ones 初始化多维数组

```
>>> np.eye(3)
array([[1., 0., 0.],
       [0., 1., 0.],
       [0., 0., 1.]])
>>> np.eye(3,k=1)
array([[0., 1., 0.],
       [0., 0., 1.],
       [0., 0., 0.]])
>>> np.eye(3,k=-2)
array([[0., 0., 0.],
       [0., 0., 0.],
       [1., 0., 0.]])
>>>
```

图 13-8　使用 eye 初始化多维数组

此外，array 类型变量随机初始化时还可以使用 NumPy 子模块 random 中的 rand 和 randn。rand 产生[0,1]的浮点数，如图 13-10 所示。

```
>>> np.empty([2,2],dtype=float)
array([[6.01347002e-154, 4.86539619e-042],
       [2.65862903e-260, 7.85404732e-312]])
>>>
```

图 13-9　使用 empty 初始化多维数组

```
>>> np.random.rand(2,3,3)
array([[[0.77788866, 0.33912118, 0.73702791],
        [0.32451227, 0.18288102, 0.83167302],
        [0.68296148, 0.57250858, 0.74249854]],

       [[0.17708733, 0.60470049, 0.50769341],
        [0.27558107, 0.75383217, 0.38404711],
        [0.58985721, 0.12145181, 0.52615965]]])
>>>
```

图 13-10　使用 rand 初始化多维数组

randn 产生服从均值为 0、方差为 1 的正态分布的浮点数，如图 13-11 所示。

NumPy 还可以使用生成器（default_rng）来随机初始化数组，如图 13-12 所示。

```
>>> np.random.randn(2,2)
array([[ 0.97880183,  0.52122125],
       [ 0.79550851, -0.75438053]])
>>>
```

图 13-11　使用 randn 初始化多维数组

```
>>> rng=np.random.default_rng(666)
>>> rng.integers(low=0, high=10, size=3)
array([8, 7, 2], dtype=int64)
>>> rng=np.random.default_rng(seed=32)
>>> rng.random([2,2])
array([[0.16024283, 0.5722295 ],
       [0.37713555, 0.32293518]])
>>>
```

图 13-12　使用生成器初始化多维数组

其中，integers 用于产生整数，参数 low 代表最小值（会产生），high 代表最大值（不会产生），size 代表随机产生整数的数量。default-rng 的特性在于，当重启 IDLE 或者退出后重新打开 IDLE 之后，再次调用 random.default_rng 时，使用 seed=32 或者填入“666”，仍然会得到同样的结果。

对于产生数列数组，NumPy 提供了类似于 Python 内置函数 range 的 arange 以及 linspace。它们的主要区别在于，arange 获得的数列数组在停止参数前停止迭代，而 linspace 获得的数列数组则包含停止参数。如果想在闭区间内获得指定元素数量的数组，尤其是需要密集采点时，推荐使用 linspace。示例如图 13-13 所示。

可见，arange 和 linspace 返回的都是 array 类型的变量。

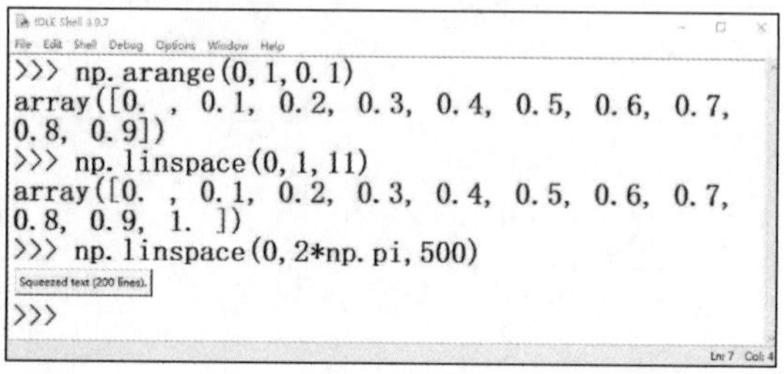

图 13-13　使用 arange 和 linspace 初始化数列数组

13.2.3　输出数组

在程序的调试过程中，少不了 print 函数，下面结合 array 类型变量介绍 print 的使用，如图 13-14 所示。

从一维数组、二维数组、三维数组的输出结果可以看出，数组的输出遵循从左到右、从上到下的规则。一维数组输出为行，二维数组输出为矩阵，三维数组输出为矩阵的列表，但每个矩阵中间使用空行分隔。

当数组中元素较多时，会自动省略中间部分元素；当数组为矩阵时只显示矩阵的角落元素。这很符合数学规范，如图 13-15 所示。

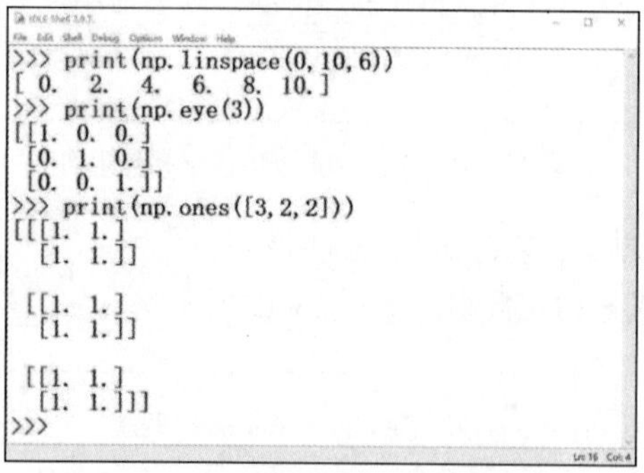

图 13-14　使用 print 输出数组

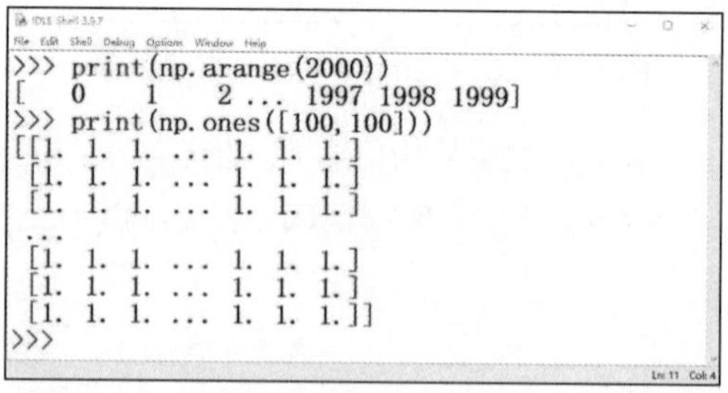

图 13-15　使用 print 输出元素数量较多的数组

如果想显示数组中全部内容，可以使用 set_printoptions 设置 threshold 参数（默认值为 1000）。其值可以设置为 sys 模块中的 maxsize。示例如下：

```
>>> import sys
>>> np.set_printoptions(threshold=sys.maxsize)
```

13.2.4 数组基本运算

算术运算在数组中是逐元素执行的，计算结果填入生成的新数组中，如图 13-16 所示。

同维数组之间可以进行加减乘除运算，如图 13-17 所示。

```
>>> a=np.array([1,2,3])
>>> b=a**2
>>> b
array([1, 4, 9])
>>> a<2
array([ True, False, False])
>>>
```

图 13-16 数组逐元素运算

```
>>> a=np.array([1,2,3])
>>> b=np.array([3,2,1])
>>> a+b
array([4, 4, 4])
>>> a-b
array([-2,  0,  2])
>>> a*b
array([3, 4, 3])
>>> a/b
array([0.33333333, 1.        , 3.        ])
>>>
```

图 13-17 同维数组运算

但需要注意的是，矩阵的运算如果使用*运算符，NumPy 仍然执行相应索引位置元素之间的乘法运算，而非进行矩阵的乘法运算。在进行矩阵的乘法运算时需要使用@运算符（这要求 Python 的版本高于 3.5），或者使用 dot 函数等其他方法，如图 13-18 所示。

在使用 NumPy 进行运算时要尤其注意：对于+=和*=运算符，NumPy 将计算结果覆盖到原数组中，而非创建一个新的数组，如图 13-19 所示。

```
>>> a=np.array([[1,2],[3,4]])
>>> b=np.array([[5,6],[7,8]])
>>> a*b
array([[ 5, 12],
       [21, 32]])
>>> a@b
array([[19, 22],
       [43, 50]])
>>> np.dot(a,b)
array([[19, 22],
       [43, 50]])
>>>
```

图 13-18 矩阵乘法运算

```
>>> a
array([[1, 2],
       [3, 4]])
>>> b
array([[5, 6],
       [7, 8]])
>>> a+=b
>>> a
array([[ 6,  8],
       [10, 12]])
>>> b*=2
>>> b
array([[10, 12],
       [14, 16]])
>>>
```

图 13-19 多维数组的增强赋值运算

需要注意的是，+=和*=符号两边的变量应具有相同的数据类型，否则会出现异常，如图 13-20 所示。

如果一定要执行类似的操作，应使用图 13-21 所示的运算方法。NumPy 会按照更精确的数据类型进行自动转换。

```
>>> a=np.array([[1,2],[3,4]],dtype=int)
>>> b=np.array([[1,2],[3,4]],dtype=float)
>>> a+=b
Traceback (most recent call last):
  File "<pyshell#104>", line 1, in <module>
    a+=b
numpy.core._exceptions._UFuncOutputCastingError
: Cannot cast ufunc 'add' output from dtype('fl
oat64') to dtype('int32') with casting rule 'sa
me_kind'
>>>
```

图 13-20 多维数组元素类型不同时增强赋值运算异常

```
>>> c=a+b
>>> c
array([[2., 4.],
       [6., 8.]])
>>> c.dtype
dtype('float64')
>>>
```

图 13-21 多维数组元素类型不同时增强赋值运算异常解决方法

对于许多一元运算，如求数组中元素的和、平均值、最大值、最小值等，NumPy 将其作为 ndarray 类的方法实现。当不指定其中的 axis 参数时，这些运算将数组中的全部元素看作一个列表，示例如图 13-22 所示。

当指定 axis 参数时，axis=0 代表按列运算，axis=1 代表按行运算，示例如图 13-23 所示。

```
>>> a=np.array([[1,2],[3,4]])
>>> a.sum()
10
>>> a.mean()
2.5
>>> a.max()
4
>>> a.min()
1
>>>
```

图 13-22 不指定 axis 参数时多维数组求和、平均值、最大值、最小值运算结果

```
>>> a=np.array([[1,2],[3,4]])
>>> a.sum(axis=0)
array([4, 6])
>>> a.sum(axis=1)
array([3, 7])
>>> a.mean(axis=0)
array([2., 3.])
>>> a.mean(axis=1)
array([1.5, 3.5])
>>>
```

图 13-23 指定 axis 参数时多维数组求和、平均值运算结果

13.2.5 通用函数

NumPy 中集成了 math 模块中的数学函数，如 sin、cos、exp、log 等，NumPy 中称之为通用函数，它们的运算也是逐元素执行的，并且会生成一个新的数组以存放运算结果，如图 13-24 所示。

```
>>> a=np.array([[1,2],[3,4]])
>>> np.sin(a)
array([[ 0.84147098,  0.90929743],
       [ 0.14112001, -0.7568025 ]])
>>> np.cos(a)
array([[ 0.54030231, -0.41614684],
       [-0.9899925 , -0.65364362]])
>>> np.exp(a)
array([[ 2.71828183,  7.3890561 ],
       [20.08553692, 54.59815003]])
>>> np.log(a)
array([[0.        , 0.69314718],
       [1.09861229, 1.38629436]])
>>> np.sqrt(a)
array([[1.        , 1.41421356],
       [1.73205081, 2.        ]])
>>> np.square(a)
array([[ 1,  4],
       [ 9, 16]])
>>>
```

图 13-24 通用函数逐元素运算

更多数学函数可以参考 math 模块，NumPy 中的通用函数与 math 模块中的数学函数基本上是同名的。

13.2.6 索引、切片和迭代

一维数组可以像列表或者其他 Python 序列一样执行索引、切片或迭代操作。索引与切片的示例如图 13-25 所示，迭代一维数组中元素的示例如图 13-26 所示。

对于一个多维数组，可以在每一个轴上使用一个索引，索引间使用逗号分隔。二维数组的索引示例如图 13-27 所示。

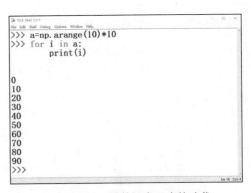

```
>>> a=np.arange(10)*10
>>> a
array([ 0, 10, 20, 30, 40, 50, 60, 70, 80, 90])
>>> a[3]
30
>>> a[2:6]
array([20, 30, 40, 50])
>>> a[0:6:3]=100
>>> a
array([100,  10,  20, 100,  40,  50,  60,  70,
80,  90])
>>>
```

图 13-25 一维数组的索引与切片

```
>>> a=np.arange(10)*10
>>> for i in a:
	print(i)


0
10
20
30
40
50
60
70
80
90
>>>
```

图 13-26 一维数组中元素的迭代

图 13-27 中展示了另外一种初始化数组的方法，即 fromfunction，它通过自定义函数来初始化数组。在索引时需要注意的是，如果参数不全，缺失的索引则自动认为是全部。比如取图 13-27 中数组 a 第 1 行的所有列（注意数组最上方的一行是第 0 行），则可以写为 a[1]，缺失列索引，认为是取所有列。

```
>>> a=np.fromfunction(lambda i,j:10*i+j,[3,3],d
type=int)
>>> a
array([[ 0,  1,  2],
       [10, 11, 12],
       [20, 21, 22]])
>>> a[2,2]
22
>>> a[0:2,1]
array([ 1, 11])
>>> a[0:,1]
array([ 1, 11, 21])
>>> a[:,1]
array([ 1, 11, 21])
>>> a[1,:]
array([10, 11, 12])
>>> a[0:2,:]
array([[ 0,  1,  2],
       [10, 11, 12]])
>>> a[-1]
array([20, 21, 22])
>>>
```

图 13-27 二维数组的索引

此外，还可以使用“...”代替缺失的索引，这与不写索引的效果相同。但当数组为多维数组时，使用一个“...”可以代替全部省略的“:”符号，如图 13-28 所示。

多维数组的迭代是沿着第一个轴进行的，如图 13-29 所示。

```
>>> a=np.array([[[1,2],[3,4]],[[5,6],[7,8]],[[9
,10],[11,12]]])
>>> a.ndim
3
>>> a[1,...]
array([[5, 6],
       [7, 8]])
>>> a[...,1]
array([[ 2,  4],
       [ 6,  8],
       [10, 12]])
>>>
```

图 13-28 三维数组的索引

```
>>> a=np.array([[[1,2],[3,4]],[[5,6],[7,8]],[[9
,10],[11,12]]])
>>> for i in a:
	print(i)


[[1 2]
 [3 4]]
[[5 6]
 [7 8]]
[[ 9 10]
 [11 12]]
>>>
```

图 13-29 三维数组的迭代

如果想逐元素迭代输出，则可以使用 flat 属性，如图 13-30 所示。

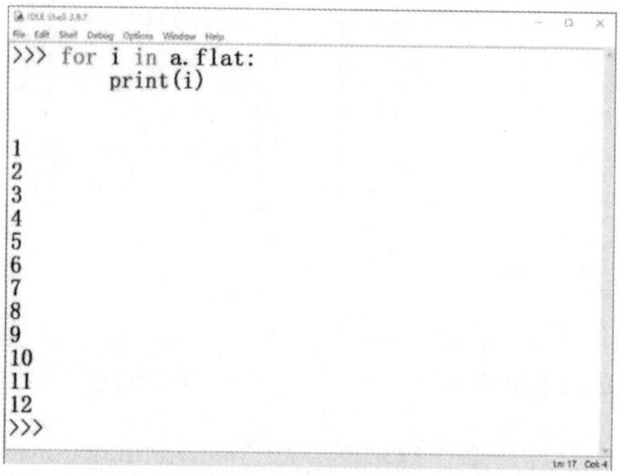

```
>>> for i in a.flat:
        print(i)


1
2
3
4
5
6
7
8
9
10
11
12
>>>
```

图 13-30　使用 flat 属性进行三维数组的迭代

13.3　数组变换

13.3.1　改变数组的形状

对于一个一维数组，它可以是一行也可以是一列的，因此它的形状可以从一行变为一列，同理，对于一个多维数组，它的形状也可以发生改变。在线性代数运算中，比较常见的就是行列变换以及矩阵的转置，但 NumPy 可实现的功能远不止此，如图 13-31 所示。

可见，当对数组 a 进行形状变换后，a 本身的形状并没有发生改变，改变形状后的数组是形状变换函数的输出。另外 ravel 和 reshape 方法还可以指定优先变换的顺序，其值默认为 C 语言风格，即最右侧的索引优先变换，order='C'。但也支持更改为以 Fortran 语言风格进行变换，即最左侧的索引优先变换，order='F'。对于 reshape 方法，如果指定一个参数为-1，则 reshape 会自动进行转换。

如果想改变 a 的形状，可使用 resize 方法，如图 13-32 所示。

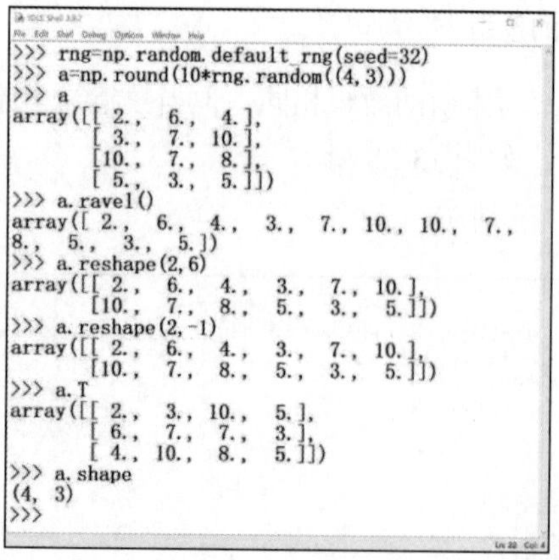

```
>>> rng=np.random.default_rng(seed=32)
>>> a=np.round(10*rng.random((4,3)))
>>> a
array([[ 2.,  6.,  4.],
       [ 3.,  7., 10.],
       [10.,  7.,  8.],
       [ 5.,  3.,  5.]])
>>> a.ravel()
array([ 2.,  6.,  4.,  3.,  7., 10., 10.,  7.,
8.,  5.,  3.,  5.])
>>> a.reshape(2,6)
array([[ 2.,  6.,  4.,  3.,  7., 10.],
       [10.,  7.,  8.,  5.,  3.,  5.]])
>>> a.reshape(2,-1)
array([[ 2.,  6.,  4.,  3.,  7., 10.],
       [10.,  7.,  8.,  5.,  3.,  5.]])
>>> a.T
array([[ 2.,  3., 10.,  5.],
       [ 6.,  7.,  7.,  3.],
       [ 4., 10.,  8.,  5.]])
>>> a.shape
(4, 3)
>>>
```

图 13-31　行列变换

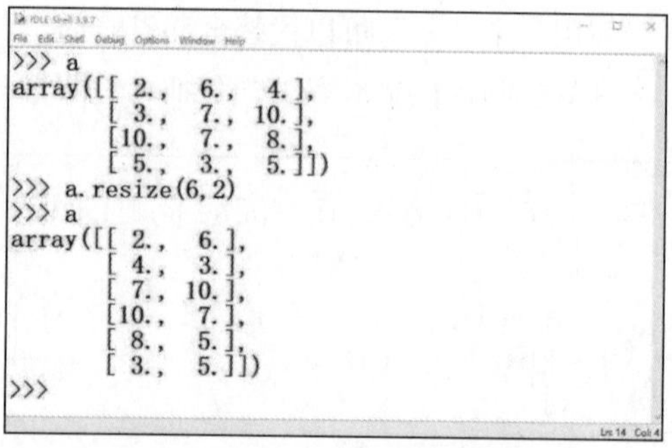

```
>>> a
array([[ 2.,  6.,  4.],
       [ 3.,  7., 10.],
       [10.,  7.,  8.],
       [ 5.,  3.,  5.]])
>>> a.resize(6,2)
>>> a
array([[ 2.,  6.],
       [ 4.,  3.],
       [ 7., 10.],
       [10.,  7.],
       [ 8.,  5.],
       [ 3.,  5.]])
>>>
```

图 13-32　使用 resize 改变原数组形状

13.3.2 数组间的堆叠

堆叠在二维数组中的应用比较典型，数组可以沿不同轴堆叠，如图 13-33 所示。

```
>>> a=np.array([[1, 2], [3, 4]])
>>> b=np.array([[5, 6], [7, 8]])
>>> c=np.array([[9, 10], [11, 12]])
>>> np.vstack((a, b, c))
array([[ 1,    2],
       [ 3,    4],
       [ 5,    6],
       [ 7,    8],
       [ 9,   10],
       [11,   12]])
>>> np.hstack((a, b, c))
array([[ 1,    2,    5,    6,    9,   10],
       [ 3,    4,    7,    8,   11,   12]])
>>>
```

（a）使用 vstack 和 hstack

```
>>> a=np.array([[1, 2], [3, 4]])
>>> b=np.array([[5, 6], [7, 8]])
>>> c=np.array([[9, 10], [11, 12]])
>>> np.concatenate((a, b, c), axis=0)
array([[ 1,    2],
       [ 3,    4],
       [ 5,    6],
       [ 7,    8],
       [ 9,   10],
       [11,   12]])
>>> np.concatenate((a, b, c), axis=1)
array([[ 1,    2,    5,    6,    9,   10],
       [ 3,    4,    7,    8,   11,   12]])
>>>
```

（b）使用 concatenate

图 13-33　数组堆叠

对于高于二维的数组，实际上 hstack 总是沿第二个轴（即列）堆叠，vstack 总是沿第一个轴（即行）堆叠。此外可以使用 concatenate 来指定坐标轴。

在堆叠时，也会结合数组形状转换操作，比如结合转置操作。但在 NumPy 中，在堆叠时使用转置并不能实现相应功能。为此，需要使用 newaxis。

如图 13-34 所示，T 与 hstack 结合使用并没有获得预期结果。为此，需要引入 newaxis 将 a 变换为列向量，再使用 hstack 堆叠。另外，也可以使用 column_stack 将 a 与 b 按列堆叠。column_stack 与 hstack 并不等效。相对于 column_stack，NumPy 也提供了 row_stack，但 row_stack 实际上是 vstack 的别称，两者等效，如图 13-35 所示。

```
>>> a=np.array([1, 2])
>>> b=np.array([3, 4])
>>> np.hstack((a.T, b.T))
array([1, 2, 3, 4])
>>> np.hstack((a[:, np.newaxis], b[:, np.newaxis]))
array([[1, 3],
       [2, 4]])
>>> np.column_stack((a, b))
array([[1, 3],
       [2, 4]])
>>> np.hstack((a, b))
array([1, 2, 3, 4])
>>>
```

图 13-34　使用 newaxis 进行堆叠

除此之外，NumPy 还提供 r_ 和 c_ 方法实现堆叠，如图 13-36 所示。

```
>>> np.column_stack is np.hstack
False
>>> np.row_stack is np.vstack
True
>>>
```

图 13-35　column_stack 和 row_stack 与
hstack 和 vstack 的等效验证

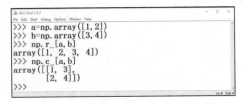

```
>>> a=np.array([1, 2])
>>> b=np.array([3, 4])
>>> np.r_[a, b]
array([1, 2, 3, 4])
>>> np.c_[a, b]
array([[1, 3],
       [2, 4]])
>>>
```

图 13-36　使用 r_ 和 c_ 进行堆叠

13.3.3　数组切割

对于数组，NumPy 提供 hsplit 实现沿横轴切割，vsplit 实现沿纵轴切割，array_split 实现通过指定的轴切割，如图 13-37 所示。

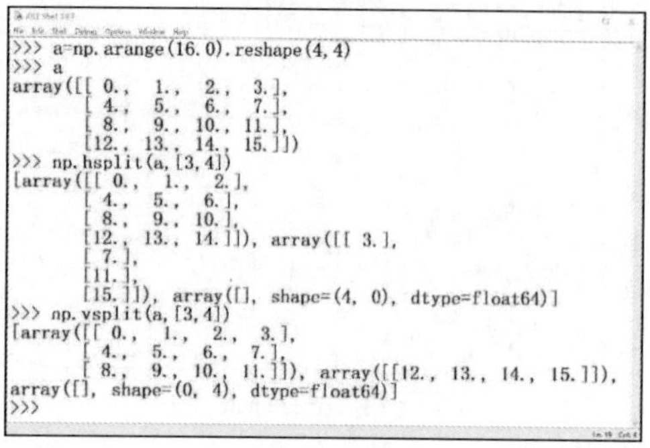

```
>>> a=np.arange(16.0).reshape(4,4)
>>> a
array([[ 0.,  1.,  2.,  3.],
       [ 4.,  5.,  6.,  7.],
       [ 8.,  9., 10., 11.],
       [12., 13., 14., 15.]])
>>> np.hsplit(a,[3,4])
[array([[ 0.,  1.,  2.],
       [ 4.,  5.,  6.],
       [ 8.,  9., 10.],
       [12., 13., 14.]]), array([[ 3.],
       [ 7.],
       [11.],
       [15.]]), array([], shape=(4, 0), dtype=float64)]
>>> np.vsplit(a,[3,4])
[array([[ 0.,  1.,  2.,  3.],
       [ 4.,  5.,  6.,  7.],
       [ 8.,  9., 10., 11.]]), array([[12., 13., 14., 15.]]),
array([], shape=(0, 4), dtype=float64)]
>>>
```

（a）使用 hsplit 和 vsplit

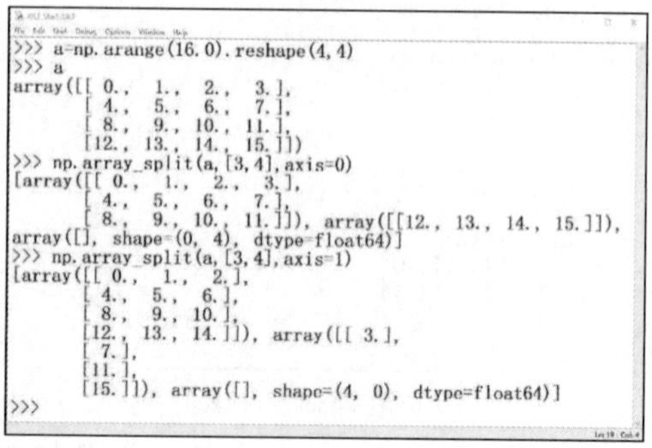

```
>>> a=np.arange(16.0).reshape(4,4)
>>> a
array([[ 0.,  1.,  2.,  3.],
       [ 4.,  5.,  6.,  7.],
       [ 8.,  9., 10., 11.],
       [12., 13., 14., 15.]])
>>> np.array_split(a,[3,4],axis=0)
[array([[ 0.,  1.,  2.,  3.],
       [ 4.,  5.,  6.,  7.],
       [ 8.,  9., 10., 11.]]), array([[12., 13., 14., 15.]]),
array([], shape=(0, 4), dtype=float64)]
>>> np.array_split(a,[3,4],axis=1)
[array([[ 0.,  1.,  2.],
       [ 4.,  5.,  6.],
       [ 8.,  9., 10.],
       [12., 13., 14.]]), array([[ 3.],
       [ 7.],
       [11.],
       [15.]]), array([], shape=(4, 0), dtype=float64)]
>>>
```

（b）使用 array_split

图 13-37　数组切割

13.4　矩阵运算

矩阵运算是科学计算的核心，除 ndarray 数据类型，NumPy 还提供了 matrix（矩阵）数据类型，如图 13-38 所示。

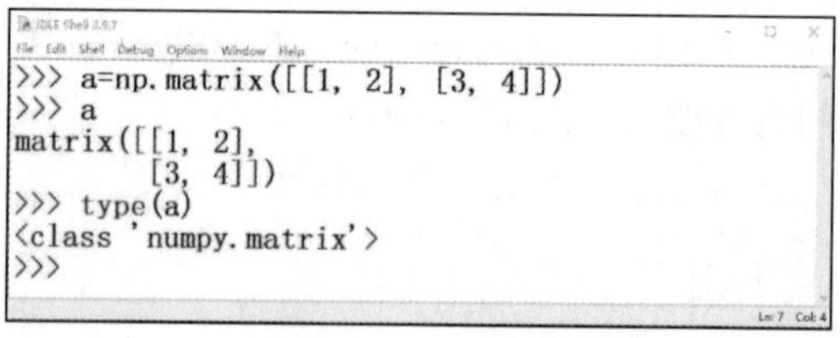

```
>>> a=np.matrix([[1, 2], [3, 4]])
>>> a
matrix([[1, 2],
        [3, 4]])
>>> type(a)
<class 'numpy.matrix'>
>>>
```

图 13-38　matrix 类型

NumPy 中提供了基本的线性代数求解方法，比如前面介绍过的点乘 dot 和@。此外矩阵间的叉乘可使用 outer 实现。实际上 ndarray 类型包含 matrix 类型，一般情况下都可以使用多维数组替代矩阵，如图 13-39 所示。

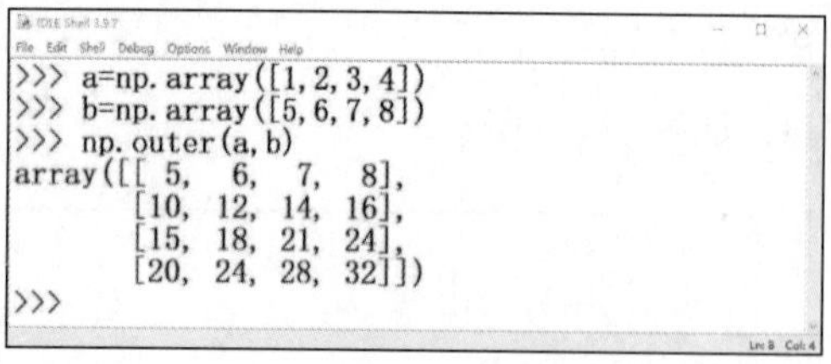

```
>>> a=np.array([1,2,3,4])
>>> b=np.array([5,6,7,8])
>>> np.outer(a,b)
array([[ 5,  6,  7,  8],
       [10, 12, 14, 16],
       [15, 18, 21, 24],
       [20, 24, 28, 32]])
>>>
```

（a）ndarray 类型

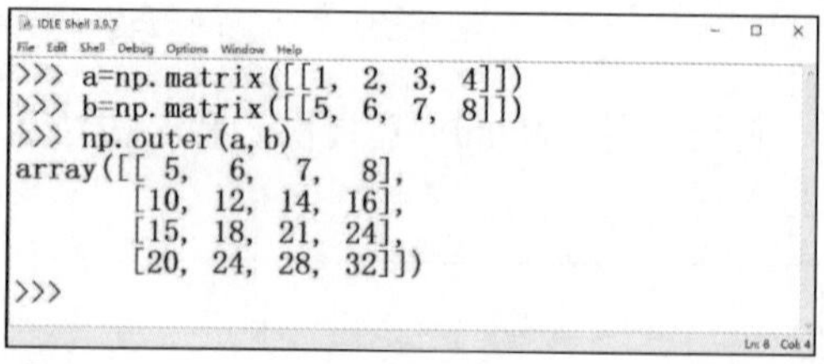

```
>>> a=np.matrix([[1, 2, 3, 4]])
>>> b=np.matrix([[5, 6, 7, 8]])
>>> np.outer(a,b)
array([[ 5,  6,  7,  8],
       [10, 12, 14, 16],
       [15, 18, 21, 24],
       [20, 24, 28, 32]])
>>>
```

（b）matrix 类型

图 13-39　矩阵叉乘运算

矩阵的次方运算示例如图 13-40 所示。

如图 13-39 和图 13-40 所示，使用 ndarray 和 matrix 类型都可以完成相应的运算。

接下来介绍几个重要的矩阵运算。矩阵行列式和迹运算，如图 13-41 所示。

复数矩阵的共轭运算示例如图 13-42 所示。

```
>>> np.linalg.matrix_power(np.array([[1,2],[2,1]]),2)
array([[5, 4],
       [4, 5]])
>>>
```

（a）ndarray 类型

```
>>> np.linalg.matrix_power(np.matrix([[1,2],[2,1]]),2)
matrix([[5, 4],
        [4, 5]])
>>>
```

（b）matrix 类型

图 13-40 矩阵次方运算

```
>>> a=np.arange(9).reshape(3,3)
>>> a
array([[0, 1, 2],
       [3, 4, 5],
       [6, 7, 8]])
>>> np.linalg.det(a)
0.0
>>> np.trace(a)
12
>>>
```

图 13-41 矩阵行列式和迹运算

```
>>> a=np.matrix([[1+1j,2+2j],[2+2j,1+1j]])
>>> a
matrix([[1.+1.j, 2.+2.j],
        [2.+2.j, 1.+1.j]])
>>> a.conjugate()
matrix([[1.-1.j, 2.-2.j],
        [2.-2.j, 1.-1.j]])
>>>
```

图 13-42 复数矩阵的共轭运算示例

矩阵求逆和求秩运算可分别使用 linalg.inv 和 linalg.matrix_rank 实现，示例如图 13-43 所示。

对于矩阵的特征值分解、SVD（Singular Value Decomposition，奇异值分解）以及 QR 分解（正交三角分解），可以分别使用 linalg.eig、linalg.svd 以及 linalg.qr 实现。示例分别如图 13-44、图 13-45 和图 13-46 所示。

```
>>> np.linalg.inv(np.array([[1,2],[2,1]]))
array([[-0.33333333,  0.66666667],
       [ 0.66666667, -0.33333333]])
>>> np.linalg.matrix_rank(np.array([[1,2],[2,1]]))
2
>>>
```

图 13-43 矩阵求逆和求秩运算

```
>>> eig=np.linalg.eig(np.array([[1,2],[2,1]]))
>>> eig[0]
array([ 3., -1.])
>>> eig[1]
array([[ 0.70710678, -0.70710678],
       [ 0.70710678,  0.70710678]])
>>>
```

图 13-44 矩阵特征值分解

```
>>> svd=np.linalg.svd(np.array([[1,2],[2,1]]))
>>> svd[0]
array([[-0.70710678, -0.70710678],
       [-0.70710678,  0.70710678]])
>>> svd[1]
array([3., 1.])
>>> svd[2]
array([[-0.70710678, -0.70710678],
       [ 0.70710678, -0.70710678]])
>>>
```

图 13-45 矩阵 SVD 分解

```
>>> qr=np.linalg.qr(np.array([[1,2],[2,1]]))
>>> qr[0]
array([[-0.4472136 , -0.89442719],
       [-0.89442719,  0.4472136 ]])
>>> qr[1]
array([[-2.23606798, -1.78885438],
       [ 0.        , -1.34164079]])
>>>
```

图 13-46 矩阵 QR 分解

对于协方差矩阵以及半正定矩阵的 Cholesky（楚列斯基）分解，可以使用 np.cov 和 np.linalg.cholesky 实现，如图 13-47 所示。

```
>>> c=np.cov(np.array([[1,2],[2,1]]))
>>> np.linalg.cholesky(c)
array([[ 7.07106781e-01,  0.00000000e+00],
       [-7.07106781e-01,  1.05367121e-08]])
>>>
```

图 13-47 协方差矩阵和半正定矩阵的 Cholesky 分解

13.5　小结

本章介绍了 NumPy，包括下载并安装、基础概念、数组变换和矩阵运算。

基础概念中介绍了数组的属性、数组的创建方法、数组输出、数组基本运算、通用函数以及数组元素的索引、切片和迭代。

数组变换中介绍了数组变形、堆叠和切割运算。

矩阵运算中介绍了 matrix 类型、矩阵的基本运算、行列式、求迹、共轭运算、求逆、求秩等，还介绍了矩阵特征值分解、SVD 分解、QR 分解、协方差矩阵与半正定矩阵的 Cholesky 分解。

至此，关于 Python 的基础介绍已经告一段落，但应用 Python 进行一些有意义的项目开发工作即将开始。本书的第二部分将使用 Python 及 Python 的第三方包实现一些项目需求，希望对读者学习、应用 Python 起到一定的帮助作用。

第二部分

Python 项目实践

与第一部分不同的是，本书第二部分的侧重点将不再是 Python 的基础语法，而是利用 Python 实现一些项目需求。第二部分由第 14 章~第 22 章组成，涵盖绘图、图像处理、优化计算、游戏开发、基于 Web 的系统开发、爬虫、机器学习等方面的项目实战。

绘图将数据以及实验结果可视化，是科研工作中不可或缺的一个环节，通过图像可以观察实验过程，归纳实验结果，得到统计性的可视化数据分析结果。你可利用第 14 章中介绍的方法绘制出满足论文发表要求的线形图、柱状图等。

图像处理是一个重要的技术领域，它包含图像压缩、增强、复原、匹配、描述和识别等研究方向。限于篇幅，本书中的第 15 章主要介绍图像特征提取和图像特征匹配两个部分，这是基于图像的定位技术中的关键一环。利用第 15 章中介绍的方法，你可快速入门对图像特征进行提取和匹配的方法。

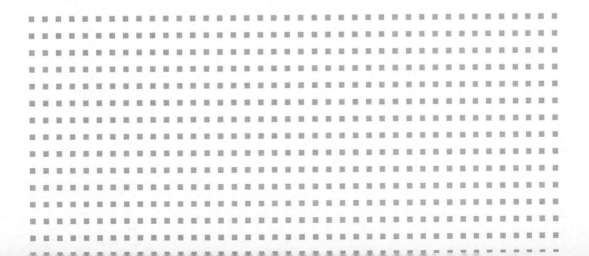

优化计算在本书中指的是凸优化的计算。凸优化在机器学习、深度学习等人工智能领域都有举足轻重的作用。第 16 章介绍线性规划问题、L1 范数逼近问题、二次规划问题的求解方法，你可将其应用在建模为凸优化问题的求解中。

第 17 章介绍基于 Pygame 的游戏制作方法，你可以使用该模块制作出有趣的 2D 平面游戏；通过学习第 18 章中基于 Web 的系统开发，你可快速建立一个基于 Web 的管理系统；通过学习第 19 章，你可对爬虫的基本工作流程有所了解，使用本书中提供的方法，在不违反相关规定的前提下，从网络上获取所需数据。

本书第 20 章～第 22 章中包含回归、分类和聚类 3 个有关机器学习的典型任务，你可使用其中介绍的几个模型对选定的数据集进行处理，在实践中理解机器学习算法的原理，通过实践找到现有算法的不足之处，不断地提出更好的模型或者算法来解决实际问题。

第14章 使用 Matplotlib 绘图

本章旨在介绍如何使用 Python 的第三方工具包 Matplotlib 进行绘图。绘图是将实验结果可视化的方法之一，有过论文撰写经验的读者都知道"一图胜千言"。工科领域的论文，通常包含实验结果与讨论，这部分内容除文字之外常辅以图像与表格进行说明，制作精良的图无疑会提高论文的质量。在开始本章的学习之前，你应先下载并安装好 Matplotlib、NumPy、SciPy 包。其中 NumPy 包用于处理数据；SciPy 包提供强大的数据处理功能，但在本章中主要用于存储和导入其他科学计算软件处理的数据文件，如扩展名为.mat 的文件。

14.1 下载并安装 Matplotlib、SciPy

已经完成本书第一部分实际操作的读者，应该已安装好了 Python 3 环境，对于 Windows 平台，打开命令提示符窗口，使用如下命令下载并安装 Matplotlib 包：

```
pip install matplotlib
```

鉴于 Matplotlib 需要 NumPy 包的支撑，在安装 Matplotlib 包的同时，会自动安装 NumPy，无须再次安装。Matplotlib 的安装过程如图 14-1 所示。

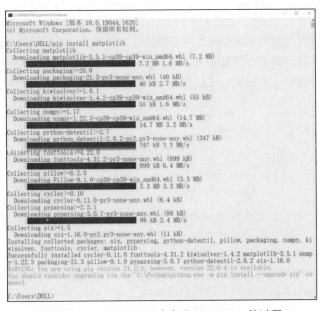

图 14-1　在 Windows 中安装 Matplotlib 的过程

接下来，使用如下命令下载并安装 SciPy 包：

```
pip install scipy
```

SciPy 的安装过程如图 14-2 所示。

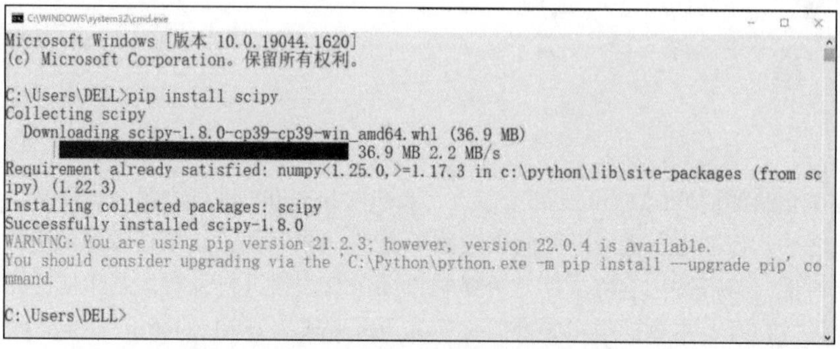

图 14-2　在 Windows 中安装 SciPy 的过程

下载并安装 Matplotlib 和 SciPy 包后，打开 Python IDLE 进行验证，如图 14-3 所示。

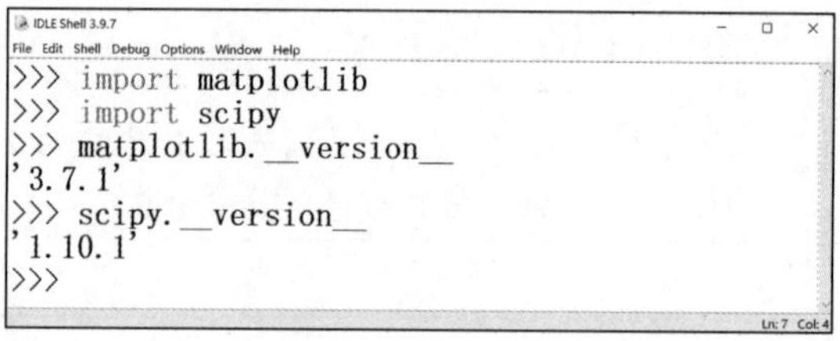

图 14-3　在 IDLE 中导入 SciPy、Matplotlib 包并查看版本

14.2　绘制简单 2D 图像

正常导入后，就可以使用 Matplotlib 进行绘图了。鉴于大多数论文中的实验结果基本上都采用 2D 图像绘制，我们首先介绍如何使用 Matplotlib 绘制 2D 图像。绘图之旅始于一个简单的示例——绘制一条线段 $y = 2x + 5$，x 的取值区间为[1,10]。下面展示了使用 Matplotlib 模块绘制该线段的代码：

```
>>> from matplotlib import pyplot as plt
>>> import numpy as np
>>> x=np.arange(1,11)
>>> y=2*x+5
>>> plt.title('demo1')
>>> plt.xlabel('x axis')
>>> plt.ylabel('y axis')
>>> plt.plot(x,y)
>>> plt.show()
```

代码中涉及 NumPy 中 arange 的使用，没有使用过 NumPy 的读者可以将其理解为 Python 中的 range，在 Python IDLE 中运行上述代码或者将上述代码以模块运行（见本书的配套资源中的 matplotlibdemo1.py 文件），会出现绘制的 2D 图像，如图 14-4 所示。

单击工具栏中的"保存"按钮,可以将绘制的图像保存为文件。单击"保存"按钮后打开的界面如图 14-5 所示。

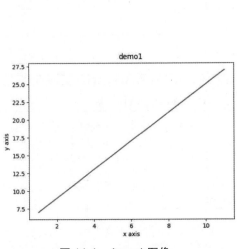

图 14-4　demo1 图像　　　　　　　　　图 14-5　绘制图像保存界面

由图 14-5 可见,Matplotlib 支持大多数的图像文件格式,如常见的.png、.eps、.jpeg、.jpg、.pdf 等格式。将文件命名为 demo1,选择保存类型及相应的保存路径(可自行设置),单击"保存",就可将图 14-4 中绘制的图像以文件的形式保存到所选择的路径下。

需要注意的是,这样保存的图像并不是矢量图,放入 Microsoft Word 或者 LaTeX 编辑器中可能会失真。下面介绍将图像保存为矢量图的方法。为了将图像保存为矢量图,应使用 plt.savefig,使用方法如下:

```
>>> from matplotlib import pyplot as plt
>>> import numpy as np
>>> x=np.arange(1,11)
>>> y=2*x+5
>>> plt.title('demo1')
>>> plt.xlabel('x axis')
>>> plt.ylabel('y axis')
>>> plt.plot(x,y)
>>> plt.savefig('demo1.pdf')
```

运行上述代码,可在当前运行目录下找到 demo1.pdf 文件。

对于图 14-4,如果想使用中文标题以及中文坐标轴标签,可将 matplotlibdemo1.py 中代码改为:

```
>>> from matplotlib import pyplot as plt
>>> import numpy as np
>>> x=np.arange(1,11)
>>> y=2*x+5
>>> plt.title('示例 1')
>>> plt.xlabel('x 轴')
>>> plt.ylabel('y 轴')
>>> plt.plot(x,y)
```

```
>>> plt.show()
```

　　请注意，为了方便显示图像，还是将 plt.savefig 暂时改为 plt.show。运行上述代码，会得到图 14-6 所示的结果（在仅安装 Python 3 和 Matplotlib 包的前提下）。图 14-6 中中文无法正常显示，使用 font 参数可修正中文显示乱码的问题（请关注背景加深代码），将相关代码改为：

```
>>> plt.title('示例1',font='SimSun')
>>> plt.xlabel('x轴',font='SimSun')
>>> plt.ylabel('y轴',font='SimSun')
```

　　再次运行，结果如图 14-7 所示。'SimSun'字体代表宋体，想要查看 Matplotlib 支持的全部字体，可使用下述代码（见本书的配套资源，代码保存在 showfont.py 文件中）。

```
>>> from matplotlib.font_manager import FontManager
>>> import subprocess
>>> fonts = set(f.name for f in FontManager().ttflist)
>>> print('使用 font_manage 导入的全部字体:')
>>> for f in sorted(fonts):
    print('\t' + f)
```

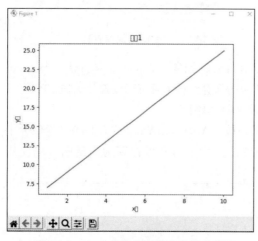

图 14-6　demo1 输出图像中文显示乱码

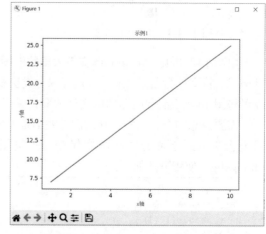

图 14-7　使用 SimSun 字体显示中文

　　解决了中文显示乱码的问题，再回到使用英文标注的图像示例，从此处直到本章结束都将使用英文作为绘制图像的标注文字。再次查看图 14-4。是不是觉得字号太小了呢？Matplotlib 绘制图形中的字号默认为 10，下面来尝试更改字号为 20。相对于图 14-4 的实现代码，变更代码如下：

```
>>> plt.title('demo1',fontsize=20)
>>> plt.xlabel('x axis',fontsize=20)
>>> plt.ylabel('y axis',fontsize=20)
```

　　运行修改后的代码，输出图像如图 14-8 所示。

　　输出图像由图 14-4 改进为图 14-8 后，可能还是不够美观，如何让图像变得更加美观呢？可将字体改为 Times New Roman（SCI 文献字体），在保持字号为 20（字号设置原则是使得缩放后图像中的文字大小与文献正文中文字大小一致）的同时将字体加粗并且修改为斜体。Matplotlib 中提供 fontweight 和 fontstyle 参数分别控制字体粗细和字体样式，可将实现图 14-4

的相关代码改为：

```
>>> plt.title('demo1',font='Times New Roman',fontsize=20,fontweight='bold',fontstyle='italic')
>>> plt.xlabel('x axis',font='Times New Roman',fontsize=20,fontweight='bold',fontstyle=
    'italic')
>>> plt.ylabel('y axis',font='Times New Roman',fontsize=20,fontweight='bold',fontstyle=
    'italic')
```

运行修改后的代码，输出图像如图 14-9 所示。

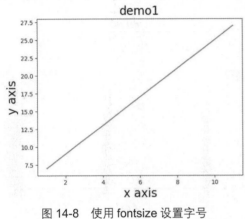

图 14-8　使用 fontsize 设置字号

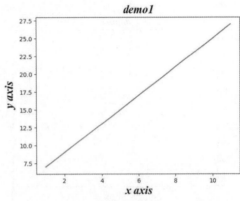

图 14-9　设置 demo1 图像标题及坐标轴
标签字体、字号、字体粗细和字体样式

到目前为止，对于坐标轴标签和标题的修改可以告一段落。再来看看图 14-9 中还有哪些可以改进的地方，如坐标轴的刻度字体太小；两个坐标轴的端点控制不佳使得图中还存在不必要的空间。假如 x 轴代表月份，y 轴代表当年某月累计的出生人口数，是否可以修改 x 轴的刻度标签？下面就带着这些思考，进行坐标轴边界、刻度和刻度标签的设置。

先来看看怎么设置坐标轴边界。Matplotlib 提供 xlim 和 ylim 分别用于设置 x 轴和 y 轴坐标的起点和终点。关键代码为：

```
>>> plt.xlim(1,10)
>>> plt.ylim(7,25)
```

这段代码可以放在 plt.xlabel 和 plt.ylabel 的前面或者后面。设置完坐标轴边界后的 demo1 图像如图 14-10 所示。

接下来看看坐标轴的刻度如何调整。对于 x 轴，似乎只是字体稍微小了点，前面介绍的更改坐标轴标签字体、字号、字体粗细、字体样式的方法仍然适用于刻度调整。但是假如更改示例中的 x 取值范围为[1,100]，此时将全部的刻度显示出来完全没有必要，取一定间隔显示坐标轴的刻度即可。为此，x 轴采样点的个数需要提前设计好，否则将导致无法显示坐标轴的边界或者坐标刻度分配不均。将 x 轴的取值范围从[1,10]更改到[1,11]，若从 1 开始每两个采样点显示一次坐标轴刻度，则显示的刻度应为[1,3,5,7,9,11]。当然，上述只是一个示例，采样点间隔多少合适，采样数量为多少合适，这需要符合专业研究领域一般的约定。Matplotlib 使用 xticks 和 yticks 分别来设置 x 轴和 y 轴的刻度。为了与 x 轴相区别，y 轴刻度选择 4 个点显示，尽管在 demo1 这样简单的映射关系中这显得很别扭。关键变更以及增加代码如下：

```
>>> …
>>> x=np.arange(1,12)
>>> …
>>> plt.xticks([1,3,5,7,9,11],font='Times New Roman',fontsize=15,fontweight='bold')
>>> plt.yticks([7,13,21,27],font='Times New Roman',fontsize=15,fontweight='bold')
>>> …
```

请注意带背景底色部分代码相对于图 14-4 的实现代码存在改动之处。"…"代表与之前代码相同的部分。将 x 轴和 y 轴设置为间隔非一致的刻度如图 14-11 所示。

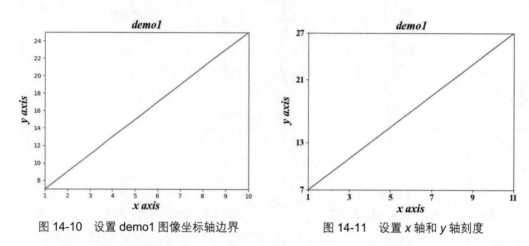

图 14-10　设置 demo1 图像坐标轴边界　　　　图 14-11　设置 x 轴和 y 轴刻度

对于上述改动，在第一个参数（设置刻度值）处，可以通过变量方式带入，让代码自动计算 y 轴刻度值。下面将 x 轴和 y 轴刻度设置为间隔一致，相对于图 14-4 的实现代码改动如下：

```
>>> …
>>> x=np.arange(1,12)
>>> …
>>> xtks=np.arange(1,12,2)
>>> ytks=2*xtks+5
>>> plt.xticks(xtks,font='Times New Roman',fontsize=15,fontweight='bold')
>>> plt.yticks(ytks,font='Times New Roman',fontsize=15,fontweight='bold')
>>> …
```

将 x 轴和 y 轴设置为间隔一致的刻度如图 14-12 所示。

最后，再来看看怎么修改刻度值。按照前述假设，x 轴的刻度值应改为相应的月份。相对于图 14-12 的实现代码，修改如下：

```
>>> …
>>> xtks=np.arange(1,12,2)
>>> ytks=2*xtks+5
>>> xtkslabel=['Jan','Mar','May','Jul','Sept','Nov']
>>> plt.xticks(xtks, xtkslabel,rotation=20,font='Times New Roman',fontsize=15,\
fontweight='bold')
>>> plt.yticks(ytks,font='Times New Roman',fontsize=15,fontweight='bold')
>>> …
```

将 x 轴刻度值设置为月份如图 14-13 所示。

将图 14-13 所示图像保存为 demo1_advanced.png 文件用于后续对比。

对于 demo1 示例，使用如下代码对图像进行去白边处理：

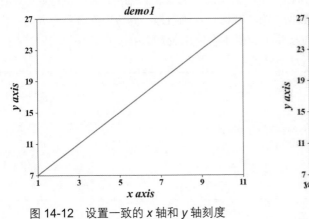 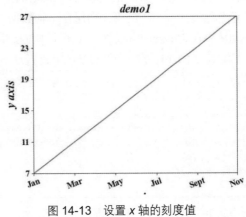

图 14-12　设置一致的 x 轴和 y 轴刻度　　　　图 14-13　设置 x 轴的刻度值

```
>>> …
>>> plt.plot(x,y)
>>> plt.tight_layout(pad=0)
>>> plt.savefig('demo1_advanced_tight.png')
```

其中，tight_layout(pad=0)将白边设置为 0，去白边后的图像与图 14-12 所示的未去白边的图像嵌入 Microsoft Word 中的效果对比如图 14-14 所示。

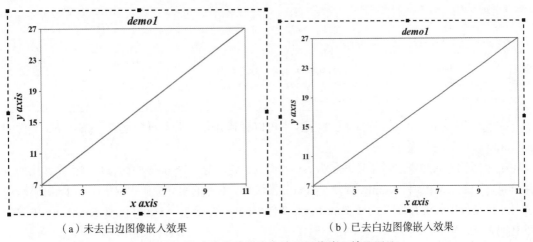

（a）未去白边图像嵌入效果　　　　　　　　（b）已去白边图像嵌入效果

图 14-14　未去白边与去白边后图像嵌入效果对比

毫无疑问，图 14-14（b）更加接近 SCI 文献中图的标准，图的精细化程度也会影响审稿人对所投稿件质量的判断。

请回顾下面的代码：

```
>>> x=np.arange(1,11)
>>> y=2*x+5
```

代码中涉及 NumPy 模块的使用，但这里要强调的不是 NumPy。想让绘制代码变得有实际用途，那么在图像的生成中上述两行代码似乎成了阻碍。一般来说，图像的 x 轴或 y 轴数据不依赖公式获得，可能是其他计算软件保存的结果，比如 MATLAB 软件保存的扩展名为.mat 的文件。熟悉 MATLAB 的读者可以尝试保存一个与上述代码生成数据一致的文件，将数据保存为矩阵的形式，矩阵的第一列保存 x 轴数据，第二列保存 y 轴数据，并将矩阵命名为 data，将该矩阵保存为 demo1.mat 文件（见本书配套资源，供不会使用 MATLAB 的读者参考）。

在生成图 14-14 的代码的基础上进行如下修改：

```
>>> from matplotlib import pyplot as plt
>>> import numpy as np
>>> import scipy.io as scio
>>> filepath=r'D:\python\e-Resources-Chapter14\demo1.mat'
>>> xy=np.array(scio.loadmat(filepath)['data'])
>>> x=xy[:,0]
>>> y=xy[:,1]
>>> …
```

其中带背景底色部分代码替换了。

```
>>> x=np.arange(1,11)
>>> y=2*x+5
```

执行全部代码，得到的图像与图 14-12 所示的一致。

这里不妨介绍一下使用 scipy.io 模块将 Python 处理结果保存为扩展名为.mat 的文件的方法。将上述使用 NumPy 产生的 x 和 y 向量组成一个矩阵，存储为 data 矩阵，将这个矩阵存储为 pydemo1.mat 文件，代码如下（代码保存在 scipysavemat.py 文件中，见本书的配套资源）：

```
>>> import numpy as np
>>> import scipy.io as scio
>>> x=np.arange(1,12)
>>> y=2*x+5
>>> data=np.concatenate((x, y)).reshape((11,2),order='F')
>>> filepath='D:\python\e-Resources-Chapter14\pydemo1.mat'
>>> scio.savemat(filepath,{'data':data})
```

将生成的 pydemo1.mat 导入 MATLAB 中可以看到 data 矩阵数据与之前 demo1.mat 文件的 data 矩阵数据如出一辙。

继续回到导入数据。对于扩展名为.csv 的文件，将其导入 Python 中的方式有很多，比如使用标准库中的 csv 模块、NumPy 模块、pandas 模块等。本书的配套资源中提供了一个 demo1.csv 文件，该文件中数据存储方式与 demo1.mat 文件中的一致。使用 NumPy 读取 demo1.csv 中数据的代码如下：

```
>>> filepath=r'D:\python\e-Resources-Chapter14\demo1.csv'
>>> xy=np.genfromtxt(filepath,dtype=int,encoding='UTF-8',delimiter=',',skip_header= 0)
```

替换上述代码中使用 scio 读取.mat 文件的两行代码即可。但需要注意的是，当使用 Microsoft Excel 生成 demo1.csv 文件时，请另存为 CSV(comma delimited) (*.csv)格式，而非另存为 CSV UTF-8 (comma delimited) (*.csv)格式。如果另存为 CSV UTF-8 (comma delimited)格式，则需要将代码

```
>>> xy=np.genfromtxt(filepath,dtype=int,encoding='UTF-8',delimiter=',',skip_header=0)
```

改为

```
>>> xy=np.genfromtxt(filepath,dtype=int,encoding='UTF-8-sig',delimiter=',',skip_header=0)
```

否则，第一个数据将无法正常读取。增加数据导入和导出的代码使得 demo1 演示代码更具应用性。

14.3 绘制复杂 2D 图像

对于 demo1 中的曲线，实际应用并不多，这不是说 $y = 2x + 5$ 过于简单，换成一个更为复杂的数学公式应用就会广泛起来，而是因为在论文撰写或者工程开发中，单一曲线说明不了结果存在任何改进或者创新之处。简单地说，应使用对比法，图像中应包含多条曲线。在展开讲解之前，先简单介绍一下 demo2 的背景。定位领域的研究人员对于 demo2 曲线不会陌生，它是用来评估定位误差的惯用方法：定位误差的累积分布函数曲线（Error CDF 曲线）。简单来说，它用来表示误差在一定范围内的概率。举一个简单示例，假如有两种定位算法，一种定位误差（Localization Error）在 1m 内的概率为 50%，而另外一种定位误差在 1m 内的概率为 80%。很显然，在这个结果集内的定位精度性能一项，后者明显优于前者。

下面开始本节的绘图之旅吧。使用数据 demo2.mat 文件（见本书的配套资源），在前述的绘图方法的基础上能够得到图 14-15 所示的曲线。

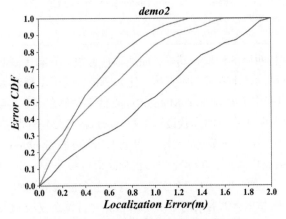

图 14-15 定位误差的累积分布函数曲线

其实现代码如下：

```
>>> from matplotlib import pyplot as plt
>>> import numpy as np
>>> import scipy.io as scio
>>> filepath=r'D:\python\e-Resources-Chapter14\demo2.mat'
>>> xy=np.array(scio.loadmat(filepath)['data'])
>>> x=xy[0,:]
>>> y1=xy[1,:]
>>> y2=xy[2,:]
>>> y3=xy[3,:]
>>> xlabel='Localization Error(m)'
>>> ylabel='ErrorCDF'
>>> plt.title('demo2',font='Times New Roman',fontsize=20,fontweight='bold',fontstyle='italic')
>>> plt.xlabel(xlabel,font='Times New Roman',fontsize=20,fontweight='bold',fontstyle='italic')
```

```
>>> plt.ylabel(ylabel,font='Times New Roman',fontsize=20,fontweight='bold',fontstyle='italic')
>>> plt.xlim(0,20)
>>> plt.ylim(0,1)
>>> xtkslabel=['0.0','0.2','0.4','0.6','0.8','1.0','1.2','1.4','1.6','1.8','2.0']
>>> xtks=np.arange(0,22,2)
>>> ytks=np.arange(0,1.1,0.1)
>>> plt.xticks(xtks,xtkslabel,font='Times New Roman',fontsize=15,fontweight='bold')
>>> plt.yticks(ytks,font='Times New Roman',fontsize=15,fontweight='bold')
>>> plt.plot(x,y1)
>>> plt.plot(x,y2)
>>> plt.plot(x,y3)
>>> plt.show()
```

上述代码保存在 matplotlibdemo2.py 文件（见本书配套资源）中。从图 14-15 开始，改进曲线的展示效果。首先，少了图例；其次，如果不采用彩图，几条曲线是无法区分的。针对这两个问题，将上述代码中的

```
>>> plt.plot(x,y1)
>>> plt.plot(x,y2)
>>> plt.plot(x,y3)
```

改为

```
>>> p1,=plt.plot(x,y1,c='r',marker='o',ms=8,lw=3,ls=':')
>>> p2,=plt.plot(x,y2,c='#0000FF',marker='x',ms=8,lw=3,ls='-.')
>>> p3,=plt.plot(x,y3,c='(0,0.5,0)',marker='s',ms=8,lw=3,ls='--')
```

通过这 3 条语句进行曲线的设置。其中，曲线颜色参数 c 等同于 color，其值既可以是字符串也可以是元组值，还可以是十六进制字符串。比如绿色，既可以指定为'g'或者'green'，也可以指定为'(0,0.5,0)'，还可以指定为'#008000'，Matplotlib 支持多种颜色表示，其中关于更多 X11/CSS4 颜色代码请参考附录 1。曲线中点的形状设置参数 marker，通过不同的字符改变点的形状。参数 ms 等同于 markersize，用来设置点的大小。参数 lw 等同于 linewidth，用来设置线宽。参数 ls 等同于 linestyle，用来设置线形，更多点的形状和线形可参考 Matplotlib 说明手册。另外，需要注意的是，plt.plot 返回的是 line2D 类的列表，其中包含曲线的性质（如颜色）。列表包含多条曲线的性质，但为清晰起见，本书采用多次使用 plot 并且每次仅绘制一条曲线的方法。因此，需要使用','省略其他曲线的 line2D 类对象。

接下来是增加图例、修改线形的显示的代码：

```
>>> l1,l2,l3 ="Algorithm 1","Algorithm 2","Algorithm 3"
>>> legendfont={'family':'Times New Roman','weight':'bold','size':20}
>>> plt.legend([p1,p2,p3],[l1,l2,l3],prop=legendfont,loc='lower right',labelspacing=0)
```

其中，第一行代码 l1,l2,l3 变量存储了图例中的文字；第二行代码 legendfont 字典存储了图例中字体的设置，其具体含义相信你已经可以触类旁通；第三行代码使用 legend 方法按照设置显示图例，其中参数 prop 用于设置字体，参数 loc 用于指定图例的位置，参数 labelspacing 用于指定图例中文字的间距。执行代码后，demo2 曲线如图 14-16 所示。

为了使审阅人能够更清晰地查看图中数据，还可以显示网格，新增代码如下：

```
>>> plt.grid(visible=True,linestyle='--')
```

其中，visible 参数用于控制网格是否显示，默认值为 False。显示网格后 demo2 曲线如图 14-17 所示。

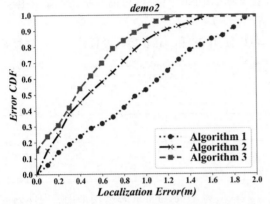 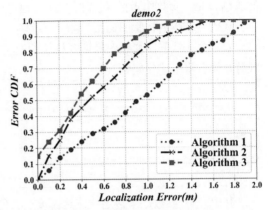

图 14-16　对 demo2 曲线增加图例、修改线形的显示　　　　图 14-17　对 demo2 曲线显示网格

对于保存图像文件，使用之前讲述的 savefig 函数，还可以指定参数 dpi 的值设置保存图像的清晰度，其默认值为 100，代码如下：

```
>>> plt.tight_layout(pad=0)
>>> plt.savefig('demo2.png',dpi=200)
```

论文中的仿真结果图一般不需要设置标题，在实际应用中可将设置标题的代码注释掉。至此，我们已经将示例图 14-4 转化为示例图 14-17 这样具有实际应用意义的图，你可以根据自身的实际需要访问 Matplotlib 官方网站，以获得更多关于设置属性的帮助。

在阅读文献时，你会遇到柱状图和多图的形式。对于定位算法来说，统计并给出各种算法的平均时延是实验结果的必要组成部分之一。下面使用柱状图呈现定位算法中的时延对比结果，当然数据只是为了绘图而编造的。Matplotlib 中提供单独的柱状图生成函数 bar，示例代码如下：

```
>>> from matplotlib import pyplot as plt
>>> import numpy as np
>>> x=np.arange(1,6)
>>> y=np.array(list([0.7, 0.6, 0.5, 0.8, 1.2]))
>>> colorlist=['r','g','b','gold','purple']
>>> p1=plt.bar(x,y,color=colorlist,width=0.6)
>>> plt.title('demo3',font='Times New Roman',fontsize=20,fontweight='bold',fontstyle=
'italic')
>>> xla='Algorithm'
>>> plt.xlabel(xla,font='Times New Roman',fontsize=20,fontweight='bold',fontstyle='italic')
>>> yla='Latency(s)'
>>> plt.ylabel(yla,font='Times New Roman',fontsize=20,fontweight='bold',fontstyle='italic')
>>> plt.xlim(0.7,5.3)
>>> plt.ylim(0,1.2)
>>> xtkslabel=['A1','A2','A3','A4','A5']
>>> xtks=np.arange(1,6)
>>> plt.xticks(xtks,xtkslabel,font='Times New Roman',fontsize=15,fontweight='bold')
>>> plt.yticks(font='Times New Roman',fontsize=15,fontweight='bold')
>>> plt.show()
```

bar 用于绘制柱状图，其中 color 用于指定柱体颜色，当 color 值为单一值时，柱体颜色将全部一致；当 color 值为元素个数等同于柱体个数的列表时，每个柱体分别填充列表内对应位置的颜色。width 参数用于指定柱体的宽度，通过设置 x 轴范围和柱体宽度可以控制柱体显示范围。运行代码后获得的柱状图如图 14-18 所示。

对于向无法刊印彩色图像期刊投稿的论文，可以使用 fill 和 hatch 参数设置柱体的填充物来区分柱体，将上述代码

```
>>> colorlist=['r','g','b','gold','purple']
>>> p1=plt.bar(x,y,color=colorlist,width=0.6)
```

替换为

```
>>> hatchlist=['/','\\','*','+','x']
>>> p1=plt.bar(x,y,width=0.6,fill=False,hatch=hatchlist)
```

其中，fill 参数用来指定柱体是否填充颜色，默认值为 True，hatch 参数用来指定柱体内的填充样式。运行代码后获得的柱状图如图 14-19 所示。

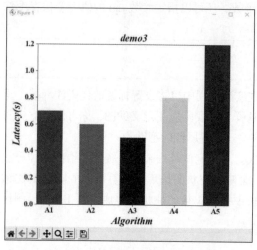

图 14-18　定位算法时延对比柱状图

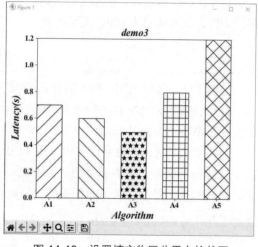

图 14-19　设置填充物区分黑白柱状图

更多关于柱状图的设置属性请参考 Matplotlib 说明手册。

在本节的最后，介绍如何使用子图。在定位算法相关的论文中经常使用多图呈现多种对比结果或者定位场景图。下面以定位场景图为例展示如何使用子图，代码如下：

```
>>> from matplotlib import pyplot as plt
>>> picpath='D:\python\e-Resources-Chapter14\pic\tum\'
>>> plt.figure(figsize=(8,9))
>>> for i in range(1,13):
>>>     plt.subplot(3,4,i)
>>>     I=plt.imread(picpath+str(i)+'.JPG')
>>>     plt.imshow(I)
>>>     plt.axis('off')
>>> plt.tight_layout(pad=0,h_pad=0,w_pad=0)
>>> plt.show()
```

其中，figsize 用来指定画布的比例，subplot 中的 3 和 4 分别用来指定子图阵列的行数和列

数，h_pad 和 w_pad 分别用来指定纵向和横向子图间距。运行代码后获得的 3×4 子图阵列如图 14-20 所示，完整代码保存在 matplotlibdemo4.py 文件（见本书配套资源）中。

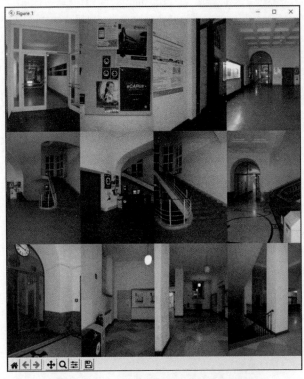

图 14-20　3×4 子图阵列显示定位场景

定位场景图由德国慕尼黑工业大学室内定位与导航领域的科研人员提供[1]。本书配套资源中包含 16 幅场景图，你可以尝试使用全部附带场景图制作 4×4 子图阵列。

14.4　绘制 3D 图像

14.2 节和 14.3 节介绍了 2D 图像的绘制方法，而 3D 图像绘制在三维空间物体运动轨迹和 3D 点云显示等场景中都有很重要的应用，本节将使用 3D 图形显示物体在空间中的运动轨迹，代码如下：

```
>>> import numpy as np
>>> import matplotlib.pyplot as plt
>>> fig=plt.figure(figsize=(12,8))
>>> ax=plt.axes(projection='3d')
>>> z=np.linspace(0,1,100)
>>> x=z*np.sin(20*z)
>>> y=z*np.cos(20*z)
>>> p1=ax.scatter3D(x,y,z,c='r',marker='s')
>>> p2=ax.scatter3D(x,y+0.25,z,c='b')
>>> ax.tick_params(labelsize=12)
>>> ax.set_title('demo5',font='Times New Roman',fontsize=20,fontweight='bold',fontstyle=
'italic')
>>> ax.set_xlabel('x axis',font='Times New Roman',fontsize=20,fontstyle='italic'
```

```
>>> ax.set_ylabel('y axis',font='Times New Roman',fontsize=20,fontstyle='italic')
>>> ax.set_zlabel('z axis',font='Times New Roman',fontsize=20,fontstyle='italic')
>>> l1,l2="Ground truth","Estimated location"
>>> legendfont={'family':'Times New Roman','weight':'bold','size':20}
>>> plt.legend([p1,p2],[l1,l2],prop=legendfont,loc='best',labelspacing=0)
>>> plt.tight_layout(pad=0)
>>> plt.show()
```

　　其中，带背景底色的代码分别将坐标轴设置为三维和使用散点图显示。当然，运动轨迹的数据应通过算法仿真得到，而不是像示例中使用公式随意计算得到。上述实现代码保存在 plot3D.py 文件（见本书配套资源）中。运行代码后生成的图如图 14-21 所示。

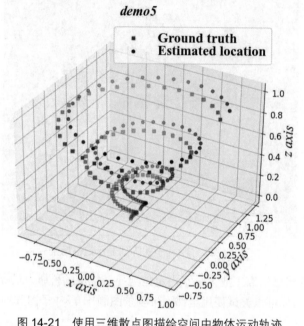

图 14-21　使用三维散点图描绘空间中物体运动轨迹

14.5　小结

　　限于篇幅，本项目仅介绍了使用 Matplotlib 绘制图像的部分方法，还有很多功能尚未提及，最好的学习方法是参考 Matplotlib 的说明手册，其中提供了模块中每个方法以及其属性的详细介绍。你可以结合实际需要和本章中的示例自行试验，并不断提升图像的美观度。

第15章 使用 OpenCV 处理图像——图像特征提取及匹配

OpenCV 是一个基于 Apache 2 许可（开源）发行的跨平台计算机视觉和机器学习软件库，可以运行在 Linux、Windows、Android 和 macOS 操作系统上。它实现了图像处理和计算机视觉领域的很多通用算法，几乎覆盖了图像处理和计算机视觉领域中全部的研究方向（物体识别、图像分割、运动跟踪等）。本章旨在介绍使用 OpenCV 中的 Python 接口进行图像特征提取及匹配，以及直接使用 pyflann 模块进行检索的方法。

15.1 下载并安装 opencv-python、opencv-contrib-python 和 pyflann

opencv-python 是主模块，opencv-contrib-python 中包含一些由研究人员贡献的其他模块。对于已安装好了 Python 3 环境的 Windows 平台，打开命令提示符窗口，使用如下命令下载并安装 opencv-python 包：

```
pip install opencv-python
```

opencv-python 的安装过程如图 15-1 所示。

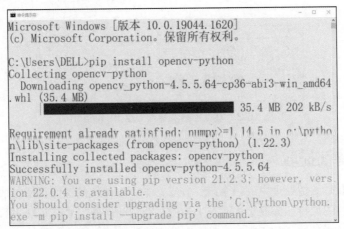

图 15-1　在 Windows 中安装 opencv-python 的过程

通过图 15-1 的安装过程可知，opencv-python 包依赖 NumPy，在本书的第 13 章中已经介绍过下载并安装 NumPy 的方法。如果跳过第 13 章也无须紧张，因为在安装 opencv 时会自动安装

NumPy。接下来，使用如下命令下载并安装 opencv-contrib-python 包：

```
pip install opencv-contrib-python
```

opencv-contrib-python 的安装过程如图 15-2 所示。

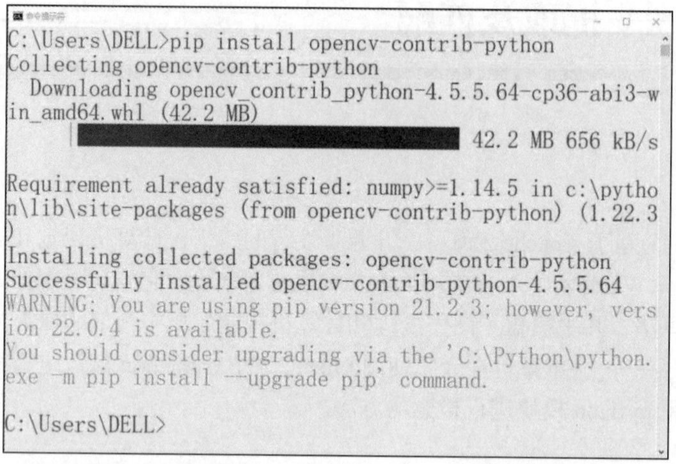

图 15-2　在 Windows 中安装 opencv-contrib-python 的过程

pyflann 是高维数据匹配算法快速近邻匹配库（Fast Library for Approximate Nearest Neighbors，FLANN）[5]提供的 Python 接口模块，虽然 OpenCV 中也包含 FLANN 匹配器，但直接使用 pyflann 更有助于理解其工作机制。你可使用 pip install pyflann 将其下载并安装到本地，然而其代码并不支持 Python 3，需要进行一定的修改才可使用。为此，作者将修改好的 pyflann 包作为本书配套资源，你可直接将其放置到…\Python\Lib\site-packages\文件夹下。

打开 Python IDLE 验证 OpenCV 和 pyflann 是否正确安装，导入 OpenCV 代码为 import cv2，查看 OpenCV 版本代码为 cv2.__version__，导入 pyflann 代码为 import pyflann as pyf，如图 15-3 所示。

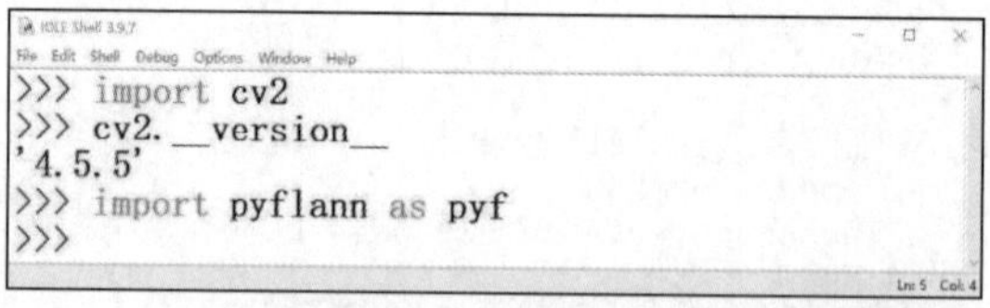

图 15-3　在 IDLE 中导入 cv2 和 pyflann

15.2　图像特征提取

图像特征提取是图像处理中的一个研究分支，本章以传统的图像特征提取算法（相对于基于深度学习计算的图像特征提取算法而言）为例，介绍如何使用 OpenCV 进行图像特征提取。首先使用 OpenCV 中的 imread 和 imshow 函数分别读取和显示图像。代码如下：

```
>>> import cv2 as cv
>>> filepath='D:\python\e-Resources-Chapter15\pic\fd\img1.jpg'
>>> I0=cv.imread(filepath,cv.IMREAD_COLOR)
>>> I1=cv.imread(filepath,cv.IMREAD_GRAYSCALE)
```

```
>>> cv.imshow('Original Image',I0)
>>> cv.imshow('GrayScale Image',I1)
>>> cv.waitKey()
```

其中，filepath 指定了读取图像的绝对路径，img1.jpg 文件见本书的配套资源，你可以更换为其他图像。IMREAD_COLOR 代表读取彩色图像，是默认值，可不指定；IMREAD_GRAYSCALE 代表读取灰度图像。使用 waitKey 函数可将程序中断，等待关闭图像后运行程序。程序运行后图像如图 15-4 所示。

（a）彩色图　　　　　　　　　　　　　　　　（b）灰度图像

图 15-4　OpenCV 中 imread 和 imshow 函数读取和显示的图像

SURF[2]（Speeded-Up Robust Features，加速鲁棒特征）算法、SIFT[3]（Scale-Invariant Feature Transform，尺度不变特征变换）算法、ORB[4]（Oriented FAST and Rotated BRIEF，基于 FAST 和 BRIEF 的改进）算法是 3 种应用最为广泛的传统特征提取算法。本节使用 ORB 和 SIFT 算法提取并显示图 15-4 中灰度图像特征的方法，代码如下：

```
>>> import cv2 as cv
>>> import numpy as np
>>> filepath='D:\python\e-Resources-Chapter15\pic\fd\img1.jpg'
>>> I1=cv.imread(filepath,cv.IMREAD_GRAYSCALE)
>>> orbdetector=cv.ORB.create(nfeatures=200)
>>> orbkeypoints=orbdetector.detect(I1)
>>> imgorbkeypoints=np.empty((I1.shape[0], I1.shape[1], 3), dtype=np.uint8)
>>> flag=cv.DRAW_MATCHES_FLAGS_DRAW_RICH_KEYPOINTS
>>> cv.drawKeypoints(I1, orbkeypoints, imgorbkeypoints, flags=flag)
>>> cv.imshow('ORB 特征点', imgorbkeypoints)
>>> fimg='D:\python\e-Resources-Chapter15\pic\fd\img1orb.jpg'
>>> cv.imwrite(fimg,imgorbkeypoints)
```

其中，ORB.create 方法用于生成 ORB 特征检测器，参数 nfeatures 指定了最大保留的特征数量，默认值为 500，其他参数设置与 ORB 算法的设计机理相关，有特定需求的读者请参阅

OpenCV 帮助文档和参考资料[4]。ORB 特征检测器的 detect 方法用于生成输入图像的 ORB 特征点。NumPy 模块的 empty 函数用于生成指定大小和数据类型的多维空数组。drawKeypoints 方法将 ORB 融入图像 I1 生成新的图像张量 imgorbkeypoints，参数 flags 用于指定特征的显示特性，如上代码设置值可以显示特征的大小和方向。imwrite 可将显示的图像保存为文件。图 15-4 中灰度图的 ORB 特征显示如图 15-5 所示。

　　将上述代码中关于 ORB 特征提取的部分换为 SIFT 特征提取，可获得 SIFT 特征，变更代码如下：

```
>>> siftdetector=cv.SIFT.create(nfeatures=200)
>>> siftkeypoints=siftdetector.detect(I1)
>>> imgsiftkeypoints=np.empty((I1.shape[0], I1.shape[1], 3), dtype=np.uint8)
>>> cv.drawKeypoints(I1, siftkeypoints, imgsiftkeypoints, flags=flag)
>>> cv.imshow('SIFT feature', imgsiftkeypoints)
```

　　运行变更后代码可获得图像的 SIFT 特征，如图 15-6 所示。你可将其与图 15-5 进行比较。

图 15-5　ORB 特征提取并显示

图 15-6　SIFT 特征提取并显示

　　本节中的代码保存在 featuredetection.py 文件（见本书配套资源）中。至此，通过特征提取可以获得一幅灰度图上的特征描述符及特征描述符的图像上坐标的集合。这对于图像识别和图像检索都是非常重要的基础步骤。感兴趣的读者可以尝试使用其他特征提取算法。在 OpenCV 4.5.5 中，无法使用 SURF 算法，因为该算法包含在 opencv-contrib-python 模块中，该算法受到专利保护。对于没有商业用途的读者，可尝试重新编译 opencv-contrib-python 模块或者安装低版本的 opencv-contrib-python 模块。

15.3　图像特征匹配

　　在 15.2 节的基础上，完成特征提取后，就可以进行两幅图像间特征的匹配。本节中还是以 ORB 特征为例，选取 TUMindoor[1]数据集中的 3 幅图像，其中两幅作为参考图像，一幅作为查询图像，分别进行 ORB 特征的匹配。实现代码如下：

```
>>> import cv2 as cv
#读取图像
>>>f1='E:/Python/e-Resources-Chapter15/pic/fm/img1.png'
>>>f2='E:/Python/e-Resources-Chapter15/pic/fm/img2.png'
>>>fq='E:/Python/e-Resources-Chapter15/pic/fm/imgq.png'
>>> I1=cv.imread(f1,cv.IMREAD_GRAYSCALE)
>>> I2=cv.imread(f2,cv.IMREAD_GRAYSCALE)
>>> Iq=cv.imread(fq,cv.IMREAD_GRAYSCALE)
#缩放图像
>>> sx=0.25
>>> sy=0.35
>>> I1=cv.resize(I1,(0,0),fx=sx,fy=sy,interpolation=cv.INTER_AREA)
>>> I2=cv.resize(I2,(0,0),fx=sx,fy=sy,interpolation=cv.INTER_AREA)
>>> Iq=cv.resize(Iq,(0,0),fx=sx,fy=sy,interpolation=cv.INTER_AREA)
#创建 ORB 特征检测器
>>> detector=cv.ORB.create(nfeatures=200)
#提取特征点和特征描述符
>>> I1pts,I1des=detector.detectAndCompute(I1,None)
>>> I2pts,I2des=detector.detectAndCompute(I2,None)
>>> Iqpts,Iqdes=detector.detectAndCompute(Iq,None)
#创建穷举搜索算法匹配器
>>> bf=cv.BFMatcher(cv.NORM_HAMMING, crossCheck=True)
#img1、img2 与 imgq 之间进行匹配
>>> matches1q=bf.match(I1des, Iqdes)
>>> matches2q=bf.match(I2des, Iqdes)
#按照汉明距离排序
>>> matches1q=sorted(matches1q, key=lambda x:x.distance)
>>> matches2q=sorted(matches2q, key=lambda x:x.distance)
#设置图像显示字体和颜色
>>> font=cv.FONT_HERSHEY_SIMPLEX
>>> color=(0,255,0)
#绘图显示前 50 个匹配点
>>> imgmatch1q=cv.drawMatches(I1, I1pts, Iq, Iqpts, matches1q[:50], None)
>>> label1q='matches '+str(len(matches1q))
>>> cv.putText(imgmatch1q,label1q,(50,50),font,1,color,3,6)
>>> cv.imshow('ORB match between img1 and imgq', imgmatch1q)
>>> imgmatch2q=cv.drawMatches(I2, I2pts, Iq, Iqpts, matches2q[:50], None)
>>> label2q='matches '+str(len(matches2q))
>>> cv.putText(imgmatch2q,label2q,(50,50),font,1,color,3,6)
>>> cv.imshow('ORB match between img2 and imgq', imgmatch2q)
>>> cv.waitKey()
```

其中，为了正常显示对比图像，需要使用 resize 进行缩放，sx 和 sy 变量分别指定了图像横轴和纵轴的缩放比例。为了获得 ORB 特征点和特征描述符，可以使用 compute 函数在 detect 函数基础上计算 ORB 特征描述符或者使用 detectAndCompute 函数直接检测和计算特征描述符。对于特征匹配算法，可以使用穷举搜索和快速近邻匹配算法，在上述代码中使用 BFMatcher 方法创建穷举搜索算法匹配器，其第一个参数用来指定穷举搜索算法的计算公式，NORM_HAMMING 代表的是两个向量间的汉明距离，即两个等长的二进制数异或后的结果中 1 的个数。为了更好地区分 img1 图像、img2 图像与 imgq 图像之间的匹配情况，使用了 putText 方法将 img1、img2 与 imgq 图像之间的匹配特征总数显示在图像上。运行代码，获得的匹配图像如图 15-7 所示。

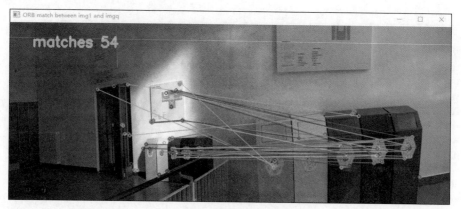

（a）匹配图像

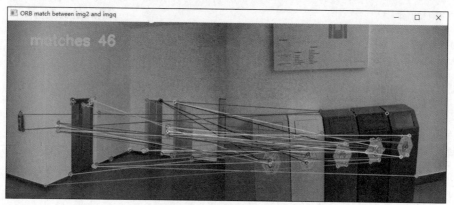

（b）非匹配图像

图 15-7 ORB 特征匹配（使用穷举搜索算法）

显然，与 imgq 匹配的图像应为 img1，而 img2 完全不匹配。但特征匹配算法的结果表明 imgq 与 img2 图像存在 46 个匹配特征。仔细观察试验结果不难发现，无论是在 img1 与 imgq 之间，还是在 img2 与 imgq 之间，都出现了误匹配的情况。这与特征提取算法的选择关系不大，任何一种特征提取算法都会出现一定程度的误匹配，尤其是在参考图像数量众多、场景相似化的数据集中。对于图像定位领域中的图像识别定位算法而言，如果只将匹配特征数量最多的一幅图像作为定位参考图像的话，那么在上述匹配中，毫无疑问 img1 将作为 imgq 的定位位置。感兴趣的读者，可以尝试将 SIFT 特征用于穷举搜索算法，并与 ORB 特征获得结果进行比对。此外，在实际应用中还需要注意在匹配过程中的耗时情况。

下面介绍另外一种匹配的方法，即基于 FLANN 匹配器的方法。该方法与穷举搜索算法的不同之处在于，使用前需要进行训练，以获得搜索树，在搜索时具有较高的性能。对于一些不可变场景，在有限的时间内消耗非在线检索时间换取在线检索的精度是一种巧妙的方法。对于图 15-7 中的匹配图像，使用 ORB 特征配合 FLANN 匹配器代码如下：

```
>>> …
>>> FLANN_INDEX_LSH = 6
>>> indexpara= dict(algorithm=FLANN_INDEX_LSH,\
                    table_number=12, \
                    key_size=12, \
                    multi_probe_level=2)
```

```
>>> searchpara=dict(checks=50)
>>> flann=cv.FlannBasedMatcher(indexpara, searchpara)
>>> matchesq1=flann.knnMatch(Iqdes, I1des, k=2)
>>> matchesq2=flann.knnMatch(Iqdes, I2des, k=2)
#配合 Lowe 门限，设置特征点掩码
>>> matchesq1Mask = [[0,0] for i in range(len(matchesq1))]
>>> matchesq2Mask = [[0,0] for i in range(len(matchesq2))]
#Lowe 门限
>>> lowethr=0.8
>>> for i, m in enumerate(matchesq1):
>>>         if m[0].distance < lowethr*m[1].distance:
>>>             matchesq1Mask[i]=[1,0]
>>> for i, n in enumerate(matchesq2):
>>>         if n[0].distance < lowethr*n[1].distance:
>>>             matchesq1Mask[i]=[1,0]
>>> drawq1para = dict(matchColor = (0,255,0),\
                      singlePointColor = (255,0,0),\
                      matchesMask = matchesq1Mask,\
                      flags = 0)
>>> imgq1=cv.drawMatchesKnn(I1,I1pts,Iq,Iqpts,matchesq1,None,**drawq1para)
>>> drawq2para = dict(matchColor = (0,0,255),\
                      singlePointColor = (255,0,0),\
                      matchesMask = matchesq2Mask,\
                      flags = 0)
>>> imgq2=cv.drawMatchesKnn(I2,I2pts,Iq,Iqpts,matchesq2,None,**drawq2para)
>>> …
```

其中，对于 FLANN 匹配器需要声明两个字典型变量，一个是用于创建搜索树的参数 indexpara，另外一个是检索参数 searchpara。鉴于 ORB 特征是二进制特征，FLANN 匹配 ORB 特征的算法应选择局部敏感哈希（Locality-Sensitive Hashing，LSH）算法，indexpara 中的另外几个参数的详细说明可参考 LSH 算法说明。检索参数中的 checks 规定了遍历计算次数，其值越大则检索的精度通常越高，同时越耗时。FlannBasedMatcher 方法用于创建 FLANN 匹配器，对于 FLANN 匹配器来说，还可以使用 k 近邻（k-Nearest Neighbor，KNN）算法，这不是 FLANN 匹配器的专用算法，对于穷举搜索算法同样适用。

当选择 KNN 算法时，可以指定 k 值使算法返回 k 个距离最近的"邻居"（这里是特征）。本示例选择两个，这是为了适配后续的 Lowe 门限。Lowe 门限的含义是当待匹配向量和第一匹配向量之间的距离与待匹配向量和第二匹配向量之间的距离之商小于门限值时，认为该待匹配向量与第一匹配向量是最优匹配。为了更好地区分 FLANN 直接匹配结果和在此基础上进一步使用 Lowe 门限讨滤的结果，定义掩码，当其值为[1,0]时代表该特征的匹配结果是最优匹配。运行上述代码，获得匹配图像如图 15-8 所示。图 15-8 中的匹配结果明显优于图 15-7 中的匹配结果，但需注意的是，图 15-8 中的匹配结果仍然存在误匹配的情况，感兴趣的读者可以尝试使用单应性匹配来进一步减少误匹配，然而这会提高时间复杂度。对于图像定位来说，在图像检索阶段通常可接受图 15-8 所示的结果，然后在此基础上通过定位算法来获得待定位图像的位置。

对于大型数据集，将待匹配图像与参考图像逐幅进行匹配对于实时性要求较高的应用来说是很难实现的。为此，需要将参考图像的全部特征一同作为训练集输入 FLANN 中进行离线训练，在线检索时使用训练后的参数实现待检索图像与全部参考图像的一次性匹配。下面代码展示了使用 pyflann 模块进行多幅参考图像同时检索的方法。

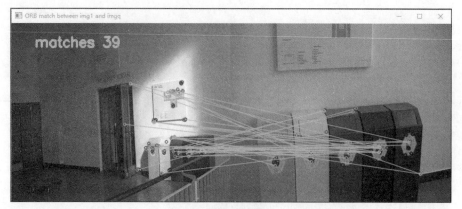

（a）匹配图像

（b）非匹配图像

图 15-8　ORB 特征匹配（使用 FLANN 匹配器）

```
>>> import cv2 as cv
>>> import numpy as np
>>> import pyflann as pyf
>>> f1='E:/Python/Project2/pic/fm/img1.png'
>>> f2='E:/Python/Project2/pic/fm/img2.png'
>>> fq='E:/Python/Project2/pic/fm/imgq.png'
>>> I1=cv.imread(f1,cv.IMREAD_GRAYSCALE)
>>> I2=cv.imread(f2,cv.IMREAD_GRAYSCALE)
>>> Iq=cv.imread(fq,cv.IMREAD_GRAYSCALE)
>>> sx=0.25
>>> sy=0.35
>>> I1=cv.resize(I1,(0,0),fx=sx,fy=sy,interpolation=cv.INTER_AREA)
>>> I2=cv.resize(I2,(0,0),fx=sx,fy=sy,interpolation=cv.INTER_AREA)
>>> Iq=cv.resize(Iq,(0,0),fx=sx,fy=sy,interpolation=cv.INTER_AREA)
>>> detector=cv.SIFT.create(nfeatures=200)
>>> I1pts,I1des=detector.detectAndCompute(I1,None)
>>> I2pts,I2des=detector.detectAndCompute(I2,None)
>>> Iqpts,Iqdes=detector.detectAndCompute(Iq,None)
>>> traindes=np.concatenate((I1des,I2des),axis=0)
#离线训练
>>> pyf.set_distance_type('euclidean')
>>> flann=pyf.FLANN()
>>> params=flann.build_index(traindes,algorithm='kmeans',target_precision=0.9,branching=10)
```

```
#在线检索
>>> sims,dists=flann.nn_index(Iqdes,num_neighbors=2,checks=50)
>>> lowethr=0.8
>>> mask = dists[:,0] / dists[:,1] < lowethr
>>> true_index=np.array(np.where(mask==True))
>>> featureindex=sims[true_index,1]
>>> I1index=featureindex[featureindex<=len(I1pts)]
>>> I2index=featureindex[featureindex>len(I1pts)]
>>> print(len(I1index))
>>> print(len(I2index))
```

其中，为了与前述代码相区分，上述代码使用 SIFT 特征利用欧氏距离作为标准进行检索，在使用 FLANN 时，通过 build_index 方法创建索引，使用 k 均值聚类（k-means）算法对参考图像的特征值集合进行训练，target_precision 指定了检索的准确度，branching 用于设置 k-means 算法的聚类分支。离线训练完成后，可以使用 nn_index 方法进行检索，num_neighbors 指定了最近邻的个数，checks 指定遍历最大次数。运行上述代码后，imgq 图像与 img1 图像拥有 26 个匹配点，而 imgq 图像与 img2 图像拥有 6 个匹配点。在这种对比条件下，无疑 imgq 的匹配图像应该是 img1 图像。完整代码保存在 featurematchbypyflann.py（见本书配套资源）中。

虽然匹配结果略差于前述方法的匹配结果，但需要注意的是，前述方法是逐幅对比，而上述代码实现的是在两幅参考图像特征集合中一起检索。感兴趣的读者可以扩展到在使用 n 幅参考图像的特征集合中进行检索。

15.4 小结

限于篇幅，本章仅介绍了一小部分关于对 OpenCV 传统特征进行提取和匹配的方法，你也可以尝试使用其他的图像特征进行特征比对，比如参考资料[23]、[24]和[25]中分别使用的 SURF、GIST 和改进 VLAD 特征，以及深度学习特征等。建议你参考 OpenCV 的官方网站，上面详细提供了模块中每个方法以及其属性的详细介绍，你可以结合实际需要动手实践。

第16章

使用 cvxpy 和 cvxopt 求解凸优化问题

凸优化问题是具有特殊定义形式问题的集合，在本章并不会深入讲解凸优化的理论，更多关于凸优化的理论知识可参阅参考资料[6]。凸优化在科学研究和工程问题的求解中具有非常重要的意义，只要一个问题可以转化为凸优化问题，就可以在多项式时间内以给定的精度求解该问题。本章旨在简单介绍在 Python 中使用 cvxpy 和 cvxopt 包进行凸优化问题求解的方法。cvxpy 是美国斯坦福大学凸优化组开发的一个 Python 软件包[7-8]，它包含 ECOS、OSQP 和 SCS 求解器，可解决凸优化问题中的线性规划问题、二次规划问题和二阶锥规划问题。如果安装了其他求解器，cvxpy 也可以调用，比如 cvxopt 或者 MOSEK。cvxopt 是一个基于 Python 语言的免费的凸优化软件包，除了求解上述 3 种问题以外，它还可以求解半正定规划问题。

16.1 下载并安装 cvxpy 和 cvxopt

对于已安装好了 Python 3 环境的 Windows 平台，打开命令提示符窗口，使用如下命令下载并安装 cvxpy 包：

```
pip install cvxpy
```

cvxpy 的安装过程如图 16-1 所示。

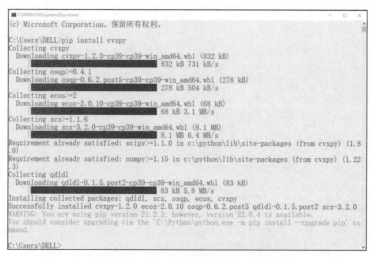

图 16-1　在 Windows 中安装 cvxpy 的过程

接下来，使用如下命令下载并安装 cvxopt 包：

```
pip install cvxopt
```

cvxopt 的安装过程如图 16-2 所示。

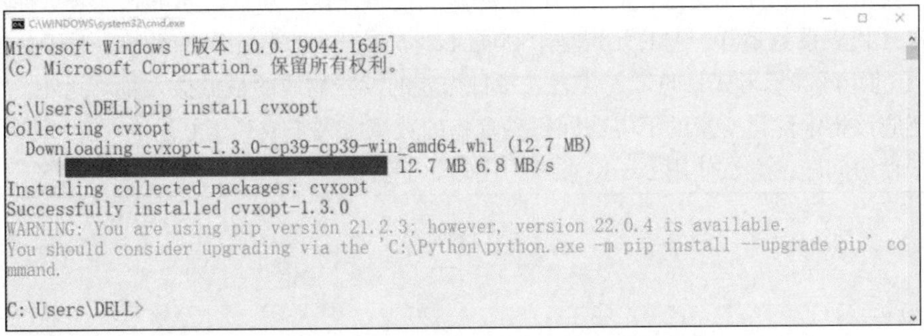

图 16-2　在 Windows 中安装 cvxopt 的过程

打开 Python IDLE 验证 cvxpy 和 cvxopt 是否正确安装，如图 16-3 所示。

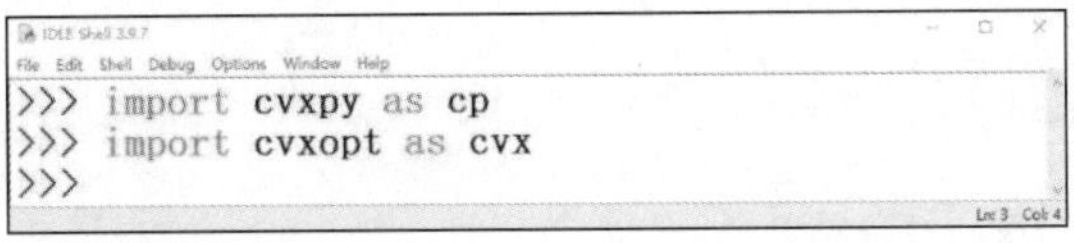

图 16-3　在 IDLE 中导入 cvxpy 和 cvxopt

16.2　求解线性规划问题

下面以食谱问题为例讲解线性规划问题。一个健康的成年人每天需要摄入蛋白质、维生素 A、维生素 C 等营养物质。一个体重为 50kg 的成年男性，每天需要摄入的蛋白质为 60g（50×1.2g），维生素 A 为 0.8mg，维生素 C 为 100mg，钙为 800mg，铁为 12mg，钾为 2000mg。一些食物每 100g 价格及其所含营养物质数据如表 16-1 所示（价格仅用于计算，没有实际参考意义）。

表 16-1　　　　　　　　一些食物每 100g 价格及其所含营养物质数据[9]

营养物质	猪肉 1.284 元/100g	鸡蛋 1.08 元/100g	白菜 0.1 元/100g	胡萝卜 0.365 元/100g	苹果 0.7 元/100g	香蕉 0.65 元/100g
蛋白质/g	15.1	13.3	1.5	1	0.2	1.4
维生素 A/mg	0	0.234	0.02	0.688	0.003	0.01
维生素 C/mg	0	0	31	13	4	8
钙/mg	0	56	50	32	4	7
铁/mg	3	2	0.7	1	0.6	0.4
钾/mg	0	154	0	193	119	256

食谱问题可以归结为在给定的 6 种食物中，选择每份食物的数量，在满足上述摄入条件的前提下，使得花费的总价最低。其可以归纳为如下数学问题：

$$\begin{aligned}\text{minimize}\quad & \boldsymbol{c}^{\text{T}}\boldsymbol{x}\\ \text{s.t.}\quad & \boldsymbol{A}\boldsymbol{x}\geqslant \boldsymbol{b}\\ & \boldsymbol{x}\geqslant 0\end{aligned}\qquad(16\text{-}1)$$

　　其中向量 $\boldsymbol{x}$ 代表优化变量,对于食谱问题即选择每种食物的量;向量 $\boldsymbol{c}$ 代表每种食物的价格;矩阵 $\boldsymbol{A}$ 代表系数矩阵,它的元素是限制项 $\boldsymbol{A}\boldsymbol{x}\geqslant \boldsymbol{b}$ 展开为方程组时的系数,对于食谱问题就是表 16-1 的矩阵表示形式;向量 $\boldsymbol{b}$ 代表人每日需要的营养物质的最低摄入量。此外,对于食谱问题,还应该指定优化变量的下界,即每种食物的数量应大于或等于 0。

　　对于食谱问题,尝试使用 cvxpy 求解,代码如下:

```
>>> import cvxpy as cp
>>> import numpy as np
>>> n=6
>>> A=np.matrix([[15.1,13.3,1.5,1,0.2,1.4],\
                 [0,0.234,0.02,0.688,0.003,0.01],\
                 [0,0,31,13,4,8],\
                 [0,56,50,32,4,7],\
                 [3,2,0.7,1,0.6,0.4],\
                 [0,154,0,193,119,256]])
>>> b=np.array([60,0.8,100,800,12,2000])
>>> c=np.array([1.284,1.08,0.1,0.365,0.7,0.65])
>>> x=cp.Variable(n)
>>> constraint=[A@x>=b.T,x>=0]
>>> prob = cp.Problem(cp.Minimize(c@x),constraint)
>>> prob.solve()
# 输出结果
>>> np.set_printoptions(precision=3,suppress=True)
>>> print("The optimal value is", prob.value)
>>> print("The variable value is")
>>> print(x.value)
>>> print("Iteration Number %d"% prob.solver_stats.num_iters)
>>> print("Solving cost time %f"% prob.solver_stats.solve_time)
```

　　其中,Variable 方法用于创建优化变量,其参数指定了优化变量的维度,Problem 方法用于创建优化问题,Minimize 方法用于将优化问题指定为最小化问题,solve 方法用于求解优化问题。优化问题的解可以使用优化问题对象中的 value 方法获得,还可以从优化对象的 solver_stats 方法获得迭代次数(Iteration Number)和求解时间(Solving cost time)属性。另外,为了显示方便,使用 NumPy 包中的 set_printoptions 设置了输出参数,precision 指定小数点后精度,suppress 参数用于抑制科学记数法显示。运行上述代码后,可以求得优化问题的解以及优化变量的解,如图 16-4 所示。

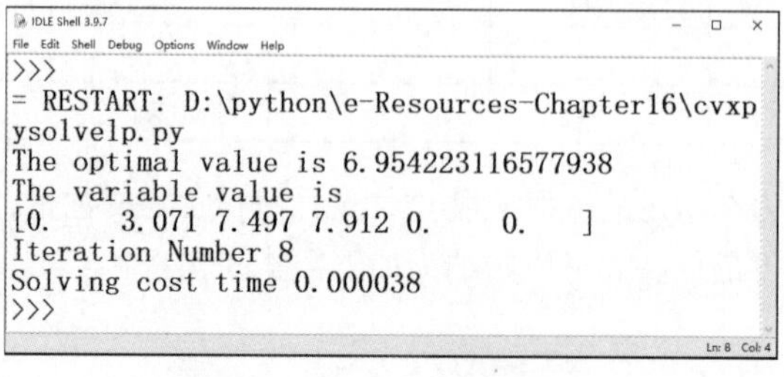

图 16-4　cvxpy 求解食谱问题

接下来使用 cvxopt 求解上述问题，代码如下：

```
>>> import cvxopt as cvx
>>> import numpy as np
>>> A=cvx.matrix([[-15.1,-13.3,-1.5,-1,-0.2,-1.4],\
                 [0,-0.234,-0.02,-0.688,-0.003,-0.01],\
                 [0,-0,-31,-13,-4,-8],\
                 [0,-56,-50,-32,-4,-7],\
                 [-3,-2,-0.7,-1,-0.6,-0.4],\
                 [0,-154,0,-193,-119,-256],\
                 [-1,0,0,0,0,0],\
                 [0,-1,0,0,0,0],\
                 [0,0,-1,0,0,0],\
                 [0,0,0,-1,0,0],\
                 [0,0,0,0,-1,0],\
                 [0,0,0,0,0,-1]])
>>> b=cvx.matrix([-60,-0.8,-100,-800,-12,-2000,0,0,0,0,0,0])
>>> c=cvx.matrix([1.284,1.08,0.1,0.365,0.7,0.65])
>>> sol=cvx.solvers.lp(c,A.T,b)
>>> vx=np.around(np.array(sol['x']),3)
#输出结果
>>> np.set_printoptions(precision=3,suppress=True)
>>> print("The problem solving status "+sol['status'])
>>> print("The optimal value is %f"% sol['primal objective'])
>>> print("The variable value is")
>>> print(vx.T)
>>> print("Iteration Number %d"% sol['iterations'])
```

使用 cvxopt 与使用 cvxpy 的不同之处在于，对于限制项的系数矩阵 A，需要在求解时进行转置。另外，系数矩阵 A 和向量 b 需要变为对应负数，因为 cvxopt 输入的限制条件是 $Ax \leqslant b$。尽管两者的求解代码大同小异，但相对于 cvxpy 而言，cvxopt 缺少了统计运行时间的属性。运行结果如图 16-5 所示。

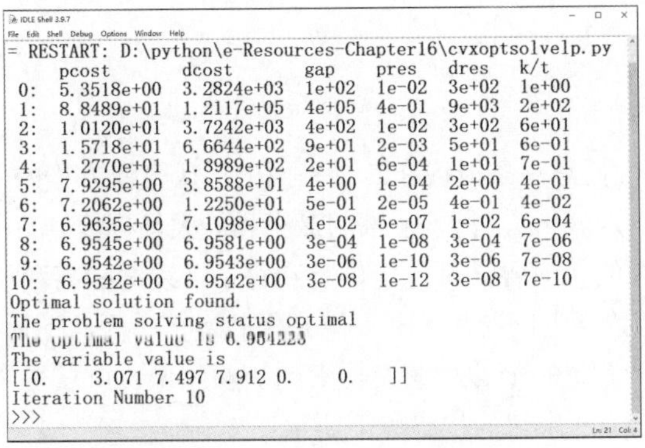

图 16-5 cvxopt 求解食谱问题

通过 cvxpy 和 cvxopt 使用示例的简单对比，相信大多数关注如何使用工具求解凸优化问题的读者，更愿意使用 cvxpy 去解决实际问题。在某种程度上，cvxpy 更像一门语言，使用 cvxpy 除了可以获得优化解以外，还可以更加方便地获得求解优化问题的相关信息。本节的完整代码保存在 cvxpysolvelp.py 和 cvxoptsolvelp.py 文件（见本书配套资源）中。

16.3　求解 L1 范数逼近问题

L1 范数逼近问题实际上可以建模为线性规划问题，下面先给出 L1 范数逼近问题的数学表达式：

$$\text{minimize}\quad \|Ax-b\|_1 \tag{16-2}$$

它可以转化为关于新变量 t 的优化问题

$$
\begin{aligned}
&\text{minimize}\quad 1^{\mathrm{T}}t\\
&\text{s.t.}\quad a_k^{\mathrm{T}}x-b_k \leqslant t,\ i=1,\cdots,k\\
&\qquad\quad a_k^{\mathrm{T}}x-b_k \geqslant -t,\ i=1,\cdots,k
\end{aligned}
\tag{16-3}
$$

在原优化向量 x 已知的条件下，这个新的优化问题是一个标准的线性规划问题。其中，限制项 $t \geqslant |Ax-b|$，a_i^{T} 为矩阵 A 的第 i 列向量的转置，b_i 为向量 b 的第 i 个元素。原问题可以转化为寻找合适的 x 使得 $t=|Ax-b_k|$ 时，通过优化变量 t 找到等效问题的解。

下面以一个视觉定位中算法的简化求解模型为例，介绍如何使用 cvxpy 求解 L1 范数逼近问题。先来简要介绍下这个定位问题，在视觉定位中，通过图像检索找到待定位图像的参考图像。通常，可能会获得不止一个检索结果。接下来可以使用视觉定位算法求解待定位图像相对于参考图像的位置（更多关于视觉定位算法的原理的阐述请参考计算机视觉领域中的经典图书，如参考资料[11]），在不存在误差的前提下，多幅参考图像位置与待定位图像位置之间的连线应相交于一点，而该点就是待定位图像的位置。但现实情况是，在计算的每一步都存在误差，这导致待定位图像的位置不一定是多条极线的相交点。参考资料[10]提出，待定位图像的位置可以通过如下优化问题求得最优解。

$$
\begin{aligned}
&\text{minimize}\quad \sum_{i}^{n}\frac{|a_i x+b_i y+c_i|}{\sqrt{a_i^2+b_i^2}}\\
&\text{s.t.}\quad x_{\min}\leqslant x\leqslant x_{\max}\\
&\qquad\quad y_{\min}\leqslant y\leqslant y_{\max}
\end{aligned}
\tag{16-4}
$$

其中，a_i、b_i、c_i 代表任意一条极线在二维平面上形成直线方程的系数，$x_{\min}$ 和 $x_{\max}$ 代表 x 轴的最小和最大坐标值，$y_{\min}$ 和 $y_{\max}$ 代表 y 轴的最小和最大坐标值。优化变量为待定位图像的平面点坐标 (x,y)，优化问题的几何含义是待定位点到每条极线的距离和最短。待定位点到每条极线的距离问题就是 L1 范数逼近问题，求和运算是保凸运算。因此上述问题是一个凸优化问题。

为了方便求解，对问题进行简化，假设检索到 3 幅图像，可获得 3 条极线，这意味着上述优化问题中 $n=3$。使用 cvxpy 求解的代码如下所示：

```
>>> import cvxpy as cp
>>> import numpy as np
>>> a=np.array([1.0, 2.0, 1.0])
>>> b=np.array([-2.0,-1.0,1.0])
>>> c=np.array([0.0,0.0,-3.0])
>>> s=np.sqrt(a**2+b**2)
>>> u=cp.Variable()
>>> v=cp.Variable()
```

```
>>> constraint=[u>=0,u<=2,v>=0,v<=2]
>>>expr=cp.norm1(a[0]*u+b[0]*v+c[0])+\
        cp.norm1(a[1]*u+b[1]*v+c[1])+\
        cp.norm1(a[2]*u+b[2]*v+c[2])
>>> prob = cp.Problem(cp.Minimize(expr),constraint)
>>> prob.solve()
# 输出结果
>>> np.set_printoptions(precision=3,suppress=True)
>>> print("The optimal value is", prob.value)
>>> print("The variable value is")
>>> print(u.value,v.value)
>>> print("Iteration Number %d"% prob.solver_stats.num_iters)
>>> print("Solving cost time %f"% prob.solver_stats.solve_time)
```

运行结果如图 16-6 所示。

在上述代码中，实际上假设了 3 条极线，极线满足 $ax+by+c=0$，极线参数分别保存在变量 a、b、c 中。通过运行结果可看到凸优化问题的求解时间约为 28μs。因此，无论是从求解精度还是求解时间的角度来看，将一个问题转化为凸优化问题，都意味着该问题存在最优解。将求解问题的结果可视化后，读者可更好地理解上述代码的含义，如图 16-7 所示。

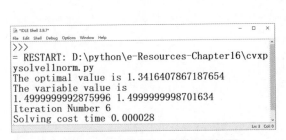

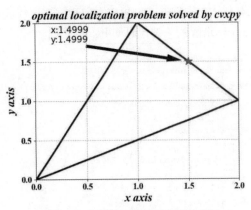

图 16-6　cvxpy 求解 L1 范数逼近问题　　　　图 16-7　定位求解结果可视化显示

其中，灰色的 3 条线段代表 3 条极线，五角星代表通过求解上述凸优化问题获得的最优解。本节的完整代码保存在 cvxpysolvel1norm.py 文件（见本书配套资源）中。

16.4　求解二次规划问题

本节将通过一个简单的选址问题来介绍二次规划问题及使用 cvxpy 求解的方法。假设要在 A1、A2、A3、A4 这 4 个居民区附近选择一个地址建造一个超市，这时需要考虑居民区的人口数量，希望超市设立在离人口密度大的居民区尽可能近的位置，但也不希望离人口密度小的居民区过远。4 个居民区的人口数量及其归一化权重系数如表 16-2 所示。

对于上述选址问题，其数学表达式可以归纳如下：

$$\text{minimize} \sum_{i}^{n=4} w_i \|\boldsymbol{x} - \boldsymbol{a}_i\|_2^2 \tag{16-5}$$
$$\text{s.t.} \quad \boldsymbol{x} \in Z$$

表 16-2　　　　　　　　　居民区的人口数量及其归一化权重系数

居民区	人口数量/万人	归一化权重系数
A1	0.45	0.118
A2	1.35	0.355
A3	0.8	0.211
A4	1.2	0.316

其中，a_i 代表第 i 个居民区在二维平面上的位置，W_i 代表第 i 个小区的权重，Z 代表规划区域范围，即 x 向量的范围，n 代表小区的个数，这是一个二次规划问题。假设 A1、A2、A3、A4 居民区的位置在 Oxy 平面上的坐标分别为 $(0.5, 1)$、$(3.5, 2)$、$(3, 3.5)$、$(1, 3)$。首先将该问题转化为二次规划问题的标准形式：

$$\text{minimize} \quad (1/2)\, x^{\mathrm{T}} P x + q^{\mathrm{T}} x + r$$
$$\text{s.t.} \quad G x \leqslant h \qquad\qquad (16\text{-}6)$$
$$A x = b$$

其中，P 代表将式（16-5）转换为矩阵表示后的二次项系数矩阵，q 代表一次项系数矩阵，r 代表常数向量，G 代表一次项不等式约束的系数矩阵，h 代表一次项不等式约束的常数向量，A 代表一次项等式约束的系数矩阵，b 代表一次项等式约束的常数向量。在转换系数后，使用 cvxpy 求解的关键代码如下：

```
>>> import cvxpy as cp
>>> import numpy as np
>>> from matplotlib import pyplot as plt
>>> ax=np.array([0.5, 3.5, 3, 1])
>>> ay=np.array([1, 2, 3.5, 3])
>>> w=np.array([0.118, 0.355, 0.211, 0.316])
>>> n=2
>>> P=np.matrix([[2,0],[0,2]])
>>> q=np.zeros((n,1))
>>> q[0]=-2*np.dot(w,ax)
>>> q[1]=-2*np.dot(w,ay)
>>> r=np.dot(w,np.square(ax))+np.dot(w,np.square(ay))
>>> x=cp.Variable(n)
>>> objective = cp.Minimize(0.5*cp.quad_form(x,P)+q.T@x+r)
>>> constraints = [0 <= x[0], x[0] <= 4,0 <= x[1], x[1] <= 4]
>>> prob = cp.Problem(objective, constraints)
>>> result = prob.solve()
>>> print("The optimal value is", prob.value)
>>> print(x.value)
>>> print("Iteration Number %d"% prob.solver_stats.num_iters)
>>> print("Solving cost time %f"% prob.solver_stats.solve_time)
```

其中，quad_form 用于建立二次规划问题的标准形式。运行结果如图 16-8 所示。

针对上述问题使用 Matplotlib 绘制二维平面图，使用 cvxpy 求解二次规划问题后的值显示如图 16-9 所示。

本节的完整代码保存在 cvxpysolveqp.py 文件（见本书配套资源）中。

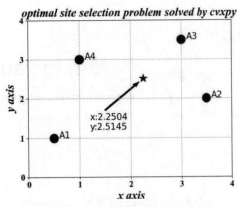

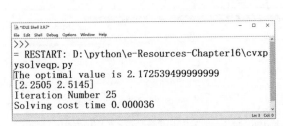

图 16-8　cvxpy 求解二次规划问题　　　　图 16-9　选址求解结果可视化显示

16.5　小结

本章仅介绍了使用 cvxpy 和 cvxopt 求解线性规划问题和二次规划问题的一小部分方法，并不涉及凸优化中详细的数学推导过程。在使用 cvxpy 时建议读者参考其官方网站，其中提供了模块中每个方法及其属性的详细介绍。对于结合凸优化方法，利用图像进行室内定位的示例，可参阅参考资料[26]和[27]。读者需要结合凸优化理论选择建立合适的模型来求解实际问题。

第17章 使用 Pygame 实现外星人入侵游戏

本章将使用 Pygame 来开发一款 2D 游戏。Pygame 是一个功能强大，支持 Windows、Linux、macOS 等操作系统且具有跨平台、免费、开源等特性的软件包，可用于管理图像、动画、声音，可让使用者轻松地开发出复杂的游戏。Pygame 是在 SDL（Simple DirectMedia Layer，一个使用 C 语言编写的多媒体开发库）的基础上开发而成的，Pygame 更适合用来开发 2D 游戏，比如贪吃蛇、扫雷、飞机大战以及本章介绍的外星人入侵游戏等。在开始本章的学习之前，你应具备一定的 Python 编程基础知识，并先下载、安装好 Python 开发环境。

17.1 下载并安装 Pygame

Pygame 官方网站提供了丰富的游戏示例，它们全部使用 Pygame 开发而成，如图 17-1 所示。

Pygame 的下载和安装非常简单，可以采用 3 种方式：一是通过 Python 的包管理器 pip 来安装；二是下载二进制安装包进行安装；三是借助集成开发环境安装。下面以 Windows 系统为例对上述安装方式进行逐一讲解。

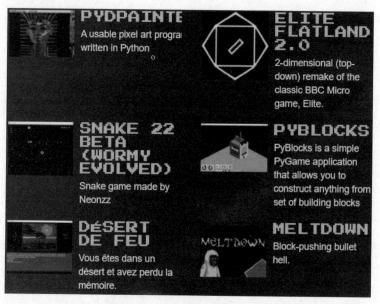

图 17-1 Pygame 官方网站提供的部分游戏展示

1．pip 包管理器安装

3 种方式中，使用 pip 包管理器安装是最简单、最轻便的方式。首先确定计算机已经安装了 Python，然后打开命令提示符窗口，使用以下命令即可下载并安装 Pygame：

```
pip install pygame
```

上述安装方式同样适用于 Linux 和 macOS 操作系统。

2．二进制安装包安装

Python 第三方包官方网站（PyPI）提供了不同操作系统的 Pygame 安装包，可根据 Python 版本、操作系统和操作系统位数选择相应安装包，如图 17-2 所示。

本书选择支持 Python 3.9、64 位 Windows 10 的安装包进行下载。下载完成后，打开命令提示符窗口，切换到该安装包所在的文件夹，安装包 pygame-2.0.1-cp39-cp39-win_amd64.whl 所在路径并执行以下命令进行安装：

```
python -m pip install pygame-2.0.1-cp39-cp39-win_amd64.whl
```

3．在集成开发环境中安装

这里以 PyCharm 开发环境为例介绍 Pygame 的安装。

（1）在 PyCharm 软件中，选择 File 菜单中的 Settings 命令，如图 17-3 所示。

（2）定位到 "Project:mypro 22"（mypro 22 可替换为自己的项目名称），选择 Project Interpreter，单击右侧 + 按钮，进入 Available Packages 界面，在搜索框中输入 pygame，查询这个插件，选择 pygame 最后单击 Install Package 按钮进行安装，如图 17-4 和图 17-5 所示。

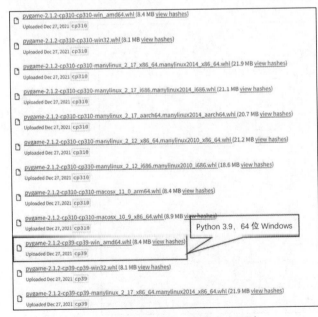
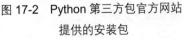
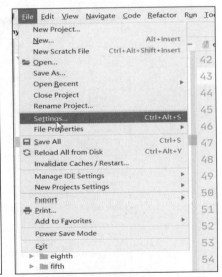

图 17-2　Python 第三方包官方网站
提供的安装包

图 17-3　找到 PyCharm 中 File
菜单中的 Settings

无论采用上述哪种方式都可以安装 Pygame，本书建议读者使用第一种方式。最后，可以使用以下命令检查 Pygame 版本，借此验证是否安装成功。

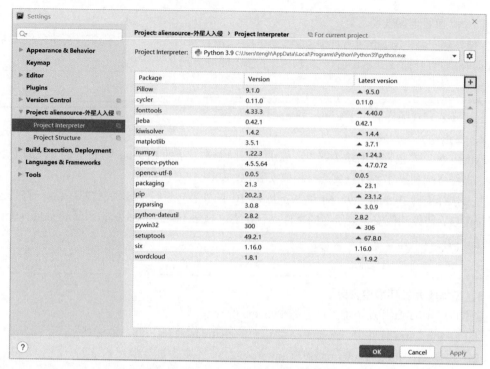

图 17-4 进入 Project Interpreter 界面

```
python -m pygame --version
```

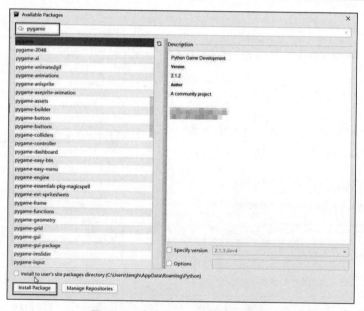

图 17-5 查询 Pygame 插件并安装

17.2 Pygame 的使用方法

在正式开始游戏项目开发之前，先来介绍一下 Pygame 的常用模块以及图像编程中的相关概念，以便读者能快速掌握 Pygame 的使用。

下面先来看一个简单的 Pygame 示例程序。

```
#导入所需的模块
import sys
import pygame
# 使用 Pygame 之前必须初始化
pygame.init()
# 设置主窗口
screen = pygame.display.set_mode((600,400))
# 设置窗口的标题，即游戏名称
pygame.display.set_caption('Pygame 的应用')
# 设置字体类型，这里设置成楷体
f = pygame.font.Font('C:/Windows/Fonts/simkai.ttf',50)
'''
生成文本信息，第一个参数设置文本内容；第二个参数设置字体是否平滑；
'''
第三个参数设置 RGB 模式的字体颜色；第四个参数设置 RGB 模式字体背景颜色
text = f.render("本章将要开启 Pygame 的学习",True,(255,0,0),(0,0,0))
# 获得显示对象的矩形区域坐标
textRect = text.get_rect()
# 设置显示对象居中
textRect.center = (300,200)
# 将准备好的文本信息，绘制到主窗口上
screen.blit(text,textRect)
# 固定代码段，实现单击"×"关闭按钮退出程序的功能，几乎所有的 Pygame 都会使用该段代码
while True:
    # 循环获取事件，监听事件状态
    for event in pygame.event.get():
        # 判断用户是否单击了"×"关闭按钮，并执行 if 代码段
        if event.type == pygame.QUIT:
            #卸载所有模块
            pygame.quit()
            #终止程序，确保退出程序
            sys.exit()
    pygame.display.flip() #更新窗口内容
```

上述代码保存在 test_display.py 文件（见本书配套资源）中，代码的运行结果如图 17-6 所示。

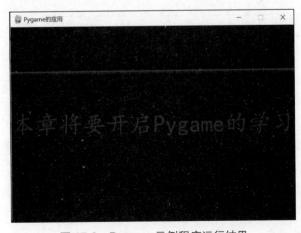

图 17-6　Pygame 示例程序运行结果

通过上面的示例，相信你已熟悉 Pygame 编程的一些基本设置和操作，接下来对 Pygame 的使用做详细介绍。

1. Pygame 的导入

在 Python 代码中，使用该包时，需要进行导入，代码如下所示：

```
import pygame
```

2. Pygame 的初始化和退出

在使用 Pygame 编写程序前，要做的第一个步骤是"初始化"，代码如下所示：

```
pygame.init()
```

这是整个程序中的第一行代码，它的作用是自动检测 Pygame 安装包是否正常可用，并检查计算机的硬件调用接口、基础功能是否存在问题，涉及光驱、声卡驱动等设备。同时，它会完成 Pygame 中所有模块的初始化操作，包括 display（显示模块）、font（字体模块）、mixer（声音模块）、cursors（光标控制模块）等，由此可见初始化步骤的重要性。

在游戏结束之前，需要退出所有 Pygame 模块，代码如下所示：

```
pygame.quit()
```

3. 显示模块 display

Pygame 使用 pygame.display 模块中的方法创建游戏的主窗口，格式如下。

```
screen = pygame.display.set_mode(size=(),flags=0)
```

上述方法有两个常用参数，如下。

- size：元组参数，用来设置主窗口的大小。
- flags：功能标志位，表示创建的主窗口的样式，比如创建全屏窗口、无边框窗口等。flags 参数值如表 17-1 所示。

表 17-1　　　　　　　　　　　　　　flags 参数值

标志位	说明
pygame.FULLSCREEN	创建一个全屏窗口
pygame.HWSURFACE	创建一个硬件加速窗口，必须和 FULLSCREEN 同时使用
pygame.OPENGL	创建一个 OpenGL 渲染窗口
pygame.RESIZABLE	创建一个可以改变大小的窗口
pygame.DOUBLEBUF	创建一个双缓冲区窗口，建议和 HWSURFACE 或者 OPENGL 同时使用
pygame.NOFRAME	创建一个无边框窗口

除了创建游戏的主窗口之外，display 模块还提供了许多与显示相关的方法，表 17-2 列举了若干重要的方法。

4. Pygame 的坐标系

Pygame 专门提供了一个类 pygame.Rect 用于描述矩形，格式如下：

```
pygame.Rect(left, top, width, height)
```

表 17-2	display 模块中若干重要的方法
方法名	说明
pygame.display.set_caption	设置窗口标题
pygame.display.get_surface	获取当前显示的 Surface 对象
pygame.display.flip	更新整个待显示的 Surface 对象到窗口上
pygame.display.update	更新窗口显示
pygame.display.Info	产生一个 VideoInfo 对象，包含显示界面的相关信息
pygame.display.set_icon	设置左上角的游戏图标，图标尺寸为 32 像素×32 像素
pygame.display.iconify	将显示的主窗口（即 Surface 对象）最小化，或者隐藏
pygame.display.get_active	当前窗口显示在屏幕上时返回 True，如果窗口被隐藏或最小化则返回 False

界面中所有可见的元素都是根据矩形来描述位置的，Rect 表示的区域必须位于一个 Surface 对象之上，比如游戏的主窗口（screen）。上述方法包含 4 个关键参数值，分别是 left、top、width、height，为了方便读者理解这些参数的含义，给出一张示意图，如图 17-7 所示。

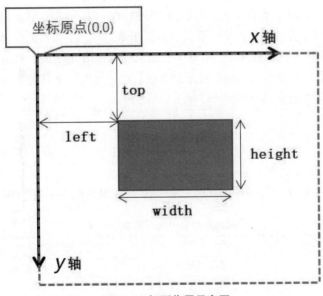

图 17-7　矩形位置示意图

其中，虚线框可以理解为游戏程序的主窗口，而灰色矩形是新绘制的矩形，坐标原点(0, 0) 在左上角，left、top 分别指的是矩形左上角至 y 轴与 x 轴的距离，x 轴水平方向向右，left 值逐渐增加；y 轴垂直方向向下，top 值逐渐增加。width 和 height 分别指的是矩形的宽度和高度。

Rect（矩形）对象还提供了一些常用方法，如表 17-3 所示。

5. 创建 Surface 对象

在 Pygame 中，窗口和图像实际上是 Surface 对象，Surface 对象具有固定的分辨率和像素格式。创建 Surface 对象的语法格式如下：

```
Surface = pygame.Surface(size=(width,height),flags,depth)
```

表 17-3 Rect 对象中的常用方法

方法名	说明
pygame.Rect.copy	复制矩形
pygame.Rect.move	移动矩形，接收一个列表参数
pygame.Rect.move_ip	移动矩形（无返回值）
pygame.Rect.inflate	增大或缩小矩形
pygame.Rect.clamp	将矩形移到另一个矩形内
pygame.Rect.union	返回一个将两个矩形合并后的矩形
pygame.Rect.fit	按纵横比调整矩形的大小或移动矩形
pygame.Rect.contains	测试一个矩形是否在另一个矩形内
pygame.Rect.collidepoint	测试点是否在矩形内
pygame.Rect.colliderect	测试两个矩形是否重叠

参数说明如下。

- size：表示 Surface 对象的矩形大小。
- flags：功能标志位，有两个可选参数值 HWSURFACE 和 SPCALPHA，前者代表将创建的 Surface 对象存放于显存中，后者表示让图像的每一个像素都包含一个 alpha 通道。
- depth：指定像素的颜色深度，默认为自适应模式，由 Pygame 自动调节。

Pygame 提供了多种创建 Surface 对象的方法，这里介绍以下几种常用的方法。在前面的示例程序中，有一句代码是这样的：

```
screen = pygame.display.set_mode((600,400))
```

上述代码创建了一个 screen 对象，这个对象本质上也是一个 Surface 对象，它是游戏的主窗口，任何其他的 Surface 对象都需要附着在这个对象之上。

Surface 对象还提供了处理图像的其他方法，表 17-4 对它们做了简单的罗列与说明。

表 17-4 Surface 对象中处理图像的方法

方法名	说明
pygame.Surface.blit	将一幅图像（Surface 对象）绘制到另一幅图像上
pygame.Surface.convert	修改图像（Surface 对象）的像素格式
pygame.Surface.fill	使用纯色填充 Surface 对象
pygame.Surface.scroll	复制并移动 Surface 对象
pygame.Surface.set_alpha	设置整幅图像（Surface 对象）的透明度
pygame.Surface.get_at	获取一个像素的颜色值
pygame.Surface.set_at	设置一个像素的颜色值
pygame.Surface.get_palette	获取 Surface 对象 8 位索引的调色板
pygame.Surface.map_rgb	将一个 RGBA 颜色转换为 Surface 对象映射的颜色值
pygame.Surface.set_clip	设置 Surface 对象的当前剪切区域
pygame.Surface.subsurface	根据父 Surface 对象创建一个新的子 Surface 对象
pygame.Surface.get_offset	获取子 Surface 对象在父 Surface 对象中的偏移位置
pygame.Surface.get_size	获取 Surface 对象的尺寸

游戏程序运行时会在计算机桌面上出现一个游戏的主窗口（screen），这个主窗口实际就是一个 Surface 对象，它相当于一个载体，用于承载一切游戏所用到的元素。假如需要将一段文本放置到主窗口中，那么应先创建一个包含文本的 Surface 对象，之后再将它附加到主窗口上。

主窗口相当于游戏程序中尺寸最大的 Surface 对象，在这个最大的"画布"中，还可以添加其他"小"的 Surface 对象，这些对象以矩形的形式存在于主窗口中，它们共同组成了一个游戏程序。

请看示例程序中的这一部分代码：

```
# 设置字体类型，这里设置成楷体
f = pygame.font.Font('C:/Windows/Fonts/simkai.ttf',50)
'''
生成文本信息，第一个参数设置文本内容；第二个参数设置字体是否平滑；
第三个参数设置 RGB 模式的字体颜色；第四个参数设置 RGB 模式字体背景颜色
'''
text = f.render("本章将要开启 Pygame 的学习",True,(255,0,0),(0,0,0))
#获得显示对象的矩形区域坐标
textRect =text.get_rect()
# 设置显示对象居中
textRect.center = (300,200)
# 将准备好的文本信息，绘制到主窗口上
screen.blit(text,textRect)
```

该部分代码中使用 f.render 创建了一个包含文本的 Surface 对象，对象名为 text，通过 screen.blit 方法将 text 对象绘制在主窗口上。

通过示例代码可以看到，程序是通过 screen.blit 方法将一个 Surface 对象"粘贴"至主窗口上的，该方法的完整调用格式如下：

```
screen.blit(source, dest, area=None, special_flags=0)
```

下面对上述方法的参数做简单的介绍。

- source：表示要粘贴的 Surface 对象。
- dest：主窗口中的一个标识的坐标位置，可以接收一个(x,y)元组或者(x,y,width,height) 元组，也可以接收一个 Rect 对象。
- area：接收一个 Rect 对象，默认为 None，如果提供该参数则相当于进行"抠图"操作，即在窗口的指定区域显示想要的内容。
- special_flags：可选参数，它是 Pygame 1.8 新增的功能，用于指定对应位置颜色的混合方式，参数值有 BLEND_RGBA_ADD、BLEND_SUB 等。如果不提供该参数，则默认使用 source 的颜色覆盖 screen 的颜色。

如果想创建一个包含图像的 Surface 对象则可以使用如下方法：

```
surface_image = pygame.image.load("图像路径").convert()
```

注意，此处之所以使用 convert 来转换被加载图像的像素格式，是为了提升 Pygame 对图像的处理速度，该操作能够保证图像的像素格式与图像的显示格式相同。

还可以通过 image.load 方法加载游戏的背景图，或者游戏中使用的其他元素，比如人物、道具等。

6. 图像变形模块 transform

transform 模块允许对加载、创建后的图像进行一系列操作，比如调整图像大小、旋转图像等操作，其中的常用方法如表 17-5 所示。

表 17-5	transform 模块中的常用方法
方法名	说明
pygame.transform.scale	将图像缩放至指定的大小，并返回一个新的 Surface 对象
pygame.transform.rotate	将图像旋转指定的角度
pygame.transform.rotozoom	以指定角度旋转图像，同时将图像缩小或放大至指定的倍数

下面看一个简单的示例。

```
import pygame
#引入 Pygame 中所有常量，比如 QUIT
from pygame.locals import *
pygame.init()
screen = pygame.display.set_mode((300,250))
pygame.display.set_caption('transform 模块示例')
#加载一幅图像（455 像素×191 像素）
image_surface = pygame.image.load("bird.png").convert()
image_new = pygame.transform.scale(image_surface,(300,300))
# 查看新生成的图像的对象类型
#print(type(image_new))
# 将新生成的图像旋转 45°
image_1 = pygame.transform.rotate(image_new,45)
# 使用 rotozoom 旋转 0°，同时将图像缩小为原来的 1/2
image_2 = pygame.transform.rotozoom(image_1,0,0.5)
while True:
    for event in pygame.event.get():
        if event.type == QUIT:
            exit()
    # 将最后生成的 image_2 添加到主窗口上
    screen.blit(image_2,(0,0))
    pygame.display.update()
```

bird.png 原图如图 17-8 所示。

图 17-8　bird.png 原图

示例运行效果如图 17-9 所示。

图 17-9　transform 模块示例运行效果

上述完整代码保存在 test_transform.py 文件（见本书配套资源）中。

7．时间控制模块 time

time 模块在游戏开发中起着非常重要的作用，比如释放某个技能所消耗的时间，动画、声音的持续时间等，这些都需要 time 模块来管理。time 模块的一个重要作用是控制游戏帧率（FPS，Frames Per Second），它是评价游戏画面是否流畅的关键指标。在一般情况下，计算机的帧率都能达到 60 帧/s，这足够我们使用。当帧率小于 30 帧/s 的时候，游戏画面就会变得卡顿。需要注意的是，在 Pygame 中，时间以 ms 为单位（1s=1000ms），这样会使游戏的设计更为精细。time 模块提供了一些常用方法，如表 17-6 所示。

表 17-6　　　　　　　　　　　　time 模块中的常用方法

方法名	说明
pygame.time.get_ticks	以 ms 为单位获取时间
pygame.time.wait	使程序暂停一段时间
pygame.time.set_timer	创建一个定时器，即每隔一段时间，去执行一些动作

设置游戏的帧率可以通过 Clock 对象来实现，该对象提供了以下常用方法，如表 17-7 所示。

表 17-7　　　　　　　　　　　　Clock 对象的常用方法

方法名	说明
pygame.time.Clock.tick	更新 Clock 对象的 tick（计算机时钟）值
pygame.time.Clock.get_time	获取 tick 中的时间
pygame.time.Clock.get_fps	计算 Clock 对象的帧率

8．事件模块 event

Pygame 提供了一个 event 模块，它是构建整个游戏程序的核心。游戏启动后，用户针对游戏所做的操作可以视为一个 event 事件，这个模块中包含所有常用的游戏事件，如单击关闭按钮、按键、退出游戏等，Pygame 会接收用户产生的各种操作（或事件）。

例如下述部分代码：

```
# 循环获取事件，监听事件状态
    for event in pygame.event.get():
        # 判断用户是否单击了"×"关闭按钮，并执行 if 代码段
        if event.type == pygame.QUIT:
            #卸载所有模块
            pygame.quit()
            #终止程序，确保退出程序
            sys.exit()
```

（1）事件类型

Pygame 定义了一个专门用来处理事件的结构，即事件队列。该结构遵循"先进先出"队列的基本原则，通过事件队列可以有序、逐一地处理用户的操作。表 17-8 列举了 Pygame 中的常用游戏事件。

表 17-8   Pygame 中的常用游戏事件

事件类型名称	描述	元素属性
QUIT	用户单击窗口的关闭按钮	none
ACTIVEEVENT	Pygame 被激活或者隐藏	gain、state
KEYDOWN	键盘按键按下	unicode、key、mod
KEYUP	键盘按键放开	key、mod
MOUSEMOTION	鼠标移动	pos、rel、buttons
MOUSEBUTTONDOWN	鼠标按键按下	pos、button
MOUSEBUTTONUP	鼠标按键放开	pos、button
JOYAXISMOTION	游戏手柄（Joystick）移动	joy、axis、value
JOYBALLMOTION	游戏球（Joy Ball）移动	joy、axis、value
JOYHATMOTION	游戏手柄移动	joy、axis、value
JOYBUTTONDOWN	游戏手柄按键按下	joy、button
JOYBUTTONUP	游戏手柄按键放开	joy、button
VIDEORESIZE	Pygame 窗口缩放	size、w、h
VIDEOEXPOSE	Pygame 窗口部分公开	none
USEREVENT	触发一个用户事件	事件代码

（2）事件处理方法

pygame.event 模块提供了处理事件队列的常用方法，如表 17-9 所示。

表 17-9   处理事件队列的常用方法

方法名	说明
pygame.event.get	从事件队列中获取一个事件，并从事件队列中删除该事件
pygame.event.wait	程序阻塞直至事件发生才会继续执行，若没有事件发生程序将一直处于阻塞状态
pygame.event.set_blocked	控制禁止哪些事件进入事件队列，如果参数值为 None，则表示禁止所有事件进入
pygame.event.set_allowed	控制允许哪些事件进入事件队列
pygame.event.pump	调用该方法后，Pygame 会自动处理事件队列
pygame.event.poll	会根据实际情形返回一个真实的事件，或者返回 None
pygame.event.peek	检测某类型事件是否在事件队列中
pygame.event.clear	从事件队列中清除所有的事件
pygame.event.get_blocked	检测某一类型的事件是否被禁止进入事件队列
pygame.event.post	添加一个新的事件到事件队列中
pygame.event.Event	创建一个用户自定义的新事件

使用 Pygame 处理不同事件的逻辑一般都是相似的。首先是判断事件的类型，然后是根据不同的事件执行不同的游戏操作。因此，这种情况非常适合使用 if-else 语句，示例如下。

```
while True:
    #等待事件发生
    event = pygame.event.wait()
    if event.type == pygame.QUIT:
```

```
        exit()
    if event.type == pygame.MOUSEBUTTONDOWN:
        print('鼠标按键按下',event.pos)
    if event.type == pygame.MOUSEBUTTONUP:
        print('鼠标按键放开')
    if event.type == pygame.MOUSEMOTION:
        print('鼠标移动')
        # 键盘事件
    if event.type ==pygame.KEYDOWN:
        # 输出键盘按键的英文字符
        print('键盘按键按下',chr(event.key))
    if event.type == pygame.KEYUP:
        print('键盘按键放开')
```

（3）处理键盘事件

　　键盘事件涉及大量的按键操作，比如游戏中的上、下、左、右移动，或者人物的前进、后退等操作，这些都需要键盘来配合实现。键盘事件提供了一个 key 属性，通过该属性可以获取键盘的按键。Pygame 将键盘上的字母键、数字键、组合键等按键以常量的方式进行了定义，表 17-10 列出了 Pygame 中部分常用按键的定义。

表 17-10　　　　　　　　　　　　Pygame 中部分常用按键的定义

常量名	说明
K_BACKSPACE	退格键（Backspace）
K_TAB	制表键（Tab）
K_RETURN	回车键（Enter）
K_ESCAPE	退出键（Esc）
K_SPACE	空格键（Space）
K_0 ~ K_9	0 ~ 9
K_a ~ K_z	A ~ z
K_DELETE	删除键（Delete）
K_KP0 ~ K_KP9	0（小键盘）~ 9（小键盘）
K_F1 ~ K_F15	F1 ~ F15
K_UP	↑（up arrow）
K_DOWN	↓（down arrow）
K_RIGHT	→（right arrow）
K_LEFT	←（left arrow）
KMOD_ALT	与其他键同时按下 Alt 键

　　下面通过使用方向键控制图像移动的示例来介绍键盘事件的处理过程，代码如下。

```
import pygame
import sys
# 初始化 Pygame
pygame.init()
# 定义变量
size = width, height = 600, 400
```

```
bg = (255, 255, 255)
# 加载图像
img = pygame.image.load("bird.png")
# 获取图像的位置
position = img.get_rect()
# 创建一个主窗口
screen = pygame.display.set_mode(size)
# 设置标题
pygame.display.set_caption("键盘事件示例")
# 创建游戏主循环
while True:
    # 设置初始值
    site = [0, 0]
    for event in pygame.event.get():
        if event.type == pygame.QUIT:
            sys.exit()
        # 图像移动对应键盘按下事件
        # 通过 key 属性对应按键
        if event.type == pygame.KEYDOWN:
            if event.key == pygame.K_UP:
                site[1] -= 8
            if event.key == pygame.K_DOWN:
                site[1] += 8
            if event.key == pygame.K_LEFT:
                site[0] -= 8
            if event.key == pygame.K_RIGHT:
                site[0] += 8
    # 移动图像
    position = position.move(site)
    # 填充背景
    screen.fill(bg)
    # 放置图像
    screen.blit(img, position)
    # 更新显示内容
    pygame.display.flip()
```

上述完整代码保存在 test_key.py 文件（见本书配套资源）中。

（4）处理鼠标事件

鼠标是计算机最重要的外接设备之一，同时它也是游戏玩家必不可少的工具之一。

Pygame 提供了 3 个鼠标事件，分别是鼠标移动（MOUSEMOTION）、鼠标按键按下（MOUSEBUTTONDOWN）、鼠标按键释放（MOUSEBUTTONUP），不同事件对应着不同的元素属性，如表 17-11 所示。

表 17-11　　　　　　　　　　　　　　Pygame 中的鼠标事件

鼠标事件	元素属性	说明
pygame.event.MOUSEMOTION	event.pos	相对于窗口左上角，鼠标指针的当前坐标值(x,y)
	event.rel	调用格式为 event.rel (x,y)，其中 x 和 y 为相对于上次鼠标坐标的移动距离
	event.buttons	鼠标按键初始状态(0,0,0)，分别对应（左键,滚轮,右键），移动过程中单击指定键，相应位置会变为 1

鼠标事件	元素属性	说明
pygame.event.MOUSEBUTTONUP	event.pos	相对于窗口左上角，鼠标指针的当前坐标值(x,y)
	event.button	释放鼠标按键的编号（整数），左键为 1、滚轮为 2、右键为 3
pygame.event.MOUSEBUTTONDOWN	event.pos	相对于窗口左上角，鼠标指针的当前坐标值(x,y)
	event.button	按下鼠标按键的编号（整数），左键为 1，滚轮为 2、右键为 3、向前滚动滚轮为 4、向后滚动滚轮为 5

9. 绘图模块 draw

Pygame 中提供了 draw 模块用来绘制一些简单的图像，比如矩形、多边形、圆形、线段、弧线等。draw 模块的常用方法如表 17-12 所示。

表 17-12　　　　　　　　　　　　draw 模块的常用方法

方法名	说明
pygame.draw.rect	绘制矩形
pygame.draw.polygon	绘制多边形
pygame.draw.circle	根据圆心和半径绘制圆形
pygame.draw.ellipse	绘制椭圆形
pygame.draw.arc	绘制圆弧（绘制椭圆形的一部分）
pygame.draw.line	绘制线段
pygame.draw.lines	绘制多条连续的线段
pygame.draw.aaline	绘制一条平滑的线段（抗锯齿）
pygame.draw.aalines	绘制多条连续的线段（抗锯齿）

表格中的方法大同小异，它们都可以在 Surface 对象上绘制一些简单的形状，返回值是一个 Rect 对象，表示实际绘制图像的矩形。上述绘图函数都提供了一个 color 参数，我们可以通过以下 3 种方法来传递 color 参数值：方法一，使用 pygame.color 对象；方法二，使用 RGB 三元组；方法三，使用 RGBA 四元组。

（1）绘制矩形

绘制矩形的语法格式为：

```
pygame.draw.rect(surface, color, rect, width)
```

参数说明如下。

- surface：指主窗口，无特殊情况，一般都会绘制在主窗口上。
- color：用于为矩形着色。
- rect：绘制矩形的位置和大小。
- width：可选参数，指定边框的宽度，默认为 0，表示填充该矩形。注意，当 width > 0 时，表示边框的宽度；而当 width < 0 时，不会绘制任何图像。

（2）绘制多边形

绘制多边形的语法格式为：

```
pygame.draw.polygon(surface, color, points, width)
```

　　其中，points 是一个元组或者列表参数，它表示组成多边形顶点的 3 个或者多个(x,y)坐标，通过元组或者列表来表示多边形的顶点。其余参数与绘制矩形方法的参数相同。

　　（3）绘制圆形

　　绘制圆形的语法格式为：

```
pygame.draw.circle(surface, color, pos, radius, width)
```

　　上述参数的含义如下。

- pos：用来指定圆心的位置。
- radius：用来指定圆的半径。

　　其余参数与绘制矩形方法的参数相同。

　　（4）绘制椭圆形

　　绘制椭圆形的语法格式为：

```
pygame.draw.ellipse(surface, color, rect, width)
```

　　绘制椭圆形其实就是在矩形区域（rect）内部绘制一个内接椭圆形，其余参数与绘制矩形方法的参数相同。

　　（5）绘制圆弧

　　绘制圆弧的语法格式为：

```
pygame.draw.arc(surface, color, rect, start_angle, stop_angle, width=1)
```

　　与 ellipse 方法相比，该方法多了以下两个参数。

- start_angle：该段圆弧的起始角度。
- stop_angle：该段圆弧的终止角度。

　　这两个参数都是用弧度制来表示的，而圆心就是矩形区域的中心位置，其余参数与绘制矩形方法的参数相同。

　　（6）绘制线段

　　draw 模块提供了两类绘制线段的方法，即 line 和 aaline，区别在于是否抗锯齿，并且根据实际情况，还可以选择绘制一条或者多条线段。

```
pygame.draw.line(surface, color, start_pos, end_pos, width=1)
```

　　其中，start_pos 和 end_pos 表示线段的起点和终点位置，此处使用[x,y]来表示位置坐标；width=1 表示线段的宽度，默认为 1，其余参数与绘制矩形方法的参数相同。如果要绘制一条抗锯齿的平滑线段，则使用 blend=1，代码如下：

```
pygame.draw.aaline(surface, color, start_pos, end_pos, blend=1)
```

　　其中，blend 参数表示通过绘制混合背景的阴影来实现抗锯齿功能。

　　（7）绘制多条连续的线段

　　当需要绘制多条连续的线段的时候，可以使用以下方法：

```
pygame.draw.lines(surface, color, closed, pointlist, width=1)
```

其中，pointlist 与 closed 含义如下。

- pointlist：参数值为列表，它是一个包含构成线段的点坐标的列表。
- closed：布尔值参数，如果设置为 True，则表示线段的第一个端点和线段的最后一个端点要首尾相连。

如果要绘制多条连续的抗锯齿线段，使用以下方法：

```
pygame.draw.aalines(surface, color, closed, pointlist, blend=1)
```

下面通过一个简单的示例对上述绘图方法进行演示。

```python
import pygame
from math import pi
#初始化
pygame.init()
# 设置主窗口大小
size = (600, 500)
screen = pygame.display.set_mode(size)
#设置标题
pygame.display.set_caption("draw 模块示例")
# 设置一个控制主循环的变量
done = False
#创建时钟对象
clock = pygame.time.Clock()
while not done:
    # 设置游戏的帧率
    clock.tick(10)
    for event in pygame.event.get():
        if event.type == pygame.QUIT:
            done = True   # 若检测到关闭窗口，则将 done 置为 True
    # 绘制一条宽度为 3 的绿色对角线
    pygame.draw.line(screen, (0, 128, 0), [0, 0], (500, 450), 3)
    #绘制一条抗锯齿的平滑线段
    pygame.draw.aaline(screen, (255, 255, 0), [0, 40], (500, 450),blend=1)
    #绘制紫色抗锯齿线段
    pygame.draw.aalines(screen, (128, 0, 128), False, [(20, 20), (60, 80), (300, 100), (400,
200)], 1)
    # 绘制多条蓝色的线段（连续线段，非抗锯齿），False 表示线段首尾端点不相连
    pygame.draw.lines(screen, (0, 0, 255), False, [[30, 80], [60, 120], [200, 80], [220,
30]], 5)
    # 绘制一个灰色的矩形，以灰色填充
    pygame.draw.rect(screen, (128, 128, 128), (75, 10, 50, 20), 0)
    # 绘制一个边框宽度为 2 的矩形
    pygame.draw.rect(screen, (0, 0, 0), [150, 10, 50, 20],2)
    # 绘制一个椭圆形，其线宽为 2
    pygame.draw.ellipse(screen, (255, 0, 0), (225, 10, 50, 20), 2)
    # 绘制一个红色的实心的椭圆形
    pygame.draw.ellipse(screen, (255, 0, 0), (300, 10, 50, 20))
    # 绘制一个边框（宽度为2）为草绿色的三角形
    pygame.draw.polygon(screen, (124, 252, 0), [[100, 100], [0, 200], [200, 200]], 2)
    # 绘制一个蓝色的实心的圆形，其中[60,250]表示圆心的位置，40 表示半径，width 默认为 0
    pygame.draw.circle(screen, (0, 0, 255), [60, 250], 40)
    # 绘制一段圆弧，其中 0 表示圆弧的起始角度，pi/2 表示圆弧的终止角度，2 表示线宽
    pygame.draw.arc(screen, (255, 10, 0), (210, 75, 150, 125), 0, pi / 2, 2)
    # 刷新显示内容
```

```
    pygame.display.flip()
#  单击关闭按钮，退出 Pygame 程序
pygame.quit()
```

上述代码保存在 test_draw.py 文件（见本书配套资源）中。执行结果如图 17-10 所示。

10．字体模块 font

文本是任何一款游戏中都不可或缺的重要元素之一，Pygame 通过 pygame.font 模块来创建一个字体对象，从而达到绘制文本的目的。font 模块的常用方法如表 17-13 所示。

font 模块提供了两种创建字体对象的方法，分别是：

- SysFont（从系统字体库中加载字体文件创建字体对象）；
- Font（通过字体文件创建字体对象）。

下面对这两种方法分别进行介绍。

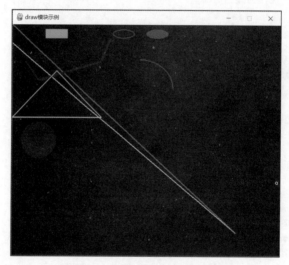

图 17-10　draw 模块示例执行效果

表 17-13　　　　　　　　　　font 模块的常用方法

方法名	说明
pygame.font.init	初始化字体模块
pygame.font.quit	取消初始化字体模块
pygame.font.get_init	检查字体模块是否被初始化，返回一个布尔值
pygame.font.get_default_font	获得默认字体的文件名，返回系统中字体的文件名
pygame.font.get_fonts	获取所有可使用的字体，返回值是所有可用的字体列表
pygame.font.match_font	从系统的字体库中匹配字体文件，返回值是完整的字体文件路径
pygame.font.SysFont	从系统的字体库中创建一个字体对象
pygame.font.Font	从一个字体文件创建一个字体对象

（1）font.SysFont

直接从系统中加载字体使用如下方法：

```
pygame.font.SysFont(name, size, bold=False, italic=False)
```

参数解释如下。

- name：列表参数值，表示要从系统中加载的字体名称，该方法会按照列表中的元素顺序依次搜索，如果系统中没有列表中的字体，将使用 Pygame 默认的字体。
- size：设置字体的大小。
- bold：该字段取值为 False 和 True，设置字体是否加粗。
- italic：该字段取值为 False 和 True，设置字体是否为斜体。

（2）font.Font

当我们想要在游戏中引入系统中不存在的字体时，也可以使用另外一种方法，即从外部加载字体文件来绘制文本。其语法格式为：

```
my_font = pygame.font.Font(filename, size)
```

参数说明如下。

- filename：字符串格式，表示字体文件所在路径。
- size：设置字体的大小。

Pygame 为处理字体对象提供了一些常用方法，如表 17-14 所示。

表 17-14　　　　　　　　　　　处理字体对象的常用方法

方法名	说明
pygame.font.Font.render	创建一个渲染了文本的 Surface 对象
pygame.font.Font.size	返回渲染文本所需的尺寸，返回值是一个元组 (width,height)
pygame.font.Font.set_underline	是否为文本内容绘制下划线
pygame.font.Font.get_underline	检查是否为文本内容绘制了下划线
pygame.font.Font.set_bold	启动粗体渲染
pygame.font.Font.get_bold	检查文本是否使用粗体渲染
pygame.font.Font.set_italic	启动斜体渲染
pygame.font.Font.metrics	获取字符串中每一个字符的详细参数
pygame.font.Font.get_italic	检查文本是否使用斜体渲染
pygame.font.Font.get_linesize	获取字体文本的行高
pygame.font.Font.get_height	获取字体的高度
pygame.font.Font.get_ascent	获取字体顶端到基准线的距离
pygame.font.Font.get_descent	获取字体底端到基准线的距离

使用上述方法，可以非常方便地对字体进行渲染，或者获取字体的相关信息。上述方法中使用最多的是第一个方法，它是绘制文本内容的关键方法，其语法格式为：

```
render(text, antialias, color, background=None)
```

参数说明如下。

- text：要绘制的文本内容。
- antialias：布尔值参数，是否启用平滑字体（抗锯齿）。
- color：设置字体颜色。

■　background：可选参数，默认为 None，该参数用来设置字体的背景颜色。
下面看一个简单的示例：

```
import sys
import pygame
# 初始化
pygame.init()
screen = pygame.display.set_mode((600,400))
#填充主窗口的背景颜色
screen.fill((60,180,180))
#设置窗口标题
pygame.display.set_caption('render 使用示例')
# 字体文件路径 C:/Windows/Fonts/simkai.ttf
f = pygame.font.Font('C:/Windows/Fonts/simkai.ttf',50)
text = f.render("render 使用示例",True,(255,0,0),(255,255,255))
#获得显示对象的矩形区域大小
textRect =text.get_rect()
#设置显示对象居中
textRect.center = (300,200)
screen.blit(text,textRect)
while True:
    # 循环获取事件，监听事件
    for event in pygame.event.get():
        # 判断用户是否单击关闭按钮
        if event.type == pygame.QUIT:
            #卸载所有 Pygame 模块
            pygame.quit()
            #终止程序
            sys.exit()
    pygame.display.flip() #更新显示内容
```

上述代码保存在 test_render.py 文件（见本书配套资源）中。代码执行效果如图 17-11 所示。

图 17-11　render 示例执行效果

除了使用上述方法之外，Pygame 为了增强字体模块的功能，在新版本中加入 freetype 模块。该模块属于 Pygame 的高级模块，它能够完全取代 font 模块，并且在 font 模块的基础上添加了许多新功能，比如调整字符间的距离、设置字体垂直模式以及逆时针旋转文本等。如果想使用 freetype 模块，必须使用以下方式导入包。

```
import pygame.freetype
```

下面的示例使用 freetype 模块来绘制文本内容，代码如下：

```
import sys,pygame
import pygame.freetype
pygame.init()
# 设置位置变量
pos = [0,50]
# 设置颜色变量
GOLD = 255,215,0
bgc = 100,0,0
screen = pygame.display.set_mode((800,600))
pygame.display.set_caption("freetype 使用示例")
f1 = pygame.freetype.Font("test.ttf",45)
# 注意，这里使用 render_to 来绘制文本内容，与 render 相比，该方法无返回值
# pos 表示绘制文本开始的位置，fgcolor 表示前景颜色，bgcolor 表示背景颜色，rotation 表示文本旋转的角度
freeRect = f1.render_to(screen, pos, "freetype 使用示例", fgcolor=GOLD, bgcolor =bgc,
rotation=60)
while True:
    for event in pygame.event.get():
        if event.type == pygame.QUIT:
            sys.exit()
        pygame.display.update()
```

上述代码保存在 test_freetype.py 文件（见本书配套资源）中。代码执行效果如图 17-12 所示。

图 17-12　freetype 示例执行效果

11．精灵和碰撞检测

精灵的英文是 sprite。在计算机图形学中，精灵通常是二维的图像，一切展现在游戏中的物体（如人物、道具）都可以用精灵表示。而碰撞检测就是检测两个精灵之间是否有碰撞，例如游戏中的吃金币、吃豆豆、打敌人都会用到碰撞检测。Pygame 专门提供了一个处理精灵的模块，也就是 pygame.sprite 模块。通常情况下，使用该模块的基类 Sprite 来创建一个子类，从而达到

处理精灵的目的。该子类提供了操作精灵的常用属性和方法，如表 17-15 所示。

表 17-15 基于 Sprite 类创建的子类的常用属性和方法

属性名或方法名	说明
self.image	加载要显示的精灵图像，控制精灵图像大小和填充色
self.rect	定义精灵图像显示在哪个位置
update	刷新精灵图像，使其相应效果生效
add	添加精灵图像到精灵组中
remove	从精灵组中删除选中的精灵图像
kill	删除精灵组中全部的精灵
alive	判断某个精灵是否属于精灵组

注意，当游戏中有大量的精灵时，操作它们将变得复杂。此时，应通过构建精灵容器（使用 Group 类），也就是精灵组来统一管理这些精灵。构建方法如下：

```
# 创建精灵组
group = pygame.sprite.Group()
# 向精灵组内添加一个精灵
group.add(sprite_one)
```

此外，pygame.sprite 模块也提供了多种检测精灵是否碰撞的方法。常用的精灵碰撞检测方法如表 17-16 所示。

表 17-16 常用的精灵碰撞检测方法

方法名	说明
pygame.sprite.collide_rect	两个精灵之间的矩形检测，即检测矩形区域是否有交汇，返回一个布尔值
pygame.sprite.collide_circle	两个精灵之间的圆形检测，即检测圆形区域是否有交汇，返回一个布尔值
pygame.sprite.collide_mask	两个精灵之间的像素蒙版检测，是更为精准的一种碰撞检测方式
pygame.sprite.spritecollide	精灵和精灵组之间的矩形碰撞检测，一个组内的所有精灵会逐一地对另外一个精灵进行碰撞检测，返回值是一个列表，其中包含发生碰撞的所有精灵
pygame.sprite.spritecollideany	精灵和精灵组之间的矩形碰撞检测，是上述方法的变体，当发生碰撞时，返回组内的一个精灵，无碰撞发生时，返回 None
pygame.sprite.groupcollide	检测在两个精灵组之间发生碰撞的所有精灵，返回值是一个字典，将第一个精灵组中发生碰撞的精灵作为键，第二个精灵组中发生碰撞的精灵作为值

下面看一个简单的示例，代码如下所示：

```
import pygame
class TestSprite(pygame.sprite.Sprite):
    #定义构造函数
    def __init__(self,filename,location):
        # 调用父类来初始化子类
        pygame.sprite.Sprite.__init__(self)
        # 加载图像
        self.image = pygame.image.load(filename)
        self.image = pygame.transform.scale(self.image, (80, 60))
        # 获取图像矩形区域
        self.rect = self.image.get_rect()
```

```
                # 设置位置
                self.rect.topleft = location
# 初始化 Pygame
pygame.init()
screen = pygame.display.set_mode((500,400))
pygame.display.set_caption('精灵碰撞检测示例')
# 填充为白色屏幕
screen.fill((255,255,255))
filename = "snake.png"
location = (100,150)
snake = TestSprite(filename,location)
# 碰撞检测必须有两个精灵，因此再创建一个精灵，并使用 location_2 来控制第二个精灵的位置
location_2 = (100,80)
bird = TestSprite('bird.png',location_2)
# 调用 collide_rect 进行矩形检测，返回一个布尔值，碰撞则返回 True，否则返回 False
crash_result = pygame.sprite.collide_rect(snake,bird)
if crash_result:
    print("精灵碰撞了!")
    pass
else:
    print('精灵没碰撞')
while True:
    for event in pygame.event.get():
        if event.type == pygame.QUIT:
            pygame.quit()
            exit()
    # 绘制精灵到窗口上
    screen.blit(snake.image,snake.rect)
    screen.blit(bird.image,bird.rect)
    # 刷新显示内容
    pygame.display.update()
```

上述代码保存在 test_sprite.py 文件（见本书配套资源）中。

当精灵没有发生碰撞时，程序的运行结果如图 17-13 所示。

接下来，我们将 bird 的 location_2 参数修改为(100,140)，再次运行程序，这时两个精灵就会发生碰撞，运行结果如图 17-14 所示。

图 17-13　精灵未发生碰撞时运行结果

图 17-14　精灵发生碰撞后运行结果

除上述模块外，Pygame 还提供许多其他模块，比如 mixer（声音控制模块）等。鉴于这些模块使用起来较为简单，你可以自行查看 Pygame 官方的使用手册进行学习。

17.3　外星人入侵游戏项目设计与开发

通过 17.2 节的学习，你已掌握了 Pygame 模块的一些基本使用方法。本节将以外星人入侵游戏为例，来学习游戏项目的开发过程。在开发一个游戏项目时，首先应该清楚项目的功能有哪些，对项目进行整体的规划和设计。

在本游戏中，玩家可以使用方向键左右移动飞船，使用空格键发射子弹。玩家飞船在窗口底部出现，外星人飞船由屏幕上方下降；玩家通过发射子弹射击外星人飞船，所有外星人飞船都被消灭后，完成当前级别的任务，下一级别会出现新的外星人飞船，并且外星人飞船的下降速度也会加快，以提高游戏难度。玩家飞船碰撞外星人飞船，或者外星人飞船下降到屏幕底部，外星人飞船获胜，玩家飞船消耗掉一次生命值，设定玩家飞船的生命值为 3 次，3 次生命值用光后，游戏结束。

本项目参考了 Eric Matthes 的著作中的项目[12]，并在其基础上做了改进，游戏项目最终效果如图 17-15 所示。

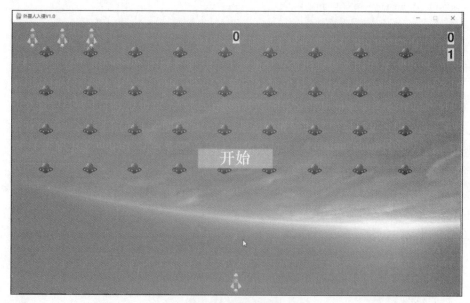

图 17-15　游戏项目最终效果

17.3.1　游戏的初始设置

游戏通常会有一些通用设置，为此编写了一个名为 game_settings 的界面，其中包含一个名为 Game_Settings 的类，用来存储游戏的设置信息，便于实现游戏配置的统一管理，易于游戏功能的扩展。下面是 Game_Settings 类的详细代码：

```python
import pygame
"""游戏基本设置类"""
class Game_Settings():
```

```python
    def __init__(self):
        """初始化参数的设置"""
        # 屏幕设置
        self.screen_width = 1200
        self.screen_height = 700
        self.bg_color = (230, 230, 230)
        self.bg=pygame.image.load(r"images/bg3-1.jpg")    # 设置背景图像位置
        # 玩家飞船设置
        self.ship_speed_factor = 1.5    # 玩家飞船速度系数为1.5
        self.ship_limit = 3
        # 子弹设置
        self.bullet_width = 3
        self.bullet_height = 15
        self.bullet_color = 230, 230, 230
        self.bullet_speed_factor = 3
        self.bullets_allowed = 5
        # 外星人飞船设置
        self.fleet_drop_speed = 10    # 外星人飞船下降速度为10
        # 加快游戏节奏的速度
        self.speedup_scale = 1.1
        # 外星人飞船点数的提高速度
        self.score_scale = 1.5
        self.initialize_dynamic_settings()
    def initialize_dynamic_settings(self):
        """初始化随游戏进行而变化的设置"""
        self.ship_speed_factor = 1.5    # 玩家飞船速度系数为1.5
        self.bullet_speed_factor = 3    # 子弹速度系数为3
        self.alien_speed_factor = 1    # 外星人飞船速度系数为1
        # fleet_direction 为1表示外星人飞船向右移动，为-1表示向左移动
        self.fleet_direction = 1    # 外星人飞船向右移动
        # 记分
        self.alien_points = 50    # 外星人飞船点数50
    def increase_speed(self):
        """速度和外星人飞船点数设置"""
        self.ship_speed_factor *= self.speedup_scale
        self.bullet_speed_factor *= self.speedup_scale
        self.alien_speed_factor *= self.speedup_scale
        self.alien_points = int(self.alien_points * self.score_scale)
        print(self.alien_points)
```

上述代码保存在 game_settings.py 文件（见本书配套资源）中。在 Game_Settings 类中创建了 3 个方法，__init__ 方法用来进行初始化参数的设置，包括屏幕的设置、玩家飞船设置、子弹设置、外星人飞船设置；initialize_dynamic_settings 方法用来初始化随游戏进行而变化的设置；increase_speed 方法用来进行速度和外星人飞船点数设置。

17.3.2　创建玩家飞船类 Ship

创建玩家飞船类时，需要用到飞船图像，本书使用 ship.png 文件中的飞船图像，该文件可在本书的配套资源中找到，你也可以使用自己喜欢的飞船图像。Pygame 几乎可以使用任何类型的图片文件。Ship 类的实现代码如下：

```python
import pygame
from pygame.sprite import Sprite
```

```python
class Ship(Sprite):
    def __init__(self, ai_settings, screen):
        """初始化玩家飞船并设置其初始位置"""
        super(Ship, self).__init__()
        self.screen = screen
        self.ai_settings = ai_settings
        # 加载玩家飞船图片并获取其外接矩形区域
        self.image = pygame.image.load(r"images/ship.png")
        self.image = pygame.transform.scale(self.image, (80, 60))
        self.rect = self.image.get_rect()
        self.screen_rect = screen.get_rect()
        # 将每艘新玩家飞船放在屏幕底部中央
        self.rect.centerx = self.screen_rect.centerx
        self.rect.bottom = self.screen_rect.bottom
        # 在玩家飞船的属性 center 中存储小数值
        self.center = float(self.rect.centerx)
        # 移动标志
        self.moving_right = False
        self.moving_left = False
    def update(self):
        """根据移动标志调整玩家飞船的位置"""
        # 更新玩家飞船的 center 值，而不是 rect
        if self.moving_right and self.rect.right < self.screen_rect.right:
            self.center += self.ai_settings.ship_speed_factor
        if self.moving_left and self.rect.left > 0:
            self.center -= self.ai_settings.ship_speed_factor
        # 根据 self.center 更新 rect 对象
        self.rect.centerx = self.center
    def blitme(self):
        """在指定位置绘制玩家飞船"""
        self.screen.blit(self.image, self.rect)
    def center_ship(self):
        """将玩家飞船的位置设置为屏幕底部中央"""
        self.center = self.screen_rect.centerx
```

上述代码保存在 player_ship.py 文件（见本书配套资源）中。ship 类中创建了 4 个方法，其中 __init__ 方法用来进行玩家飞船的一些基本属性的初始设置；update 方法用来检查 moving_left 和 moving_right 的值，如果其值为 True，就对玩家飞船的位置进行调整；blitme 方法用来在指定位置绘制玩家飞船；center_ship 方法用来将玩家飞船的位置设置为屏幕底部中央。

17.3.3　创建子弹类 Bullet

玩家可以通过按空格键发射子弹，子弹以图像形式载入，本书使用 bullet.png 文件中的图像，该文件可在本书的配套资源中找到。子弹从下向上发射，到达屏幕上边缘后消失。Bullet 类的实现代码如下：

```python
import pygame
from pygame.sprite import Sprite
class Bullet(Sprite):
    """一个对玩家飞船发射的子弹进行管理的类"""
    def __init__(self, ai_settings, screen, ship):
        """在玩家飞船所处的位置创建一个子弹对象"""
        super(Bullet, self).__init__()
```

```
        self.screen = screen
        self.image = pygame.image.load('images/bullet.png') # 加载子弹图像
        self.image = pygame.transform.scale(self.image, (40, 30))
        self.rect = self.image.get_rect()
        self.rect.centerx = ship.rect.centerx
        self.rect.top = ship.rect.top
        self.y = float(self.rect.y) # 存储用小数值表示的子弹位置
        self.speed_factor = ai_settings.bullet_speed_factor
    def update(self):
        "向上移动子弹"
        self.y -= self.speed_factor# 更新表示子弹位置的小数值
        self.rect.y = self.y# 更新表示子弹的 rect 的位置
    def draw_bullet(self):
        self.screen.blit(self.image, self.rect)
```

上述代码存储在 game_bullet.py 文件（见本书配套资源）中。Bullet 类中创建了 3 个方法，其中__init__方法用来进行子弹的一些基本属性的初始设置；update 方法用来管理子弹的位置，注意，子弹发射出去后，其 x 坐标值是始终不变的，所以在该方法中只需要根据子弹速度改变子弹的 y 坐标值即可；draw_bullet 方法用来绘制子弹。

17.3.4　创建外星人飞船类 Alien

外星人飞船与玩家飞船相似，但外星人飞船是从屏幕上方出现，并且不断向下移动的，外星人飞船也以图像形式载入，本书使用 alien.png 文件中的图片，该文件可在本书的配套资源中找到。Alien 类的实现代码如下：

```
import pygame
from pygame.sprite import Sprite
class Alien(Sprite):
    """表示单个外星人飞船的类"""
    def __init__(self, ai_settings, screen):
        """初始化外星人飞船并设置其起始位置"""
        super(Alien, self).__init__()
        self.screen = screen
        self.ai_settings = ai_settings
        # 加载外星人飞船图像，并设置其 rect
        self.image = pygame.image.load(r'images\alien.png')
        self.image = pygame.transform.scale(self.image, (60, 50))
        self.rect = self.image.get_rect()
        # 每个外星人飞船最初都在屏幕左上角附近
        self.rect.x = self.rect.width
        self.rect.y = self.rect.height
        self.x = float(self.rect.x) # 存储外星人飞船的准确位置
    def blitme(self):
        """在指定位置绘制外星人飞船"""
        self.screen.blit(self.image, self.rect)
    def check_edges(self):
        """如果外星人飞船位于屏幕边缘，就返回 True"""
        screen_rect = self.screen.get_rect()
        if self.rect.right >= screen_rect.right:
            return True
        elif self.rect.left <= 0:
            return True
```

```
def update(self):
    """向左或向右移动外星人飞船"""
    self.x += (self.ai_settings.alien_speed_factor * self.ai_settings.fleet_direction)
    self.rect.x = self.x
```

上述代码存储在 alien_ship.py 文件（见本书配套资源）中。Alien 类中创建了 4 个方法，其中 __init__ 方法用来进行外星人飞船的一些基本属性的初始设置；blitme 方法用来在指定位置绘制外星人飞船；check_edges 方法用来检查是否有外星人飞船位于屏幕边缘，如果外星人飞船的 rect 的 right 属性值大于或等于屏幕的 rect 的 right 属性值，就说明外星人飞船位于屏幕右边缘，如果外星人飞船的 rect 的 left 属性值小于或等于 0，就说明外星人飞船位于屏幕左边缘；update 方法用来左右移动外星人飞船。

17.3.5　创建游戏统计信息类 GameStates

在游戏过程中，需要记录并跟踪游戏的统计信息，如飞船碰撞次数等。定义一个 GameStates 类完成统计功能，GameStates 类的实现代码如下：

```
class GameStates():
    """跟踪游戏的统计信息"""
    def __init__(self, ai_settings):
        """初始化统计信息"""
        self.ai_settings = ai_settings
        self.reset_stats()
        # 游戏刚启动时处于活动状态
        # self.game_active = True
        # 让游戏一开始处于非活动状态
        self.game_active = False
        # 在任何情况下都不应重置最高得分
        self.high_score = 0

    def reset_stats(self):
        """初始化随游戏进行可能变化的统计信息"""
        self.ships_left = self.ai_settings.ship_limit
        self.score = 0
        self.level = 1
```

上述代码存储在 game_states.py 文件（见本书配套资源）中。类中创建了 2 个方法，其中 __init__ 方法用来进行统计信息的初始设置，reset_stats 方法用来在每次开始游戏时重置得分和等级。

17.3.6　创建按钮类 Button

在游戏开始时，需要单击"开始"按钮，所以要创建一个 Button 类。以创建一个写有"开始"二字的实心矩形按钮为例，Button 类的实现代码如下：

```
import pygame.font
class Button():
    def __init__(self, ai_settings, screen, msg):
        """初始化按钮的属性"""
        self.screen = screen
        self.screen_rect = screen.get_rect()
        # 设置按钮的尺寸和其他属性
        self.width, self.height = 200, 50
```

```
        self.button_color = (0, 255, 0)
        self.text_color = (255, 255, 255)
        self.font = pygame.font.Font('test.ttf',38)
        # 创建按钮的 rect 对象,并使其居中
        self.rect = pygame.Rect(0, 0, self.width, self.height)
        self.rect.center = self.screen_rect.center
        # 按钮的标签只需创建一次
        self.prep_msg(msg)
    def prep_msg(self, msg):
        """将 msg 参数传递的值渲染为图像,并使其在按钮上居中"""
        self.msg_image = self.font.render(msg, True, self.text_color, self.button_color)
        self.msg_image_rect = self.msg_image.get_rect()
        self.msg_image_rect.center = self.rect.center
    def draw_button(self):
        # 先绘制一个填充颜色的按钮,再绘制文本
        self.screen.fill(self.button_color, self.rect)
        self.screen.blit(self.msg_image, self.msg_image_rect)
```

上述代码存储在 game_button.py 文件(见本书配套资源)中。Button 类中创建了 3 个方法,其中 __init__ 方法用来进行按钮属性的初始设置,因为按钮的文字使用了中文,所以在这里用到了一个字体文件,该字体文件可在本书的配套资源中找到(也可在网上下载自己喜欢的字体文件,同时要注意程序商用时字体文件的版权问题);prep_msg 方法用来将文本内容渲染成图像显示;draw_button 方法用来将按钮显示在屏幕上,它通过调用 screen.fill 方法来绘制表示按钮的矩形,再调用 screen.blit 方法在屏幕上绘制文本图像。

17.3.7 创建游戏功能函数

创建 game_functions 模块来存储游戏中涉及的相关函数。单独创建该模块可以避免游戏主文件代码过长,也让程序逻辑更易于理解。game_functions 模块中包含多个函数,各函数名称和功能统计信息如表 17-17 所示。

表 17-17　　　　　　　　　game_functions 模块中定义的函数

函数名	功能
check_keydown_events	响应按键
fire_bullet	发射子弹
check_keyup_events	响应松开按键
check_events	响应按键和鼠标事件
update_screen	更新屏幕上的图像,并切换到新屏幕
update_bullets	更新子弹的位置,并删除已消失的子弹
check_bullet_alien_collisions	响应子弹和外星人飞船的碰撞
create_fleet	创建外星人飞船群
get_number_aliens_x	计算每行可容纳外星人飞船的数量
create_alien	创建一个外星人飞船并将其放在当前行
get_number_rows	计算屏幕可容纳外星人飞船的行数

续表

函数名	功能
check_fleet_edges	有外星人飞船到达边缘时采取相应的措施
change_fleet_direction	将外星人飞船群下移，并改变它们的方向
update_aliens	检查是否有外星人飞船到达屏幕边缘，然后更新所有外星人飞船的位置
ship_hit	响应被外星人飞船撞到的玩家飞船
check_aliens_bottom	检查是否有外星人飞船抵达屏幕底端
check_play_button	在玩家单击"开始"按钮时开始新游戏
check_high_score	检查是否出现了新的最高得分

接下来给出表 17-17 中每个函数的实现代码，在本书的配套资源中你也可找到实现这些函数的代码文件 game_functions.py。

```python
import sys
import pygame
from game_bullet import Bullet
from alien_ship import Alien
from time import sleep
def check_keydown_events(event, ai_settings, screen, ship, bullets):
    """响应按键"""
    if event.key == pygame.K_RIGHT:
        ship.moving_right = True
    elif event.key == pygame.K_LEFT:
        ship.moving_left = True
    elif event.key == pygame.K_SPACE:
        fire_bullet(ai_settings, screen, ship, bullets)
    elif event.key == pygame.K_q:
        sys.exit()
def fire_bullet(ai_settings, screen, ship, bullets):
    """如果还没有到达限制，就发射一颗子弹"""
    if len(bullets) < ai_settings.bullets_allowed:
        new_bullet = Bullet(ai_settings, screen, ship)
        bullets.add(new_bullet)
def check_keyup_events(event, ship):
    """响应松开按键"""
    if event.key == pygame.K_RIGHT:
        ship.moving_right = False
    elif event.key == pygame.K_LEFT:
        ship.moving_left = False


def check_events(ai_settings, screen, stats, sb, play_button, ship, aliens, bullets):
    """响应按键和鼠标事件"""
    for event in pygame.event.get():
        if event.type == pygame.QUIT:
            sys.exit()
        elif event.type == pygame.KEYDOWN:
            check_keydown_events(event, ai_settings, screen, ship, bullets)
        elif event.type == pygame.KEYUP:
            check_keyup_events(event, ship)
        elif event.type == pygame.MOUSEBUTTONDOWN:
            mouse_x, mouse_y = pygame.mouse.get_pos()
```

```
            check_play_button(ai_settings, screen, stats, sb, play_button, ship, aliens, bu
llets, mouse_x, mouse_y)

def update_screen(ai_settings, screen, stats, sb, ship, aliens, bullets, play_button):
    """更新屏幕上的图像，并切换到新屏幕"""
    # 每次循环时都重绘屏幕
    # screen.fill(ai_settings.bg_color)
    # 在玩家飞船和外星人飞船后面重绘所有子弹
    for bullet in bullets.sprites():
        bullet.draw_bullet()
    ship.blitme()
    aliens.draw(screen)
    # 显示得分
    sb.show_score()
    # 如果游戏处于非活动状态，就绘制"开始"按钮
    if not stats.game_active:
        play_button.draw_button()
    # 让最近绘制的屏幕可见
    pygame.display.flip()
def update_bullets(ai_settings, screen, stats, sb, ship, aliens, bullets):
    """更新子弹的位置，并删除已消失的子弹"""
    # 更新子弹的位置
    bullets.update()
    # 删除已消失的子弹
    for bullet in bullets.copy():
        if bullet.rect.bottom <= 0:
            bullets.remove(bullet)
    check_bullet_alien_collisions(ai_settings, screen, stats, sb, ship, aliens, bullets)

def get_number_aliens_x(ai_settings, alien_width):
    """计算每行可容纳外星人飞船的数量"""
    available_space_x = ai_settings.screen_width - 2 * alien_width
    number_aliens_x = int(available_space_x / (2 * alien_width))
    return number_aliens_x

def check_bullet_alien_collisions(ai_settings, screen, stats, sb, ship, aliens, bullets):
    """响应子弹和外星人飞船的碰撞"""
    # 删除发生碰撞的子弹和外星人飞船
    collisions = pygame.sprite.groupcollide(bullets, aliens, True, True)
    if collisions:
        for aliens in collisions.values():
            stats.score += ai_settings.alien_points * len(aliens)
    sb.prep_score()
    check_high_score(stats, sb)
    if len(aliens) == 0:
        # 如果外星人飞船都被消灭，就提高一个等级
        bullets.empty()
        ai_settings.increase_speed()
        # 提高等级
        stats.level += 1
        sb.prep_level()
        create_fleet(ai_settings, screen, ship, aliens)

  def create_fleet(ai_settings, screen, ship, aliens):
      """创建外星人飞船群"""
```

```python
        # 创建一个外星人飞船，并计算每行可容纳外星人飞船的数量
        alien = Alien(ai_settings, screen)
        number_aliens_x = get_number_aliens_x(ai_settings, alien.rect.width)
        number_rows = get_number_rows(ai_settings, ship.rect.height, alien.rect.height)

        # 创建外星人飞船群
        for row_number in range(number_rows):
            for alien_number in range(number_aliens_x):
                create_alien(ai_settings, screen, aliens, alien_number, row_number)
    def create_alien(ai_settings, screen, aliens, alien_number, row_number):
        """创建一个外星人飞船并将其放在当前行"""
        alien = Alien(ai_settings, screen)
        alien_width = alien.rect.width
        alien.x = alien_width + 2 * alien_width * alien_number
        alien.rect.x = alien.x
        alien.rect.y = alien.rect.height + 2 * alien.rect.height * row_number
        aliens.add(alien)
    def get_number_rows(ai_settings, ship_height, alien_height):
        """计算屏幕可容纳外星人飞船的行数"""
        available_space_y = (ai_settings.screen_height - (3 * alien_height) - ship_height)
        number_rows = int(available_space_y / (2 * alien_height))
        return number_rows


    def check_fleet_edges(ai_settings, aliens):
        """有外星人飞船到达边缘时采取相应的措施"""
        for alien in aliens.sprites():
            if alien.check_edges():
                change_fleet_direction(ai_settings, aliens)
                break


    def change_fleet_direction(ai_settings, aliens):
        """将外星人飞船群下移，并改变它们的方向"""
        for alien in aliens.sprites():
            alien.rect.y += ai_settings.fleet_drop_speed
        ai_settings.fleet_direction *= -1


def update_aliens(ai_settings, screen, stats, sb, ship, aliens, bullets):
    """检查是否有外星人飞船到达屏幕边缘，然后更新所有外星人飞船的位置"""
    check_fleet_edges(ai_settings, aliens)
    aliens.update()
    # 检查是否有外星人飞船到达屏幕底端
    check_aliens_bottom(ai_settings, screen, stats, sb, ship, aliens, bullets)
    # 检测是否有外星人飞船和玩家飞船碰撞
    if pygame.sprite.spritecollideany(ship, aliens):
        ship_hit(ai_settings, screen, stats, sb, ship, aliens, bullets)
    # 检查是否有外星人飞船抵达屏幕底端
    check_aliens_bottom(ai_settings, screen, stats, sb, ship, aliens, bullets)

def ship_hit(ai_settings, screen, stats, sb, ship, aliens, bullets):
    """响应被外星人飞船撞到的玩家飞船"""
    if stats.ships_left > 0:
        # 将 ships_left 减 1
        stats.ships_left -= 1
        # 更新记分牌
        sb.prep_ships()            # 清空外星人飞船列表和子弹列表
```

```
        aliens.empty()
        bullets.empty()
        # 创建新的外星人飞船群，并将玩家飞船放到屏幕底端中央
        create_fleet(ai_settings, screen, ship, aliens)
        ship.center_ship()
        # 暂停
        sleep(0.5)
    else:
        stats.game_active = False
        pygame.mouse.set_visible(True)
def check_high_score(stats, sb):
    """检查是否出现了新的最高得分"""
    if stats.score > stats.high_score:
        stats.high_score = stats.score
        sb.prep_high_score()


def check_aliens_bottom(ai_settings, screen, stats, sb, ship, aliens, bullets):
    """检查是否有外星人飞船抵达屏幕底端"""
    screen_rect = screen.get_rect()
    for alien in aliens.sprites():
        if alien.rect.bottom >= screen_rect.bottom:
            # 像玩家飞船被外星人飞船撞到一样处理
            ship_hit(ai_settings, screen, stats, sb, ship, aliens, bullets)
            break
def check_play_button(ai_settings, screen, stats, sb, play_button, ship, aliens, bullets,
mouse_x, mouse_y):
    """在玩家单击"开始"按钮时开始新游戏"""
    button_clicked = play_button.rect.collidepoint(mouse_x, mouse_y)
    if button_clicked and not stats.game_active:
        # 重置游戏设置
        ai_settings.initialize_dynamic_settings()
        # 隐藏光标
        pygame.mouse.set_visible(False)
        # 重置游戏统计信息
        stats.reset_stats()
        stats.game_active = True
        # 重置记分牌图像
        sb.prep_score()
        sb.prep_high_score()
        sb.prep_level()
        sb.prep_ships()
        # 清空外星人飞船列表和子弹列表
        aliens.empty()
        bullets.empty()
        # 创建新的外星人飞船群，并让玩家飞船居中
        create_fleet(ai_settings, screen, ship, aliens)
        ship.center_ship()
```

上述代码存储在 game_functions.py 文件（见本书配套资源）中。文件中包含 18 个函数，函数的功能已经在表 17-17 中做出说明，同时在代码中也加入了注释，你可自行阅读学习。

17.3.8 创建游戏入口

创建一个游戏主文件，用来作为游戏的入口，进行主要流程和功能的调用。其实现代码

如下：

```
import pygame
from game_button import Button
from game_states import GameStates
from game_settings import Game_Settings
from player_ship import Ship
import game_functions as gf
from pygame.sprite import Group
from game_scoreboard import Scoreboard

def run_game():
    # 初始化游戏并创建一个屏幕对象
    pygame.init()
    ai_settings = Game_Settings()
    screen = pygame.display.set_mode((ai_settings.screen_width,\ ai_settings.screen_height))
    bg = ai_settings.bg  # 背景图片位置
    # 标题
    pygame.display.set_caption("外星人入侵V1.0")
    # 创建 "开始" 按钮
    play_button = Button(ai_settings, screen, "开始")
    # 创建一艘玩家飞船、一个子弹组和一个外星人飞船组
    ship = Ship(ai_settings, screen)
    bullets = Group()
    aliens = Group()
    # 创建外星人飞船群
    gf.create_fleet(ai_settings, screen, ship, aliens)
    # 创建存储游戏统计信息的实例，并创建记分牌
    stats = GameStates(ai_settings)
    sb = Scoreboard(ai_settings, screen, stats)
    # 开始游戏的主循环
    while True:
        gf.check_events(ai_settings, screen, stats, sb, play_button, ship, aliens, bullets)
        if stats.game_active:
            ship.update()
            gf.update_bullets(ai_settings, screen, stats, sb, ship, aliens, bullets)
            gf.update_aliens(ai_settings, screen, stats, sb, ship, aliens, bullets)
        gf.update_screen(ai_settings, screen, stats, sb, ship, aliens, bullets, play_button)
        screen.blit(bg, (0, 0))

run_game()
```

上述代码存储在 alien_inbreak.py 文件（见本书配套资源）中。该文件中定义了 1 个方法，方法名称为 run_game，该方法进行了窗口初始化的设置，并进行了页面中按钮、玩家飞船、外星人飞船群、子弹组、记分牌的绘制，通过一个循环进行游戏的逻辑功能调用，方法定义完后，在文件的最后一行进行了该方法的调用，从而开始游戏。

17.4　小结

本章介绍了使用 Pygame 模块进行游戏开发的方法，通过 "外星人入侵" 游戏项目对相关内容进行了综合运用。对游戏开发感兴趣的读者，最好的学习方法就是进行更多示例的练习并不断地进行示例的分析及经验总结，相信经过一段时间的训练和经验的积累，你很快就能独立进行游戏开发了。

第18章

使用 Django 框架快速创建用户信息管理系统

本章介绍 Python 中主要的 Web 框架之一 Django 的基本使用方法，以 MySQL 数据库与 Django 框架联合构建 Web 应用为例，实现一个简单的用户信息管理系统。Django 是一个开源的框架，采用 MVT（Model-View-Template，模型-视图-模板）设计模式，使用 Python 编程语言开发，最初是用于管理劳伦斯出版集团旗下网站的软件，于 2005 年 7 月在 BSD 许可证下发布。该框架以吉普赛吉他手 Django Reinhardt 的名字命名。

18.1 Django 框架简介与环境部署

Django 框架采用 MVT 设计模式。模型（Model）层主要负责与数据有关的事务，如数据的存储、数据字段信息的校验等。视图（View）层主要负责逻辑操作，当前台发送增删改查请求后，视图层负责处理请求并与模型层进行交互，然后将结果发送给模板层。模板（Template）层主要负责前台网页信息的展示，包括加载静态样式、呈现动态数据、实现用户与功能的交互，当然数据也源于视图层与模型层交互后的结果。Django 框架结构如图 18-1 所示。

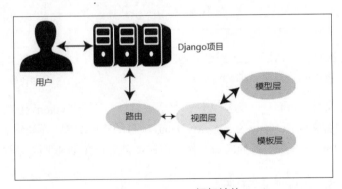

图 18-1 Django 框架结构

本章中 Python 版本为 3.6 以上即可。Django 安装方式有如下两种。

第一种为在 PyCharm（或者其他 IDE，本章以 PyCharm 为例）中安装，首先在 PyCharm 中创建一个工程，然后在工具栏中选择 Terminal，使用命令 pip install django==2.0 安装 Django，如图 18-2 所示。

第二种为在系统环境中安装，直接打开命令提示符窗口，然后输入 pip install django==2.0 命令并运行，如图 18-3 所示。

图 18-2　利用 PyCharm 安装 Django　　　　　图 18-3　在系统环境中安装 Django

另外，在本章中需要用到 MySQL 数据库，在 Django 中访问该数据库需要使用第三方包 PyMySQL，安装方式为：

```
pip install pymysql
```

18.2　Django 框架的基本使用方法

18.2.1　创建一个 Django 项目

创建一个 Django 项目可以理解为创建一个网站的工程文件，在 PyCharm 中创建 Django 项目只需几步即可。首先确认好当前工程的路径，然后在命令提示符窗口中执行如下命令：

```
django-admin startproject MyDemo
```

其中，MyDemo 为项目名称，可自行定义。在 PyCharm 中创建 MyDemo 项目如图 18-4 所示。

此外，也可以通过系统命令提示符窗口进入指定路径，并且使用同样的命令来创建 Django 项目。创建完成后的 Django 项目 MyDemo 的目录如图 18-5 所示。

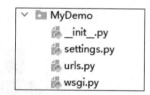

图 18-4　创建 MyDemo 项目　　　　　图 18-5　MyDemo 的目录

其中，初始化文件__init__.py 为空文件，表示该目录是一个 Python 包；settings.py 文件是 MyDemo 项目的配置文件；urls.py 文件是 MyDemo 项目的路由文件，用于设置网站反馈的具体内容；wsgi.py 文件是 Web 服务器的入口文件，使该项目运行在 Web 服务器中。

18.2.2　Django 框架的基本配置

Django 的配置文件是 settings.py，它用于配置整个项目的环境和功能。其基本配置项如下。

项目路径：BASE_DIR = os.path.dirname(os.path.dirname(os.path.abspath(__file__)))。

加密配置：SECRET_KEY='-avnnfhcl$^5f%0qwd*y2+0#7ogc66gl_wo68qz_9sa)9zu1$-'。

域名配置：ALLOWED_HOSTS = []。

App 列表配置：INSTALLED_APPS = [ ]。

中间件配置：MIDDLEWARE = [ ]。

静态资源配置：STATIC_URL = '/static/'。

模板配置：TEMPLATES = []。

数据库配置：DATABASES = {}。

其中，对于加密配置，Django 会自动分配密钥，你在实验时会得到不同的数值。如需查看 settings.py 文件，可在 PyCharm 中单击该文件。基本配置项详述如下。

1. 项目路径

项目路径主要通过 os 模块读取当前项目在计算机中的具体路径，该配置项下的代码在创建项目时自动生成，一般情况下无须修改。

2. 加密配置

加密配置中的 SECRET_KEY 是一个随机值，在项目创建时会自动生成，一般情况下无须修改。

3. 域名配置

域名配置用于设置可访问的域名，默认值为空列表。

4. App 列表配置

App 列表配置中包含一些固定的配置项，例如 admin（内置的后台管理）、auth（内置的用户认证系统）、sessions（会话功能）等。在本章中的详细配置请参考 18.2.3 小节。

5. 中间件配置

中间件是一个用来处理 Django 的请求和响应的框架级别的钩子，它是一个轻量、低级别的插件系统，用于在全局范围内改变 Django 的输入和输出，在本章中没有使用到该项配置，感兴趣的读者可参考 Django 官方网站。

6. 静态资源配置

静态资源指的是网站中不会改变的文件，其中包括 CSS 文件、JS 文件等。通常这些静态资源会通过 settings.py 文件中的配置项进行设置，当浏览器访问 Django 项目时可找到 App（Application，应用程序）的静态资源。如果没有存放静态资源的文件夹，则需要在项目同级目录下新建一个 static 文件夹。

在静态资源配置下，STATICFILES_DIRS 可以将项目中的资源进行统一管理和使用，下面使用 STATICFILES_DIRS 进行配置。在原有的 Django 中的静态资源配置 STATIC_URL = '/static/' 的基础上增加下列配置：

```
STATICFILES_DIRS = [BASE_DIR, 'static']
```

7. 模板配置

在 Django 项目中，模板文件面向用户。它不仅可以用来展示信息，还能进行用户的功能交互。模板层中的 Django 引擎能够解析命令与模板变量，从而形成一个完整的网页展现给用户。在创建项目时，配置文件中已经包含初始的模板配置信息。Django 模板配置项包含以下几项。

BACKEND：模板引擎。

DIRS：模板路径。

APP_DIRS：是否在 App 中查找模板文件。

OPTIONS：模板中的变量和命令配置。

在原有 settings.py 文件中，原模板配置中的配置项如图 18-6 所示。

```
TEMPLATES = [
    {
        'BACKEND': 'django.template.backends.django.DjangoTemplates',
        'DIRS': [],
        'APP_DIRS': True,
        'OPTIONS': {
            'context_processors': [
                'django.template.context_processors.debug',
                'django.template.context_processors.request',
                'django.contrib.auth.context_processors.auth',
                'django.contrib.messages.context_processors.messages',
            ],
        },
    },
]
```

图 18-6　Django 模板配置项

8. 数据库配置

基本配置中的数据库配置项如图 18-7 所示。

```
DATABASES = {
    'default': {
        'ENGINE': 'django.db.backends.sqlite3',
        'NAME': os.path.join(BASE_DIR, 'db.sqlite3'),
    }
}
```

图 18-7　Django 数据库配置项

Django 项目中提供了多种数据库配置方案，Django 数据库配置项包括 4 种数据库配置，如下所示。

PostgreSQL 数据库：'django.db.backends.postgresql'。

MySQL 数据库：'django.db.backends.mysql'。

SQLite 数据库：'django.db.backends.sqlite3'。

Oracle 数据库：'django.db.backends.oracle'。

Django 使用的配置信息如下所示。

ENGINE：数据库驱动引擎。

NAME：数据库名称。

USER：数据库登录用户名。

PASSWORD：数据库登录密码。

HOST：数据库服务地址。

PORT：数据库服务端口号。

本章后续内容中使用的是 MySQL 数据库。另外，还需要在 __init__.py 文件中创建与所选数据库的连接，本章的后续内容中会给出具体示例。

18.2.3　创建 Django 应用

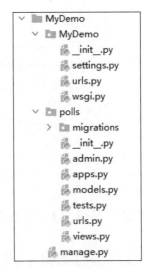

Django 自带一个实用程序，它可以自动生成项目的基本目录结构，从而使得工程师专注于编写代码而不必从头开始创建目录。它的好处在于当项目复杂时，可将其按功能分成多个独立的 App 进行开发。例如，在 MyDemo 项目中增加一个名为"polls"的 App，应先将当前目录切换到 manage.py 文件所在目录，在命令行中执行以下命令：

```
python manage.py startapp polls      #polls 表示添加的应用名称
```

随后，将 App 名称添加至基本配置中的 App 列表配置 INSTALLED_APPS 的列表中，创建 App 后的 MyDemo 项目的完整目录结构如图 18-8 所示。

其中，migrations 文件夹由系统自动生成，主要用于数据库的迁移操作，本章不做介绍。

图 18-8　创建 App 后的 MyDemo 项目的完整目录结构

18.2.4　定义视图

视图用来显示网页的内容，下面定义一个简单的视图。打开 polls 目录下的 views.py 文件，添加以下 Python 代码：

```python
from django.http import HttpResponse
def index(request):
    return HttpResponse("你好，Django 框架，这是我的第一个视图")
```

调用视图时需要将其映射到一个 URL（Uniform Resource Locator，统一资源定位符）上。为此，需要在 polls 目录中创建一个 URL 配置文件。但需要注意的是，系统不会自动在 polls 目录下创建路由文件，需要由开发者手动创建一个 urls.py 文件。创建文件后的 polls 目录如图 18-9 所示。

在 polls/urls.py 文件中添加以下代码：

图 18-9　在 polls 目录下创建的 urls.py 路由文件

```python
from django.urls import re_path
from . import views
urlpatterns = [
    re_path(r'^$', views.index, name='index'),
    ]
```

下一步是将 MyDemo 的根路由指向 App 的子路由。在 MyDemo/urls.py 文件中添加如下代码：

```python
from django.urls import re_path include
urlpatterns = [
    re_path(r'^poll/',include('polls.urls'))
    ]
```

至此，已经部署完 Django 环境，可以开始运行了，在控制台执行以下命令：

```
python manage.py runserver 0:8000
```

打开浏览器，在地址栏中输入 http://127.0.0.1:8000/polls/并访问，效果如图 18-10 所示。

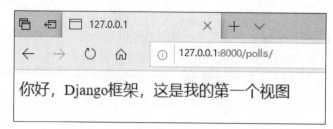

图 18-10　浏览器中访问 MyDemo 项目的视图

18.3　基于 Django 和 MySQL 创建一个用户信息管理系统

18.3.1　创建数据库和数据表

打开一个 MySQL 数据库管理端，在 MySQL 中创建用户数据库 mytest，SQL 代码如下：

```sql
CREATE DATABASE mytest DEFAULT CHARACTER SET utf8 COLLATE utf8_general_ci;
```

进入 mytest 数据库创建数据表 mytest_users，SQL 代码如下：

```sql
CREATE TABLE `mytest_users` (
 `id` int(10) unsigned NOT NULL AUTO_INCREMENT,
 `name` varchar(32) NOT NULL,
 `age` tinyint(3) unsigned NOT NULL DEFAULT '20',
 `phone` varchar(16) DEFAULT NULL,
 PRIMARY KEY (`id`)
) ENGINE=InnoDB AUTO_INCREMENT=1 DEFAULT CHARSET=utf8;
```

接下来在表中添加一些数据，SQL 代码如下：

```sql
INSERT INTO `mytest_user` VALUES ('1', '张三', '18', '888888');
INSERT INTO `mytest_user` VALUES ('2', '李四', '20', '666666');
INSERT INTO `mytest_user` VALUES ('3', '王五', '19', '777777');
INSERT INTO `mytest_user` VALUES ('4', '赵六', '22', '555555');
```

执行上述 SQL 语句后，表中数据如图 18-11 所示。

id	name	age	phone
4	赵六	22	555555
3	王五	19	777777
2	李四	20	666666
1	张三	18	888888

图 18-11　mytest 数据库中 mytest_user 表的部分数据

18.3.2　创建项目和应用

创建一个名为 demo 的项目框架，命令如下：

```
django-admin startproject demo
```

在 demo 项目中创建一个名为 mytest 的应用，命令如下：

```
python manage.py startapp mytest
```

demo 项目目录结构如图 18-12 所示。

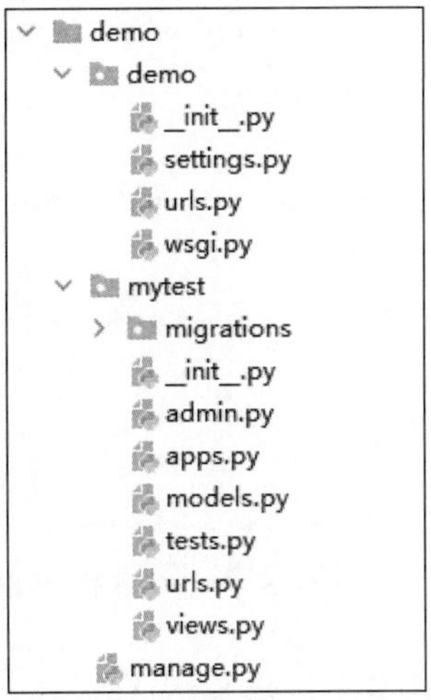

18.3.3　添加 demo 项目的数据库连接配置和基本配置

在连接数据库时需要利用 PyMySQL 或者其他第三方包，在
__init__.py 文件中添加数据库连接代码，如图 18-13 所示。

在 demo/demo/settings.py 文件中配置相关项，其中的数据库
配置中需要增加以下选项：

```
DATABASES = {
'default': {
    'ENGINE': 'django.db.backends.mysql',
    'NAME': 'mytest',
    'USER': 'root',
    'PASSWORD': '123456',
    'HOST': 'localhost',
    'PORT': '3306',
    }
}
```

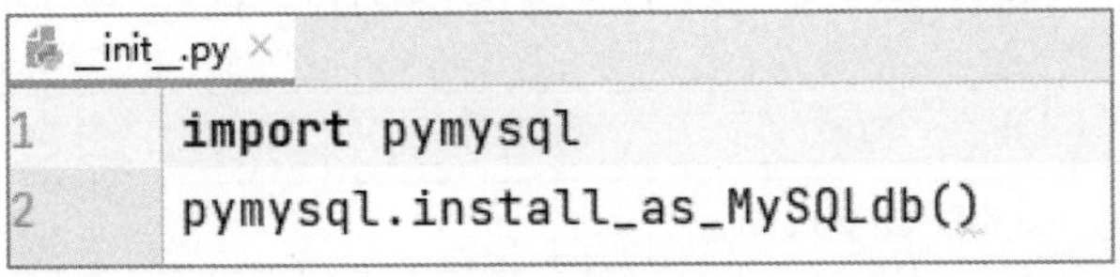

图 18-12　demo 项目目录结构

```
__init__.py ×
1    import pymysql
2    pymysql.install_as_MySQLdb()
```

图 18-13　在 __init__.py 文件中使用 PyMySQL 连接 MySQL 数据库

其中数据库名称、数据库登录用户名、数据库登录密码等信息需要提前在数据库中创建，
在数据库配置中添加的信息应与数据库中设置的一致。

在 demo/demo/settings.py 文件中继续配置服务器的 IP 地址，增加以下信息：

```
ALLOWED_HOSTS = ['127.0.0.1']
```

在 App 列表配置中增加以下信息：

```
INSTALLED_APPS = [
    'django.contrib.admin',
    'django.contrib.auth',
    'django.contrib.contenttypes',
    'django.contrib.sessions',
    'django.contrib.messages',
    'django.contrib.staticfiles',
    'mytest',
]
```

在模板配置中增加以下信息：

```
TEMPLATES = [
    {
        'BACKEND': 'django.template.backends.django.DjangoTemplates',
```

```
        'DIRS': [os.path.join(BASE_DIR,'templates')],
        'APP_DIRS': True,
        'OPTIONS': {
            'context_processors': [
                'django.template.context_processors.debug',
                'django.template.context_processors.request',
                'django.contrib.auth.context_processors.auth',
                'django.contrib.messages.context_processors.messages',
            ],
        },
    },
]
```

完整代码保存在 settings.py 文件（见本书配套资源）中。

18.3.4　定义模型

为实现面向对象编程语言中不同类型系统的数据之间的转换，需要在 Django 中创建一个虚拟对象数据库，通过对虚拟对象数据库的操作来实现对目标数据库的操作。为了与目标数据库中的字段类型进行映射，Django 的模型类定义了一套字段类型，如表 18-1 所示。

表 18-1　　　　　　　　　　　模型类中与数据库字段类型匹配的字段类型

字段类型名	说明
IntegerField	整数字段
AutoField	整数（自增长）字段
BooleanField	True/False 字段 CheckboxInput
NullBooleanField	支持 Null、True、False 这 3 种值
CharField	字符串字段，默认的表单样式是 TextInput，其中输入参数 max_length 指定最大字符长度
TextField	大文本字段，一般在超过 4000 个字符时使用
DecimalField	使用 Python 的 Decimal 实例表示的十进制浮点数，其中 max_digits 指定最大位数，decimal_places 指定小数点后数字位数
FloatField	使用 Python 的 float 实例表示的浮点数
DateField	使用 Python 的 datetime.date 实例表示的日期，其中参数 auto_now 设置为 True，是指每次保存对象时自动设置该字段为当前时间，用于保存最后一次修改的时间戳，它总是使用当前日期，默认值为 False；auto_now_add 设置为 True，是指当对象第一次被创建时自动设置该字段为当前时间，用于创建该对象生成时的时间戳，它总是使用当前日期，默认值为 False
TimeField	使用 Python 的 datetime.time 实例表示的时间，参数同 DateField
DateTimeField	使用 Python 的 datetime.datetime 实例表示的日期和时间，参数同 DateField
FileField	上传文件的字段
ImageField	继承 FileField 的所有属性和方法，但会对上传的对象进行校验，确保它是有效的图像

通过字段选项，可以实现对字段的约束，模型类中的字段选项如表 18-2 所示。

表 18-2　　　　　　　　　　　　模型类中的字段选项

字段选项名	说明
null	如果为 True，Django 将空值以 NULL 存储到数据库中，默认值是 False
blank	如果为 True，则该字段允许为空白，默认值是 False
db_column	字段的名称如果未指定，则使用属性的名称
db_index	如果为 True，则会在表中为此字段创建索引
primary_key	如果为 True，则该字段会成为模型的主键字段
unique	如果为 True，则该字段在表中必须有唯一值
default	设置默认值

在上述定义的基础上，可在 demo/mytest/models.py 文件中添加如下代码：

```
from django.db import models
class Users(models.Model):
    name = models.CharField(max_length=32)
    age = models.IntegerField(default=20)
    phone = models.CharField(max_length=16)
class Meta:
    db_table='mytest_user'
```

为了验证模型，在项目目录 demo\demo 下执行以下命令：

```
Python manage.py shell
```

在命令行执行以下命令：

```
>>> from mytest.models import Users
>>> s = Users.objects.get(id=1)
>>> s.id
    1
>>> s.name
    '张三'
>>>
```

由此可见，通过模型可以正常访问数据库中的数据。

18.3.5　实现 Web 端访问

配置当前应用 mytest 的路由，在 demo/mytest 下创建 urls.py 路由文件，注意此文件编码为 UTF-8（建议从 Django 框架中复制一个现有的 urls.py 文件）。为了实现 Web 端访问，需编写项目主路由配置，增加对 demo/urls.py 中路由的访问连接，代码如下：

```
from django.urls import include
urlpatterns = [
    re_path(r'^mytest/',include('mytest.urls')),
    ]
```

接着编辑 demo/mytest 目录下的子路由配置文件 urls.py，添加代码如下：

```
from django.urls import re_path
from . import views
urlpatterns = [re_path(r'^$',views.index,name='index')]
```

然后，编辑视图文件 demo/mytest/views.py，添加代码如下：

```
from django.http import HttpResponse
from mytest.models import Users
def index(request):
    try:
        s = Users.objects.get(id=1)
        return HttpResponse(s.name)
    except:
        return HttpResponse("没有找到对应的信息！")
```

在项目目录\demo 下执行开启服务命令：

```
python manage.py runserver 0:8000
```

最后，进行测试，在浏览器的地址栏中输入 URL 并访问，显示的数据库数据如图 18-14 所示。

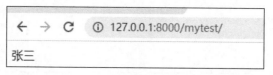

图 18-14　网页显示视图中调用的数据库数据

18.3.6　编辑模板文件

Django 模板语言包括变量{{变量}}、标签 {% 代码块 %}等。编辑模板文件的步骤如下：

（1）在项目目录\demo 下创建 templates 模板目录；

（2）进入模板目录 templates，在模板目录下创建应用名为 mytest 的目录；

（3）进入 mytest 目录，在里面创建一个 users 目录；

（4）进入 users 目录，在里面创建文件 index.html、add.html、edit.html、menu.html、info.html；

（5）设置模板目录信息，编辑 demo/demo/settings.py 文件。

为了展示用户信息管理系统的主页，需要创建一个名为 index.html 的主页文件（index 是创建该文件的约定名称），该文件目录为 demo/templates/mytest/users/，详细代码如下：

```
<!DOCTYPE html>
<html>
  <head>
    <meta charset="utf-8"/>
    <title>用户信息管理</title>
    <script>
        //自定义执行信息删除提示判断，参数 uu 是成功删除的 URL
        function doDel(uu){
          if(confirm("确定要删除吗？")){
              //网页跳转
              window.location=uu;}
                        }
    </script>
  </head>
  <body>
```

```
<center>
  {% include 'mytest/users/menu.html' %}
  <h3>浏览用户信息</h3>
  <table width="800" border="1">
    <tr>
      <th>id </th>
      <th>姓名</th>
      <th>年龄</th>
      <th>电话</th>
      <th>操作</th>
    </tr>
    {% for stu in stulist %}
    <tr>
      <td>{{ stu.id }}</td>
      <td>{{ stu.name }}</td>
      <td>{{ stu.age }}</td>
      <td>{{ stu.phone }}</td>
      <td>
      <a href="{% url 'editusers' stu.id %}">编辑</a>
      <a href="javascript:doDel('{% url 'delusers' stu.id %}');">删除</a>
      </td>
    </tr>
    {% endfor %}
    </table>
  </center>
  </body>
</html>
```

创建添加用户信息的模板文件 add.html，该文件目录为 demo/templates/mytest/users/，详细代码如下：

```
<!DOCTYPE html>
<html>
  <head>
    <meta charset="utf-8"/>
    <title>用户信息管理</title>
  </head>
  <body>
    <center>
      {% include "mytest/users/menu.html" %}
      <h3>添加用户信息</h3>
      <form action="{% url 'insertusers' %}" method="post">
      {% csrf_token %}
      <table width="280" border="0">
        <tr>
          <td>姓名：</td>
          <td><input type="text" name="name"/></td>
        </tr>
        <tr>
          <td>年龄：</td>
          <td><input type="text" name="age"/></td>
        </tr>
        <tr>
          <td>电话：</td>
          <td><input type="text" name="phone"/></td>
```

```
        </tr>
        <tr>
          <td colspan="2" align="center">
          <input type="submit" value="添加"/>
          <input type="reset" value="重置"/>
          </td>
        </tr>
      </table>
    </form>
  </center>
  </body>
</html>
```

创建修改用户信息的模板文件 edit.html，该文件目录为 demo/templates/mytest/users/，详细代码如下：

```
<!DOCTYPE html>
<html>
  <head>
    <meta charset="utf-8"/>
    <title>用户信息管理</title>
  </head>
  <body>
    <center>
      {% include "mytest/users/menu.html" %}
      <h3>修改用户信息</h3>
      <form action="{% url 'updateusers' %}" method="post">
        <input type="hidden" name="id" value="{{ user.id}}"/>
        {% csrf_token %}
        <table width="280" border="0">
          <tr>
            <td>姓名：</td>
            <td><input type="text" name="name" value="{{ user.name }}"/></td>
          </tr>
          <tr>
            <td>年龄：</td>
            <td><input type="text" name="age"  value="{{ user.age }}"/></td>
          </tr>
          <tr>
            <td>电话：</td>
            <td><input type="text" name="phone" value="{{ user.phone }}"/></td>
          </tr>
          <tr>
            <td colspan="2" align="center">
              <input type="submit" value="编辑"/>
              <input type="reset" value="重置"/>
            </td>
          </tr>
        </table>
      </form>
    </center>
  </body>
</html>
```

创建公共导航栏页的模板文件 menu.html，该文件目录为 demo/templates/mytest/users/，详

细代码如下：

```
<h2>用户信息管理</h2>
<a href="{% url 'users' %}">浏览用户</a> |
<a href="{% url 'addusers' %}">添加用户</a>
<hr/>
```

创建提示信息模板文件 info.html，该文件目录为 demo/templates/mytest/users/，详细代码如下：

```
<!DOCTYPE html>
<html>
  <head>
    <meta charset="utf-8"/>
    <title>用户信息管理</title>
  </head>
  <body>
    <center>
      {% include "mytest/users/menu.html" %}
      <h3>{{ info }}</h3>
    </center>
  </body>
</html>
```

18.3.7 设置视图

配置对应视图文件的子路由，打开文件目录 demo/mytest 下的 urls.py 路由文件，加入 7 条路由配置信息，如下所示：

```
from django.urls import re_path
from . import views
urlpatterns = [
    re_path(r'^$',views.index,name='index'),
    re_path(r'^users$', views.indexUsers, name="users"), #浏览用户信息
    re_path(r'^users/add$', views.addUsers, name="addusers"), #加载添加用户信息表单
    re_path(r'^users/insert$', views.insertUsers, name="insertusers"), #执行用户信息添加
    re_path(r'^users/(?P<uid>[0-9]+)/del$', views.delUsers, name="delusers"), #执行用户信息删除
    re_path(r'^users/(?P<uid>[0-9]+)/edit$', views.editUsers, name="editusers"), #加载用户信
息编辑表单
    re_path(r'^users/update$', views.updateUsers, name="updateusers"), #执行用户信息编辑
]
```

然后，在 demo/mytest 目录中的 views.py 文件中分别定义一些与功能相关的视图函数。

定义浏览用户信息的视图函数：

```
def indexUsers(request):
    #执行数据查询，并将查询结果放置到模板中
    list = Users.objects.all()
    context = {"stulist":list}
    return render(request,"mytest/users/index.html",context)
```

定义加载添加用户信息表单的视图函数：

```
def addUsers(request):
    return render(request,"mytest/users/add.html")
```

定义执行用户信息添加的视图函数：

```
def insertUsers(request):
    try:
        ob = Users()
        ob.name = request.POST['name']
        ob.age = request.POST['age']
        ob.phone = request.POST['phone']
        ob.save()
        context = {'info':'添加成功！'}
    except:
        context = {'info':'添加失败！'}
    return render(request,"mytest/users/info.html",context)
```

定义执行用户信息删除的视图函数：

```
def delUsers(request,uid):
    try:
        ob = Users.objects.get(id=uid)
        ob.delete()
        context = {'info':'删除成功！'}
    except:
        context = {'info':'删除失败！'}
return render(request,"mytest/users/info.html",context)
```

定义加载用户信息编辑表单的视图函数：

```
def editUsers(request,uid):
    try:
        ob = Users.objects.get(id=uid)
        context = {'user':ob}
        return render(request,"mytest/users/edit.html",context)
    except:
        context = {'info':'没有找到要修改的信息！'}
        return render(request,"mytest/users/info.html",context)
```

定义执行用户信息编辑的视图函数：

```
def updateUsers(request):
    try:
        ob = Users.objects.get(id= request.POST['id'])
        ob.name = request.POST['name']
        ob.age = request.POST['age']
        ob.phone = request.POST['phone']
        ob.save()
        context = {'info':'修改成功！'}
    except:
        context = {'info':'修改失败！'}
    return render(request,"mytest/users/info.html",context)
```

18.3.8　测试

在 PyCharm 的命令行中，进入 demo 项目中的 manage.py 文件路径，执行如下命令：

```
python .\manage.py runserver 0:8000
```

为了更加方便地查看具体的 URL，可进入 demo\mytest\urls.py 文件中查看，在 urlpatterns 列表中可看到具体的子路由地址，完整的 URL 地址是主路由地址（http://127.0.0.1:8000/mytest/）与子路由地址（users）的拼接。打开一个浏览器，在浏览器地址栏中输入管理用户信息页面的 URL 地址 http://127.0.0.1:8000/mytest/users 并访问，加载后如图 18-15 所示。

用户信息管理

浏览用户 | 添加用户

浏览用户信息

id	姓名	年龄	电话	操作
1	张三	18	888888	编辑 删除
2	李四	20	666666	编辑 删除
3	王五	19	777777	编辑 删除
4	赵六	22	555555	编辑 删除

图 18-15　管理用户信息

单击图 18-15 中的相应模块可进行其他功能测试，比如单击"添加用户"后的效果如图 18-16 所示。

在图 18-16 所示页面中添加用户信息，如图 18-17 所示。

用户信息管理

浏览用户 | 添加用户

添加用户信息

姓名：_____
年龄：_____
电话：_____
　　添加　重置

图 18-16　加载添加用户信息表单

用户信息管理

浏览用户 | 添加用户

添加用户信息

姓名：小李
年龄：22
电话：222222
　　添加　重置

图 18-17　添加用户信息

在添加用户信息后，单击"添加"按钮，提示信息如图 18-18 所示。

如果执行第 5 条数据的删除操作，单击对应的"删除"按钮后的效果如图 18-19 所示。

id	姓名	年龄	电话	操作
1	张三	18	888888	编辑 删除
2	李四	20	666666	编辑 删除
3	王五	19	777777	编辑 删除
4	赵六	22	555555	编辑 删除
5	小李	22	222222	编辑 删除

图 18-18　执行添加操作提示信息　　　　图 18-19　执行删除操作信息

在图 18-15 所示页面的基础上，单击第 1 条数据中的"编辑"按钮，加载的用户信息编辑表单如图 18-20 所示。

例如，将姓名"张三"修改为"张三丰"，修改用户信息如图 18-21 所示。

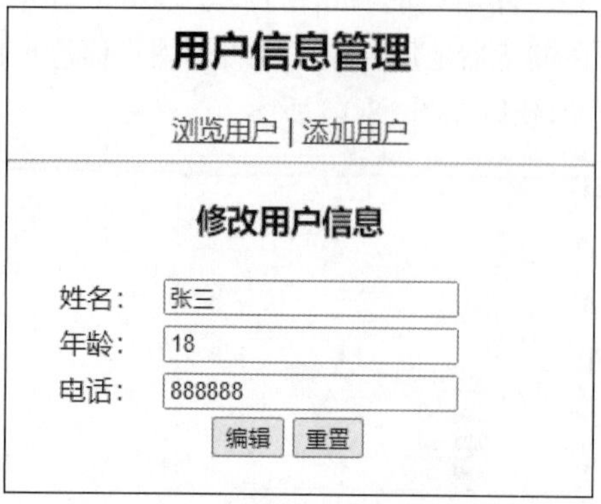

图 18-20　用户信息编辑表单

图 18-21　修改用户信息

在图 18-21 中单击"编辑"按钮即可完成修改。

18.4　小结

本章介绍了 Django 框架的工程文件目录结构和配置文件信息，以一个简单的用户信息管理系统为例，介绍了 Django 框架与 MySQL 数据库的连接方法，给出了路由文件、模板以及视图的配置和编辑方法，最终通过浏览器实现了添加、删除、修改、浏览等操作。你还可查阅 Django 官方网站上提供的更多其他功能，结合实际需求创建工程项目以进行实践，尝试搭建起功能更完整、页面更美观以及鲁棒性更好的基于 Django 框架的网站。

第19章 网络爬虫基础

随着"大数据"时代的到来，每一天都会有数以万亿级字节的数据产生。数据从何而来？有企业收集的用户数据，例如百度指数、阿里指数、TGI 企鹅指数等；有政府或机构公开的数据，例如中华人民共和国国家统计局数据、世界银行公开数据、联合国数据、纳斯达克数据等。数据是否可以进行交易？数据堂、国云数据、贵阳大数据交易所等平台提供买卖数据服务，麦肯锡、埃森哲、艾瑞咨询等企业提供数据管理咨询服务。为什么要做爬虫？如果需要的数据市场上没有，可以直接从允许爬取的网站上获取。尤其需要注意的是，爬虫必须遵循一定规则，本章中介绍的示例仅用于安全研究和学习。此外，爬虫与反爬虫技术相互博弈，这也就意味着爬虫与反爬虫技术都会与时俱进，因此，本章主要介绍利用 Python 语言的内置模块与第三方模块编写基本的网络爬虫脚本，从而实现对网站信息的定向采集。

19.1 网络爬虫技术基础

在正式学习具体的网络爬虫技术之前，我们还应分清几个基本概念。

HTML（Hypertext Markup Language，超文本标记语言）包括一系列标签，通过这些标签统一网络上的文档格式，使得互联网上的资源形成了一个逻辑整体。HTML 文本是指由 HTML 命令组成的描述性文本。HTML 命令可以描述文字、图像、动画、声音、表格与链接等信息，在 HTML 4.0 中，只定义了 70 余种标签，并且这些标签是固定的，也就是说，HTML 是不可扩展的，截至完稿时它的最新版本是 HTML5。浏览器将 HTML 文本翻译为可识别的信息，即网页。

随着 Web 应用的不断发展，HTML 的局限性逐渐显露，如 HTML 无法描述数据、可读性差、搜索时间长等。为此，开发人员设计了 XML（eXtensible Markup Language，可扩展标记语言），它可以用来标记数据、定义数据类型，是一种允许用户对自己的标记语言进行定义的源语言，非常适合万维网传输。XML 文件格式是纯文本格式，在许多方面类似于 HTML，XML 由 XML 元素组成，每个 XML 元素包括一个开始标签、一个结束标签以及两个标签之间的内容。另外，XML 可以被各种应用程序处理。

HTTP（Hypertext Transfer Protocol，超文本传送协议）是一个简单的请求-响应协议。HTTP 指定了客户端发送给服务器的消息类型以及得到响应的类型。

URL（Uniform Resource Locator，统一资源定位符）是一种用于指定信息位置的表示方法。常见的大部分网页都使用 HTTP URL 语法，具体形式如下：

```
http://<host>:<port>/<path>?<searchpart>
```

其中，<host>表示域名；<port>表示端口号，若省略:<port>，则通常使用默认的端口 80；

<path>表示 HTTP 选择器；<searchpart>则表示查询字符串；当<path>和<searchpart>都不存在时，/<path>?<searchpart>可以整体省略。

　　限于篇幅，本章仅简单介绍 HTML、XML、HTTP 的定义，更多细节请参阅参考资料[20] ~ [22]。

　　网络爬虫的实质就是根据 HTTP，获取并解析 HTML、XML 或其他格式的文本，并从中提取所需信息。根据不同的需求，网络爬虫可以分为两类，一类为通用网络爬虫，另外一类为聚焦网络爬虫。通用网络爬虫是搜索引擎（百度、必应等）系统重要的组成部分，它将从互联网中采集的网页保存至本地，形成网页镜像备份。搜索引擎将通用网络爬虫爬取的网页进行各种预处理，最后由搜索引擎根据特定的排序算法呈现给用户。由此可见，通用网络爬虫功能有限，它并不能针对用户的需求进行有针对性的搜索。而聚焦网络爬虫在实施网页抓取时，会对内容进行筛选，只抓取与需求相关的网页信息。

　　一个网络爬虫（下文简称爬虫）的基础工作流程如图 19-1 所示。

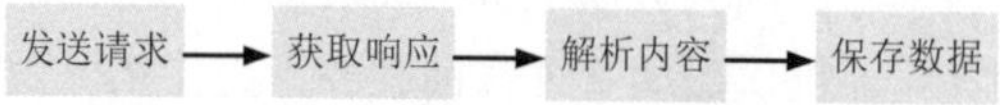

发送请求 ⟶ 获取响应 ⟶ 解析内容 ⟶ 保存数据

图 19-1　爬虫基础工作流程

　　本章也将按照图 19-1 所示的顺序介绍爬虫的相关技术，但在保存数据环节本章使用的是 Python 自带的文件处理模块，如需使用 SQLite 数据库进行存储，可以参考本书第 12 章；如需选择其他数据库（如 MySQL），可参考对应官方网站提供的帮助文档。

19.2　爬虫环境搭建

　　本节介绍 Python 爬虫环境的搭建方法，首先需要下载并安装与爬虫相关的模块。

1. Requests 模块

Requests 是一个优雅而简单的 Python HTTP 包，它主要负责发送 HTTP 请求并获取响应，从而实现源码采集。在 PyCharm 的命令行中执行安装命令即可完成安装，如下：

```
pip install requests
```

2. Selenium 模块

Selenium 是一个 Web 项目的自动化测试包，它具备发送 HTTP 请求并获取响应的功能，安装命令如下：

```
pip install selenium
```

3. bs4 模块

BeautifulSoup4（简称 bs4）是一个 HTML 解析器，主要功能是解析和提取数据，其安装命令如下：

```
pip install bs4
```

4. lxml 模块

lxml 是 XML 和 HTML 的解析器，其主要功能是高性能地解析和提取 XML 文档和 HTML 文档中的数据。lxml 和 re 模块一样，是用 C 语言实现的，也可以利用 XPath（XML Path Language，

XML 路径语言）语法来定位特定的元素及节点信息，其安装方式如下：

```
pip install lxml
```

为了配合 Selenium 模块实现网页源码采集，需要在计算机中安装 Chrome 浏览器。安装完毕后确认 Chrome 浏览器的版本，在浏览器主页单击右上角的 ⋮ 图标，弹出菜单后单击菜单中的"设置"命令，进入 Chrome 浏览器"设置"页面，再单击左侧导航栏最下方的"关于 Chrome"选项，即可查看浏览器版本，如图 19-2 所示。

图 19-2　查看 Chrome 浏览器版本

经过上述操作后发现 Chrome 浏览器版本为 105.0.5195.127（正式版本）（64 位），这时需要通过浏览器驱动官方网站查找并下载相应版本的 chromedriver 驱动文件，如果没有完全一致的版本号，则选择与当前 Chrome 浏览器版本最接近的 chromedriver 驱动文件版本（例如，本章中 Chrome 浏览器版本为 105.0.5195.127，下载的 chromedriver 驱动文件版本为 105.0.5195.52）。需要注意的是，应选择与操作系统相匹配的驱动文件，例如作者使用的是 32 位 Windows 操作系统，那么应下载 chromedriver_win32.zip 文件，如图 19-3 所示。

（a）选择对应 Chrome 浏览器的版本号

（b）根据操作系统选择对应的 chromedriver 驱动文件

图 19-3　选择 chromedriver 驱动文件

　　下载完该文件后，将文件放入指定路径（应明确该路径信息，便于后续试验）中解压缩即可。进入 PyCharm 编辑以下代码：

```
from selenium import webdriver
from selenium.webdriver.chrome.service import Service
import time
s = Service(r'D:\\chromedriver\\chromedriver.exe')
browser = webdriver.Chrome(service = s)
browser.get('http://www.ptpress.com.cn')
time.sleep(15)
browser.close()
```

　　注意，Service 中要添加之前的 Chrome 浏览器驱动所在的路径，执行成功后会自动启动 Chrome 浏览器并显示人民邮电出版社官方网站主页，如图 19-4 所示。

图 19-4　使用 Selenium 模块启动 Chrome 浏览器并显示人民邮电出版社官方网站主页

19.3　源码采集

　　在聚焦网络爬虫技术中，数据基本上都是从网页的 HTML 源码中获取的，所以采集数据对应的网页的 HTML 源码尤为重要。本节分别使用 urllib、Requests 和 Selenium 实现网页的 HTTP 请求并采集网页的 HTML 源码。urllib 是 Python 自带的标准库，主要用于实现 HTTP 请求；Requests 是一个第三方模块，它在 urllib 的基础上进行了高度封装，因此它使用起来更加简便。Selenium 的优势在于使用者无须精心设计请求标头，即可爬取应用异步 JavaScript 和 XML 技术的网页，但它的缺点是运行速度相对较慢，且需要使用浏览器的驱动。

19.3.1　使用 urllib 采集源码

　　urllib 是 Python 的标准库之一，主要用于发送 GET 请求然后返回 HTTP 响应，从而抓取源码。它可以处理 cookie，也支持通过代理访问，基本满足源码采集需求。在 urllib 包中，使用频率最高的是 urllib.request 模块，urllib.request 模块用于模拟浏览器的一个请求发起过程，这里介绍其中最常用的函数 urlopen 和其中的部分方法。

　　urlopen 函数用于实现对目标 URL 的访问，其中 read、readline 和 readlines 方法都可用于读取网页内容，区别在于 read 读取网页的全部内容，readline 读取网页的一行内容，readlines 读取网页的全部内容并以列表的形式返回。getcode 方法用于返回网页的状态码，在 HTTP 请求中，若返回 200 则代表访问成功，返回 404 则代表未找到网页；geturl 方法可以返回请求的 URL。

　　下面以采集"哈尔滨职业技术学院"官方网站为例，介绍源码采集的过程，其代码如下：

```python
from urllib import request
base_url = 'http://www.hzjxy.org.cn/'
response = request.urlopen(base_url)
fp = open('yuanma.txt','a',encoding='utf-8')
html = response.read().decode('utf-8')
fp.write(html)
fp.close()
```

　　其中，'http://www.hzjxy.org.cn/'为哈尔滨职业技术学院官方网站的网址，运行代码后，将该主页的 HTML 源码存储在 yuanma.txt 文件中。使用编辑器打开该文件，查看字符集编码是否为"utf-8"，效果如图 19-5 所示。

```
1    <!DOCTYPE html PUBLIC "-//W3C//DTD XHTML 1.0 Transitional//EN" "http://www.w3.org/TR/xhtml1/DTD/xhtml1-transitional.dtd"
2
3    <html xmlns="http://www.w3.org/1999/xhtml">
4
5    <head>
6
7    <meta baidu-gxt-verify-token="a907efd7c8c94b3a46e4336fa879ea0d">
8
9    <meta http-equiv="Content-Type" content="text/html; charset=utf-8" />
```

图 19-5　确认字符集编码

　　一般情况下，网站会验证请求标头报文以确保服务器能够正确响应请求内容，此时需要利用 urllib 模块加入请求标头。为了能够模拟真实用户的发送请求，在爬取时通常也会加入请求标头，但并不是一定要加入全部请求标头信息，一般需加入 User-Agent 字段。如果涉及模拟登录，可以加入 Cookie 字段来保持登录状态。其他字段根据网站反爬虫技术再决定是否加入。请求标头信息如图 19-6 所示。

```
▼ 请求标头                                                          查看源
   Accept: text/html,application/xhtml+xml,application/xml;q=0.9,image/webp,image/apng,*/*;q=0.8,application/signed-exchange;v=b3;q=0.9
   Accept-Encoding: gzip, deflate
   Accept-Language: zh-CN,zh;q=0.9,en;q=0.8,en-GB;q=0.7,en-US;q=0.6
   Cache-Control: max-age=0
   Connection: keep-alive
   Cookie: JSESSIONID=FB7322676CCFA1AF45ED92C7867B0075
   Host: www.hzjxy.org.cn
   Upgrade-Insecure-Requests: 1
   User-Agent: Mozilla/5.0 (Windows NT 10.0; Win64; x64) AppleWebKit/537.36 (KHTML, like Gecko) Chrome/108.0.0.0 Safari/537.36 Edg/108.0.1462.46
```

图 19-6　请求标头信息

　　请求标头信息中各字段说明如下。

　　Accept：浏览器可接受的 MIME（Multipurpose Internet Mail Extensions，多用途互联网邮件扩展）类型。

　　Accept-Encoding：浏览器能够进行解码的数据编码方式，比如 gzip。Servlet 能够向支持 gzip 的浏览器返回经 gzip 编码的 HTML 网页，在此条件下可以减少 80%～90%的下载时间。

　　Accept-Language：浏览器可接受的语言种类，当服务器能够提供一种以上的语言时使用。

　　Cache-Control：通用消息头字段，被用于 HTTP 请求和响应中，通过指定命令来实现缓存机制。

　　Connection：表示是否需要持久连接。如果 Servlet 读取此处值为 "keep-alive"，或者收到请求使用的是 HTTP/1.1（HTTP/1.1 默认进行持久连接），它就可以利用持久连接的优点，当页面包含多个元素（例如 Applet、图像）时，显著地减少下载所需时间。要实现这一点，Servlet 需要在响应中发送一个 Content-Length 头，最简单的实现方法是先把内容写入 ByteArrayOutputStream，然后在正式写出内容之前计算它的大小。

　　Cookie：浏览器暂存服务器发送的信息。

　　Host：初始 URL 中的主机和端口。

　　Upgrade-Insecure-Requests：向服务器发送一个客户端对 HTTPS（Hypertext Transfer Protocol Secure，超文本传输安全协议）加密和认证响应良好，并且可以成功处理的信号，可以请求所属网站所有的 HTTPS 资源。

　　User-Agent：浏览器类型。

　　利用 urllib 包中的 request 模块加入请求标头是使用 Request 函数进行源码采集的，Request 函数的数据必须是指定要发送到服务器的附加数据的对象。在本示例的请求标头中仅加入 User-Agent 字段的代码如下：

```
headers = {'User-Agent':'Mozilla/5.0 (Windows NT 10.0; Win64; x64) AppleWebKit/537.36 (KHTML,
like Gecko) Chrome/105.0.0.0 Safari/537.36 Edg/105.0.1343.42'}
base_url = 'http://www.hzjxy.org.cn/'
full_url = request.Request(url=base_url,headers=headers)
```

　　上述完整代码保存在 spiders_urllib_header.py 文件中，见本书的配套资源。从两种方式的运行结果来看，是否加入请求标头对于此网站的源码采集结果没有明显的影响，这说明了此网站并没有对请求标头进行验证。

19.3.2　使用 Requests 采集源码

　　本小节介绍使用 Requests 模块通过普通方式和带有请求标头的方式采集网站源码的方法。Requests 模块可以直接构建并发起常用的 GET 和 POST 请求，而 urllib 一般要先构建 GET 或者 POST 请求，再发起请求。不难看出，相较于 urllib，Requests 的使用更加便捷，也更加人性化。下面介绍 Requests 模块中最常用的两种方法。

- 获取网页中的信息，与 HTTP 中的 get 方法相对应：requests.get()。
- 向网页提交信息，与 HTTP 中的 post 方法相对应：requests.post()。

　　示例如下。

　　（1）通过 requests 发送 GET 请求进行网站源码采集，代码如下：

```
import requests
base_url = 'http://www.hzjxy.org.cn/'
response = requests.get(url=base_url)
response.encoding = 'utf-8'
```

```
html = response.text
```

（2）附加请求标头信息进行网站源码采集，关键代码如下：

```
headers = {'User-Agent':'Mozilla/5.0 (Windows NT 10.0; Win64; x64) AppleWebKit/537.36 (KHTML,
like Gecko) Chrome/108.0.0.0 Safari/537.36'}
base_url = 'http://www.hzjxy.org.cn/'
response = requests.get(url=base_url,headers=headers)
```

其中，headers 字典用于存储请求标头。上述完整代码均保存在 spiders_req.py 文件中。此外，为了方便采集媒体信息可以使用content属性获取二进制流，关于content的使用可参见19.4.1小节中的示例。

19.3.3　使用 Selenium 采集源码

与 19.3.1 小节和 19.3.2 小节中两种通过代码发送 GET 请求采集源码的方式不同，Selenium是通过 Chrome 浏览器驱动调用浏览器进行实际的网站请求并采集源码的，从反爬虫的角度来看，此方法进行网站请求和真实的用户进行网站请求几乎一样，从技术角度来说可规避一些基本的反爬虫技术，但很难通过具有严格反爬虫验证的网站。另外，Selenium 在爬取网页时每次都需调用浏览器，相对于 19.3.1 小节和 19.3.2 小节中介绍的两种采集源码的方法，使用 Selenium进行源码采集的效率较低。

Selenium 的基础用法如下。

（1）调用 Selenium 打开浏览器，代码如下：

```
from selenium import webdriver
from selenium.webdriver.chrome.service import Service
s = Service(r'D:\\chromedriver\\chromedriver.exe')
browser = webdriver.Chrome(service = s)
```

（2）使用 Selenium 输入字符或进行键盘操作，代码如下：

```
input.send_keys('人工智能')
input.send_keys(Keys.ENTER)
```

（3）利用 Selenium 采集源码，代码如下：

```
from selenium import webdriver
from selenium.webdriver.chrome.service import Service
import time
s = Service(r'D:\\chromedriver\\chromedriver.exe')
browser = webdriver.Chrome(service = s)
browser.get('http://www.hzjxy.org.cn/')
time.sleep(15)
html = browser.page_source
browser.save_screenshot('哈尔滨职业技术学院.png')
```

其中，Chrome 浏览器的驱动文件放置在 D 盘的 chromedriver 文件夹下。代码执行后，捕捉到的"哈尔滨职业技术学院.png"文件显示如图 19-7 所示。

图 19-7　使用 Selenium 获取的网页图像

19.4　数据解析

19.4.1　使用 bs4 解析数据

bs4，即 BeautifulSoup4，它是一个第三方的 HTML 或 XML 解析库，其最主要的功能是从网页中抓取数据。当 bs4 使用封装的不同解析器时，返回的结果也可能不同，几种常用解析器的比较如表 19-1 所示。

表 19-1　　　　　　　　　　　　bs4 模块常用解析器的比较

解析器	参数设置	优点和缺点
Python 标准库	'html.parser'	Python 内置标准库，执行速度适中；不兼容 Python3.2.2 之前的版本
lxml HTML 解析器	'lxml'	执行速度快，文档容错能力强；依赖外部的 C 语言库
lxml XML 解析器	'xml'	执行速度快，支持 XML 的解析器；依赖外部的 C 语言库
html5lib	'html5lib'	提供最好的容错性，以浏览器的方式解析文档，生成 HTML5 格式的文档；执行速度慢

bs4 模块的常用方法如下。

（1）解析 HTML 字符串：初始化 BeautifulSoup 对象并把对象赋值给 soup 实例，之后就可以用 soup 的各个方法和属性解析 HTML 代码，示例如下：

```
soup = BeautifulSoup(html,'html.parser')
```

（2）节点选择器：调用节点的名称，但需要注意的是，如果有多个要匹配的节点，那么只能匹配到第一个这样的节点，后面的节点会被忽略。示例如下：

```
soup.title
```

（3）搜索内容：分为 soup.find 和 soup.find_all 两种方法，soup.find 方法只返回第一个匹配到的对象，而 soup.find_all 会返回所有匹配到的对象。

（4）格式化输出：soup.prettify 可以将要解析的字符串以标准的字符格式输出。

（5）获取元素的属性：使用 attrs 属性，返回值是字典，利用属性的键可以获取值。

下面以采集网页 http://www.hzjxy.org.cn/27/b5/c64a10165/page.htm 中的视频文件为例，介绍使用 bs4 模块提取视频文件的方法。

首先，利用 19.3 节中介绍的方法获取该网页的 HTML 源码，在分析该 HTML 源码时，可以找到网页中包含的视频文件 URL，然而它并不是一个完整的 URL。因此，为了提取该文件，需找到该文件的完整 URL。本小节中使用 Chrome 浏览器的开发者工具来查看该文件的完整 URL，打开 Chrome 浏览器，在地址栏输入待采集网页的 URL 并访问，然后按 F12 键，打开开发者工具界面，如图 19-8 所示。

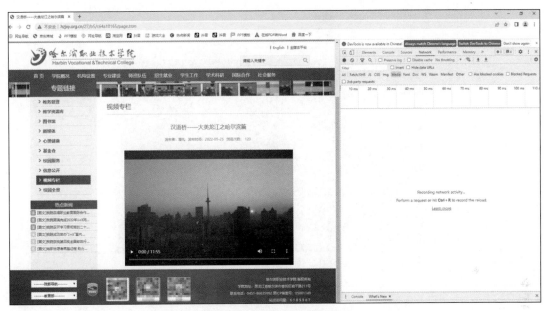

图 19-8　打开 Chrome 浏览器的开发者工具界面

为了方便显示，可将开发者工具界面置于浏览器界面的下方，单击开发者工具菜单栏从右往左数第二个按钮（Customize and control DevTools，定制和控制开发者工具），单击 ⊟ 按钮（图 19-9 中鼠标指针处），如图 19-9 所示。

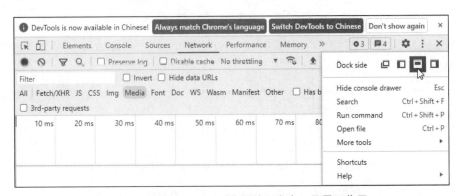

图 19-9　设置 Chrome 浏览器的开发者工具界面位置

单击该按钮后，开发者工具界面将置于浏览器界面的下方。实际上也可以通过开发者工具来发现网页中元素的部分 URL，单击菜单栏的 Elements 选项，再单击 Elements 选项左侧的在网页中选择元素进行检查（Select an element in the page to inspect it）按钮 ⌕，然后移动鼠标指针至页面中的视频文件位置，开发者工具会自动将该元素的位置加底色显示，如图 19-10（a）所示。

如图 19-10（b）所示，使用开发者工具查看页面中选中元素的部分 URL 和利用 urllib 或 Requests 模块采集 HTML 源码后分析得出的视频文件的部分 URL 是一致的。

（a）移动鼠标指针至页面中的视频文件位置

（b）在开发者工具中单击 Elements 并查看选中元素的部分 URL

图 19-10　使用开发者工具查看页面中选中元素的部分 URL

接下来，为了查看该视频文件的完整 URL，单击菜单栏中的 Network 选项，随后在 Filter 栏选择 Media，如图 19-11 所示。

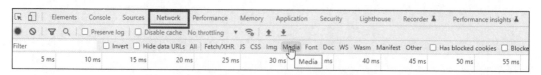

图 19-11　单击 Network 按钮并在 Filter 栏中选择 Media

按 F5 键刷新页面，在开发者工具界面会显示页面中的媒体文件，单击该文件，查看该文件完整的 URL，如图 19-12 所示。

为了方便查看，可以右击列表中的一个 .mp4 文件，在弹出的菜单中选择 Copy→Copy link

address，如图 19-13 所示。将该 URL 复制到其他编辑器中，以便查看。

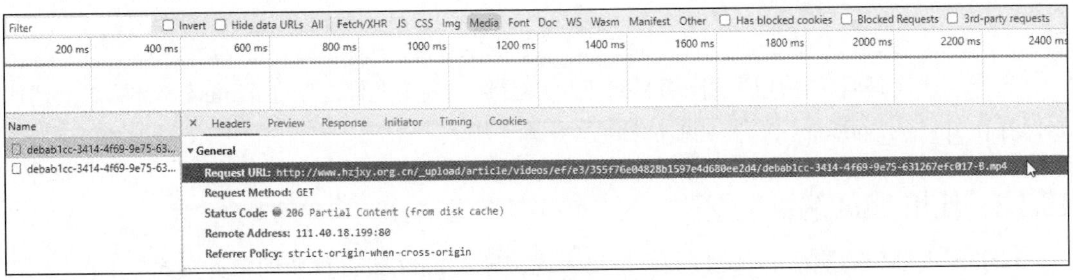

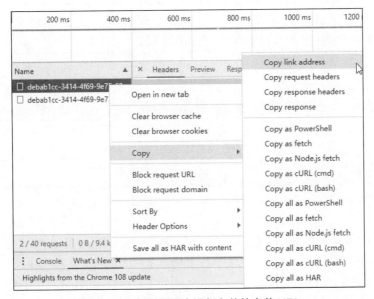

图 19-12　查看网页中文件的完整 URL

图 19-13　复制网页中视频文件的完整 URL

　　至此，通过分析可知该视频文件的完整 URL 实际上是由 HTML 源码中部分 URL 加上主页的 URL 拼接而成的。最后，利用 bs4 模块解析 HTML 源码后，增加一个拼接视频文件 URL 的操作即可完成该视频文件的下载及保存。具体代码如下：

```
import requests
from bs4 import BeautifulSoup
headers = {
    'User-Agent':'Mozilla/5.0 (Windows NT 10.0; Win64; x64) AppleWebKit/537.36 (KHTML, like Gecko)
Chrome/108.0.0.0 Safari/537.36'
}
base_url = 'http://www.hzjxy.org.cn/27/b5/c64a10165/page.htm'
response = requests.get(url=base_url,headers=headers)
response.encoding = 'utf-8'
html = response.text
soup = BeautifulSoup(html,'lxml')
video_url = soup.find('div',{'class':'wp_video_player'}).attrs['sudy-wp-src']
video_name = eval(soup.find('div',{'class':'wp_video_player'}).attrs['sudyfile-attr'])
['title']
```

```
full_url = 'http://www.hzjxy.org.cn/' + video_url
video_content = requests.get(url=full_url,headers=headers).content
with open(video_name,'wb') as fp:
    fp.write(video_content)
fp.close()
```

运行上述代码后，在代码的同级目录下可以看到"大美龙江之哈尔滨.mp4 文件"。上述代码保存在 spiders_video.py 文件（见本书配套资源）中。

19.4.2　使用 lxml 解析数据

lxml 的大部分功能都由 lxml.etree 模块实现，导入 lxml.etree 模块的常见方式如下：

```
from lxml import etree
```

该模块的常用方法如下。

（1）从字符串常量中解析 HTML/XML 文档或片段。

```
etree.HTML()
etree.XML()
```

（2）查找第一个匹配的子元素，若没有则返回 None。

```
f = etree.XML("<p><a x='777'>aText</a></p>")
f.find("a")
```

（3）返回所有匹配的子元素，若没有则返回[]。

```
f = etree.XML("<p><a x='777'>aText<b/><c/><b/></a></p>")
f.findall(".//a[@x]")
```

XPath 是一种用来确定 XML 文档中某部分位置的语言。XPath 基于 XML 的树状结构，提供在数据结构树中找寻节点的功能。起初开发者提出 XPath 的初衷是将其作为一个通用的、介于 XPointer 与 XSL（eXtensible Stylesheet Language，可扩展样式表语言）之间的语法模型，但是 XPath 很快被用来当作小型查询语言，其常用规则如表 19-2 所示。

表 19-2　　　　　　　　　　　　　　　　XPath 常用规则

表达式	描述
nodename	选取 nodename 节点的所有子节点
/	从根节点选取直接子节点
//	从匹配选择条件的当前节点选择文档中的节点，而不考虑它们的位置
.	选取当前节点
..	选取当前节点的父节点
@	选取属性

下面以采集哈尔滨职业技术学院图书馆新闻页面（URL 为 http://lib.hzjxy.org.cn/xw/list.htm）中新闻信息以及发布时间为例，介绍 lxml 模块的使用。采集页面字段以及页数如图 19-14 所示。

具体代码如下：

```
import requests
from lxml import etree
headers = {'User-Agent':''}
fp = open('news.txt','a',encoding='utf-8')
def htmls():
```

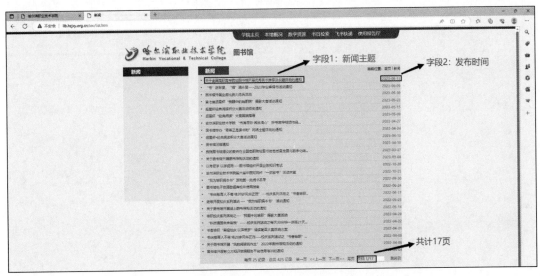

图 19-14 采集页面字段（新闻主题和发布时间）以及页数

```
    for num in range(1,18):
        base_url = 'http://lib.hzjxy.org.cn/xw/list{}.htm'.format(num)
        response = requests.get(url=base_url,headers=headers)
        response.encoding = 'utf-8'
        html = response.text
        clean(html)
def clean(html):
    htmls = etree.HTML(html)
    title = htmls.xpath('//div[@id="wp_news_w6"]/ul/li/div/span/a/@title')
    htmls.xpath('//div[@id="wp_news_w6"]/ul/li/div/span[@class="Article_PublishDate"]/text(
)')
    saves(title,times)
def saves(title,time):
    for tt,ti in zip(title,time):
        full_info = '新闻主题：{}\t发布时间：{}\n'.format(tt,ti)
        fp.write(full_info)
if __name__ == '__main__':
    htmls()
    fp.close()
```

运行上述代码后，在代码的同级目录下会生成 news.txt 文件。上述代码保存在 spiders_lib.py 文件（见本书配套资源）中。

19.5 小结

本章主要介绍了爬虫的基础概念，环境搭建，通过 Python 标准库 urllib 及 Requests、bs4、

lxml 等第三方模块进行源码采集和数据解析等内容。除此以外，还有一些可完成爬虫功能的第三方模块，如 pyquery、aiohttp 等，读者可以自行查阅这些模块的安装方法和使用说明以创建爬虫脚本，不断提高网络数据提取的效率和准确性。另外，还有一些爬虫框架，比如 Scrapy、pyspider 等，它们集成了下载、解析、日志管理以及异常处理等功能，但框架相对于模块具有不够灵活、扩展性低等缺点，感兴趣的读者可去其官方网站学习相关资料。

第20章 | 天气预测

机器学习是一门交叉学科，涉及概率论、统计学、线性代数、凸优化等多门学科，专门研究计算机怎样模拟或实现人类的学习行为。从其诞生之日至今，无数的科研人员不断地创造、完善各种模型，用于开发它们的语言有 C、C++、MATLAB、Python 等，其中最受欢迎、适用范围最广泛、模型实现最多的就是 Python。

从本章起，将介绍机器学习的三类典型问题：回归（Regression）、分类（Classification）和聚类（Clustering）。实际上，回归和分类的界限比较模糊，很多机器学习模型在二者之间可以相互转化。如果使用一个具有明确界限的分类方法，那么本章介绍的回归示例以及第 21 章中的分类示例属于有监督学习，第 22 章介绍的聚类示例属于无监督学习。所谓有监督学习就是数据存在对应标签，而无监督学习则是数据不存在对应的标签。本书基于 scikit-learn（简称 sklearn）包介绍机器学习问题的求解方法。选择 sklearn 的原因如下，首先它是免费的，其次它是 GitHub 上最受欢迎的机器学习库之一，最后它有一个友好的中文社区。

天气预测是气象工作为国民经济和国防建设服务的重要手段之一，准确的天气预测在保护人民生命财产和促进经济发展等方面发挥着重要作用。在本章中将天气预测示例建模为机器学习中的回归问题，介绍使用线性回归、决策树回归、随机森林回归以及神经网络回归模型求解该问题的方法。

20.1 下载并安装 sklearn

对于已安装好了 Python 3 环境的 Windows 平台，打开命令提示符窗口，使用如下命令安装 sklearn 包：

```
pip install scikit_learn==1.1.2
```

sklearn 的安装过程如图 20-1 所示。

可见，sklearn 包是基于 NumPy 的，并且需要安装版本较高的 NumPy（系统会自动检测版本的适配性）。接下来，打开 Python IDLE 验证 sklearn 是否正确安装，导入 sklearn 并查询 sklearn 的版本号，代码如图 20-2 所示。

另外，为了更方便地读取数据，在第 20 章～第 22 章中使用 pandas 包，pandas 包是基于 NumPy 的一种工具，它可以高效地处理 .csv、.xls 等格式的数据文件。使用 pip 安装 pandas 包的方法为：

```
pip install pandas == 1.5.3
```

pandas 的安装过程如图 20-3 所示。

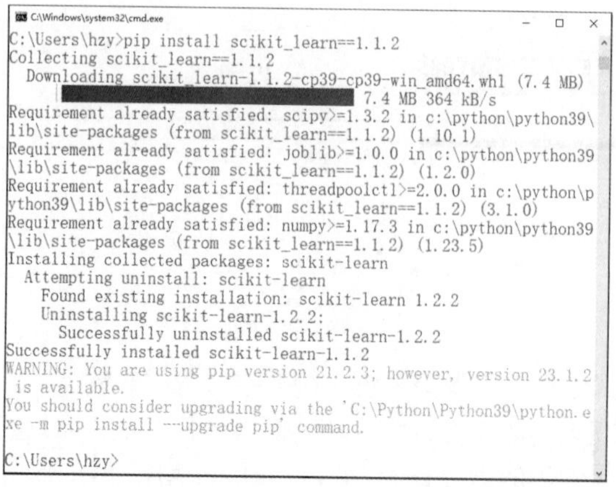

图 20-1　在 Windows 中使用 pip 安装 sklearn 的过程

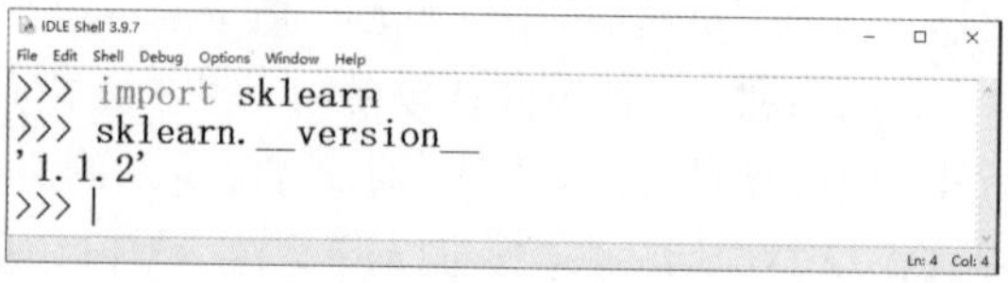

图 20-2　在 IDLE 中导入 sklearn 并查询 sklearn 的版本号

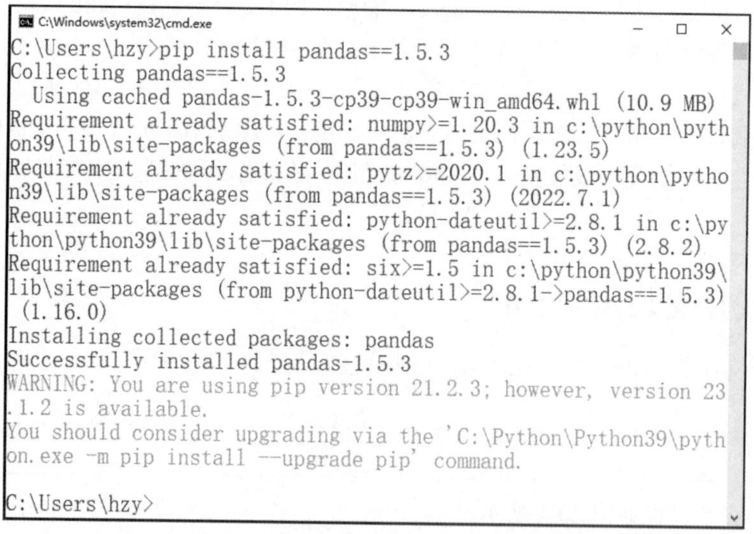

图 20-3　在 Windows 中使用 pip 安装 pandas 的过程

　　鉴于 pandas 是一个封装包，实际上读取数据时仍然要依赖 xlrd 和 openpyxl 两个库分别处理扩展名为.xls 和.xlsx 的 Excel 文件。因此，如需正常使用 pandas，还需要安装 xlrd 和 openpyxl 库，方法如下：

```
pip install xlrd
pip install openpyxl
```

openpyxl 和 xlrd 的安装过程如图 20-4 所示。

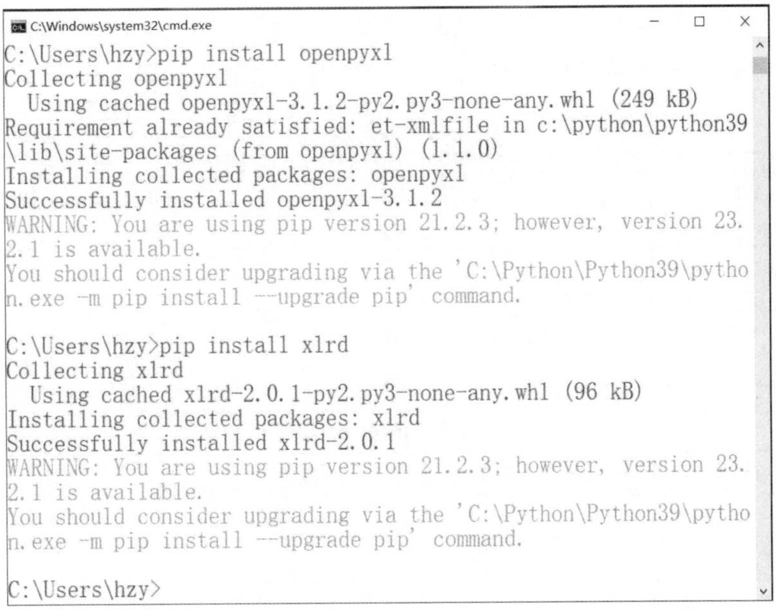

```
C:\Windows\system32\cmd.exe
C:\Users\hzy>pip install openpyxl
Collecting openpyxl
  Using cached openpyxl-3.1.2-py2.py3-none-any.whl (249 kB)
Requirement already satisfied: et-xmlfile in c:\python\python39
\lib\site-packages (from openpyxl) (1.1.0)
Installing collected packages: openpyxl
Successfully installed openpyxl-3.1.2
WARNING: You are using pip version 21.2.3; however, version 23.
2.1 is available.
You should consider upgrading via the 'C:\Python\Python39\pytho
n.exe -m pip install --upgrade pip' command.

C:\Users\hzy>pip install xlrd
Collecting xlrd
  Using cached xlrd-2.0.1-py2.py3-none-any.whl (96 kB)
Installing collected packages: xlrd
Successfully installed xlrd-2.0.1
WARNING: You are using pip version 21.2.3; however, version 23.
2.1 is available.
You should consider upgrading via the 'C:\Python\Python39\pytho
n.exe -m pip install --upgrade pip' command.

C:\Users\hzy>
```

图 20-4　在 Windows 中使用 pip 安装 openpyxl 和 xlrd 的过程

20.2　天气预测问题

在日常生活中，人们常常会关心未来一天或者几天内的天气状况，比如气温、天气（晴天、阴天、雨天）等。在本章中，考虑预测未来一天的气温，鉴于气温是离散值，天气预测可以建模为一个回归问题。前一天的气温、风向、风速、天气是预测未来一天气温的主要因素，而太阳耀斑或人为因素等是次要因素，在此只考虑主要因素。在天气预测问题的建模中，将当天的气温、风向、风速、天气等称为特征或者解释型变量，而将未来一天的气温称为目标变量，其数学表达式如下所示：

$$y = f(x_1, x_2, \cdots, x_i, \cdots, x_n) \tag{20-1}$$

其中，x_i 代表某一个解释型变量，y 代表目标变量，f 代表回归函数或者模型。

本章使用天气后报网提供的数据进行建模，具体使用黑龙江省哈尔滨市 2022 年 6 月的天气数据，其中的部分数据如表 20-1 所示。

表 20-1　　哈尔滨市 2022 年 6 月部分天气数据

日期	白天天气	夜间天气	风向	风速/（m/s）	最高（白天）气温/℃	最低（夜间）气温/℃	明日（白天）气温/℃
2022-06-01	雷阵雨	多云	西南	1.5	21	9	23
2022-06-02	雷阵雨	多云	西北	1.5	23	11	24
2022-06-03	多云	晴	东	1.5	24	14	24
2022-06-04	多云	小雨	东	3.5	24	13	14
2022-06-05	中雨	小雨	东	4.5	14	10	15

由表 20-1 可见，天气和风向是字符型特征，而气温和风速是数值型特征，为了计算方便，

需要将字符型特征转化为数值型特征。为此，根据天气和风向对气温的影响程度可以建立两个映射表，具体如表 20-2 和表 20-3 所示。

表 20-2 　　　　　　　　　　　　　天气映射表

天气（字符）	天气（数值）	天气（字符）	天气（数值）
晴	1	中雨	5
多云	2	阵雨	6
阴	3	雷阵雨	7
小雨	4		

表 20-3 　　　　　　　　　　　　　风向映射表

风向（字符）	风向（数值）	风向（字符）	风向（数值）
南	1	西	5
东南	2	东北	6
西南	3	西北	7
东	4	北	8

本章使用 2017—2021 各年 6 月的天气数据作为训练集，2022 年 6 月的天气数据作为测试集。全部的数据集数据存储在/hrbtemperature2017-2022.xlsx 文件（见本书的配套资源）中。

20.3 回归模型

20.3.1 线性回归

线性回归是最基本的回归模型，其数学表达式为：

$$y = w^{\mathrm{T}} x + b \tag{20-2}$$

其中，w 代表权重向量，x 代表特征向量，b 代表偏置，y 代表目标变量。很明显，当数据量大于特征向量的维度时，如果将式（20-2）展开为方程组的形式表示，则方程组是超定的，因此它存在一个最优解 $w = (x^{\mathrm{T}}x)^{-1}x^{\mathrm{T}}y$。在使用 sklearn 时不需要使用公式计算权重向量，在拟合时，sklearn 会自动计算并且将最优值返回。下面从单一特征变量到多特征变量的线性回归开始本章的回归之旅吧。

首先，调用 pandas 包，将数据导入，代码如下所示：

```
>>> import pandas as pd
>>> filepath=r'D:\python\e-Resources-Chapter22\hrbtemperature2017-2022.xlsx'
>>> data=pd.read_excel(filepath,header=0)
>>> x_train=data[0:150,5].reshape(150,-1)
>>> y_train=data[0:150,7].reshape(150,-1)
>>> x_test=data[150:,5].reshape(30,-1)
>>> y_test=data[150:,7].reshape(30,-1)
```

上述代码中，通过指定 header=0，去掉了读取的 Excel 文件中的表头（每列数据的说明标签），将前 150 行数据作为训练集数据，后 30 行数据作为测试集数据。将第 6 列数据（当天的白天气温）作为唯一的输入特征，将第 8 列数据（未来一天的白天气温）作为目标变量。调用 sklearn 中的线性回归模型对数据进行建模，代码如下所示：

```
>>> from sklearn import linear_model
>>> LR=linear_model.LinearRegression()
>>> lr=LR.fit(x_train,y_train)
>>> y_test_pred=LR.predict(x_test)
```

也许你看到上述 4 行代码就会发出这样的感慨："这太简单了！"。是的，没错！这就是 Python 流行的原因之一。其中比较重要的两行代码分别调用了 LR 对象中的 fit 方法和 predict 方法，fit 用于拟合训练数据，而 predict 用于对测试数据进行预测。另外，必须先调用 fit 再调用 predict（实际含义就是必须先构造出具体的模型，才能利用模型去预测）。有了预测值，实际上已经完成了任务（对未来一天的气温进行预测）。但是，预测值是否准确（准确率是多少）是实际回归任务要进行的后续工作。代码如下所示：

```
>>> from sklearn.metrics import mean_squared_error,\
    mean_absolute_error,\
    median_absolute_error,\
    r2_score
>>> print('使用原始数据建立的回归线: y=%0.3fx+%0.3f'%(LR.coef_,LR.intercept_))
>>> print('使用原始数据的单一特征建立线性回归模型的平均绝对误差: ',\
    mean_absolute_error(y_test,y_test_pred))
>>> print('使用原始数据的单一特征建立线性回归模型的中值绝对误差: ',\
    median_absolute_error(y_test,y_test_pred))
>>> print('使用原始数据的单一特征建立线性回归模型的均方误差: ',\
    mean_squared_error(y_test,y_test_pred))
>>> print('使用原始数据的单一特征建立线性回归模型的R\u00B2值: ',\
    r2_score(y_test,y_test_pred))
>>>print('使用原始数据的单一特征建立线性回归模型的训练集分数: ',lr.score(x_train,y_train))
>>>print('使用原始数据的单一特征建立线性回归模型的测试集分数: ',lr.score(x_test,y_test))
```

其中，coef_ 和 intercept_ 分别存储了线性回归模型的权重和偏置，通过评估测试集数据与预测值的平均绝对误差、中值绝对误差、均方误差和 R^2 等数值，可以看出模型预测的准确率。另外，还可以调用 score 方法，获得模型的分数，该值的取值范围通常是 0～1，数值越大代表模型性能越好。一般情况下，训练集的分数高于测试集的分数。运算结果如图 20-5 所示。

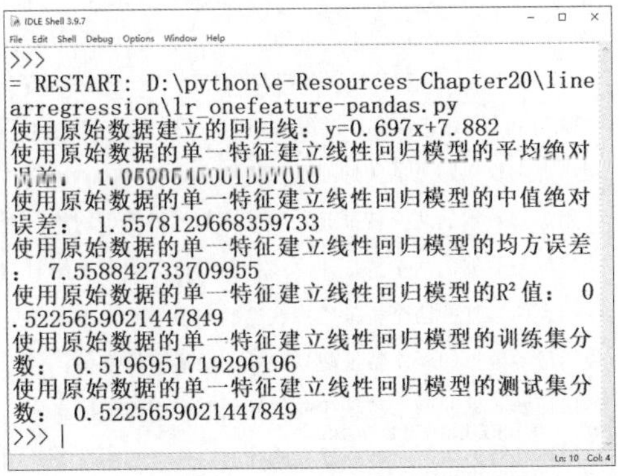

图 20-5　使用单一特征的线性回归模型的评估值

除了上述数值结果外，还可以通过 Matplotlib 将模型的回归结果可视化，如图 20-6 所示。

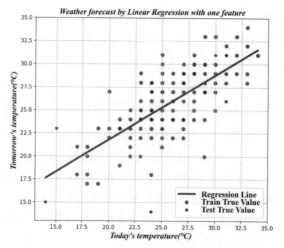

图 20-6　单一特征线性回归模型的可视化评估

图 20-6 中，x 轴代表当日气温，y 轴代表未来一天的气温，线段代表使用线性回归模型获得的预测回归线，圆点代表训练集中的真实值，五角星代表测试集中的真实值。很显然，图中的点越集中在回归线附近，代表模型性能越好。上述代码保存在 lr_onefeature-pandas.py 文件（见本书配套资源）中。

有了前面的尝试，下面选取白天气温和夜间气温两个特征作为输入特征，与前述代码不同的是，使用 pandas 读取特定列的代码为：

```
>>>x_train=data[0:150,[5,6]]
>>>x_test=data[150:,[5,6]]
```

可见，x_train 和 x_test 不再是一列，而是两列。虽然特征维度发生了变化，但模型创建、拟合与预测的代码没有任何更改。在评估模型性能时需要修改输出回归线方程、输出误差提示以及可视化的相关代码。为了节省篇幅，下面仅给出输出回归线方程的代码修改示例：

```
>>>print('使用原始数据建立的回归线：y=%0.3fx\u2080+%0.3fx\u2081+%0.3f'\
%(LR.coef_[0],LR.coef_[1],LR.intercept_))
```

由于选择了两个特征，权重向量中元素变成两个，可以通过指定 LR.coef_ 的索引分别取值。运行结果如图 20-7 所示。

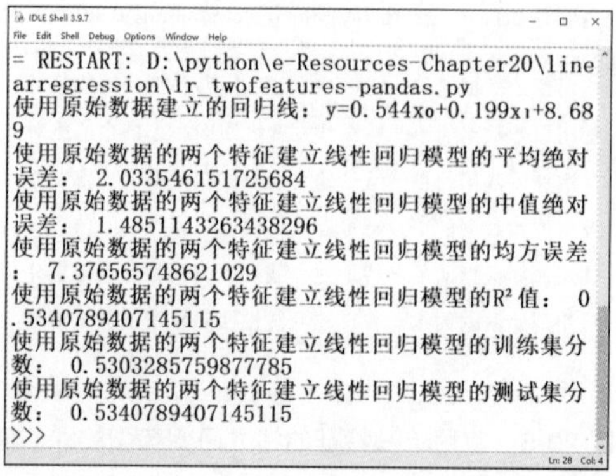

IDLE Shell 3.9.7
File Edit Shell Debug Options Window Help
= RESTART: D:\python\e-Resources-Chapter20\linearregression\lr_twofeatures-pandas.py
使用原始数据建立的回归线：y=0.544x_0+0.199x_1+8.689
使用原始数据的两个特征建立线性回归模型的平均绝对误差： 2.033546151725684
使用原始数据的两个特征建立线性回归模型的中值绝对误差： 1.4851143263438296
使用原始数据的两个特征建立线性回归模型的均方误差： 7.376565748621029
使用原始数据的两个特征建立线性回归模型的R^2值： 0.5340789407145115
使用原始数据的两个特征建立线性回归模型的训练集分数： 0.5303285759877785
使用原始数据的两个特征建立线性回归模型的测试集分数： 0.5340789407145115
>>>
Ln: 28 Col: 4

图 20-7　使用两个特征的线性回归模型的评估值

可视化模型的回归结果后，回归线不再是二维空间中的一条线段，而是三维空间中的一条线段。鉴于三维空间的可视化效果并不好，仍然采用二维空间中的数据分布图来可视化回归结果，如图 20-8 所示。

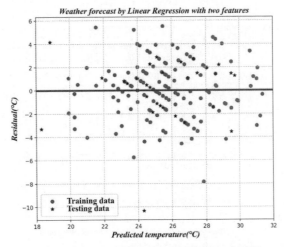

图 20-8　两个特征线性回归模型的可视化评估

与图 20-6 不同的是，图 20-8 中的 x 轴表示回归模型预测的气温，而 y 轴表示真实值与预测值之间的残差，线段代表预测值与真实值之间无误差，圆点代表训练集中的样本，五角星代表测试集中的样本，它们偏离直线的垂直距离代表了它们相对于真实值的偏差。另外，这种可视化方式可以扩展到多维特征场景。后续在使用多维特征进行回归拟合时仍然使用图 20-8 中的方式来表示。使用两个特征进行线性回归的代码保存在 lr_twofeature-pandas.py 文件（见本书配套资源）中。

接下来选取表 20-1 中的第 2、3、4、5、6、7 列（白天天气、夜间天气、风向、风速、最高气温、最低气温）作为输入特征，与前述代码不同的是，使用 pandas 读取特定列的代码为：

```
>>>x_train=data[0:150,1:7]
>>>x_test=data[150:, 1:7]
```

可见，x_train 和 x_test 不再是一列或者两列，而是 6 列。虽然特征维度发生了变化，但模型创建、拟合与预测的代码仍然无须更改。在评估模型性能时需要修改的是输出回归线方程、输出误差提示以及可视化的相关代码。下面给出输出回归线方程的代码修改示例：

```
>>>print('使用原始数据建立的回归线：y=%0.3fx\u2080+%0.3fx\u2081+%0.3fx\u2082+\
%0.3fx\u2083+%0.3fx\u2084+%0.3fx\u2085+%0.3f' \
%(LR.coef_[0],LR.coef_[1],LR.coef_[2],LR.coef_[3],LR.coef_[4],LR.coef_[5],LR.intercept_))
```

由于选择了 6 个特征，权重向量中元素变成 6 个，运行结果如图 20-9 所示。

模型的预测可视化结果如图 20-10 所示。

使用多特征进行线性回归的代码保存在 lr_multifeature-pandas.py 文件（见本书配套资源）中。

至此，请你再次仔细观察表 20-1 ～表 20-3 中的示例数据，天气、风向和风速列数值为 1 ～ 8，而气温列数值为 9 ～ 24，相差一个数量级。而在其他的应用中，特征值之间也有可能相差多个数量级。在这种情况下，应使用 sklearn 中的数据预处理模块将每个特征的数值都映射到相同的区间，比如应用最大最小标准化预处理方法将数值都映射到[0,1]区间。下面介绍最大最小标准化预处理和正态标准化预处理方法。

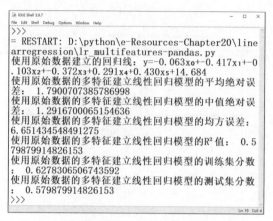

图 20-9　使用多特征的线性回归模型的评估值

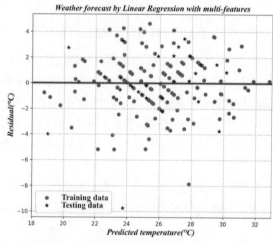

图 20-10　多特征线性回归模型的可视化评估

对于最大最小标准化，换算公式为：

$$\bar{x} = \frac{x - x_{min}}{x_{max} - x_{min}} \tag{20-3}$$

其中，x 和 $\bar{x}$ 分别代表变换前后的数值，x_{min} 和 x_{max} 分别代表 x 的最小值和最大值。在 sklearn 中，你不必自行编写全部代码，导入 preprocessing 子模块，编写两行代码即可完成。代码实现如下：

```
>>>from sklearn import preprocessing
>>>mmsx=preprocessing.MinMaxScaler()
>>>mms_x_train=mmsx.fit_transform(x_train)
>>>mms_x_test=mmsx.fit_transform(x_test)
```

其中，调用 MinMaxScaler 获得一个最大最小标准化对象，然后使用 fit_transform 方法将数据映射到[0,1]区间。当训练和回归时，将 x_train 和 x_test 替换为 mms_x_train 和 mms_x_test

即可。

对于正态标准化,换算公式为:

$$\bar{x} = \frac{x - \mu_x}{\sigma_x} \qquad (20\text{-}4)$$

其中,μ_x 和 σ_x 分别代表数据集中某列特征的均值和标准差。经过变换后的数据服从均值为 0、方差为 1 的正态分布。

代码实现如下:

```
>>>ssx=preprocessing.StandardScaler ()
>>>ss_x_train=ssx.fit_transform(x_train)
>>>ss_x_test=ssx.fit_transform(x_test)
```

其中,调用 StandardScaler 获得一个正态标准化对象。调用最大最小标准化预处理和正态标准化预处理后,多特征线性回归模型的评估值与模型的预测可视化结果分别如图 20-11 和图 20-12 所示。

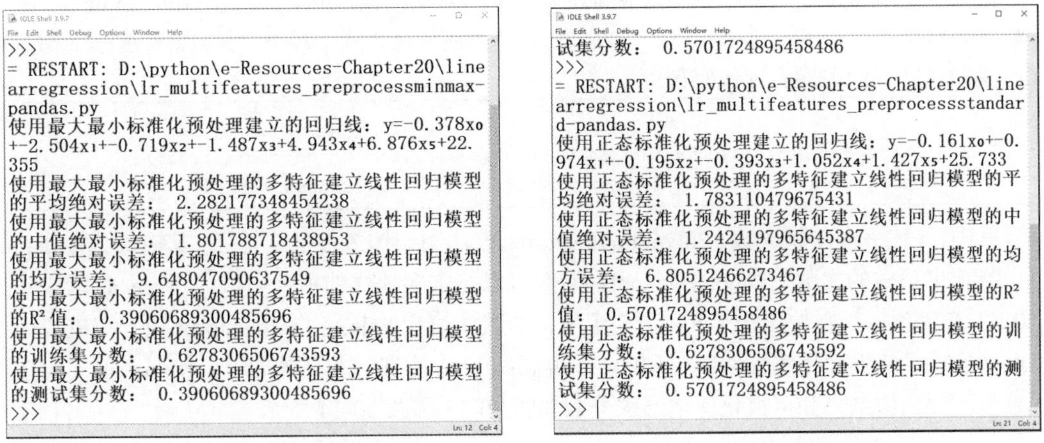

（a）最大最小标准化预处理后结果 　　　　（b）正态标准化预处理后结果

图 20-11　使用预处理后数据的多特征线性回归模型评估值

上述两种方法的完整实现代码分别保存在 lr_multifeatures_preprocessminmax-pandas.py 和 lr_multifeatures_preprocessstandard-pandas.py 文件（见本书配套资源）中。可见,采用不同的标准化预处理方法后,其测试集分数存在一定差异。对于这种情况,你可以尝试将训练集和测试集一起进行标准化预处理。但对于真实环境的应用,测试集中的数据总是未知的。如果需要获得更好的结果,可以将数据集标准化后再重新训练。鉴于训练代价不同,这种方法并不适用于所有回归模型。

上述线性回归模型构建于不同维度的数据空间中,但实际上都是直线。本小节的最后介绍多项式回归,其回归线是一条曲线,它仍然借鉴线性回归思想建模。对于两个特征的二次多项式回归模型,可以建模为如下两种形式:

$$y = w_1 x_1^2 + w_2 x_2^2 + w_3 x_1 x_2 + w_4 x_1 + w_5 x_2 + b \qquad (20\text{-}5)$$
$$y = w_1 x_1 x_2 + w_2 x_1 + w_3 x_2 + b \qquad (20\text{-}6)$$

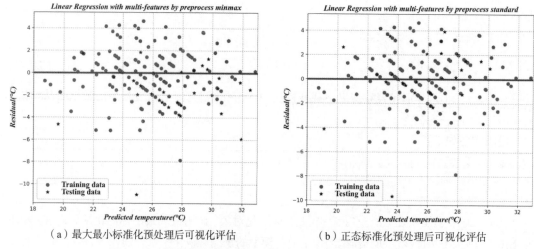

（a）最大最小标准化预处理后可视化评估　　　　（b）正态标准化预处理后可视化评估

图 20-12　使用预处理后数据的多特征线性回归模型可视化评估

另外，也可将多项式回归视为对特征的预处理。因此，sklearn 将其归纳在 preprocessing 子模块中。对于式（20-5），多出 x_1^2、x_2^2、x_1x_2 这 3 个构造特征，式（20-6）多出 x_1x_2 这一个构造特征。多项式回归的关键实现代码如下：

```
>>>d=2
>>>x_train_p=preprocessing.PolynomialFeatures(degree=d).fit_transform(x_train)
>>>x_test_p=preprocessing.PolynomialFeatures(degree=d).fit_transform(x_test)
```

其中，d 代表多项式次数，PolynomialFeatures 方法用于构造多项式特征，其输入参数 degree 可以指定多项式的次数。interaction_only 参数可以指定多项式的项，当值为 True 时，按照式（20-6）产生项，否则按照式（20-5）产生项，其默认值为 False。fit_transform 用于完成特征变换。变换后，仍然使用线性回归模型的 fit 和 predict 方法训练和预测即可。使用多项式线性回归模型的评估值结果和可视化评估结果分别如图 20-13 和图 20-14 所示。

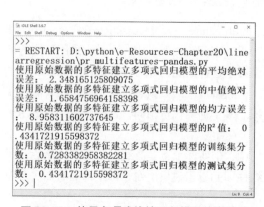

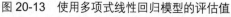

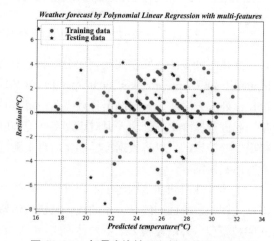

图 20-13　使用多项式线性回归模型的评估值　　　图 20-14　多项式线性回归模型的可视化评估

你可以自行尝试将多项式的次数提高，然后观察模型的性能。上述代码保存在 pr_multifeatures-pandas.py 文件（见本书配套资源）中。

20.3.2　决策树回归

决策树的回归模型，主要是指基于 CART（Classification And Regression Tree，分类与回归树）算法的回归模型部分，其内部节点特征的取值为"是"和"否"，为二叉树结构。关于 CART 算法原理请参阅参考资料[13]。本小节着重介绍使用 sklearn 中决策树回归的方法。

首先，从 sklearn.tree 中导入 DecisionTreeRegressor，实现代码如下：

```
>>>from sklearn.tree import DecisionTreeRegressor
```

接下来，建立决策树回归模型：

```
>>>Dtr=DecisionTreeRegressor()
```

后续的操作与使用线性回归模型的操作是一致的，使用 Dtr 对象中的 fit 方法拟合训练数据，然后使用 predict 方法对测试数据进行预测。决策树中包含很多参数，上述代码中没有指定任何一个参数值，使用的是默认值。决策树的主要参数具体如表 20-4 所示。

表 20-4　　　　　　　　　　　决策树主要参数

参数名	说明
criterion	决策树中分裂质量的度量方法，可以选择 squared_error、friedman_mse、absolute_error、poisson 这 4 种方法，默认值为 squared_error
splitter	在每个节点处的分裂策略，可以选择 best 或者 random，默认值为 best
max_depth	决策树的最大深度，默认值为 None，意味着每一个节点都扩展至只有一个叶节点或者扩展至 min_samples_split 参数指定的样本数
min_samples_split	内部节点包含的最小样本量，低于该值则不再继续分裂，默认值为 2
min_samples_leaf	叶子节点包含的最小样本量，默认值为 1
min_weight_fraction_leaf	叶子节点中样本的最小权重系数，默认值为 0
max_features	最优分裂时考虑的特征数量，指定为整数时代表考虑特征的数量；指定为浮点数时代表 n_features 的比例； 指定为 auto 或 None 时，max_features=n_features； 指定为 sqrt 时，max_features=sqrt(n_features)； 指定为 log2 时，max_features=log2(n_features)； 默认值为 None
random_state	控制模型的随机性参数，指定为某一个整数时，每次拟合过程都是确定的
max_leaf_nodes	叶子节点最大数量，默认值为 None，代表无限制
min_impurity_decrease	如果一个节点分裂导致不纯度减少大于或等于该值，则分裂该节点，默认值为 0
ccp_alpha	最小复杂度代价剪枝参数，为非负浮点数，默认值为 0，代表无剪枝

你需要深入理解决策树的原理，才能针对实际示例设置合理有效的参数值。接下来以 max_depth 为例，指定 3 棵不同最大深度的决策树，与该参数值为 None 时的决策树作为对比。关键代码如下：

```
>>>Dtr_2=DecisionTreeRegressor(max_depth=2)
>>>Dtr_4=DecisionTreeRegressor(max_depth=4)
>>>Dtr_8=DecisionTreeRegressor(max_depth=8)
```

在哈尔滨 2017—2022 各年 6 月天气预报数据集上使用上述 4 棵决策树回归模型的性能差异统计如表 20-5 所示。

表 20-5 选择不同最大深度时决策树回归模型在天气预报数据集上的性能差异统计

max_depth	平均绝对误差（测试集）	中值绝对误差（测试集）	均方误差（测试集）	R^2 值	训练集分数	测试集分数
2	2.07	1.3	8.37	0.471	0.51	0.47
4	2.35	1.46	11.85	0.252	0.72	0.25
8	2.73	2	14.41	0.089	0.92	0.08
None	2.72	2	13.54	0.145	0.999	0.14

模型的预测可视化结果如图 20-15 所示。

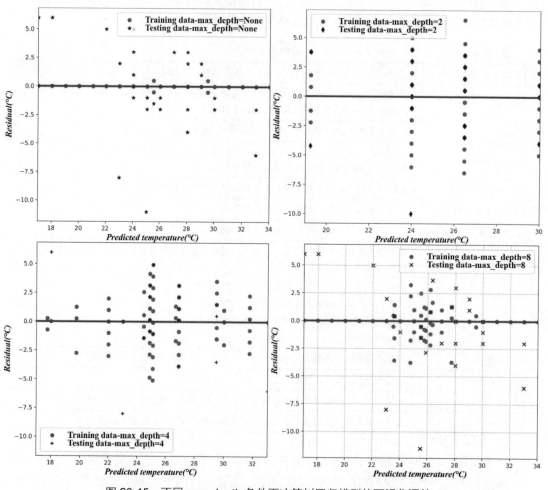

图 20-15 不同 max-depth 条件下决策树回归模型的可视化评估

图 20-15 的实现代码保存在 dt_multifeatures_preprocessstandard-pandas.py 文件（见本书配套资源）中。通过图 20-15 和表 20-5，可以很明显地观察到随着决策树回归模型最大深度的增加，模型对训练集数据拟合的效果提升，而测试集性能下降，这说明出现了过拟合。针对 max_depth

参数的选择，什么值是合适的呢？另外，给定一个样本集，如何避免模型出现过拟合呢？针对上述两个问题，可以使用 k 折交叉验证法结合验证曲线的方法解决。

首先从 sklearn 子模块 model_selection 中导入 validation_curve，关键实现代码如下：

```
>>>from sklearn.model_selection import validation_curve
```

接下来建立决策树回归模型，指定 k 折交叉验证法中的 k 值，以及 max_depth 的取值范围：

```
>>>Dtr=DecisionTreeRegressor()
>>>pr=[2,3,4,5,6,7,8]
>>>k=5
```

最后调用 validation_curve 计算每种情况下的训练集分数和验证集分数：

```
>>>train_scores,vali_scores = validation_curve(Dtr,ss_x_train,y_train,\
param_name="max_depth",cv=k,param_range=pr,scoring="r2",)
```

其中，ss_x_train 是经过标准化处理后的原始训练集中的特征值，y_train 是训练集中的 y 值，param_name 指定了验证参数，cv 指定了 k 折交叉验证法中的 k 值，param_range 指定了验证参数的数值范围，scoring 指定了评估值。执行后可以获得按照 k 折交叉验证法分割后的训练集分数和验证集分数集合，可将其可视化为验证曲线，如图 20-16 所示。

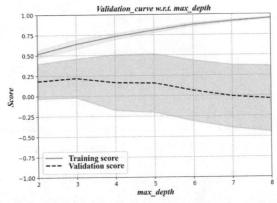

图 20-16　决策树回归模型的 max_depth 参数在 5 折交叉验证条件下的验证曲线

其中，实线代表训练集分数，虚线代表验证集分数。实现代码保存在 dt_multifeatures_validatingcurve-pandas.py 文件（见本书配套资源）中。图 20-16 比表 20-5 更加直观地显示出随着 max_depth 取值的增加，模型在 k 折交叉验证法中训练集和验证集的分数变化。上述 k 折交叉验证法只随机地对训练集进行了一次拆分，这并不具有统计意义。可以使用 sklearn 子模块 model_selection 中的 ShuffleSplit，进行 1000 次随机拆分，使用方法如下：'

```
>>>from sklearn.model_selection import ShuffleSplit
>>>ss=ShuffleSplit(n_splits=1000, test_size=0.1, random_state=0)
>>>for train_index, vali_index in ss.split(x_train):
    print("%s %s" % (train_index, vali_index))
```

其中，test_size=0.1 代表测试数据占比为 10%，即 k=10，random_state=0 可保证每次随机仿真结果的一致性，当然也可以取消这个设定，split 方法返回的是数据集的索引。

此外，训练数据量也会影响模型的质量，可使用学习曲线评估不同比例的训练数据对模型的影响，从 sklearn 子模块 model_selection 中导入 learning_curve，代码如下：

```
>>> from sklearn.model_selection import learning_curve
```

创建当 max_depth=4 时的决策树回归模型：

```
>>>Dtr=DecisionTreeRegressor(max_depth=4)
```

指定训练数据比例：

```
>>>trs=[0.1,0.2,0.3,0.4,0.5,0.6,0.7,0.8,0.9,1]
```

计算学习曲线：

```
>>>train_size,train_scores,vali_scores,fit_times,_=learning_curve(Dtr,ss_x_train,y_train,
scoring='r2',cv=10,train_sizes=trs,return_times=True)
```

其中，当 return_times=True 时，可以返回模型的拟合时间。根据返回结果绘制的学习曲线，如图 20-17 所示。

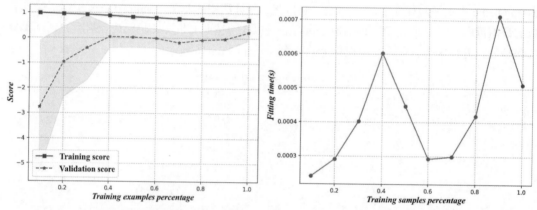

图 20-17　决策树回归模型在 10 折交叉验证条件下、max_depth=4 时的学习曲线及拟合时间

图 20-17 中横坐标代表从训练集中抽取数据用于训练的比例，纵坐标分别代表 R^2 评估值和模型的训练拟合时间。图 20-17 的实现代码保存在 dt_multifeatures_learningcurve-pandas.py 文件（见本书配套资源）中。可见，选择不同的训练数据量对于模型存在一定的影响。而对于拟合时间，由于仿真平台的正常波动，每次仿真会呈现不同的数值分布，一个合理的统计方法是取 n 次仿真拟合时间的均值。

上述部分分别讨论了在 max_depth 取不同值以及在训练集中抽取不同比例数据时模型的性能表现，对于决策树，其可变参数如表 20-4 所示，那么如何在不同的参数组合中寻找最佳参数组合呢？接下来介绍利用网格搜索法来寻找决策树的最佳参数组合。

首先从 sklearn 子模块 model_selection 中导入 GridSearchCV：

```
>>>from sklearn.model_selection import GridSearchCV
```

选择表 20-4 中的 splitter、criterion 和 max_depth 这 3 个参数作为可变参数：

```
>>>para={'splitter':('best','random'),\
    'criterion':('squared_error','absolute_error'),\
    'max_depth':[*range(2,9)]}
```

创建决策树：

```
>>>dtr=DecisionTreeRegressor(random_state=20)
```

使用网格搜索法在 10 折交叉验证条件下寻找最佳参数组合：

```
>>>GS=GridSearchCV(dtr,para,cv=10)
```

模型拟合：

```
>>>GS.fit(ss_x_train_o,y_train_o)
```

输出最佳参数组合以及最佳分数：

```
>>>print(GS.best_params_)
>>>print(GS.best_score_)
```

完整代码保存在 dt_multifeatures_preprocessstandard_cv_gridsearch-pandas.py 文件（见本书配套资源）中。运行结果如图 20-18 所示。

图 20-18　使用网格搜索法寻找决策树最佳参数组合结果

20.3.3　随机森林回归

随机森林实际上是一种集成学习方法，它使用多棵决策树，在变量（列）的使用和数据（行）的使用上进行随机化，每棵决策树之间没有关联。预测时，让每棵决策树分别进行预测。最后，通过综合所有决策树的结果取平均值，得到整个森林的回归预测结果，其原理请参阅参考资料[14]。本小节着重介绍使用 sklearn 中随机森林回归的方法。

首先，从 sklearn.ensemble 中导入 RandomForestRegressor，实现代码如下：

```
>>> from sklearn.ensemble import RandomForestRegressor
```

接下来，建立随机森林回归模型：

```
>>> Rfr=RandomForestRegressor(random_state=0)
```

接下来的操作与使用其他回归模型的操作是一致的，使用 Rfr 对象中的 fit 方法拟合训练数据，然后使用 predict 方法对测试数据进行预测。随机森林中也包含很多参数，部分参数与决策树的参数一致，随机森林独有的参数如表 20-6 所示。

接下来以 n_estimators 为例，指定参数值为 20、40、60、80，与该参数值为 None 时作为对比。关键代码如下：

```
>>>Rfr_20=RandomForestRegressor(n_estimators=20,random_state=0)
>>>Rfr_40=RandomForestRegressor(n_estimators=40,random_state=0)
>>>Rfr_60=RandomForestRegressor(n_estimators=60,random_state=0)
>>>Rfr_80=RandomForestRegressor(n_estimators=80,random_state=0)
```

表 20-6   随机森林独有的参数

参数名	说明
n_estimators	随机森林中决策树的数量，默认值为 100
bootstrap	构造决策树的过程中是否使用 bootstrap 采样，默认值为 True，如果为 False 则构造每棵决策树时都使用整个数据集
oob_score	是否使用袋外样本估计泛化分值，默认值为 False。只有当 bootstrap 为 True 时有效
warm_start	热启动选项，默认值为 False。设置为 True 时，复用上次调用的拟合结果并且集成更多决策树，否则重新拟合整个森林
max_samples	最大采样数，默认值为 None。当 bootstrap 为 True 时，该值代表用于训练基树的从训练样本中抽取的样本数

在哈尔滨 2017—2022 各年 6 月天气预报数据集上使用上述随机森林的性能差异统计如表 20-7 所示。

表 20-7   选择不同数量决策树的随机森林模型在天气预报数据集上的性能差异统计

n_estimators	平均绝对误差（测试集）	中值绝对误差（测试集）	均方误差（测试集）	R^2 值	训练集分数	测试集分数
20	1.98	1.53	7.9	0.5	0.923	0.5
40	2.0	1.55	7.92	0.5	0.935	0.5
60	2.05	1.53	7.96	0.497	0.934	0.497
80	2.02	1.63	7.96	0.497	0.935	0.497
None	2.07	1.56	8.24	0.479	0.935	0.479

从表 20-7 所示的统计结果可见，n_estimators 的取值并不是越大越好，随着值的增加，可能会出现过拟合的问题。n_estimators=20、n_estimators=40、n_estimators=60 和 n_estimators=80 时，随机森林模型的可视化评估结果如图 20-19 所示。

类似地，也可以利用网格搜索法来搜索随机森林最佳参数组合。选择表 20-6 中的 n_estimators 和表 20-4 中的 criterion 和 max_depth 这 3 个参数作为可变参数：

```
>>>para={' n_estimators ': [*range(20,120,10)],\
    'criterion':('squared_error','absolute_error'),\
    'max_depth':[*range(2,9)]}
```

使用网格搜索法在 10 折交叉验证条件下寻找最佳参数组合：

```
>>>GS=GridSearchCV(Rfr,para,cv=10)
```

模型拟合：

```
>>>GS.fit(ss_x_train,y_train)
```

输出最佳参数组合以及最佳分数：

```
>>>print(GS.best_params_)
>>>print(GS.best_score_)
```

生成图 20-19 及上述使用网格搜索法寻找随机森林模型最佳参数组合的完整代码保存在 rf_multifeatures_preprocessstandard-pandas.py 文件（见本书配套资源）中。运行结果如图 20-20 所示。

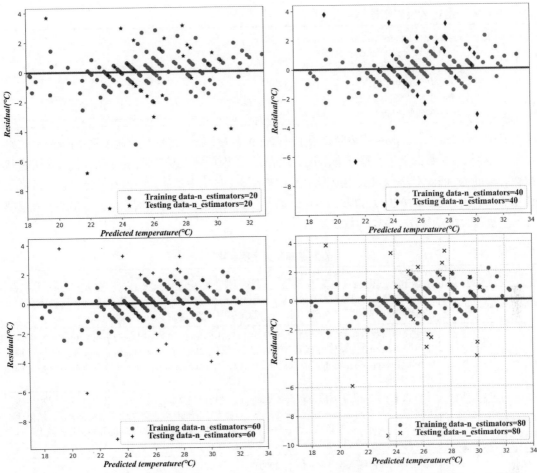

图 20-19　不同 n_estimators 取值条件下随机森林模型的可视化评估结果

```
IDLE Shell 3.9.7                                    –  □  ×
File Edit Shell Debug Options Window Help
>>>
= RESTART: D:\python\e-Resources-Chapter20\rand
omforestregression\rf_multifeatures_preprocesss
tandard-pandas.py
{'criterion': 'absolute_error', 'max_depth': 5,
 'n_estimators': 20}
0.3812141561861947
>>>
                                                    Ln: 5  Col: 4
```

图 20-20　使用网格搜索法寻找随机森林模型最佳参数组合结果

20.3.4　神经网络回归

神经网络全称为人工神经网络，它是通过模拟动物神经网络的行为特征进行数据处理的一种模型。本小节基于 sklearn 介绍神经网络中的一种——多层感知器的使用方法（其原理请参阅参考资料[15]），着重介绍使用 sklearn 中多层感知器回归的方法。

首先，从 sklearn.neural_network 中导入 MLPRegressor，实现代码如下：

```
>>>from sklearn.neural_network import MLPRegressor
```

接下来，建立多层感知器回归模型：

```
>>>Ann=MLPRegressor(hidden_layer_sizes=(6,),\
            activation='relu',\
            solver='lbfgs',\
            alpha=0.001,\
            max_iter=2000,\
            random_state=0)
```

其中，hidden_layer_sizes 代表隐藏层中神经元的数量，activation 代表隐藏层中的激活函数，solver 代表权重系数的优化求解方法，alpha 代表 L2 正则项的强度系数，max_iter 代表最大迭代次数，random_state 代表随机数生成器。接下来的操作与使用其他回归模型的操作是一致的，使用 Ann 对象中的 fit 方法拟合训练数据，然后使用 predict 方法对测试数据进行预测。多层感知器中也包含很多参数，主要参数如表 20-8 所示。

表 20-8　　　　　　　　　　　　多层感知器的主要参数

参数名	说明
hidden_layer_sizes	第 i 个隐藏层中包含的神经元数量，默认值为(100,)，表示只有一个隐藏层，隐藏层中神经元数量为 100；如指定 3 个隐藏层，每个隐藏层中神经元数量为 6，该值为(6,6,6)
activation	隐藏层中的激活函数，默认值为'relu'。可以选择{'identity','logistic','tanh','relu'}中的任何一种。其中，'identity'代表线性激活函数，即 $f(x)=x$；'logistic'代表 logistic sigmoid 函数，即 $f(x)=1/(1+\exp(-x))$；'tanh'代表双曲正切函数，即 $f(x)=\tanh(x)$；'relu'代表线性整流函数，即 $f(x)=\max(0,x)$
solver	求解权重系数的优化方法，默认值为'adam'，还可以选择'lbfgs'、'sgd'。其中，'lbfgs'是拟牛顿法中的一种，'sgd'是随机梯度下降法，'adam'是基于随机梯度下降法的一个优化方法。需要注意的是，'adam'方法在相对较大的数据集上表现较好，尤其是在训练时间和验证集分数上。对于小数据集，'lbfgs'性能更优并且收敛更快
alpha	L2 正则项的强度系数，默认值为 0.0001
tol	优化时的容忍值，默认值为 0.0001，在参数 n_iter_no_change 指定的连续迭代次数后损失或分数不再改善至少该值时，模型认为收敛并且停止训练
max_iter	最大迭代次数，默认值为 200。当迭代次数超过该值时 solver 停止迭代

其中，参数 activation 中的'relu'也是目前深度学习中采用较多的激活函数。除表 20-8 所示参数外，多层感知器中还有几个针对随机梯度下降法的参数，具体如表 20-9 所示。

表 20-9　　　　　多层感知器选择梯度下降法求解权重系数时的主要参数

参数名	说明
learning_rate_init	学习率初始值，控制更新权重的步长，默认值为 0.001
power_t	逆缩放学习率的指数值，默认值为 0.5，当参数 learning_rate 值为'invscaling'时，有效的学习率计算式为 effective_learning_rate = learning_rate_init / pow(t, power_t)
shuffle	每次迭代是否随机使用样本，默认值为 True
momentum	随机梯度更新的动量，默认值为 0.9，该值范围是[0,1]，仅当 slover='sgd'时适用
nesterovs_momentum	是否使用 Nesterov 动量，默认值为 True。仅当 slover='sgd'且 momentum>0 时适用

参数名	说明
learning_rate	权重系数更新的学习策略，默认值为'constant'，还可以选择{'invscaling','adaptive'}中的一个。'constant'代表学习率是常数，由参数 learning_rate_init 指定；'invscaling'代表每时间段迭代后逐渐递减，由参数 learning_rate_init、power_t 以及时间段 t 指定；'adaptive'代表自适应，开始选择常数，在连续两轮迭代间损失函数值的差没有超过参数 tol 的值，或者当参数 early_stopping 启用并且验证集分数没有增加超过参数 tol 的值时，当前学习率除以 5。该参数只有当 solver='sgd'时才适用
early_stopping	当验证集分数不再改善时是否使用提前停止参数终止训练，默认值为 False。设置为 True 时，自动取训练集的 10%样本作为验证集，当验证集分数在参数 n_iter_no_change 指定的连续迭代次数后不能至少改善参数 tol 的指定值时，停止训练
validation_fraction	从训练集中抽取样本作为验证集的比例，默认值为 0.1，该值范围为[0,1]，仅当 early_stopping 为 True 时适用
beta_1	用于估计 Adam 算法的第一动能向量的指数衰减率（与当前梯度与过往梯度的平均值联合使用），默认值为 0.9，该值范围为[0,1)，仅当 solver='adam'时适用
beta_2	用于估计 Adam 算法的第二动能向量的指数衰减率（与当前梯度平方与过往梯度平方的平均值联合使用），默认值为 0.999，该值范围为[0,1)，仅当 solver='adam'时适用
epsilon	Adam 算法中的稳定性数值，默认值为 1e-8。仅当 solver='adam'时适用
n_iter_no_change	未达到 tol 值改善的最大迭代次数，默认值为 10

上述代码运行后获得模型的评估结果如图 20-21 所示。

其可视化评估结果如图 20-22 所示。

图 20-21　多层感知器回归模型评估结果

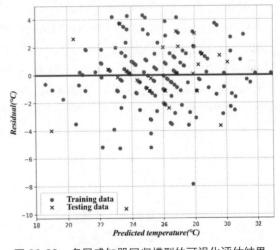

图 20-22　多层感知器回归模型的可视化评估结果

上述完整代码保存在 ann_multifeatures_preprocessstandard-pandas.py 文件（见本书配套资源）中。同样地，也可以使用网格搜索法来寻找多层感知器回归模型的最佳参数组合。关键代码如下：

```
>>>para={'hidden_layer_sizes':[(i,) for i in np.arange(6,13,1)],\
    'activation':('identity','logistic','tanh','relu'),\
    'solver':('lbfgs','sgd','adam'),\
    'alpha':[*np.arange(0.0001,0.0011,0.0001)]}
>>>GS=GridSearchCV(Ann,para,cv=10)
>>>GS.fit(ss_x_train,y_train)
```

```
>>>print(GS.best_params_)
>>>print(GS.best_score_)
```

执行后，获得结果如图 20-23 所示。

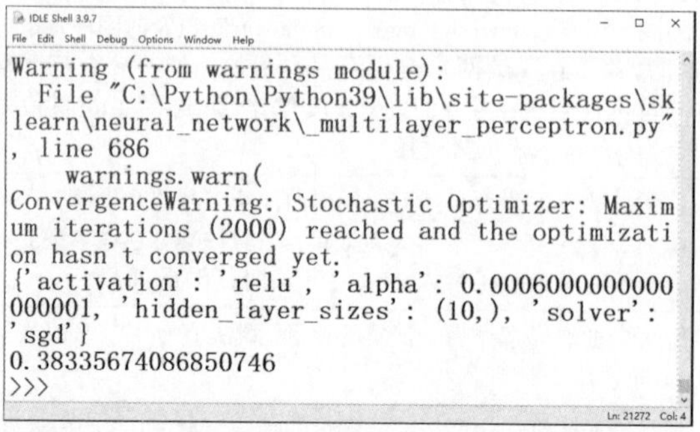

图 20-23 使用网格搜索法寻找多层感知器回归模型最佳参数组合结果

其中，图 20-23 中出现的告警信息表示在求解器的迭代过程中未能收敛。上述完整代码保存在 ann_multifeatures_preprocessstandard_gridsearch-pandas.py 文件（见本书配套资源）中。可以尝试增加更多的参数用于搜索。但鉴于多层感知器比其他回归模型复杂，在训练时会消耗更多的时间，这也与仿真平台的性能差异有关。

20.4　小结

本章仅介绍了使用 Python 的机器学习包 sklearn 建立回归模型的几个方法，其他的回归方法有待你自行尝试，比如线性回归中的 LASSO 回归、Ridge 回归、随机梯度下降回归、最近邻回归等。另外，sklearn 中附带了很多经典数据集，你可以使用其中比较有名的波士顿房价数据集进行回归模型的学习。此外，特征选择对回归模型的质量存在一定影响，在进行实践时，可参考 sklearn 的 feature_selection 子模块中的方法进行特征选择，将选择后的特征作为模型的输入重新训练模型，并与未做特征选择的模型评估结果做对比。

第21章 红酒产地分类

分类是机器学习中最主要的任务之一，在机器学习早期具有实用意义的手写数字识别、垃圾邮件识别，都是典型的分类任务。2009 年美国斯坦福大学的李飞飞团队创建了数据集 ImageNet，并于次年发起了图像处理和深度学习领域的 ImageNet 大规模视觉识别挑战赛（ImageNet Large Scale Visual Recognition Challenge），自此直到 2017 年最后一届 ImageNet 大规模视觉识别挑战赛，提升分类准确率始终是挑战的主要方向之一（最高评分体系准确率由不到55% 提升到了接近 80%）。现如今 ImageNet 已经交给 Kaggle（机器学习和数据科学平台），与其他数据集一同作为开放的资源供全世界的科学家、计算机爱好者使用，在 Kaggle 上你可以看到，分类仍然是机器学习中的热门研究方向之一。

红酒是瓶中诗（Wine is bottled poetry）——来自 19 世纪英国小说家 Robert Louis Stevenson 的美妙诗词，它描述了一种生活境界。在本章中通过红酒产地分类示例，介绍使用支持向量机、最近邻、朴素贝叶斯以及投票分类器求解该问题的方法。

21.1 数据集

数据集对于分类的重要性不言而喻。另外，评价一个算法的好坏需要多个数据集的支撑，尤其是经典数据集。因此，与第 20 章有所区别的是本章中将采用一个经典数据集，在此基础上介绍如何使用不同的分类器。本章采用的数据集是 sklearn 中 datasets 包的小数据集（Toy datasets）中的红酒数据集，该数据集包含对意大利同一地区生产的红酒进行化学分析的结果，对红酒中的不同成分进行了 13 种不同的测量。酿制这些红酒的葡萄由 3 个不同的农场种植，由此分为 3 类，每一种测量的含义如表 21-1 所示。

表 21-1　　　　　　　　　　　红酒数据集的列标签属性

序号	列标签	含义
1	alcohol	酒精
2	malic acid	苹果酸
3	ash	灰分
4	alkalinity of ash	灰分的碱度
5	magnesium	镁
6	total phenols	总酚
7	flavonoids	黄酮类化合物

续表

序号	列标签	含义
8	nonflavonoid phenols	非黄酮类酚
9	proanthocyanins	原花青素
10	color intensity	颜色强度
11	hue	色调
12	od280/od315 of diluted wines	稀释红酒的 OD280/OD315
13	proline	脯氨酸

需要说明的是，表 21-1 中的列标签源自代码中获取的列标签名称，而非纯英文解释。

通过 sklearn 的子包 datasets 中的 load_wine 方法就可将数据集导入，代码如下：

```
>>>from sklearn.datasets import load_wine
>>>winedata=load_wine()
>>>winedata.data[[0,80,-1]]
>>>winedata.target[[0,80,-1]]
```

其中，后面两行代码分别用于显示数据集中第 1 行、第 81 行和最后一行数据的特征和标签，代码运行结果如图 21-1 所示。

由图 21-1 所示结果可知，红酒数据集中共有 178 条数据，特征含有 13 个维度，分为 3 类。数据集的样本占比如图 21-2 所示。

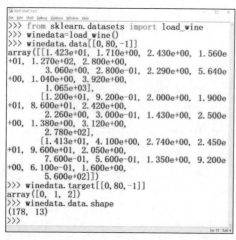

图 21-1　导入红酒数据集并显示其中的 3 行数据

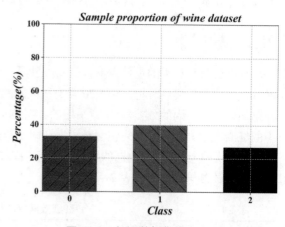

图 21-2　红酒数据集样本占比

其中，分类 0 占比约为 33%，分类 1 占比约为 40%，分类 2 占比约为 27%，样本所属类别相对均匀。

另外，你还可以调用 load_boston、load_iris、load_diabetes、load_digits、load_linnerud、load_breast_cancer 方法导入 sklearn 自带的其他几个数据集。其中 Iris Plants（鸢尾花）、Digits（手写数字）、Breast Cancer Wisconsin（威斯康星乳腺癌）数据集都是用于分类的数据集。

除了自带一部分小数据集，sklearn 也提供了在线获取数据集的方法，这些数据集相对于 Toy datasets，数据量更多，sklearn 称之为真实世界数据集（Real World Datasets）。sklearn 还提供了生成数据集（Generated Datasets），你可以根据需求生成一些计算机合成的数据集。sklearn 还提供了从 OpenML 获取数据集的方法。最后，sklearn 也支持使用 pandas、SciPy、NumPy 提供的文件 I/O（Input/Output，输入输出）工具读取各种格式的数据文件中的数据集。下面以真实世界数据集中的 covtype（森林覆盖类型）数据集为例，介绍获取该数据集的方法（尽管在本章的后续部分中并没有使用到它）。关于该数据集的更多信息，可以查阅参考资料[16]。关键代码如下：

```
>>>from sklearn import datasets
>>>path=r'D:\python\e-Resources-Chapter21\data\'
>>>feature,label=datasets.fetch_covtype(data_home=path,return_X_y=True)
```

其中，path 指定了保存路径，你可自行设置，下载 covtype 数据集的完整代码保存在 fetchcovtype.py 文件中。其中，需要注意的是，由于在 sklearn 的源码文件_covtype.py 中指定的下载 URL 在国内不可用，需要将该文件中第 39 行的 URL 替换为第 36 行的 URL。下载完毕后运行如下代码查看数据集的维度和标签：

```
>>>feature.shape
>>>label.shape
```

结果如图 21-3 所示。

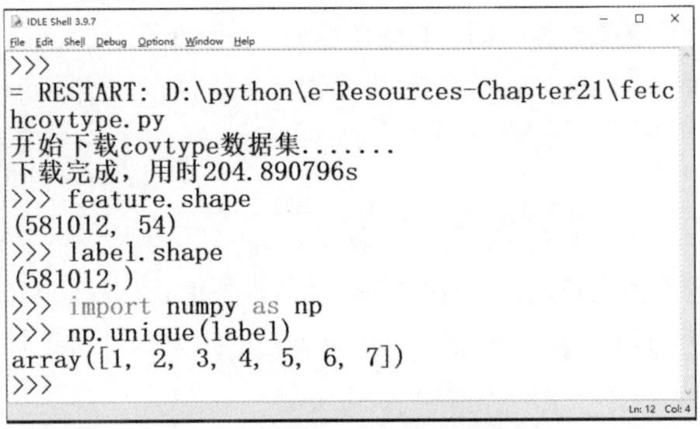

图 21-3　查看 covtype 数据集

图 21-3 中结果表明，该数据集共有 581012 条数据，分为 7 类，特征共有 54 个。

21.2　分类器评价指标

在正式介绍分类器之前，应首先明确评价分类器的指标有哪些，相对于回归模型，分类器的评价指标有明显区别。为了方便理解，本书先以二分类问题为例，介绍几个分类问题中常见评价指标的定义。在一个二分类问题中，样本分为正样本（Positive）和负样本（Negative），其数据集分类结果可表述为：

$$\begin{bmatrix} n_{TP} & n_{FN} \\ n_{FP} & n_{TN} \end{bmatrix} \tag{21-1}$$

其中，n_{TP} 代表系统预测为正样本，实际也为正样本的预测样本数量；n_{FN} 代表系统预测为负样本，实际为正样本的预测样本数量；n_{FP} 代表系统预测为正样本，实际为负样本的预测样本数量；n_{TN} 代表系统预测为负样本，实际也为负样本的预测样本数量。式（21-1）也称为二分类问题的混淆矩阵。

根据式（21-1）定义分类器的准确率（Accuracy），代表分类正确的样本占全部样本的比率，其数学表达式为：

$$r_{accuracy} = \frac{n_{TP} + n_{TN}}{n_{TP} + n_{FN} + n_{FP} + n_{TN}} \tag{21-2}$$

定义分类器的召回率（Recall），也称之为查全率，代表正确分类正样本占实际正样本的比率，其数学表达式为：

$$r_{recall} = \frac{n_{TP}}{n_{TP} + n_{FN}} \tag{21-3}$$

定义分类器的精确率（Precision），也称之为查准率，代表正确分类正样本占分类预测正样本的比率，其数学表达式为：

$$r_{precision} = \frac{n_{TP}}{n_{TP} + n_{FP}} \tag{21-4}$$

定义基于召回率和精确率的调和平均为 F 分值，其数学表达式为：

$$s_F = \frac{(\beta^2 + 1) \times r_{recall} \times r_{precision}}{\beta^2 r_{precision} + r_{recall}} \tag{21-5}$$

当式（21-5）中的可变参数 β=1 时，F 分值称为 F1 分值。

定义分类器的虚警率（False Alarm），代表错误分类正样本占实际负样本的比率，其数学表达式为：

$$r_{falsealarm} = \frac{n_{FP}}{n_{FP} + n_{TN}} \tag{21-6}$$

当样本的分类比例严重失衡时，上述评价指标基本不能正确反映出分类器的性能，因此定义马修斯相关系数（Matthews Correlation Coefficient，MCC）来评价这种情况下的分类器性能，其数学表达式为：

$$MCC = \frac{n_{TP} \times n_{TN} - n_{FP} \times n_{FN}}{\sqrt{(n_{TP} + n_{FP})(n_{TP} + n_{FN})(n_{TN} + n_{FP})(n_{TN} + n_{FN})}} \tag{21-7}$$

在二分类问题的计算中，通常分类器需要指定一个数值，该数值被称为阈值，当预测样本的分数值大于该阈值时，样本被预测为正样本，否则预测为负样本。使用在不同阈值条件下取得的(r_{recall}, $r_{precision}$)数值，以 r_{recall} 为横坐标、$r_{precision}$ 为纵坐标构成的曲线为 PR（Precision-Recall）曲线。使用在不同阈值条件下取得的(r_{recall}, $r_{falsealarm}$)数值，以 $r_{falsealarm}$ 为横坐标、r_{recall} 为纵坐标构成的曲线为受试者操作特征（Receiver Operating Characteristic，ROC）曲线。定义 ROC 曲线下的面积为 AUC（Area Under Curve）值，它可更直观地显示分类器的性能，该值取值范围一般为 0.5～1，值越大分类器性能越好。

上述公式只适合评价二分类器的性能。对于多分类评价，可以先将其转换为多个二分类评价（请注意，不是把多分类问题转化为多个二分类问题进行求解），分别计算每个二分类评价指标，然后根据特定的规则将所得的评价指标汇总。下面介绍几个常用的汇总方法。

（1）宏平均（Macro-average）方法

先对每一个类别的样本分别统计二分类评价指标，然后求平均。

（2）加权平均（Weighted-average）方法

对每一个类别的样本的二分类评价指标求加权平均，权重为该类别的样本在总样本中的占比。该方法易受样本量大的类别影响。

（3）微平均（Micro-average）方法

先统计每一个类别样本的 n_{TP}、n_{FP}、n_{FN}，再按照二分类评价公式求解 $r_{\mathrm{precision}}$ 等指标。

多分类评估的马修斯相关系数求解公式如下：

$$\mathrm{MCC} = \frac{c \times s - \sum_k^K p_k \times t_k}{\sqrt{\left(s^2 - \sum_k^K p_k^2\right) \times \left(s^2 - \sum_k^K t_k^2\right)}} \tag{21-8}$$

其中，s 代表样本总数，c 代表正确预测样本的数量，即混淆矩阵对角线元素和。p_k 和 t_k 分别代表类 k 的预测数量（混淆矩阵的第 k 行之和）和实际数量（混淆矩阵的第 k 列之和），其数学表达式分别为：

$$p_k = \sum_i^{K_{\mathrm{col}}} C_{ki}$$
$$t_k = \sum_i^{K_{\mathrm{row}}} C_{ik} \tag{21-9}$$

其中，C 代表混淆矩阵，C_{ik} 代表混淆矩阵的第 i 行第 k 列元素。

21.3 分类器

21.3.1 支持向量机

支持向量机（Support Vector Machine，SVM）是一组用于分类、回归或者"外点"检测的有监督学习方法的集合，其数学公式在此不赘述，对其原理感兴趣的读者可以阅读参考资料[17]，本小节着重介绍的是 sklearn 中 SVM 的使用方法。sklearn 提供的 SVM 分类器分别是 SVC、NuSVC 和 LinearSVC。SVM 在处理多分类问题时，是将多分类问题转化为多个二分类问题进行求解，由此演化出两种处理方法，一种称为一对一（One-versus-One，OvO），即抽取两类样本组成一个二分类器；另一种称为一对多（One-versus-Rest，OvR），即将全部样本分为两类，一类样本是原样本中的某一类样本，另外一类样本是原样本中其他所有类样本。因此，在构建多分类器时，如果选择 OvO 方法，则需要创建 $n \times (n-1)/2$ 个二分类器，而 OvR 方法则只需要创建 n 个二分类器，n 代表原样本的分类数。很明显，对于训练过程来说，OvR 方法明显优于 OvO 方法。因此，SVC、NuSVC 和 LinearSVC 都默认选择 OvR 方法。另外，SVC 和 NuSVC 可以指定 SVM 的核函数，例如径向基（rbf）函数、多项式（poly）函数、线性（linear）函数、sigmoid 函数、预先计算（precomputed）函数用于自定义函数，而 LinearSVC 不能指定核函数，其核函数已经确定为线性函数。

下面以 SVC 为例，介绍创建分类器、在红酒数据集上进行分类、获得分类结果以及显示混淆矩阵的方法，关键代码如下：

```
>>>from matplotlib import pyplot as plt
```

```
>>>from sklearn import svm
>>>from sklearn.preprocessing import MinMaxScaler
>>>from sklearn.model_selection import train_test_split
>>>from sklearn.pipeline import make_pipeline
>>>from sklearn.metrics import confusion_matrix, ConfusionMatrixDisplay
>>>from sklearn.datasets import load_wine
>>>wine=load_wine()
>>>x=wine.data
>>>y=wine.target
>>>x_train,x_test,y_train,y_test=train_test_split(x,y,test_size=1/3,random_state=10)
>>>C=0.9
>>>svcpip=make_pipeline(MinMaxScaler(),svm.SVC(C=C,random_state=10))
>>>svcpip.fit(x_train,y_train)
>>>y_pred=svcpip.predict(x_test)
>>>cm=confusion_matrix(y_test,y_pred,labels=svcpip.classes_)
>>>ConfusionMatrixDisplay.from_estimator(svcpip, x_test, y_test)
>>>plt.tight_layout(pad=0)
>>>plt.show()
```

　　上述代码中, 通过 model_selection 子模块中的 train_test_split 函数将红酒数据集切分为训练集和测试集, 测试集占比为 1/3; 通过 pipeline 子模块中的 make_pipeline 函数将数据预处理、分类器创建操作整合为一个对象 svcpip, 它继承了分类器的 fit 和 predict 方法以及属性 classes_; 通过 metrics 中的 confusion_matrix 计算混淆矩阵; 通过 ConfusionMatrixDisplay 将混淆矩阵可视化。使用 SVC 分类器获得的混淆矩阵如图 21-4 所示。

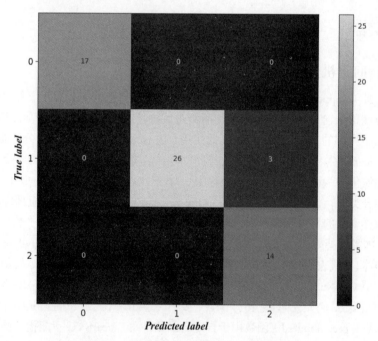

图 21-4　使用 SVC 分类器获得的混淆矩阵

　　另外, 可从 metrics 中导入 balanced_accuracy_score 获得平均召回率（均衡准确率）, 导入 matthews_corrcoef 获得马修斯相关系数, 导入 classification_report 获得分类评价结果。尽管红酒数据集是一个均衡数据集, 平均召回率和马修斯相关系数实际上并没有太大参考意义, 但在本小节中仍然加入了两者的使用示例，你可在评价非均衡数据集时参考使用。代码如下：

```
>>>from sklearn.metrics import balanced_accuracy_score,\
matthews_corrcoef, \
classification_report
>>>class_names=['class 0', 'class 1', 'class 2']
>>>print('SVC 分类器的平均召回率：%0.2f'% (balanced_accuracy_score(y_test, y_pred)))
>>>print('SVC 分类器的马修斯相关系数：%0.2f' % (matthews_corrcoef(y_test, y_pred)))
>>>print(classification_report(y_test, y_pred, target_names=class_names))
```

运行结果如图 21-5 所示。

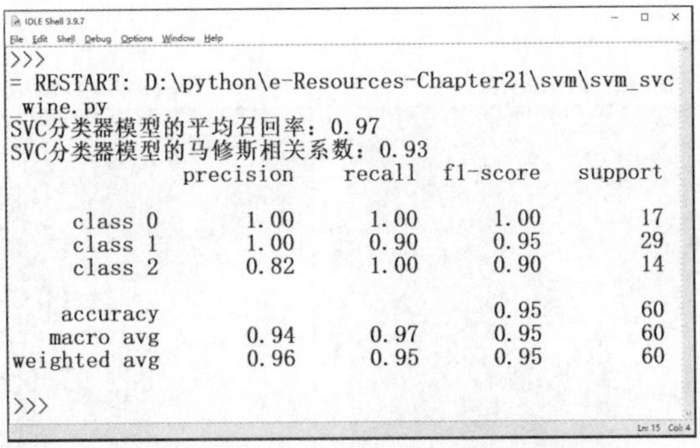

图 21-5　使用 SVC 分类器获得的评价指标

上述完整代码保存在 svm_svc_wine.py 文件（见本书配套资源）中。

下面比较 SVC、NuSVC 和 LinearSVC 这 3 个分类器，当然你也可以按照本小节介绍的方法逐一获得 NuSVC 和 LinearSVC 模型的评价指标，然后使用诸如宏平均值或者加权平均值进行比对。下面的内容中使用红酒数据集的全部样本进行模型拟合，为了可视化地展示 3 个分类器的性能，使用 3 个模型的分类边界，在数据集的前两个维度特征的二维平面对样本进行切分，关键代码如下：

```
>>>from sklearn import inspection
>>>C=0.9
>>>nu=0.6
>>>models = (
    svm.SVC(kernel="linear",C=C,random_state=10),
    svm.LinearSVC(C=C,random_state=10),
    svm.SVC(kernel="rbf",gamma=0.7,C=C,random_state=10),
    svm.NuSVC(kernel="rbf",gamma=0.7,nu=nu,random_state=10),
)
>>>models = (clf.fit(X, y) for clf in models)
>>>fig, sub = plt.subplots(2, 2)
>>>plt.subplots_adjust(wspace=0.4, hspace=0.4)
>>>for clf, title, ax in zip(models, titles, sub.flatten()):
    disp = inspection.DecisionBoundaryDisplay.from_estimator(
        clf,
        X,
        response_method="predict",
        cmap=plt.cm.coolwarm,
        alpha=0.8,
        ax=ax,
        xlabel=wine.feature_names[0],
```

```
        ylabel=wine.feature_names[1],)
ax.scatter(X0, X1, c=y, cmap=plt.cm.coolwarm, s=20, edgecolors="k")
ax.set_xticks(())
ax.set_yticks(())
ax.set_xlabel(label[0],font='Times New Roman',fontsize=15,fontweight='bold',\
fontstyle='italic')
ax.set_ylabel(label[1],font='Times New Roman',fontsize=15,fontweight='bold',\
fontstyle='italic')
ax.set_title(title)
```

　　完整代码保存在 svm_decisionboundary_compare.py 文件（见本书配套资源）中，运行可得图 21-6 所示结果。

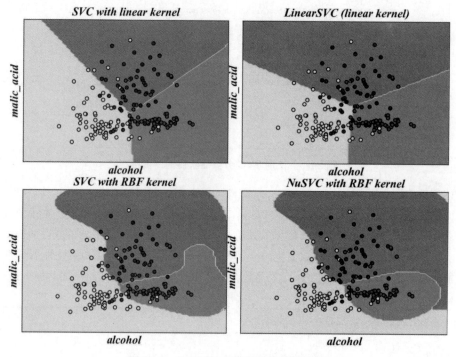

图 21-6　不同 SVM 分类器的分类边界

　　由图 21-6 可见，使用 SVC 与使用 LinearSVC 相比，分类边界存在一定的偏移，其根本原因在于两者的损失函数是不同的。在线性核函数与非线性核函数的对比中，可见分类边界具有明显差别。而尽管 SVC 与 NuSVC 的优化问题一致，即便使用相同的核函数，其分类边界也存在差别，这是因为 NuSVC 定义了参数 nu 用以替换参数 C，它控制支撑向量的数量。另外，第 20 章中提到过的 GridSearchCV 方法依然适用于分类器，你可以尝试寻找最佳参数组合。

21.3.2　最近邻

　　基于最近邻（Nearest Neighbors）的分类方法是一类基于实例的学习方法，或者定义为非生成式学习方法。它不是构建一个一般的内部模型，而是简单地存储训练样本，分类时依据测试点大多数最近邻投票决定其分类标签。sklearn 中实现了两种基于最近邻思想的分类器，一种是 k 近邻分类器，它是最常用的最近邻分类器，即样本的分类取决于最近的 k 个训练样本的分类，

k 严重依赖于样本，其值越大，分类器抑制噪声影响的性能越好，但分类边界越不清晰；另外一种是基于给定半径的最近邻分类器，即设定一个半径，样本的分类取决于以测试点为圆心、给定半径内的训练样本的分类，当样本满足非均匀分布时，通常选择基于给定半径的最近邻分类器。

首先，从 sklearn 中导入 neighbors，实现代码如下：

```
>>>from sklearn import neighbors
```

接下来，如果创建 k 近邻分类器，则调用：

```
>>knn=neighbors.KNeighborsClassifier()
```

如果创建基于给定半径的最近邻分类器，则调用：

```
>>rnn=neighbors.RadiusNeighborsClassifier()
```

基于最近邻的两种分类器的主要参数，如表 21-2 所示。

表 21-2　　　　　　　　　　基于最近邻的两种分类器的主要参数

参数名	说明
n_neighbors	k 近邻分类器指定的邻居数量（仅用于 KNeighborsClassifier），默认值为 5
radius	基于给定半径的近邻分类器的半径值（仅用于 RadiusNeighborsClassifier），默认值为 1
weights	预测时使用的权重函数，默认值为'uniform'函数，还可以选择'distance'函数，权重取值为距离的倒数，或者选择自定义函数'callable'
algorithm	计算近邻的算法，默认值为'auto'，系统将根据拟合时的数据自动选择最合适的算法，取值包括{'auto', 'ball_tree', 'kd_tree', 'brute'}。其中 kd 树（kd_tree）处理特征维度低于 20 的数据集时表现较好，超过 20 时一般选择球树（ball_tree）
leaf_size	球树或者 kd 树的叶子节点数量，默认值为 30
p	闵氏空间距离的指数参数，默认值为 2，即标准欧氏空间距离（l_2）；p=1 时为曼哈顿距离（l_1），p 为其他值时使用闵氏空间距离（l_p）
metric	距离计算法则，默认值为'minkowski'。也可指定自定义函数

基于 21.3.1 小节 SVM 分类器的使用方法，只需要将 make_pipeline 中的分类器定义为 neighbors.KNeighborsClassifier 或者 neighbors.RadiusNeighborsClassifier 即可。与 21.3.1 小节不同的是，在本小节中加入 AUC 值的求解。下面的代码以 RadiusNeighborsClassifier 为例，关键代码如下：

```
>>>knnpip=make_pipeline(MinMaxScaler(),neighbors.RadiusNeighborsClassifier(radius=r))
>>>knnpip.fit(x_train,y_train)
>>>y_pred=knnpip.predict(x_test)
>>>y_score=knnpip.predict_proba(x_test)
>>>auc_macro=roc_auc_score(y_test,y_score,multi_class='ovr')
>>>auc_weighted=roc_auc_score(y_test,y_score,multi_class='ovr',average='weighted')
```

运行代码，并将 AUC 值输出，如图 21-7 所示。

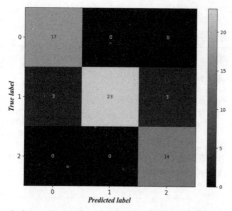

（a）n_neighbors=3 时 k 近邻分类器 AUC 值　　　　（b）radius=1.60 时半径近邻分类器 AUC 值

图 21-7　k 近邻和半径近邻分类器的 AUC 值

两种近邻分类器的混淆矩阵如图 21-8 所示。

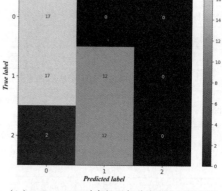

（a）n_neighbors=3 时 k 近邻分类器的混淆矩阵　　　（b）radius=1.60 时半径近邻分类器的混淆矩阵

图 21-8　k 近邻分类器和半径近邻分类器的混淆矩阵

图 21-7 和图 21-8 对应的完整代码分别保存在 svm_knn_wine.py、svm_rnn_wine.py 文件（见本书配套资源）中。下面以 k 近邻分类器为例，绘制 ROC 曲线。请注意，尽管 ROC 曲线仅适用于二分类问题，但可以将多分类器根据 sklearn 的 multiclass 中的 OneVsRestClassifier 方法将 KNeighborsClassifier 转换为二分类器。另外在此之前，还需要调用 preprocessing 中的 label_binarize 将多分类标签转换为二分类标签。关键代码如下：

```
>>>from sklearn.multiclass import OneVsRestClassifier
>>>from sklearn.preprocessing import label_binarize
>>>from sklearn.metrics import roc_curve,auc
…
>>>y=label_binarize(y, classes=[0, 1, 2])
>>>knnpip=make_pipeline(MinMaxScaler(),\
OneVsRestClassifier(neighbors.KNeighborsClassifier(n_neighbors=k)))
>>>knnpip.fit(x_train,y_train)
>>>y_score=knnpip.predict_proba(x_test)
>>>fpr=dict()
>>>tpr=dict()
>>>roc_auc=dict()
>>>for i in range(n_classes):
```

```
    fpr[i],tpr[i],_ =roc_curve(y_test[:,i],y_score[:,i])
roc_auc[i]=auc(fpr[i],tpr[i])
```

接下来计算微平均 ROC 曲线值和宏平均 ROC 曲线值：

```
>>>fpr["micro"],tpr["micro"],_=roc_curve(y_test.ravel(),y_score.ravel())
>>>roc_auc["micro"]=auc(fpr["micro"],tpr["micro"])
>>>all_fpr=np.unique(np.concatenate([fpr[i] for i in range(n_classes)]))
>>>mean_tpr=np.zeros_like(all_fpr)
>>>for i in range(n_classes):
    mean_tpr+=np.interp(all_fpr,fpr[i],tpr[i])
>>>mean_tpr/=n_classes
>>>fpr["macro"]=all_fpr
>>>tpr["macro"]=mean_tpr
>>>roc_auc["macro"]=auc(fpr["macro"],tpr["macro"])
```

最后绘制函数图像，将每个分类的 ROC 曲线以及宏平均 ROC 曲线和微平均 ROC 曲线绘制到画布上，如图 21-9 所示。完整代码保存在 svm_knn_wine_roc.py 文件（见本书配套资源）中。

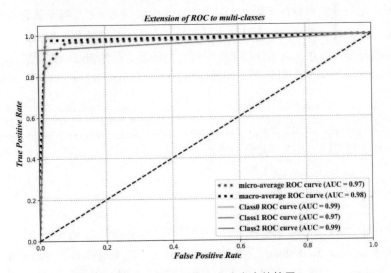

图 21-9　ROC 曲线在多分类中的扩展

图 21-9 中的对角线代表了二分类的边界，粉色虚线代表微平均 ROC 曲线，海军蓝色虚线代表宏平均 ROC 曲线，水绿色实线代表分类为 Class0 的样本的 ROC 曲线，深橙色实线代表分类为 Class1 的样本的 ROC 曲线，矢车菊蓝色实线代表分类为 Class2 的样本的 ROC 曲线。

21.3.3　朴素贝叶斯

贝叶斯方法是一系列基于贝叶斯定理的有监督学习方法，其原理相对简单，如下：

$$P(y|x_1,\cdots,x_n)=\frac{P(y)P(x_1,\cdots,x_n|y)}{P(x_1,\cdots,x_n)} \tag{21-10}$$

其中，分类 y 和假设条件独立的特征 $x_1,\cdots,x_n$ 满足：

$$P(x_i|y,x_1,\cdots,x_n)=P(x_i|y) \tag{21-11}$$

式（21-10）可转化为：

$$P(y|x_1,\cdots,x_n) = \frac{P(y)\prod\limits_{i=1}^{n} P(x_i|y)}{P(x_1,\cdots,x_n)} \tag{21-12}$$

其中，$P(x_1,\cdots,x_n)$ 根据样本已知。式（21-12）可转化为：

$$P(y|x_1,\cdots,x_n) \propto P(y)\prod\limits_{i=1}^{n} P(x_i|y) \tag{21-13}$$

因此，可以根据最大后验概率估计算法估计 $P(y)$ 和 $P(x_i|y)$，从而最终确定样本的分类：

$$\hat{y} = \arg\max_y P(y)\prod\limits_{i=1}^{n} P(x_i|y) \tag{21-14}$$

sklearn 提供的朴素贝叶斯方法主要包括高斯朴素贝叶斯（Gaussian Naive Bayes）、多项式朴素贝叶斯（Multinomial Naive Bayes）、补集朴素贝叶斯（Complement Naive Bayes）、伯努利朴素贝叶斯（Bernoulli Naive Bayes）和类朴素贝叶斯（Categorical Naive Bayes）等。它们的主要区别在于对应的条件概率分布函数 $P(x_i|y)$ 不同。其中伯努利朴素贝叶斯适合处理特征为布尔型变量的数据；而类朴素贝叶斯适合处理离散特征具有分类分布的数据集，即每个特征的类别都来自一个分类分布。因此，这两种朴素贝叶斯分类器不适合处理红酒数据集。

下面介绍 sklearn 中朴素贝叶斯分类器的使用方法，首先从 sklearn 中导入 naive_bayes，代码如下：

```
>>>from sklearn import naive_bayes
```

接下来，可选择不同的朴素贝叶斯分类器：

```
>>>gnb=naive_bayes.GaussianNB()
>>>mnb=naive_bayes.MultinomialNB()
>>>conb=naive_bayes.ComplementNB()
```

其中后两种朴素贝叶斯分类器都提供了一个平滑参数 alpha，当 alpha=1 时对应的平滑称为拉普拉斯平滑（Laplace Smoothing）；当 alpha<1 时对应的平滑称为利德斯通平滑（Lidstone Smoothing）；当 alpha=0 时代表无平滑。当某一特征没有出现时，会导致后验概率为 0，增加平滑参数是为了防止发生这种情况。使用几种朴素贝叶斯分类器对红酒数据集分类的关键代码如下：

```
>>>alpha=1
>>>models=(
    naive_bayes.GaussianNB(),
    naive_bayes.MultinomialNB(alpha=alpha),
    naive_bayes.ComplementNB(alpha=alpha),
)
>>>models=(nb.fit(x_train,y_train) for nb in models)
>>>nbclfname=['GaussianNB','MultinomialNB','ComplementNB']
>>>class_names=['class 0', 'class 1', 'class 2']
>>>for (nb,i) in zip(models,range(0,len(nbclfname))):
    y_pred=nb.predict(x_test)
    print('%s 模型测试集的分类报告\n' % nbclfname[i])
    print(classification_report(y_test,y_pred,target_names=class_names))
```

完整代码保存在 naivebayes_compare.py 文件中，运行后可得到每个分类器的分类评价数据，总结如表 21-3 所示。

表 21-3 　　　　　　　　　　　　　朴素贝叶斯分类器的评价结果

朴素贝叶斯分类器	准确率	精确率（宏平均）	召回率（宏平均）	F1 分值（宏平均）	精确率（加权平均）	召回率（加权平均）	F1 分值（加权平均）
高斯朴素贝叶斯	0.9	0.89	0.92	0.90	0.91	0.9	0.9
多项式朴素贝叶斯	0.85	0.85	0.88	0.86	0.86	0.85	0.85
补集朴素贝叶斯	0.77	0.8	0.84	0.77	0.84	0.77	0.75

表 21-3 中数据表明，当数据集特征服从某一种分布时，对应的分类器就会取得相对较好的效果，红酒数据集中的特征一般是服从高斯分布的，因此高斯朴素贝叶斯分类器的评价指标略优于其他两个朴素贝叶斯分类器的。

21.3.4　投票分类器

投票法是集成学习中针对分类问题的一种结合策略。其基本思想就是选择所有机器学习算法中输出最多的那个类作为最终的输出类别。本小节着重介绍使用 sklearn 中投票分类器（Voting Classifier）的方法。

首先，从 sklearn.ensemble 中导入 VotingClassifier，代码如下：

```
>>>from sklearn.ensemble import VotingClassifier
```

在导入其他分类器前，先介绍投票分类器的主要参数，具体如表 21-4 所示。

表 21-4 　　　　　　　　　　　　　投票分类器的主要参数

参数名	说明
estimators	弱分类器元组列表，对投票分类器进行拟合时，会自动调用弱分类器
voting	投票方法，默认值为 hard（硬投票），取值包括{'hard', 'soft'}。如果取值为'hard'，则给出绝大多数弱分类器的分类作为最后结果；如果取值为'soft'（软投票），则根据每个弱分类器的分类预测概率和的最大值预测
weights	弱分类器的权重，默认值为 None，代表均匀权重
flatten_transform	布尔值，默认值为 True。仅当 voting='soft'时影响输出数组的维度，voting='soft'并且 flatten_transform=True 时，输出数组维度是 (n_samples,n_classifiers*n_classes)；当 flatten_transform=False 时，输出数组维度是(n_classifiers,n_samples, n_classes)

接下来，就可以导入其他的弱分类器，比如 SVC 分类器、k 近邻分类器、高斯朴素贝叶斯分类器等。代码如下：

```
>>>from sklearn.svm import SVC
>>>from sklearn.neighbors import KNeighborsClassifier
>>>from sklearn.naive_bayes import GaussianNB
```

创建投票分类器以及其他的弱分类器，结合 cross_val_score 方法对红酒数据集进行拟合、预测，最后给出分类结果，其关键代码如下：

```
>>>clf1=SVC(C=0.9,probability=True)
>>>clf2=KNeighborsClassifier(n_neighbors=3)
>>>clf3=GaussianNB()
>>>eclf=VotingClassifier(estimators=[("svc",clf1),("knn",clf2),("gnb",clf3)],voting='hard')
>>>for clf,clf_name in zip([clf1,clf2,clf3,eclf],['SVC', 'KNN', 'GNB', 'Voting']):
    scores=cross_val_score(clf,mms_x,y,cv=5,scoring='accuracy')
    print('Accuracy:{:.3f}(+/- {:.3f})[{}]'.format(scores.mean(),scores.std(), clf_name))
```

完整代码保存在 voting_svc_gnb_knn.py 文件中，执行后可以分别获得几个分类器的准确率等，获得的评价结果如表 21-5 所示。

表 21-5　　　　　　　　投票分类器及其构成的弱分类器的评价结果

分类器	5 折平均准确率	5 折平均 F1 分值（宏平均）	5 折平均 F1 分值（加权平均）
SVM	0.978	0.978	0.978
k 近邻	0.95	0.95	0.950
高斯朴素贝叶斯	0.966	0.968	0.966
硬投票	0.983	0.983	0.983

由于实验存在随机性，你在实验时得出的结果可能与表 21-5 中的结果略有不同。如果需要获得其他分类指标，可以使用投票分类器的返回参数中的 named_estimators_，根据创建的投票分类器中 estimators 参数指定的分类器名称调用各个弱分类器，示例如下：

```
>>>eclf.named_estimators_.svc.score(mms_x,y)
>>>eclf.named_estimators_.svc.predict(mms_x)
```

另外，上述结果是在硬投票方法下获取的，使用软投票方法获得的几种分类器的分类边界，如图 21-10 所示。

其关键代码如下：

```
>>>f, axarr = plt.subplots(2, 2, sharex="col", sharey="row", figsize=(10, 8))
>>>for idx, clf, title in zip(product([0, 1], [0, 1]),[clf1, clf2, clf3, eclf],\
   ["GaussianNB", "KNN(k=3)", "SVC", "Soft Voting"],):
       DecisionBoundaryDisplay.from_estimator(clf,X,alpha=0.4,ax=axarr[idx[0], idx[1]],\
       response_method="predict",\
       xlabel= xlabel,\
       ylabel=ylabel
>>> ax.set_xlabel(label[0],font='Times New Roman',fontsize=15,fontweight='bold',\
fontstyle='italic')
>>> ax.set_ylabel(label[1],font='Times New Roman',fontsize=15,fontweight='bold',\
fontstyle='italic')
>>>ax.set_title(title,font='Times New Roman',fontsize=15,fontweight='bold',fontstyle=
'italic')
```

上述完整代码保存在 voting_decisionboundary.py 文件（见本书配套资源）中。另外，你可以尝试增加更多的弱分类器，但这样做在训练中会消耗更多的时间。

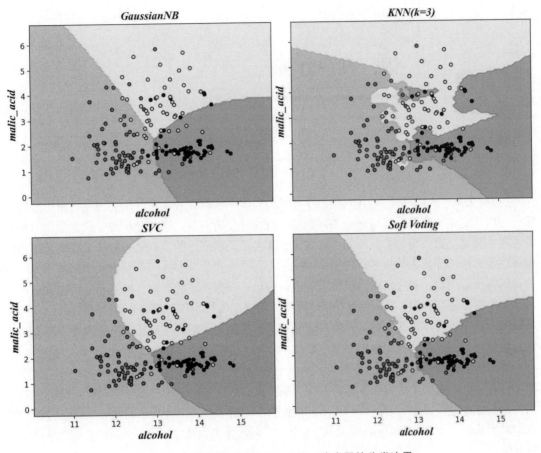

图 21-10 投票分类器及其构成的弱分类器的分类边界

21.4 小结

　　本章仅介绍了使用 sklearn 建立分类器的几个方法，其他建立分类器的方法有待你自行尝试，比如第 20 章中介绍过的决策树、神经网络也可用于实现分类，再如集成学习中的 AdaBoost（自适应增强）分类和基于直方图的梯度提升分类等。另外，除了本章中使用的红酒数据集，你还可以使用 sklearn 中的鸢尾花和威斯康星乳腺癌数据集进行分类器的学习。此外，与回归模型类似的是，特征选择对分类器的质量也存在一定影响，因此你可参考 sklearn 的 feature_selection 子模块中的方法，结合不同的分类器获得更好的分类结果。

第22章 银行客户分析

"物以类聚，人以群分"，在自然科学和社会科学中，存在着大量的聚类问题。聚类分析又称群分析，它是研究样品或指标分类问题的一种统计分析方法。聚类分析源于分类学，但是聚类不等于分类。聚类与分类的不同之处在于，聚类所要求划分的类别是未知的。在商业领域，聚类能帮助市场分析人员从客户数据库中发现不同的客户群，并且用购买模式来刻画不同的客户群的特征。例如，对汽车保险单持有者进行分组；根据房子的类型、价值和地理位置对一个城市中的房屋进行分组。在生物学领域，聚类能用于推导植物和动物的分类，对基因进行分类，获得对种群中固有结构的认识。在地理学领域，聚类能用于确定在地球观测数据库中相似的地区。由此可见，聚类的现实应用非常广泛。

本章选择商业领域的一个应用作为示例。大多数银行都有一个庞大的客户群——客户在年龄、收入、价值观、生活方式等方面有不同的特点。银行客户分析是根据共同特征将客户划分为特定群体的过程，银行可以针对每个群体提供不同的服务，商业价值较高。本章通过银行客户的聚类示例，介绍利用 K-means 聚类、谱聚类、层次聚类以及基于密度的聚类模型求解该问题的方法。

22.1 数据集

与第 20 章自制数据集、第 21 章选择经典数据集不同的是，本章选择了一个公开数据集，但这个数据集并不是经典数据集。它是一个源自 Kaggle 的真实数据集，你可以在本书的配套资源中找到名为 bank_transactions.csv 的文件。其中包含银行的交易记录，由印度的一家银行 80 多万个客户的 100 多万笔交易组成，每一列属性的含义如表 22-1 所示。

表 22-1　　　　　　　　　　　　银行客户数据集的列属性

序号	列属性	含义
1	TransactionID	交易 ID
2	CustomerID	客户 ID
3	CustomerDOB	客户出生日期
4	CustGender	客户性别
5	CustLocation	客户地址
6	CustAccountBalance	客户账户余额
7	TransactionDate	交易日期
8	TransactionTime	交易时间
9	TransactionAmount (INR)	交易金额（印度卢比）

其中包括的数据类型有日期型、字符串型、浮点型等。因此，不可能直接将原始数据输入聚类模型中。为此，根据常识，首先对数据集进行数据处理，包括数据清洗、数据映射等。下面先简要介绍数据处理的主要思路和步骤，然后给出实现代码。

查看数据集后发现 TransactionID 列是数值唯一列，但并没有太多的实际价值，因此在处理中舍去该列。CustomerID 列中包含重复值，因此需要将该列与 TransactionAmount(INR)列结合进行去除重复行操作，本章中采用的方法是将 TransactionAmount(INR)列进行倒序排列，留下 TransactionAmount(INR)列的最大值对应 CustomerID 列的首行，并去除重复值的行。对 CustomerDOB 列进行细分，生成客户年龄（最终映射为年龄段）和月份列。将 CustGender 列的值映射为两类，女性对应 1，男性对应 2。鉴于作者不熟悉印度人文地理情况，借助原始数据集贡献者对该列的描述，本章将 CustLocation 列映射为 3 类，孟买对应 1，新德里对应 2，其他城市对应 3。对 CustAccountBalance 和 TransactionAmount(INR)列，将不同的金额映射进不同的金额等级。对 TransactionDate 列，提取不同的年份数据进行处理，本章中使用该列中年份为 2021 年的数据进行聚类处理。对 TransactionTime 列，将不同的时间映射进不同的时间段。银行客户数据集处理流程如图 22-1 所示。图中黑色虚线代表原始数据集中数据与转换后数据集的映射关系。

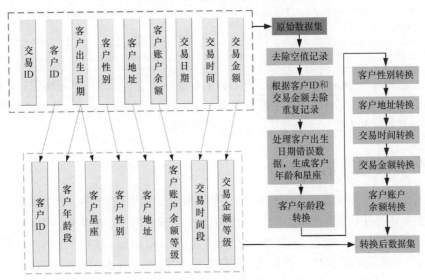

图 22-1　银行客户数据集处理流程

通过 pandas 包对数据集进行处理的代码如下：

```
>>>import pandas as pd
>>>import numpy as np
>>>import datetime
>>>filepath=r'D:\python\e-Resources-Chapter22\dataset\bank_transactions-2021.csv'
>>>head=pd.read_csv(filepath,header=0)
>>>print(list(head))
>>>data=pd.read_csv(filepath,\
            usecols=[1,2,3,4,5,7,8],\
            encoding='utf8',\
            dtype={"CustGender": str})
```

```
>>>data=data.assign(CustomerDOB=pd.to_datetime(data['CustomerDOB']))
>>>data=data.dropna()
>>>data.sort_values('TransactionAmount(INR)',ascending=False).drop_duplicates(subset=['Cust
omerID'], keep='first')
>>>data['year']=pd.DatetimeIndex(data['CustomerDOB']).year
>>>data['starsign']=pd.DatetimeIndex(data['CustomerDOB']).month
>>>today=datetime.datetime.today()
>>>data.loc[data['year']>=today.year,'year']=data['year']-100
>>>nrow=data.shape[0]
>>>data.loc[:,'age']=today.year-data['year']
>>>data=data.drop(data[data['age']>100].index)
>>>data['age']=data['age'].map(age_sec_transfer)
>>>data['CustGender']=data['CustGender'].apply(lambda x:1 if x=='F' else 2)
>>>loca=data['CustLocation'].unique()
>>>locid=np.full(len(loca),3)
>>>for i in range(0,len(loca)):
    if loca[i]=='MUMBAI':
        locid[i]=1
    elif loca[i]=='NEW DELHI':
        locid[i]=2
>>>locmap=dict()
>>>locmap=to_dictionary(loca,locid)
>>>data['CustLocation']=data['CustLocation'].map(locmap)
>>>data['TransactionTime']=data['TransactionTime'].map(trantime_transfer)
>>>data['TransactionAmount (INR)']=\
data['TransactionAmount (INR)'].map(tranamount_transfer)
>>>data['CustAccountBalance']=data['CustAccountBalance'].map(tranbalance_transfer)
```

　　其中，在转换时 map 方法中调用的函数需要进行自定义，限于篇幅将完整代码保存在 processdata-pandas.py 文件中，见本书配套资源，过程中使用了部分 pandas 的处理方法，更多关于 pandas 处理数据的方法，可参考其官方网站中的说明。

22.2　聚类模型评估指标

　　在正式介绍聚类模型之前，应首先明确评估聚类模型的指标有哪些，聚类模型的评估指标并不像分类一样通过对准确率和召回率的计数获取。下面介绍几个在聚类中经常使用的指标。对于已知样本真实标签的情况，可以使用兰德指数（Rand Index，RI）、互信息评分（Mutual Information based scores，MI）、同质性、完整性及 V 测度（Homogeneity，Completeness and V-measure）、FM 指数（Fowlkes-Mallows Index，FMI）。对于样本真实标签未知的情况，可以使用轮廓系数（Silhouette Coefficient）、CH 指数（Calinski-Harabasz Index，CHI）和 DB 指数（Davies-Bouldin Index，DBI），下面分别对几种评估指标进行介绍。

22.2.1　兰德指数

　　给定正确分类为 Q，算法聚类为 K，定义兰德系数为：

$$RI = \frac{a+b}{C_{n_{samples}}^{2}} \tag{22-1}$$

　　其中，a 代表在 Q 和 K 中分为一类的样本对数量；b 代表在 Q 和 K 中分为不同类的样本对数量；$C_{n_{samples}}^2$ 代表所有样本对组合的数量。RI 的取值范围是[0,1]，取值越大代表聚类的效果越好。

在聚类结果随机产生的条件下，为了克服 RI 不能接近于 0 的问题，提出了调整兰德指数（Adjusted Rand Index，ARI），其数学表达式为：

$$\text{ARI} = \frac{\text{RI} - E[\text{RI}]}{\max(\text{RI}) - E[\text{RI}]} \tag{22-2}$$

其中，$E[\text{RI}]$代表 RI 的期望，ARI 的取值范围是[−1,1]，取值越大代表聚类的效果越好。可以通过 sklearn 子包 metrics 中的 rand_score 和 adjusted_rand_score 分别计算 RI 和 ARI。

22.2.2　互信息评分

假设有两个聚类集合 U 和 V，样本聚类后在每个分类下的信息熵定义如下：

$$H(U) = -\sum_{i=1}^{|U|} P_u(i) \log(P_u(i))$$
$$H(V) = -\sum_{j=1}^{|V|} P_v(j) \log(P_v(j)) \tag{22-3}$$

其中，$P_u(i)$和 $P_v(j)$分别代表在 U 和 V 聚类集合下，每个分类的概率，计算公式如下：

$$P_u(i) = \frac{|U_i|}{N}, P_v(j) = \frac{|V_j|}{N} \tag{22-4}$$

其中，N 代表样本个数。定义 U 和 V 的列联表中元素 m_{ij} 为：

$$m_{ij} = \{U_i \cap V_j\} \tag{22-5}$$

其中，U_i 和 V_j 分别代表在 U 和 V 聚类集合下，分类分别为 i 和 j 的子集元素。

定义联合概率分布 $P(i,j)$为：

$$P(i, j) = \frac{m_{ij}}{N} \tag{22-6}$$

在两个聚类集合 U 和 V 下的互信息评分（Mutual Information，MI）的数学表达式为：

$$\text{MI}(U, V) = \sum_{i=1}^{|U|} \sum_{j=1}^{|V|} P(i, j) \log \left(\frac{P(i, j)}{P_u(i) P_v(j)} \right) \tag{22-7}$$

其中，log 函数一般以 2 为底数，也可以取其他底数。标准化互信息评分（Normalized Mutual Information based scores，NMI）的数学表达式为：

$$\text{NMI}(U, V) = \frac{\text{MI}(U, V)}{\text{mean}(H(U), H(V))} \tag{22-8}$$

调整互信息评分（Adjusted Mutual Information based scores，AMI）的数学表达式为：

$$\text{AMI} = \frac{\text{MI} - E[\text{MI}]}{\text{mean}(H(U), H(V)) - E[\text{MI}]} \tag{22-9}$$

其中 MI 的期望 E[MI]计算公式如下：

$$E\left[\mathrm{MI}(U,V)\right]=\sum_{i=1}^{|U|}\sum_{j=1}^{|V|}\sum_{k=(a_i+b_j-N)^{\dagger}}^{\min(a_i,b_j)}\frac{k}{N}\log\left(\frac{Nk}{a_ib_j}\right)\frac{a_i!b_j!(N-a_i)!(N-b_j)!}{N!k!(a_i-k)!(b_j-k)!(N-a_i-b_j-k)!} \qquad (22\text{-}10)$$

其中，†代表取最大值，a_i 和 b_j 分别代表在 U 和 V 聚类集合下，分类分别为 i 和 j 的子集元素个数。式（22-3）~式（22-7）的计算示例请参考附录 2，底数取 2 为例。

对于 NMI 和 AMI 来说，标准化的值代表每个聚类集合熵的泛化平均，MI、NMI 和 AMI 的值趋近于 0 时表示两个聚类标签集合完全无关，趋近于上限 1 时表示两个聚类标签集合结果一致。可以通过 sklearn 子模块 metrics 中的 mutual_info_score、normalized_mutual_info_score 和 adjusted_mutual_info_score 分别计算 MI、NMI 和 AMI。

22.2.3　同质性、完整性及 V 测度

假设样本的分类为 C，聚类为 K，则同质性 h 定义如下：

$$h=1-\frac{H(C|K)}{H(C)} \qquad (22\text{-}11)$$

其中，$H(C|K)$表示给定聚类 K 条件下分类 C 的条件熵，$H(C)$代表分类 C 的熵。$H(C|K)$和 $H(C)$的定义如下：

$$H(C|K)=-\sum_{c=1}^{|C|}\sum_{k=1}^{|K|}\frac{n_{c,k}}{n}\log\left(\frac{n_{c,k}}{n_k}\right)$$
$$H(C)=-\sum_{c=1}^{|C|}\frac{n_c}{n}\log\left(\frac{n_c}{n}\right) \qquad (22\text{-}12)$$

其中，n 代表样本总数，n_c 和 n_k 代表属于分类 c 和聚类 k 的样本个数，$n_{c,k}$ 代表分类为 c 但聚类为 k 的样本个数，log 函数的底数一般以 2 为底，但也可以取其他数为底。

完整性 q 定义如下：

$$q=1-\frac{H(K|C)}{H(K)} \qquad (22\text{-}13)$$

其中，$H(K|C)$表示给定分类 C 条件下聚类 K 的条件熵，$H(K)$代表聚类 K 的熵。$H(K|C)$和 $H(K)$的定义如下：

$$H(K|C)=-\sum_{k=1}^{|K|}\sum_{c=1}^{|C|}\frac{n_{k,c}}{n}\log\left(\frac{n_{k,c}}{n_c}\right)$$
$$H(K)=-\sum_{k=1}^{|K|}\frac{n_k}{n}\log\left(\frac{n_k}{n}\right) \qquad (22\text{-}14)$$

其中，$n_{k,c}$ 代表聚类为 k 但分类为 c 的样本个数。同质性 h 和完整性 q 的取值范围都是[0,1]，取值越趋近于 0 代表聚类效果越差，越趋近于 1 代表聚类效果越好。将 h 和 q 的调和平均定义为 V 测度，表达式如下：

$$V=\frac{(1+\beta)\times h\times q}{(\beta h+q)} \qquad (22\text{-}15)$$

其中，β 的默认值为 1，此时称为调和平均。式（22-11）～式（22-15）的计算示例请参考附录 3，其中的 log 函数底数为 2。可以通过 sklearn 子模块 metrics 中的 homogeneity_score、completeness_score 和 v_measure_score 分别计算同质性、完整性和 V 测度，其中 v_measure_score 支持指定不同的 β 值。

22.2.4 FM 指数

在 FM 指数（FMI）的计算中，首先需要计算 TP、FP 和 FN 值。其中，TP 代表真实分类标签和聚类标签都在一个集合中的点对数量；FP 代表真实分类标签在一个集合中但聚类标签不在一个集合中的点对数量；FN 代表真实分类标签不在一个集合中但聚类标签在一个集合中的点对数量。假设对于一个数据集，其分类标签 U 为 {0,0,0,1,1,1}，聚类模型的聚类结果 V 为 {0,0,1,1,2,2}，其 TP、FP、FN 计算如表 22-2 所示。

表 22-2 　　　　　　　　　　数据集 TP、FP、FN 计算示例

U 二点对子集	V 二点对子集	TP	FP	FN
[0,0]	[0,0]	1		
[0,0]	[0,1]		1	
[0,1]	[0,1]			
[0,1]	[0,2]			
[0,1]	[0,2]			
[0,0]	[0,1]		1	
[0,1]	[0,1]			
[0,1]	[0,2]			
[0,1]	[0,2]			
[0,1]	[1,1]			1
[0,1]	[1,2]			
[0,1]	[1,2]			
[1,1]	[1,2]		1	
[1,1]	[1,2]		1	
[1,1]	[2,2]	1		

由表 22-2 中的统计值可得，TP=2、FP=4、FN=1。

FMI 的数学表达式如下：

$$\text{FMI} = \frac{\text{TP}}{\sqrt{(\text{TP}+\text{FP})(\text{TP}+\text{FN})}} \tag{22-16}$$

可以通过式（22-16）计算得到 FMI 的数值，也可以通过 sklearn 子模块 metrics 中的 fowlkes_mallows_score 计算 FMI。

22.2.5 轮廓系数

若定义聚类算法聚类的簇内一个点与其他点的平均距离为 a，定义聚类算法聚类的簇内一个点与距离最近簇内所有点的平均距离为 b，则轮廓系数 s 定义为：

$$s = \frac{b - a}{\max(a, b)} \tag{22-17}$$

轮廓系数 s 的取值范围是$[-1,1]$，-1 代表错误聚类，1 代表高度密集聚类且簇的区分度较好，取值在 0 附近意味着簇存在重叠。可以通过 sklearn 子模块 metrics 中的 silhouette_score 计算轮廓系数。

22.2.6　CH 指数

CH 指数（Calinski-Harabasz Index，CHI），又称方差比标准（Variance Ratio Criterion），定义一个包含 n 个样本的数据集 E，聚类成 k 个簇，定义 CHI 的数学表达式为：

$$CHI = \frac{SS_B}{SS_W} \times \frac{n - k}{k - 1} \tag{22-18}$$

其中，SS_B 代表簇间方差，SS_W 代表簇内方差，计算公式分别为：

$$SS_B = \sum_{i=1}^{k} n_{q_i} \left\| \boldsymbol{m}_{q_i} - \boldsymbol{m} \right\|^2 \tag{22-19}$$

$$SS_W = \sum_{q=1}^{k} \sum_{x \in q_i} \left\| \boldsymbol{x} - \boldsymbol{m}_{q_i} \right\|^2 \tag{22-20}$$

其中，n_{q_i} 代表簇 q_i 内样本点的数量，$\boldsymbol{m}_{q_i}$ 代表簇 q_i 的簇心，$\boldsymbol{m}$ 代表样本集 E 的中心，$\boldsymbol{x} \in q_i$ 代表样本点 $\boldsymbol{x}$ 属于簇 q_i。

CHI 越高代表聚类的簇越密集并且区分度越好。可以通过 sklearn 子模块 metrics 中的 calinski_harabasz_score 计算 CHI。

22.2.7　DB 指数

DB 指数（Davies-Bouldin Index，DBI）定义了每个簇与其最相似簇之间的平均相似度。定义 s_i 代表聚类后簇 i 内每个点到簇 i 簇心的平均距离，同理可得 s_j，d_{ij} 代表簇 i 簇心与簇 j 簇心的距离，定义相似度 R_{ij} 为均衡 s_i 和 d_{ij} 的度量，其表达式为：

$$R_{ij} = \frac{s_i + s_j}{d_{ij}} \tag{22-21}$$

由式（22-21），定义 DBI 的数学表达式为：

$$DBI = \frac{1}{k} \sum_{i=1}^{k} \max_{i \neq j}(R_{ij}) \tag{22-22}$$

与其他评估指标不同的是，DBI 值越小代表聚类结果中相同簇内部越紧密，不同簇分离越远，即类内距离越小，类间距离越大，聚类效果越好，0 是最小值。可以通过 sklearn 子模块 metrics 中的 davies_bouldin_score 计算 DBI。

22.3　聚类模型

22.3.1　K 均值聚类

K-means（K 均值）聚类将 n 个样本划分进 k 个簇中，每个簇 C 可以用簇中样本的均值 μ_j

代表（通常称为簇心）。一般情况下，簇心并不包含在样本中。使用 K-means 需要指定聚类的簇数，在选择簇心时依据的标准是最小化惯性或簇内平方和，如式（22-23）所示：

$$\sum_{i=0}^{n} \min_{\mu_j \in C} \left(\left\| x_i - \mu_j \right\|^2 \right) \tag{22-23}$$

惯性可被认为是内部相干聚类的度量，惯性假设簇为凸并且各向同性，另外，惯性并不是一个归一化度量，因此在维度较大的样本空间中，欧氏距离会膨胀，为此当样本维度较大时可采用降维算法（如主成分分析等）来减少样本的维度，同时减少计算时间。为了确定最优的簇数 k，一般会使用肘部法则，为了更好地可视化肘部法则结果，本书使用 yellowbrick 包，使用 pip 安装的命令如下：

```
pip install yellowbrick
```

安装后在 IDLE 中查看版本，如图 22-2 所示。

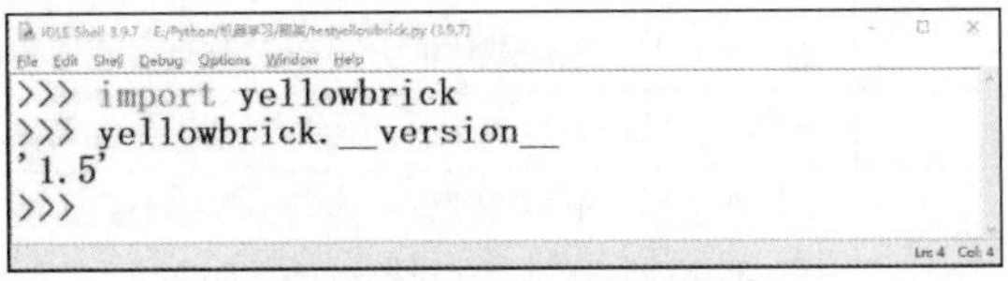

图 22-2　查看 yellowbrick 版本

sklearn 提供两种 K-means 实现，一种是基本 K-means，另一种是 Mini Batch K-means，后者是在训练阶段随机选择样本集的子集进行 K-means 聚类，在簇心的迭代中使用与式（22-23）相同的优化目标函数。虽然 Mini Batch K-means 极大地减少了计算量，但容易收敛到局部最小值，这会导致 Mini Batch K-means 的聚类效果略差于 K-means 的聚类效果。Mini Batch K-means 迭代分为两个主要步骤。

第一步：从样本集中随机选择 b 个样本组成子集，然后根据与簇心的最近距离分配到各个簇。

第二步：更新簇心，除了使用当前簇内的样本，还使用以前簇内的样本进行计算，这种方式降低了簇心随时间的变化率。

重复上述步骤，直到收敛或者达到最大迭代次数。

K-means 和 Mini Batch Kmeans 对应的具体实现 Kmeans 和 MiniBatchKmeans 函数的导入方法为：

```
>>>from sklearn.cluster import Kmeans
>>>from sklearn.cluster import MiniBatchKmeans
```

在调用 Kmeans 和 MiniBatchKmeans 之前，介绍两个函数的主要输入参数，如表 22-3 所示。

表 22-3　Kmeans 和 MiniBatchKmeans 函数的主要输入参数

Kmeans	MiniBatchKmeans	含义
n_clusters	n_clusters	聚类簇数。默认值为 8
init	init	簇心初始化方法，默认值为'k-means++'，可选择{'k-means++', 'random'}、用户自定义函数或者指定的簇心。'k-means++'方法[18]基于对整体惯性贡献的经验概率分布样本选择簇心，'random'方法随机选择簇心

续表

Kmeans	MiniBatchKmeans	含义
n_init	n_init	对于 Kmeans，默认值为 10，代表不同聚类簇心初始化值运行算法的次数，最后选择惯性最优的结果；对于 MiniBatchKmeans，默认值为 3，代表随机初始化的次数，最后选择惯性最优的结果
max_iter	max_iter	对于 Kmeans，默认值为 300，代表单次运行的最大迭代次数；对于 MiniBatchKmeans，默认值为 100，代表遍历整个数据集的最大迭代次数
tol	tol	对于 Kmeans，默认值为 1e-4，代表两次迭代间簇心的弗罗贝尼乌斯范数的相对容差。对于 MiniBatchKmeans，默认值为 0，用于控制提前终止，基于平均簇心平方位置变化的平滑、方差归一化测量的方法度量相对簇心的变化；要禁用基于归一化簇心变化的收敛检测，该值设置为 0
copy_x		布尔值，默认值为 True，代表计算距离时不会修改源数据
algorithm		优化算法，默认值为'lloyd'，代表经典最大期望算法；'elkan'算法使用三角不等式，在一些数据结构较好的数据集上效率更高
	batch_size	样本子集的个数，默认值为 1024，加速运算可以将该值设置为 256×内核数
	compute_labels	布尔值，默认值为 True，当子集拟合优化收敛时，使用整个数据集计算惯性
	max_no_improvement	不能在惯性值上取得改善的连续子集的个数，用于控制提前终止。默认值为 10，要禁用收敛检测，该值设置为 None
	init_size	默认值为 None，用于确定加速初始化时随机采样的样本数，该值要大于 n_clusters 参数值。当值为 None 时，init_size=3×batch_size
	reassignment_ratio	默认值为 0.01，某个类别簇心被重新赋值的最大次数比例，用于控制算法的运行复杂度。分母为样本总数。如果取值较高的话算法收敛时间可能会增加，尤其是那些暂时拥有样本数较少的簇心

接下来分别使用 Kmeans 和 MiniBatchKmeans 函数对银行客户数据集进行聚类，获得聚类评估结果。假设将数据聚类分为两类。

首先导入数据，代码如下：

```
>>>filepath=r'D:\python\e-Resources-Chapter22\dataset\bank_transactions-2021-preprocess.csv'
>>>data=pd.read_csv(filepath,usecols=[i for i in range(2,9)])
>>>data=np.array(data)
```

为了后续处理方便，要把pandas的数据类型转化为NumPy的数据类型。接下来创建K-means模型，拟合数据，获取聚类结果，代码如下：

```
>>>km=KMeans(n_clusters=2, random_state=10)
>>>km.fit(data)
>>>label=km.labels_
```

其中，指定 KMeans 中的参数 random_state 的值是为了每次仿真获取同样的结果，fit 方法代表拟合，调用拟合后的 km 模型的 labels_ 属性就可以获得每个样本聚类后的标签。

data 数据可以采用 22.1 节中处理后的数据，也可以采用经过独热（One-Hot）编码的数据，还可以采用经过主成分分析（Principal Component Analysis，PCA）进行降维后的数据，当然还可以采用经过读者自定义方法处理后的数据。对主成分分析和独热编码原理感兴趣的读者可以查阅相关文献。如果要使用主成分分析方法处理数据，需从 sklearn 的 decomposition 子模块中导入 PCA；如果要使用独热编码处理数据，需从 sklearn 的 preprocessing 子模块中导入

OneHotEncoder。使用两种方法处理数据的代码如下：

```
>>>from from sklearn.decomposition import PCA
>>>from sklearn.preprocessing import OneHotEncoder
>>>enc=OneHotEncoder(dtype=int, sparse=False)
>>>data_onehot=enc.fit_transform(data)
>>>data_reduced = PCA(n_components=2).fit_transform(data)
```

其中，PCA 的参数 n_components 指定了降维后数据的维度。表 22-4 给出了使用 K-means 算法将 3 种数据聚合为两类后的训练时间、轮廓系数、CHI 和 DBI 值。

表 22-4　　K-means 算法处理 3 种数据后训练时间、轮廓系数、CHI 和 DBI 值

数据	训练时间/s	轮廓系数	CHI	DBI
一次处理数据	0.151	0.425	29033.42	0.891
PCA 二次处理数据	0.047	0.528	46829.734	0.678
独热二次处理数据	0.109	0.113	2571.076	2.777

在确定聚类簇数的情况下，可见经过 PCA 二次处理后的数据的聚类评估指标较好，且训练时间更短。对于本章中使用的银行客户数据集，并没有一个固定的聚类结果。为此需要尝试不同的聚类簇数，依据不同聚类簇数下的各种评估指标，选择最优的聚类结果。本书中采用 yellowbrick 包的 cluster 子模块中的 KElbowVisualizer 和 SilhouetteVisualizer 方法，在聚类簇数范围为[2,12]时使用肘部法则选择最优聚类簇数和由前者选定的最优聚类簇数下的平均轮廓系数值，关键代码如下：

```
>>>from yellowbrick.cluster import KElbowVisualizer,SilhouetteVisualizer
>>>km=KMeans(random_state=10)
>>>metric='distortion'
>>>kelbow_visualizer=KElbowVisualizer(km, metric=metric, k=(2,12))
>>>kelbow_visualizer.fit(data)
>>>kelbow_visualizer.show()
```

metric 参数的值，还可以选择'silhouette'或者'calinski_harabasz'。运行后获得结果分别如图 22-3、图 22-4 和图 22-5 所示。

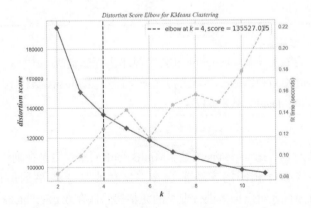

图 22-3　在 metric='distortion'时使用肘部法则确定 K-means 最优聚类簇数

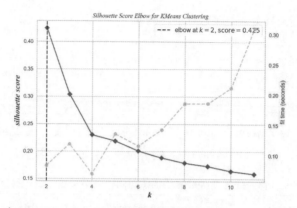

图 22-4　在 metric='silhouette'时使用肘部法则确定 K-means 最优聚类簇数

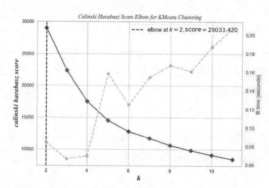

图 22-5　在 metric='calinski_harabasz '时使用肘部法则确定 K-means 最优聚类簇数

由图 22-3、图 22-4 和图 22-5 可见，选择不同的度量标准获得的 K-means 最优聚类簇数是不同的，而右侧 y 轴还分别给出了每种聚类簇数下的训练时间。这极大地方便了使用者确定 K-means 的最优聚类簇数。

根据图 22-4 的结果，选择聚类簇数为 2，轮廓系数可视化的方法如下：

```
>>>km=KMeans(n_clusters=2,random_state=10)
>>>s_visualizer=SilhouetteVisualizer(km, colors='yellowbrick')
>>>s_visualizer.fit(data)
>>>s_visualizer.show()
```

运行可得图 22-6 所示结果。

上述完整代码保存在 kmeanscluster.py 文件（见本书配套资源）中。

下面介绍使用 MiniBatchKMeans 函数的方法，与上述 KMeans 函数不同的是在创建聚类器时调用的是 MiniBatchKMeans，代码如下：

```
>>> km=MiniBatchKMeans(n_clusters=2,random_state=10)
```

在聚类簇数为 2 时，对比 KMeans 函数，MiniBatchKMeans 只是在训练时间上不同。另外，对于训练时间，你应选择相同的实验平台在多次仿真后获取平均值以进行比较。使用 MiniBatchKMeans 对银行客户数据集进行聚类的完整代码保存在 minibatchkmeanscluster.py 文件（见本书配套资源）中。此外，你可尝试更改其他的 KMeans 或者 MiniBatchKMeans 函数的输入参数值，观察不同参数值的聚类结果。

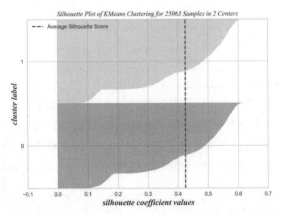

图 22-6　使用 yellowbrick 可视化轮廓系数

22.3.2　DBSCAN 聚类

DBSCAN（Density-Based Spatial Clustering of Applications with Noise，具有噪声的基于密度的聚类）基于样本的密度进行聚类，因此运用该方法得到的聚类簇可以是任何形状的，这与 K-means 假设簇为凸是不同的。DBSCAN 将样本分为核心样本和非核心样本，核心样本所在的区域具有高密度。DBSCAN 使用两个主要参数（min_samples 和 eps）来区分密度，min_samples 越大和 eps 越小意味着密度越高，从而一个采样集合越可能被 DBSCAN 视为一个簇。有了这两个参数，可以重新定义核心样本，即一个样本在 eps 内至少存在 min_samples 个其他样本。递归运算后，可以获得由核心样本及其邻居组成的簇的集合。

首先，从 sklearn.cluster 中导入 DBSCAN，实现代码如下：

```
>>>from sklearn.cluster import DBSCAN
```

接下来，在调用之前介绍 DBSCAN 的主要输入参数，如表 22-5 所示。

表 22-5　　　　　　　　　　　　　　DBSCAN 的主要输入参数

参数名	说明
eps	认定为邻居的样本之间的最大距离，默认值为 0.5
min_samples	认定为核心样本的最小邻居数，默认值为 5
metric	特征向量距离计算法则，默认值为'euclidean'。也可指定自定义函数
metric_params	距离计算法则的字典参数，默认值为 None
algorithm	计算和搜索近邻的算法，默认值为'auto'，系统将根据拟合时的数据自动选择最合适的算法，取值包括{'auto', 'ball_tree', 'kd_tree', 'brute'}
leaf_size	球树或者 kd 树的叶子节点数量，默认值为 30
p	闵氏空间距离的指数参数，默认值为 2，即标准欧氏空间距离

使用 DBSCAN 在银行客户数据集上进行聚类，在参数 eps 和 min_samples 分别在[0.1,1]和[5,50]中取不同的组合时进行聚类。另外，与 K-means 不同，DBSCAN 不需要指定聚类簇数，聚类簇数由模型自身决定，关键代码如下：

```
>>> for i in np.arange(5,55,5):
    for j in np.arange(0.1,1.1,0.1):
```

```
db=DBSCAN(eps=j,min_samples=i,metric='euclidean')
t0=time.time()
db.fit(data)
fit_time=time.time()-t0
label=db.labels_
```

运行代码，获得在不同 eps 和 min_samples 数值组合条件下的聚类结果，并分别使用轮廓系数、CHI 和 DBI 评估指标评定聚类效果。当 min_sample 取不同值时，eps 在[0.1,0.9]区间变化时评估指标不变；当 eps=1 时，获得的结果均优于 eps 在[0.1,0.9]区间取值的结果。因此，表 22-6 给出 DBSCAN 算法在 eps=1 时，聚类簇数、训练时间以及不同评估指标随 min_samples 变化的结果。

表 22-6　　DBSCAN 在 eps=1 时聚类簇数、训练时间、轮廓系数、CHI 和 DBI 值

min_samples	聚类簇数	训练时间/s	轮廓系数	CHI	DBI
5	13	2.118	−0.33	20.579	1.728
10	4	2.187	−0.044	84.778	3.203
15	4	2.146	−0.047	111.181	3.067
20	4	2.189	−0.084	118.726	3.341
25	2	2.174	0.108	360.983	5.548
30	3	2.185	−0.037	205.928	4.105
35	2	2.188	0.098	385.323	5.981
40	3	2.072	−0.143	199.46	4.902
45	2	2.084	0.088	405.019	6.305
50	3	2.172	−0.043	212.397	4.773

上述使用 DBSCAN 进行聚类的完整代码保存在 dbscancluster.py 文件（见本书配套资源）中。

在聚类中，有的聚类标签会出现−1，此时聚类模型认为该类标签下的数据为噪声。为了更好地表示聚类结果，取数据集交易金额和客户账户余额列的数值，在二维空间中显示聚类结果，选择 min_sample=10 时的 DBSCAN 聚类结果，可视化后如图 22-7 所示。

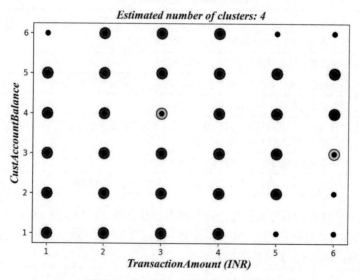

图 22-7　DBSCAN 聚类结果可视化

获得图 22-7 所示结果的完整代码保存在 dbscancluster_plot.py 文件（见本书配套资源）中。

22.3.3　谱聚类

谱聚类（Spectral Clustering）由给定的样本数据集定义一个数据点对相似度的矩阵，并计算相关矩阵的特征值和特征向量，选择合适的特征向量来聚类不同的数据点。关于谱聚类的理论推导可参阅参考资料[19]。当簇数量较少时谱聚类的聚类效果较好，但簇数量较多时聚类效果较差，因此当聚类簇的数量较多时，不建议使用谱聚类。

下面介绍 sklearn 中谱聚类的使用方法，从 sklearn.cluster 中导入 SpectralClustering：

```
>>>from sklearn.cluster import SpectralClustering
```

鉴于数据集的数据量较大，受计算机内存限制，本书使用近邻方法构建邻接矩阵。有条件的读者可以尝试使用其他方法构建，在聚类簇数为 2 时，创建谱聚类器代码如下：

```
>>>sc=SpectralClustering(n_clusters=2,assign_labels='cluster_qr',\
                         affinity='nearest_neighbors',random_state=10)
```

接下来，拟合数据，获取聚类标签，计算并显示训练时间、轮廓系数、CHI 和 DBI 值：

```
>>>t0=time.time()
>>>sc.fit(data)
>>>t=time.time()-t0
>>>label=sc.labels_
>>>print('谱聚类算法的训练时间为%0.3f' % t)
>>>print('谱聚类算法的轮廓系数为%0.3f' % silhouette_score(data, label))
>>>print('谱聚类算法的 CHI 为%0.3f' % calinski_harabasz_score(data, label))
>>>print('谱聚类算法的 DBI 为%0.3f' % davies_bouldin_score(data, label))
```

运行后获得训练时间（单位为 s）、轮廓系数、CHI、DBI 值结果分别为 44.078、–0.023、83.482、3.363。另外，在运行过程中出现了告警，显示图没有完全连接，导致谱嵌入效果不佳。在训练时间以及其他评估指标方面，谱聚类不如 K-means 或者 DBSCAN。你可以指定不同参数值，尝试获得更好的聚类效果。SpectralClustering 的主要输入参数如表 22-7 所示。

表 22-7　　　　　　　　　　　　SpectralClustering 的主要输入参数

参数名	说明
n_clusters	投影子空间的维度（谱聚类切图时降维后维度），默认值为 8
eigen_solver	特征值分解策略，默认值为 None，取值包括{'arpack', 'lobpcg', 'amg'}；默认值为 None 时，使用的是'arpack'
n_components	默认值为 n_clusters，谱嵌入时选择特征向量的数量
n_init	使用 K-means 时，代表不同聚类簇心初始化值运行算法的次数，默认值为 10。该值仅当 assign_labels='kmeans'时适用
gamma	rbf、poly、sigmoid、laplacian 及 chi2 核函数的参数默认值为 1.0；参数 affinity='nearest_neighbors'时不适用
affinity	构造邻接矩阵的方法，默认值为'rbf'
algorithm	计算和搜索近邻的算法，默认值为'auto'，系统将根据拟合时的数据自动选择最合适的算法，取值包括{'auto', 'ball_tree', 'kd_tree', 'brute'}
n_neighbors	选择'nearest_neighbors'方法构建邻接矩阵时的邻居数量

参数名	说明
eigen_tol	当 eigen_solver=' arpack '时拉普拉斯矩阵的特征值分解停止标准，默认值为 0
assign_labels	在嵌入空间中分配标签的策略，默认值为'kmeans'。取值包括{'kmeans', 'discretize', 'cluster_qr'}，其中'cluster_qr'方法没有可调参数，无须迭代，在质量和速度方面都优于'kmeans'和'discretize'方法，但需要 sklearn 版本高于 1.1
degree	多项式核函数的次数，默认值为 3，选择其他核函数可忽略该参数
coef0	多项式核函数与 sigmoid 核函数的参数，默认值为 1，选择其他核函数可忽略
kernel_params	核函数参数字典，默认值为 None

下面使用 yellowbrick 确定谱聚类算法在银行客户数据集上的最优聚类簇数，关键代码如下：

```
>>>sc=SpectralClustering(assign_labels='cluster_qr',\
                         affinity='nearest_neighbors',random_state=10)
>>>kelbow_visualizer=KElbowVisualizer(sc, k=(2,12))
>>>kelbow_visualizer.fit(data)
>>>kelbow_visualizer.show()
```

运行代码后获得结果如图 22-8 所示。

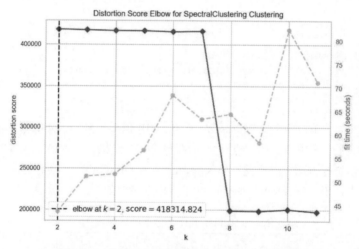

图 22-8　使用肘部法则谱聚类确定最优聚类簇数

获得图 22-8 所示结果的完整代码保存在 spectralcluster.py 文件（见本书配套资源）中。

22.3.4　层次聚类

层次聚类（Hierarchical Clustering）是通过不断地合并或者切分从而获得嵌套簇的一类聚类模型。层级簇表示为树或者系统树图。树的根节点是包含所有样本的唯一簇，叶子节点表示只包含一个样本的簇。在 sklearn 中，层次聚类使用从底至顶的方法切分数据集，在合并数据时，主要使用如下 4 种策略。

第一种：ward linkage，最小化所有簇差异的平方和

第二种：maximum/complete linkage，最小化簇对的最大距离

第三种：average linkage，最小化簇对的平均距离

第四种：single linkage，最小化最近簇对的距离

sklearn 中层次聚类的使用方法是先从 sklearn.cluster 中导入 AgglomerativeClustering，代码如下：

```
>>>from sklearn.cluster import AgglomerativeClustering
```

接下来，在调用之前介绍 AgglomerativeClustering 的主要输入参数，如表 22-8 所示。

表 22-8　　　　　　　　　　AgglomerativeClustering 的主要输入参数

参数名	说明
n_clusters	聚类的簇数，默认值为 2。当 distance_threshold 参数值不为 None 时，该值必须为 None
affinity	计算邻接矩阵时的度量方法，默认值为'euclidean'。当 linkage 参数值为'ward'时，该值只能为 'euclidean'
connectivity	连接矩阵，默认值为 None。在指定数据结构的条件下定义了每个样本的邻居样本
compute_full_tree	布尔值或'auto'，默认值为'auto'。提前终止构造树标志，仅当指定一个连接矩阵时适用。当 distance_threshold 参数值不为 None 时，该值必须为 None
linkage	簇合并度量标准，取值范围是{'ward', 'complete', 'average', 'single'}，默认值为'ward'
distance_threshold	簇合并距离门限，默认值为 None。超过该值则不合并簇
compute_distances	布尔值，默认值为 False。计算簇间距离，该参数用于系统树图的可视化。

使用独热编码数据以及 KNN 算法创建连接矩阵代码如下：

```
>>>from sklearn.neighbors import kneighbors_graph
>>>enc=OneHotEncoder(dtype=int,sparse=False)
>>>data_onehot=enc.fit_transform(data)
>>>knn_graph=kneighbors_graph(data_onehot, 30, include_self=False)
```

取不同的 linkage 值，在聚类簇数为 2 和 3 时，计算轮廓系数、CHI 和 DBI 值，代码如下：

```
>>>for connectivity in (None,knn_graph):
    for n in (2,3):
        for index, linkage in enumerate(("ward","complete","average","single")):
            ac=AgglomerativeClustering(linkage=linkage,\
                                       connectivity=connectivity,n_clusters=n)
            t0=time.time()
            ac.fit(data_onehot)
            elapsed_time=time.time()-t0
            ss=silhouette_score(data_onehot, ac.labels_)
            chs=calinski_harabasz_score(data_onehot, ac.labels_)
            dbs=davies_bouldin_score(data_onehot, ac.labels_)
```

执行后可获得不同参数值组合的轮廓系数、CHI、DBI 值，结果如表 22-9 所示。

表 22-9　　　　　　　　层次聚类取不同参数值组合的评估指标数值

metric	n_clusters		linkage				connectivity	
	2	3	ward	complete	average	single	False	True
轮廓系数	2		0.109	0.4	0.133	0.042	False	
CHI	2		2449.573	499.571	10.55	1.175	False	
DBI	2		2.852	3.63	1.681	0.917	False	

续表

metric	n_clusters		linkage				connectivity	
	2	3	ward	complete	average	single	False	True
轮廓系数		3	0.1	0.023	0.097	0.032	False	
CHI		3	1773.104	332.346	13.346	1.47	False	
DBI		3	3.058	3.334	2.034	0.861	False	
轮廓系数	2		0.102	0.037	0.149	0.112		True
CHI	2		2261.411	74.482	1.737	1.547		True
DBI	2		2.919	10.548	0.754	0.799		True
轮廓系数		3	0.096	0.023	0.109	0.051		True
CHI		3	1658.4	37.917	1.669	1.435		True
DBI		3	3.106	7.339	0.775	0.843		True

可见当轮廓系数最大时，层次聚类的参数选择是 linkage='complete',connectivity='False',n_clusters=2；当 CHI 最大时，层次聚类的参数选择是 linkage='ward', connectivity='False', n_clusters=2；当 DBI 最小时，层次聚类的参数选择是 linkage='average', connectivity='True', n_clusters=2。

对每种参数组合后的聚类结果，如图 22-9 所示。

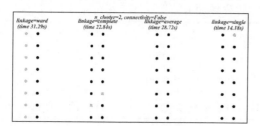

（a）n_clusters=2,connectivity='False'

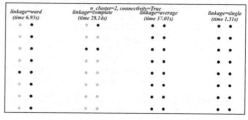

（b）n_clusters=2,connectivity='True'

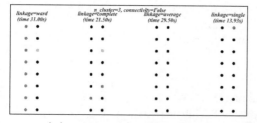

（c）n_clusters=3,connectivity='False'

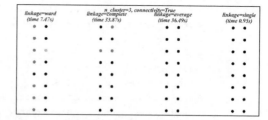

（d）n_clusters=3,connectivity='True'

图 22-9　层次聚类在不同参数组合下的聚类结果可视化

上述结果的完整代码保存在 hierarchicalcluster_linkage.py 文件（见本书配套资源）中。

最后，介绍层次聚类中的系统树图的可视化方法，需要使用 SciPy 包中的 dendrogram 方法，关键代码如下：

```
>>>from scipy.cluster.hierarchy import dendrogram
>>>ac=AgglomerativeClustering(distance_threshold=0, n_clusters=None)
>>>ac=ac.fit(data_onehot)
>>>counts=np.zeros(ac.children_.shape[0])
>>>n_samples=len(ac.labels_)
```

```
>>>for i, merge in enumerate(ac.children_):
    current_count=0
    for child_idx in merge:
      if child_idx < n_samples:
          current_count+=1  # leaf node
      else:
          current_count+=counts[child_idx-n_samples]
    counts[i]=current_count
>>>linkage_matrix=np.column_stack([ac.children_,ac.distances_,counts]).astype(float)
>>>dendrogram(linkage_matrix,truncate_mode="level",p=4)
```

完整代码保存在 hierarchicalcluster_dendrogram.py 文件（见本书配套资源）中。运行结果如图 22-10 所示。

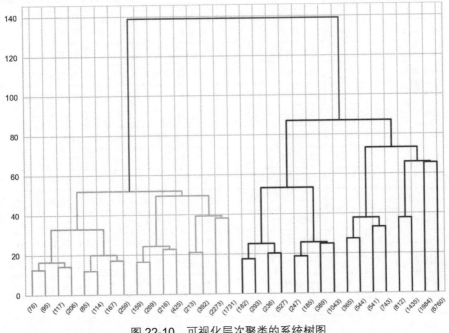

图 22-10 可视化层次聚类的系统树图

需要注意的是，图 22-10 中只显示了从叶子节点向上的 4 层部分树结构。

22.4 小结

本章仅介绍了关于使用 sklearn 建立聚类模型的几个方法，仍然有其他的聚类方法有待你自行尝试，比如近邻传播、均值偏移、BIRCH 等。另外，本章中使用的银行客户数据集并没有给出真实的分类标签，在实际应用中，可以结合专家分类结果对聚类模型的性能进行分析。此外，特征选择与预处理对聚类模型的性能也存在一定影响，因此你可参考 sklearn 的 feature_ selection 和 preprocessing 子模块中的方法，结合不同的聚类模型尝试获得更好的聚类结果。

部分 X11/CSS4 颜色代码目录

颜色	十六进制代码	(r, g, b)[0,1]区间数值	(r, g, b)十进制数值
红色（red）缩写 r	#FF0000	(1, 0, 0)	(255, 0, 0)
蓝色（blue）缩写 b	#0000FF	(0, 0, 1)	(0, 0, 255)
绿色（green）缩写 g	#008000	(0, 0.5, 0)	(0, 128, 0)
青色（cyan）缩写 c	#00FFFF	(0, 1, 1)	(0, 255, 255)
黄色（yellow）缩写 y	#FFFF00	(1, 1, 0)	(255, 255, 0)
洋红色（magenta）缩写 m	#FF00FF	(1, 0, 1)	(255, 0, 255)
紫色（purple）	#800080	(0.502, 0, 0.502)	(128, 0, 128)
金色（gold）	#FFD700	(1, 0.843, 0)	(255, 215, 0)
粉色（pink）	#FFC0CB	(1, 0.753, 0.796)	(255, 192, 203)
鞍褐色（saddle brown）	#8B4513	(0.545, 0.271, 0.075)	(139, 69, 19)
巧克力色（chocolate）	#D2691E	(0.824, 0.412, 0.118)	(210, 105, 30)
玫瑰褐色（rosy brown）	#BC8F8F	(0.737, 0.561, 0.561)	(188, 143, 143)
栗色（maroon）	#800000	(0.502, 0, 0)	(128, 0, 0)
暗红色（dark red）	#8B0000	(0.545, 0, 0)	(139, 0, 0)
棕色（brown）	#A52A2A	(0.647, 0.165, 0.165)	(165, 42, 42)
砖红色（firebrick）	#B22222	(0.698, 0.133, 0.133)	(178, 34, 34)
深红色（crimson）	#DC143C	(0.863, 0.078, 0.235)	(220, 20, 60)
卡其色（khaki）	#F0E68C	(0.941, 0.902, 0.549)	(240, 230, 140)
橄榄绿色（olive）	#808000	(0.502, 0.502, 0)	(128, 128, 0)
草绿色（lawn green）	#7CFC00	(0.486, 0.988, 0)	(124, 252, 0)
酸橙色（lime）	#00FF00	(0, 1, 0)	(0, 255, 0)
深绿色（dark green）	#006400	(0, 0.392, 0)	(0, 100, 0)
森林绿色（forest green）	#228B22	(0.133, 0.545, 0.133)	(34, 139, 34)
浅绿色（light green）	#90EE90	(0.565, 0.933, 0.565)	(144, 238, 144)
春绿色（spring green）	#00FF7F	(0, 1, 0.498)	(0, 255, 127)
海绿色（sea green）	#2E8B57	(0.18, 0.545, 0.341)	(46, 139, 87)
蓝绿色（teal）	#008080	(0, 0.502, 0.502)	(0, 128, 128)
土耳其蓝色（turquoise）	#40E0D0	(0.251, 0.878, 0.816)	(64, 224, 208)

续表

颜色	十六进制代码	(r, g, b)[0,1]区间数值	(r, g, b)十进制数值
钢青色（steel blue）	#4682B4	(0.275, 0.51, 0.706)	(70, 130, 180)
深天空蓝色（deep sky blue）	#00BFFF	(0, 0.749, 1)	(0, 191, 255)
道奇蓝色（dodger blue）	#1E90FF	(0.118, 0.565, 1)	(30, 144, 255)
浅蓝色（light blue）	#ADD8E6	(0.678, 0.847, 0.902)	(173, 216, 230)
天空蓝色（sky blue）	#87CEEB	(0.529, 0.808, 0.922)	(135, 206, 235)
浅天空蓝色（light sky blue）	#87CEFA	(0.529, 0.808, 0.98)	(135, 206, 250)
海军蓝色（navy）	#000080	(0, 0, 0.502)	(0, 0, 128)
深蓝色（dark blue）	#00008B	(0, 0, 0.545)	(0, 0, 139)
蓝紫色（blue violet）	#8A2BE2	(0.541, 0.169, 0.886)	(138, 43, 226)
紫罗兰色（violet）	#EE82EE	(0.933, 0.51, 0.933)	(238, 130, 238)
淡紫色（orchid）	#DA70D6	(0.855, 0.439, 0.839)	(218, 112, 214)
薰衣草色（lavender）	#E6E6FA	(0.902, 0.902, 0.98)	(230,230,250)
小麦色（wheat）	#F5DEB3	(0.961, 0.871, 0.702)	(245, 222, 179)
石板灰色（slate gray）	#708090	(0.439, 0.502, 0.565)	(112, 128, 144)
灰色（gray）	#808080	(0.502, 0.502, 0.502)	(128,128,128)
银色（silver）	#C0C0C0	(0.753, 0.753, 0.753)	(192,192,192)
黑色（black）缩写 k	#000000	(0, 0, 0)	(0, 0, 0)
白色（white）缩写 w	#FFFFFF	(1, 1, 1)	(255, 255, 255)

更多颜色设置可以参考 Matplotlib 官方网站，本书配套资源中提供 showcolorscode.py 文件，供读者查询使用。

互信息评分计算示例

假设一个数据集样本的聚类标签集合 $U=\{1,2,1,1,1,1,1,2,2,2,2,3,1,1,3,3,3\}$，另一个聚类标签集合为 $V=\{1,1,1,1,1,1,2,2,2,2,2,2,3,3,3,3,3\}$。

U 的分类子集为：

$$U_1 = \{1,3,4,5,6,7,13,14\}, U_2 = \{2,8,9,10,11\}, U_3 = \{12,15,16,17\}$$

V 的分类子集为：

$$V_1 = \{1,2,3,4,5,6\}, V_2 = \{7,8,9,10,11,12\}, V_3 = \{13,14,15,16,17\}$$

U 和 V 的列联表中的元素为：

$$m_{11} = \{U_1 \cap V_1\} = \{\{1,3,4,5,6,7,13,14\} \cap \{1,2,3,4,5,6\}\} = 5$$

$$m_{12} = \{U_1 \cap V_2\} = \{\{1,3,4,5,6,7,13,14\} \cap \{7,8,9,10,11,12\}\} = 1$$

$$m_{13} = \{U_1 \cap V_3\} = \{\{1,3,4,5,6,7,13,14\} \cap \{13,14,15,16,17\}\} = 2$$

$$m_{21} = \{U_2 \cap V_1\} = \{\{2,8,9,10,11\} \cap \{1,2,3,4,5,6\}\} = 1$$

$$m_{22} = \{U_2 \cap V_2\} = \{\{2,8,9,10,11\} \cap \{7,8,9,10,11,12\}\} = 4$$

$$m_{23} = \{U_2 \cap V_3\} = \{\{2,8,9,10,11\} \cap \{13,14,15,16,17\}\} = 0$$

$$m_{31} = \{U_3 \cap V_1\} = \{\{12,15,16,17\} \cap \{1,2,3,4,5,6\}\} = 0$$

$$m_{32} = \{U_3 \cap V_2\} = \{\{12,15,16,17\} \cap \{7,8,9,10,11,12\}\} = 1$$

$$m_{33} = \{U_3 \cap V_3\} = \{\{12,15,16,17\} \cap \{13,14,15,16,17\}\} = 3$$

$P(i,j)$ 为：

$$P(1,1) = \frac{m_{11}}{N} = \frac{5}{17}, \quad P(1,2) = \frac{m_{12}}{N} = \frac{1}{17}, \quad P(1,3) = \frac{m_{13}}{N} = \frac{2}{17}$$

$$P(2,1) = \frac{m_{21}}{N} = \frac{1}{17}, \quad P(2,2) = \frac{m_{22}}{N} = \frac{4}{17}, \quad P(2,3) = \frac{m_{23}}{N} = 0$$

$$P(3,1) = \frac{m_{31}}{N} = 0, \quad P(3,2) = \frac{m_{32}}{N} = \frac{1}{17}, \quad P(3,3) = \frac{m_{33}}{N} = \frac{3}{17}$$

$P_u(i)$ 为：

$$P_u(1) = \frac{8}{17}, \quad P_u(2) = \frac{5}{17}, \quad P_u(3) = \frac{4}{17}$$

$H(U)$ 为：

$$H(U) = -\sum_{i=1}^{|U|} P_u(i) \log(P_u(i))$$

$$= -\frac{8}{17} \log_2\left(\frac{8}{17}\right) - \frac{5}{17} \log_2\left(\frac{5}{17}\right) - \frac{4}{17} \log_2\left(\frac{4}{17}\right)$$

$P_v(j)$ 为：

$$P_v(1) = \frac{6}{17}, \quad P_v(2) = \frac{6}{17}, \quad P_v(3) = \frac{5}{17}$$

$H(V)$ 为：

$$H(V) = -\sum_{j=1}^{|V|} P_v(j) \log(P_v(j))$$

$$= -\frac{6}{17} \log_2\left(\frac{6}{17}\right) - \frac{6}{17} \log_2\left(\frac{6}{17}\right) - \frac{5}{17} \log_2\left(\frac{5}{17}\right)$$

互信息评分 MI 为：

$$MI(U,V) = \sum_{i=1}^{|U|} \sum_{j=1}^{|V|} P(i,j) \log\left(\frac{P(i,j)}{P_u(i)P_v(j)}\right)$$

$$= P(1,1)\log\left(\frac{P(1,1)}{P_u(1)P_v(1)}\right) + P(1,2)\log\left(\frac{P(1,2)}{P_u(1)P_v(2)}\right) +$$

$$P(1,3)\log\left(\frac{P(1,3)}{P_u(1)P_v(3)}\right) + P(2,1)\log\left(\frac{P(2,1)}{P_u(2)P_v(1)}\right) +$$

$$P(2,2)\log\left(\frac{P(2,2)}{P_u(2)P_v(2)}\right) + P(2,3)\log\left(\frac{P(2,3)}{P_u(2)P_v(3)}\right) +$$

$$P(3,1)\log\left(\frac{P(3,1)}{P_u(3)P_v(1)}\right) + P(3,2)\log\left(\frac{P(3,2)}{P_u(3)P_v(2)}\right) +$$

$$P(3,3)\log\left(\frac{P(3,3)}{P_u(3)P_v(3)}\right)$$

$$= \frac{5}{17}\log_2\frac{5\times17}{8\times6} + \frac{1}{17}\log_2\frac{17}{8\times6} + \frac{2}{17}\log_2\frac{2\times17}{8\times5} +$$

$$\frac{1}{17}\log_2\frac{17}{5\times6} + \frac{4}{17}\log_2\frac{4\times17}{5\times6} + 0 + 0 +$$

$$\frac{1}{17}\log_2\frac{17}{4\times6} + \frac{3}{17}\log_2\frac{3\times17}{4\times5}$$

同质性、完整性及 V 测度数值计算示例

假设对一个包含 6 个样本的数据集进行聚类，实际分类为 2 类，而聚类算法聚类为 3 类，真实分类标签集合 $C=\{0,0,0,1,1,1\}$，使用聚类模型获得分类标签集合 $K=\{0,0,1,1,2,2\}$。

$H(C)$ 计算如下：

$$H(C) = -\frac{3}{6}\log_2\frac{3}{6} - \frac{3}{6}\log_2\frac{3}{6} = 1$$

$H(K)$ 计算如下：

$$H(K) = -\frac{2}{6}\log_2\frac{2}{6} - \frac{2}{6}\log_2\frac{2}{6} - \frac{2}{6}\log_2\frac{2}{6} = \log_2 3$$

n_c 的值分别为：

$$n_{c_1} = 3, n_{c_2} = 3$$

n_k 的值分别为：

$$n_{k_1} = 2, n_{k_2} = 2, n_{k_3} = 2$$

$n_{c,k}$ 计算如下：

$$n_{c_1,k_1} = 2, \ n_{c_1,k_2} = 1, \ n_{c_1,k_3} = 0$$
$$n_{c_2,k_1} = 0, \ n_{c_2,k_2} = 1, \ n_{c_2,k_3} = 2$$

条件熵 $H(C|K)$ 计算如下：

$$H(C|K) = -\sum_{c=1}^{|C|}\sum_{k=1}^{|K|}\frac{n_{c,k}}{n}\log_2\left(\frac{n_{c,k}}{n_k}\right)$$

$$= -\left(\frac{n_{c_1,k_1}}{6}\log_2\left(\frac{n_{c_1,k_1}}{n_{k_1}}\right) + \frac{n_{c_1,k_2}}{6}\log_2\left(\frac{n_{c_1,k_2}}{n_{k_2}}\right) + \frac{n_{c_1,k_3}}{6}\log_2\left(\frac{n_{c_1,k_3}}{n_{k_3}}\right) + \right.$$

$$\left. \frac{n_{c_2,k_1}}{6}\log_2\left(\frac{n_{c_2,k_1}}{n_{k_1}}\right) + \frac{n_{c_2,k_2}}{6}\log_2\left(\frac{n_{c_2,k_2}}{n_{k_2}}\right) + \frac{n_{c_2,k_3}}{6}\log_2\left(\frac{n_{c_2,k_3}}{n_{k_3}}\right)\right)$$

$$= -\left(\frac{2}{6}\log_2\left(\frac{2}{2}\right) + \frac{1}{6}\log_2\left(\frac{1}{2}\right) + 0 + 0 + \frac{1}{6}\log_2\left(\frac{1}{2}\right) + \frac{2}{6}\log_2\left(\frac{2}{2}\right)\right)$$

$$= \frac{1}{3}$$

同质性 h 计算如下：

$$h = 1 - \frac{H(C|K)}{H(C)}$$

$$= 1 - \frac{1}{3}$$

$$= \frac{2}{3}$$

$n_{k,c}$ 计算如下：

$$n_{k_1,c_1} = 2, \; n_{k_2,c_1} = 1, \; n_{k_3,c_1} = 0$$

$$n_{k_1,c_2} = 0, \; n_{k_2,c_2} = 1, \; n_{k_3,c_2} = 2$$

条件熵 $H(K|C)$ 计算如下：

$$H(K|C) = -\sum_{k=1}^{|K|}\sum_{c=1}^{|C|} \frac{n_{k,c}}{n} \log_2\left(\frac{n_{k,c}}{n_c}\right)$$

$$= -\left(\frac{n_{k_1,c_1}}{6}\log_2\left(\frac{n_{k_1,c_1}}{n_{c_1}}\right) + \frac{n_{k_1,c_2}}{6}\log_2\left(\frac{n_{k_1,c_2}}{n_{c_2}}\right) + \frac{n_{k_2,c_1}}{6}\log_2\left(\frac{n_{k_2,c_1}}{n_{c_1}}\right) + \right.$$

$$\left. \frac{n_{k_2,c_2}}{6}\log_2\left(\frac{n_{k_2,c_2}}{n_{c_2}}\right) + \frac{n_{k_3,c_1}}{6}\log_2\left(\frac{n_{k_3,c_1}}{n_{c_1}}\right) + \frac{n_{k_3,c_2}}{6}\log_2\left(\frac{n_{k_3,c_2}}{n_{c_2}}\right) \right)$$

$$= -\left(\frac{2}{6}\log_2\left(\frac{2}{3}\right) + 0 + \frac{1}{6}\log_2\left(\frac{1}{3}\right) + \frac{1}{6}\log_2\left(\frac{1}{3}\right) + 0 + \frac{2}{6}\log_2\left(\frac{2}{3}\right) \right)$$

$$= \log_2 3 - \frac{2}{3}$$

完整性 q 计算如下：

$$q = 1 - \frac{H(K|C)}{H(K)}$$

$$= 1 - \frac{\log_2 3 - \dfrac{2}{3}}{\log_2 3}$$

$$= \frac{2}{3\log_2 3}$$

V 测度计算如下：

$$v = 2\frac{h \times c}{h + c} = 2\frac{2/3 \times 2/3\log_2 3}{2/3 + 2/3\log_2 3} = \frac{4}{3(\log_2 3 + 1)}$$

参考资料

[1] HUITL R, SCHROTH G, HILSENBECK S, et al. TUMindoor: An Extensive Image and Point Cloud Dataset for Visual Indoor Localization and Mapping[C]. 2012 19th IEEE International Conference on Image Processing, September 30-October 3, 2012, Orlando, FL, USA: IEEE, c2012: 1773-1776.

[2] BAY H, TUYTELAARS T, GOOL L V. SURF: Speeded up Robust Features[C]. 2006 European Conference on Computer Vision, May 7-13, 2006, Graz Austria: Springer, c2006: 404-417.

[3] LOWE D G. Distinctive Image Features from Scale-invariant Keypoints[J]. International Journal of Computer Vision, 2004, 60(2): 91-110.

[4] RUBLEE E, RABAUD V, KONOLIGE K, et al. ORB: An Efficient Alternative to SIFT Or SURF[C]. 2011 International Conference on Computer Vision, November 6-13, 2011, Baecelona, Spain: IEEE, c2011: 2564-2571.

[5] MUJA M. Fast Approximate Nearest Neighbors with Automatic Algorithm Configuration[C]. VISAPP 2009-Proceedings of the Fourth International Conference on Computer Vision Therory and Applications, February 5-8, 2009, Lisboa, Portugal: Springer, c2009: 331-340.

[6] STEPHEN B, LIEVEN V. Convex Optimization[M]. Cambridge: Cambridge University Press, 2004.

[7] DIAMOND S, BOYD S. CVXPY: A Python-embedded Modeling Language for Convex Optimization[J]. Journal of Machine Learning Research, 2016, 17 (83): 1-5.

[8] AGRAWAL A, VERSCHUEREN R, DIAMOND S, et al. A Rewriting System for Convex Optimization Problems[J]. Journal of Control and Decision, 2018, 5 (1): 42-60.

[9] 薛新花, 刘兴龙. 食品营养与卫生[M]. 北京: 中国商业出版社, 2018.

[10] SADEGHI H, VALAEE S, SHIRANI S. A Weighted KNN Epipolar Geometry-based Approach for Vision-based Indoor Localization Using Smartphone Cameras[C]. 2014 IEEE 8th Sensor Array and Multichannel Signal Processing Workshop (SAM), June 22-25, 2014, A Coruna, Spain: IEEE, c2014: 37-40.

[11] RICHARD H, ANDREW Z. Multiple View Geometry in Computer Vision[M]. Cambridge: Cambridge University Press, 2003.

[12] ERIC M. Python 编程从入门到实践[M]. 北京: 人民邮电出版社, 2016.

[13] LEO B, JEROME F, CHARLES J S, et al. Classification and Regression Trees[M]. Boca Raton, FL: CRC Press, 1984.

[14] GEURTS P, ERNST B, WEHENKEL L. Extremely Randomized Trees[J]. Machine Learning, 2006, 63(1): 3-42.

[15] HINTON G E. Connectionist Learning Procedures[J]. Artificial Intelligence, 1989, 40(1-3): 185-234.

[16] BLACKARD J A, DEAN D J. Comparative Accuracies of Artificial Neural Networks and Discriminant Analysis in Predicting Forest Cover Types from Cartographic Variables[J]. Computers and Electronics in Agriculture, 1999, 24(3): 131-151.

[17] CHRISTOPHER B. Pattern Recognition and Machine Learning[M]. Berlin: Springer, 2006.

[18] ARTHUR D, VASSILVITSKII S. K-Means++: The Advantages of Careful Seeding[C]. Proceedings of the Eighteenth Annual ACM-SIAM Symposium on Discrete Algorithms, SODA 2007, January 7-9, New Orleans, Louisiana, USA: ACM, c2007.

[19] ANIL D, VICTOR M, LEXING Y. Simple, Direct and Efficient Multi-way Spectral Clustering[J]. Information and Inference: A Journal of the IMA, 2019, 8(1): 181-203.

[20] 上野宣. 图解 HTTP[M]. 北京: 人民邮电出版社, 2014.

[21] 耿祥义. XML 基础教程[M]. 北京: 清华大学出版社, 2006.

[22] ADAM F. HTML5 权威指南[M]. 北京: 人民邮电出版社, 2014.

[23] XILIANG Y, LIN M, PING S, et al. A visual Fingerprint Update Algorithm Based on Crowdsourced Localization and Deep Learning for Smart IoV[J]. Eurasip Journal on Advances in Signal Processing, 2021, 1: 84.

[24] XILIANG Y, LIN M, XUEZHI T. A PCLR-GIST Algorithm for Fast Image Retrieval In Visual Indoor Localization System[C]. 2018 IEEE 87th Vehicular Technology Conference (VTC Spring), June 3-6, 2018, Porto, Portugal: IEEE, c2018: 1-5.

[25] XILIANG Y, LIN M, XUEZHI T. A Novel Image Retrieval Method for Image-Based Localization in Large-Scale Environment[C]. 2021 IEEE Wireless Communications and Networking Conference Workshops (WCNCW), March 29-29, Nanjing, China: IEEE, c2021: 1-5.

[26] XILIANG Y, LIN M, XUEZHI T, et al. A SOCP based Automatic Visual Fingerprinting Method for Indoor Localization System[J]. IEEE ACCESS, 2019, 7: 72862-72871.

[27] XILIANG Y, LIN M, XUEZHI T, et al. A Robust Visual Localization Method with Unknown Focal Length Camera[J]. IEEE ACCESS, 2021, 9: 42896-42906.

作者简历

殷锡亮，副教授，工学博士，中国人工智能学会会员。参与黑龙江省自然科学基金项目一项，发表 3 篇 SCI、2 篇 EI 检索论文，获得国家发明专利三项。拥有 6 年通信行业上市企业研发经验和 8 年高校信息通信技术类专业教学经验。研究领域包括机器视觉、室内定位、人工智能等。

刘阳，数据库系统工程师，副教授，工程硕士。2006 至今，就职于哈尔滨职业技术学院，主要讲授数据库管理及维护、Web 综合实战、Python、动态语言编程等课程，擅长网站开发和建设，曾担任第 46 届世界技能大赛黑龙江省选拔赛"网站设计与开发"项目命题专家及裁判（2020年），第 45 届世界技能大赛黑龙江省选拔赛"网站设计与开发"裁判（2018 年），第七届黑龙江省残疾人技能大赛网页制作赛项裁判（2018 年）。

张胜扬，高级讲师，就职于北京中软国际教育科技股份有限公司，曾讲授西北工业大学"Python网络爬虫认知实训"课程，东北农业大学"人工智能实训"课程，北京联通软件研究院"Python基础及数据采集"课程企业培训，中国移动"机器学习算法"授课企业培训，中海航"基于 Django的微服务架构"课程。研究方向包括大数据采集及数据分析、高等数学数据分析、机器学习数据分析、网站架构、图像识别等。